电脑启航必备宝典

刘东冶　编著

电脑入门

新手指南针

专家传授 本书由**资深培训讲师**编写，融合丰富的**使用与教学经验**，传授五笔快速打字的使用方法与技巧

内容全面 从电脑基本操作入手，讲解Windows 7的**基本操作**、**文档管理**、**办公软件的使用**、**网络生活**、**计算机维护与杀毒等知识**，让您快速掌握电脑的使用方法

知识丰富 近**220个**知识点操作，采用**图解**、**视频讲解双模式**，让您轻松解决日常工作中存在的问题；**300个**“视野拓展”与每页内容环环相扣，大大扩展读者的视角

42集总时长近260分钟的视频教学，

让您享受有趣、轻松的学习过程

DVD 手把手

视频教学光盘

GCP 印刷工业出版社

BHP 北京希望电子出版社
Beijing Hope Electronic Press
www.bhp.com.cn

内容简介

本书是一本学习电脑的入门图书，介绍使用电脑必须知晓的基础知识。

全书由16章组成，全面介绍初识电脑、熟悉鼠标和键盘、快速入门Windows 7系统、输入法设置与汉字输入、文件与文件夹管理、管理电脑中的软硬件、Windows 7的实用附件、多媒体娱乐与休闲、Word 2010入门、Excel入门、组建家庭局域网、Internet网上冲浪、网络聊天、电子邮件、网上生活、Windows 7电脑安全防范与优化管理等内容。

本书针对电脑初学者，以Windows 7操作系统为操作背景，以图解实例为表达方式，使读者可以轻松实现电脑的入门。

本书内容丰富、层次分明、语言简练，通过图解的方式介绍了在Windows 7操作系统下使用电脑工作、娱乐、通信的详细方法。适用于电脑爱好者、电脑培训人员以及各行各业需要使用电脑的人员。

本书配套光盘内容为书中部分教学视频。

图书在版编目（CIP）数据

电脑入门新手指南针/ 刘东冶编著. —北京：印刷工业出版社，2012.1

（电脑启航必备宝典）

ISBN 978-7-5142-0338-7

Ⅰ.电… Ⅱ.①刘… Ⅲ.①电子计算机—基本知识
Ⅳ.①TP3

中国版本图书馆CIP数据核字(2011)第243146号

电脑入门新手指南针

编　　著：刘东冶

责任编辑：郭　平　周凤明　　　责任校对：黄如川

责任印制：媛　明　　　责任设计：深度文化

出版发行：印刷工业出版社（北京市翠微路2号　邮编：100036）

北京希望电子出版社（北京市海淀区上地三街9号嘉华大厦C座610　邮编：100085）

网　　址：www.bhp.com.cn

经　　销：各地新华书店

印　　刷：北京市媛明印刷厂

开　　本：787mm×1092mm　1/16

字　　数：477千字

印　　张：20.75

印　　数：1～3000

印　　次：2012年1月第1版　2012年1月第1次印刷

定　　价：49.80元（配1张DVD光盘）

I S B N：978-7-5142-0338-7

Foreword 前言

当今时代科技飞速发展，人类迎来了历史上的又一次工业革命——信息技术革命。这场革命的核心就是计算机技术。计算机的出现不断地推动着人类的进步，使得人们的生活发生了日新月异的变化。学习使用计算机已经成为像英语、数学、语文一样的基础学科。掌握了计算机的使用就可以顺应时代的变化，顺应潮流的变化。

本书作者顺应时代要求和广大读者的要求，精心组织和策划，精心编写，对计算机的使用进行了全面介绍。本书浅显易懂、层次分明、实例丰富、讲解细致，将日常使用计算机时出现的问题、使用技巧逐步渗透到读者的大脑中，尽力做到理论与实践相结合。采用了分步教学的方法，结合实例将操作中的每一步讲解得清晰明了，读者只需按图示一步一步跟随操作即可，解决了读者学习中无从下手的问题。希望通过本书的学习，读者可以熟练地操作计算机，进行工作、娱乐、学习等活动。在讲解计算机功能的同时兼顾了实践性，使读者能够切切实实地掌握计算机的使用。

本书以Windows 7操作系统为背景，对电脑的开启与关闭、电脑的组装、键盘鼠标的使用、Windows 7操作系统基本操作、文档管理、办公软件的使用、网络生活、电脑维护与杀毒等进行分类讲解，内容涵盖面广，使读者较全面地了解计算机的基础应用以及Windows 7操作环境下对计算机的操作。

本书由刘东冶编写，在编写过程中，王啸飞、易旭东、朱印宏、穆婷、李昆、李双、宋国飞、伍青青、付岩等协助完成辅助工作，包括技术支持。

由于编者水平有限，书中难免存在纰漏与不足，欢迎广大读者批评指正。

编著者

Contents 目录

第1章 初识电脑

1.1 了解电脑......2
1.1.1 电脑的用途......2
1.1.2 电脑的分类......3
1.1.3 电脑的选购常识......4
1.2 电脑的组成......5
1.2.1 电脑的硬件......5
1.2.2 电脑的软件......7
1.3 电脑的简单组装......7
1.3.1 显示器的链接......7
1.3.2 键盘鼠标的连接......8
1.3.3 主机的连接......8
1.4 第一次开启电脑......9
1.4.1 电脑的开启......9
1.4.2 电脑的关闭......10
1.5 本章小结......10
1.6 趁热打铁......10
1.6.1 选择题......11
1.6.2 实践题......11

第2章 熟悉鼠标和键盘

2.1 鼠标的分类......14
2.2 设置鼠标......16
2.3 学会使用鼠标......17
2.3.1 鼠标的正确握法......17
2.3.2 鼠标与光标......17
2.3.3 鼠标的基本操作......18
2.3.4 鼠标联系——空当接龙......20
2.4 键盘分类......22
2.5 设置键盘......24
2.6 学会使用键盘......25
2.6.1 认识键位分布......25
2.6.2 正确的打字姿势......28
2.6.3 手指键位分工......29
2.6.4 正确的单击方式......30
2.6.5 养成盲打的好习惯......30
2.6.6 使用“记事本”练习指法......30
2.7 本章小结......31
2.8 趁热打铁......31
2.8.1 选择题......32
2.8.2 实践题......32

第3章 Windows 7快速入门

3.1 Windows 7的组成......34
3.1.1 桌面及桌面图标......34
3.1.2 任务栏和语言栏......35
3.1.3 窗口和对话框......35
3.1.4 “开始”菜单......36
3.2 桌面基本操作......38
3.2.1 创建桌面图标......38
3.2.2 移动桌面图标......39
3.2.3 排列桌面图标......40
3.2.4 删除桌面图标......40
3.3 窗口的基本操作......41
3.3.1 打开窗口......41
3.3.2 移动窗口......42
3.3.3 调整窗口大小......42
3.3.4 在窗口间切换......43
3.3.5 关闭窗口......44
3.4 菜单的基本操作......44
3.4.1 什么是菜单......44

3.4.2 使用鼠标操作菜单 45
3.4.3 使用键盘操作菜单 46
3.4.4 使用快捷菜单 46
3.5 自定义任务栏和“开始”菜单 47
3.5.1 调整任务栏的位置 47
3.5.2 设置任务栏的外观属性 48
3.5.3 自定义任务栏通知图标 49
3.5.4 添加工具栏 49
3.5.5 设置“开始”菜单 50
3.6 对话框的基本操作 51
3.6.1 文本框 51
3.6.2 列表框 51
3.6.3 下拉列表框 51
3.6.4 单选按钮 52
3.6.5 复选框 52
3.6.6 命令框 52
3.7 Windows 7桌面小工具 52
3.7.1 添加桌面小工具 53
3.7.2 关闭删除小工具 53
3.7.3 设置小工具属性 54
3.7.4 联机获取更多小工具 55
3.8 “帮助”与你同在 56
3.8.1 善用“帮助与支持” 56
3.8.2 获取帮助的其他方法 57
3.9 本章小结 58
3.10 趁热打铁 58
3.10.1 选择题 58
3.10.2 实践题 58

电脑入门 新手指南针

第4章 输入法设置与汉字输入

4.1 使用语言栏 60
4.1.1 调整语言栏的位置 60
4.1.2 添加删除输入法 60
4.1.3 切换中/英文输入状态 62
4.1.4 切换输入法 62
4.1.5 设置默认输入法 62
4.1.6 输入中文标点符号 63
4.2 字体设置 64
4.2.1 添加字体 64
4.2.2 删除字体 65
4.3 认识输入法 66
4.3.1 拼音输入法 66
4.3.2 五笔输入法 66
4.3.3 其他种类输入法 66
4.4 使用拼音输入法输入汉字 67
4.4.1 智能ABC输入汉字 67
4.4.2 谷歌输入法输入汉字 70
4.5 使用五笔输入法输入汉字 74
4.5.1 认识五笔字型 74
4.5.2 五笔字型的基本知识 75
4.5.3 深入了解五笔字根 76
4.5.4 拆分汉字 78
4.5.5 五笔打字体验 79
4.5.6 巧用万能Z键 82
4.6 使用Windows 7中的语音识别输入汉字 83
4.7 本章小结 86
4.8 趁热打铁 87
4.8.1 选择题 87
4.8.2 实践题 87

电脑入门 新手指南针

第5章 文件与文件夹管理

5.1 认识磁盘、文件与文件夹的种类 90
5.1.1 什么是磁盘 90
5.1.2 什么是文件与文件夹 90
5.1.3 什么是文件路径 91
5.1.4 磁盘、文件与文件夹之间的关系 91

5.2 浏览文件与文件夹 92
5.2.1 从“计算机”浏览文件与文件夹. 92
5.2.2 从“资源管理器”浏览文件......... 93
5.2.3 通过文件夹窗口查看 95
5.2.4 更改文件夹及文件的查看方式..... 96
5.2.5 更改文件的排列方式 97
5.3 文件与文件夹的基本操作 97
5.3.1 新建文件/文件夹 97
5.3.2 选择文件/文件夹 99
5.3.3 复制文件/文件夹 100
5.3.4 移动文件/文件夹 100
5.3.5 删除文件/文件夹 101
5.3.6 还原文件/文件夹 101
5.3.7 重命名文件/文件夹 102
5.3.8 查找文件/文件夹 102
5.4 文件与文件夹的设置 103
5.4.1 文件与文件夹的属性 103
5.4.2 显示隐藏的文件/文件夹............ 104
5.4.3 设置个性化的文件夹图标 104
5.5 管理压缩和解压缩文件 105
5.5.1 使用WinRAR软件创建压缩文件105
5.5.2 使用WinRAR解压缩文件 106
5.6 本章小结.. 107
5.7 趁热打铁.. 107
5.7.1 选择题 107
5.7.2 实践题 107

第6章 管理电脑中的软硬件

6.1 软件的安装与卸载 110
6.1.1 如何安装软件............................. 110
6.1.2 下载软件.................................... 112
6.1.3 彻底从系统中删除软件 113
6.1.4 选择软件的运行方法 115
6.1.5 取消开机自动运行软件 116
6.2 任务管理器.................................... 117
6.2.1 查看电脑的使用情况 117
6.2.2 关闭多余任务............................. 118
6.2.3 认识任务管理器中的系统程序... 118
6.3 查看硬件配置 120
6.3.1 了解电脑的基本配置 120
6.3.2 查看硬件属性............................. 121
6.3.3 查看硬盘可用空间 121
6.4 添加与卸载新的硬件设备 122
6.4.1 安装与卸载即插即用设备 122
6.4.2 安装与卸载非即插即用设备....... 123
6.5 本章小结.. 125
6.6 趁热打铁.. 125
6.6.1 选择题 125
6.6.2 实践题 125

第7章 Windows 7的实用附件

7.1 写字板 128
7.1.1 写字板的操作界面 128
7.1.2 在写字版中输入文字 129
7.1.3 文档的编辑................................ 129
7.1.4 插入对象.................................... 131
7.1.5 设置文档格式............................. 133
7.1.6 文档的保存和打开 134
7.2 Windows日记本............................ 135
7.2.1 创建并保存日记本 135
7.2.2 创建并保存日记本 137
7.2.3 添加日记元素............................. 137
7.2.4 将手写字转换成文本 138
7.3 画图 140
7.3.1 认识画图程序界面 140

7.3.2 绘制图形......140
7.3.3 图片编辑......141
7.3.4 给图片题字......143
7.3.5 保存图片......144
7.4 计算器......145
7.4.1 标准型计算器......145
7.4.2 科学型计算器......145
7.5 截图工具......146
7.5.1 截取图片......146
7.5.2 标注图片......147
7.6 本章小结......148
7.7 趁热打铁......148
7.7.1 选择题......148
7.7.2 实践题......148

第8章 多媒体娱乐与休闲

电脑入门 新手指南针

8.1 Windows照片库......150
8.1.1 Windows照片库......150
8.1.2 浏览和查找图片......150
8.1.3 添加和删除图片......154
8.1.4 编辑图片......156
8.2 Windows Media Player......157
8.2.1 简介......158
8.2.2 切换窗口模式......158
8.2.3 播放媒体文件......159
8.2.4 使用媒体库......160
8.2.5 管理媒体文件......162
8.3 Windows Media Center......164
8.3.1 简介......164
8.3.2 播放音乐......164
8.3.3 图片浏览......165
8.3.4 播放DVD光盘......166
8.3.5 设置Windows Media Center......167
8.4 Windows DVD Maker......168
8.4.1 了解Windows DVD Maker界面......168
8.4.2 刻录视频......169
8.4.3 刻录图片......170
8.5 本章小结......172
8.6 趁热打铁......172
8.6.1 选择题......172
8.6.2 实践题......172

第9章 Word 2010入门

电脑入门 新手指南针

9.1 Word 2010简介......174
9.1.1 启动 Word 2010......174
9.1.2 了解Word 2010操作界面......175
9.1.3 输入内容并保存......175
9.1.4 退出Word 2010......176
9.2 编辑申请书......177
9.2.1 打开申请书......177
9.2.2 文本的选择和插入......177
9.2.3 文本的复制、粘贴和删除......178
9.2.4 查找和替换文本......179
9.3 排版申请书......180
9.3.1 设置文本格式......180
9.3.2 设置段落格式......181
9.3.3 页面整体美化......181
9.4 图片插入......183
9.4.1 插入图片......183
9.4.2 图形的绘制和编辑......184
9.5 添加艺术字......185
9.6 打印申请书......186
9.6.1 打印预览......186
9.6.2 进行打印......186
9.7 本章小结......187
9.8 趁热打铁......187
9.8.1 选择题......187
9.8.2 实践题......187

第10章 Excel入门

10.1 Excel 2010 简介 190
10.1.1 启动Excel 2010 190
10.1.2 了解Excel 2010界面 190
10.1.3 数据输入与保存 191
10.1.4 退出Excel 2010 192
10.2 利用Excel 2010制作考试成绩表 193
10.2.1 工作簿的基本操作 193
10.2.2 工作表的基本操作 195
10.2.3 单元格的基本操作 196
10.3 成绩输入 198
10.3.1 输入文本和数字 198
10.3.2 输入时间和日期 200
10.3.3 设置数据有效性 200
10.4 成绩编辑 201
10.4.1 修改表格数据 201
10.4.2 移动表格数据 201
10.4.3 复制表格数据 202
10.4.4 查找和替换数据 204
10.5 利用公式算平均分 205
10.5.1 公式的输入 205
10.5.2 公式的编辑 206
10.5.3 公式的复制与移动 206
10.6 打印表格 207
10.6.1 打印预览 207
10.6.2 打印工作表 208
10.7 本章小结 208
10.8 趁热打铁 209
10.8.1 选择题 209
10.8.2 实践题 209

第11章 组建家庭局域网

11.1 了解网络的基本知识 212
11.1.1 初识计算机网络 212
11.1.2 计算机网络的功能 212
11.1.3 计算机网络的组成 212
11.1.4 计算机网络的类型 213
11.2 配置Windows 7有线局域网 213
11.2.1 组建局域网方案 214
11.2.2 Windows网络和共享中心 214
11.2.3 设置计算机名和工作组 215
11.2.4 设置IP地址 216
11.3 共享局域网络资源 217
11.3.1 设置共享资源 217
11.3.2 调用网络资源 219
11.3.3 映射网络驱动器 220
11.4 配置Windows 7无线局域网 221
11.4.1 组建无线网络的硬件设备 221
11.4.2 组建无线局域网 221
11.5 本章小结 223
11.6 趁热打铁 224
11.6.1 选择题 224
11.6.2 实践题 224

第12章 Internet网上冲浪

12.1 上网前的准备 226
12.1.1 选择上网方式 226
12.1.2 连入因特网 228
12.1.3 Internet中的常用术语 229
12.2 开始上网 230
12.2.1 启动Internet Explorer 8.0 230

12.2.2 从主页出发 231
12.2.3 在地址栏输入想去的网址 232
12.3 浏览网页 232
12.3.1 使用后退和前进按钮 233
12.3.2 使用收藏夹 233
12.3.3 通过历史记录浏览网页 234
12.3.4 自定义主页 234
12.3.5 实现多标签浏览 235
12.3.6 巧用搜索引擎 235
12.4 保存网络资源 236
12.4.1 使用IE浏览器下载 236
12.4.2 使用软件下载 237
12.5 值得关注的网络安全问题 238
12.5.1 网络安全防范技巧 238
12.5.2 如何清除IE浏览器记录 239
12.5.3 如何修复IE浏览器 240
12.6 本章小结 241
12.7 趁热打铁 241
12.7.1 选择题 241
12.7.2 实践题 241

第13章 网络聊天

13.1 QQ聊天 244
13.1.1 注册QQ账号 244
13.1.2 初次使用 245
13.1.3 修改个人资料 247
13.1.4 给自己一个个性签名 247
13.1.5 打字聊天 248
13.1.6 视频聊天 248
13.1.7 语音聊天 249
13.1.8 给好友传送文件 250
13.2 MSN聊天 251
13.2.1 注册与登录MSN 251
13.2.2 初次设置 253
13.2.3 开始聊天 254
13.2.4 语音聊天与视频聊天 254
13.2.5 文件传输 256
13.3 飞信聊天 256
13.3.1 注册飞信与登录 256
13.3.2 修改个人资料和签名状态 258
13.3.3 开始聊天 258
13.3.4 语音聊天与视频聊天 259
13.3.5 飞信收发短信 260
13.3.6 文件传输 261
13.4 本章小结 261
13.5 趁热打铁 262
13.5.1 选择题 262
13.5.2 实践题 262

第14章 电子邮件

14.1 申请电子邮箱 264
14.1.1 电子邮箱的种类 264
14.1.2 申请电子邮箱 265
14.2 来封E-mail 266
14.2.1 登录网站邮箱 266
14.2.2 撰写邮件并添加附件 267
14.2.3 发送邮件等待回复 268
14.2.4 接收邮件并回复 269
14.3 本章小结 270
14.4 趁热打铁 271
14.4.1 选择题 271
14.4.2 实践题 271

第15章 网上生活

15.1 网上娱乐 274
15.1.1 去网上看新闻 274
15.1.2 找首喜欢的歌 275
15.1.3 在网上看电影 276
15.2 网上购物 277
15.2.1 主要的购物网站 277
15.2.2 注册一个账号 278
15.2.3 挑选商品 279
15.2.4 付款 281
15.3 上网找工作 283
15.3.1 主要的网络求职网站 283
15.3.2 注册网站登录账号 283
15.3.3 在线投简历 285
15.4 来个人人主页 287
15.4.1 人人网个人主页 287
15.4.2 登录主页 287
15.4.3 装扮主页 290
15.4.4 发表日志、上传照片和更改个人状态 292
15.5 玩玩新浪微博 295
15.5.1 注册与登录新浪微博 295
15.5.2 发布微博 297
15.5.3 分享与转发好友微博 297
15.5.4 装饰微博主页 298
15.6 本章小结 299
15.7 趁热打铁 299
15.7.1 选择题 299
15.7.2 实践题 300

第16章 Windows 7电脑安全防范与优化管理

16.1 电脑病毒防范 302
16.1.1 什么是电脑病毒 302
16.1.2 电脑病毒的防范 305
16.2 使用360杀毒 305
16.2.1 病毒扫描 305
16.2.2 病毒清理 306
16.3 系统安全基本设置 307
16.3.1 设置系统密码 307
16.3.2 设置自带防火墙 309
16.3.3 关闭无用共享 310
16.3.4 使用“自动更新”修复系统漏洞 311
16.4 系统备份与还原 313
16.4.1 备份与恢复数据 313
16.4.2 系统还原 317
16.5 系统优化 319
16.5.1 加快开机速度 319
16.5.2 清理电脑垃圾 321
16.6 本章小结 322
16.7 趁热打铁 322
16.7.1 选择题 322
16.7.1 实践题 322

第 1 章

初识电脑

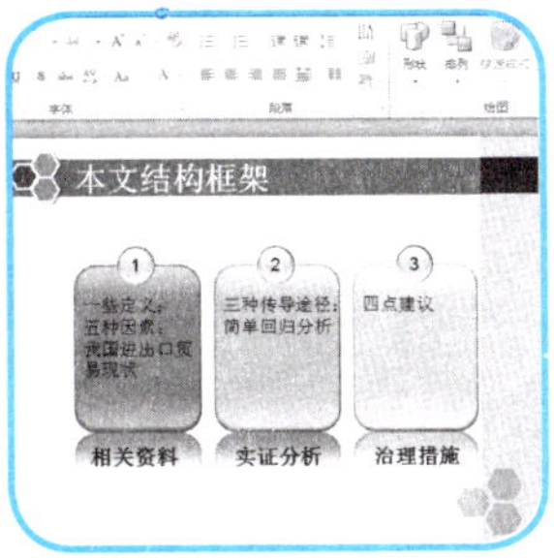

本章导读

电脑的出现极大地推动了科技的发展，几乎所有专业都与电脑息息相关，电脑也极大地丰富了现代人的生活，因此对电脑的了解成为了每个人必不可少的基本知识，下面我们就开始对电脑的认识之旅吧。

本章学习目标

- 了解电脑的基本常识
- 了解电脑的开启与关闭
- 了解电脑的组装

本章学习重点

- 电脑的分类与用途
- 电脑的连接
- 电脑的基本常识

1.1 了解电脑

在现代生活中，人们对电脑已不再陌生。但是想学习电脑的相关知识，还应了解一下电脑的用途、分类等相关知识，下面我们就来介绍这些知识。

1.1.1 电脑的用途

电脑的用途有很多，不过可以分类为以下几类。

1. 办公自动化

办公自动化（Office Automation）简称OA，是将现代化办公和计算机网络功能结合起来的一种新型的办公方式，是当前新技术革命中的一个技术应用领域，属于信息化社会的产物。电脑已经成为最重要的办公自动化设备，在文档处理、电子表格制作、数据库管理、幻灯片放映和文件打印等方面都发挥着很大的作用。

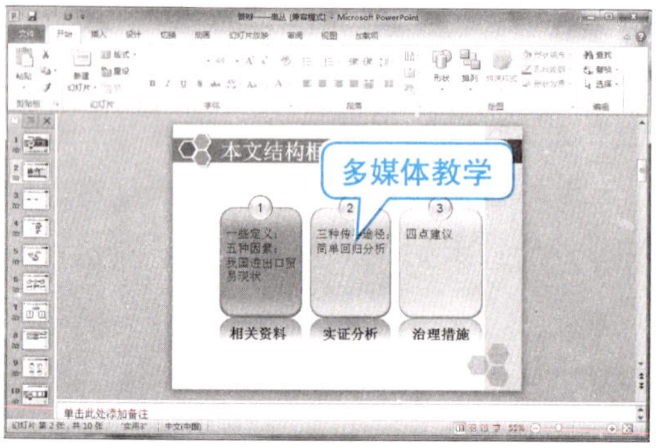

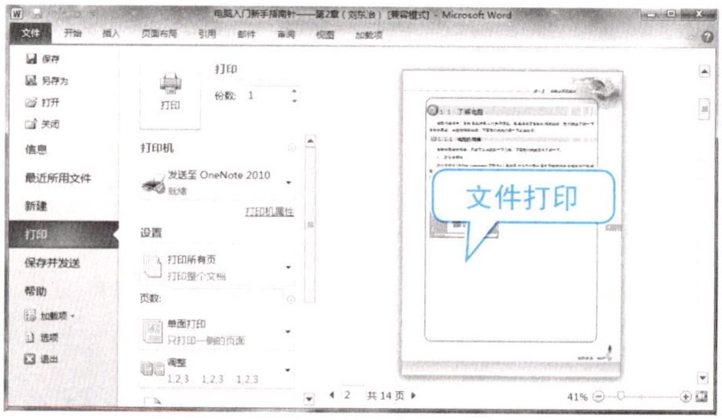

2. 辅助设计

计算机辅助设计（Computer Aided Design）简称CAD，利用计算机及其图形设备帮助设计人员进行设计工作。在工程和产品设计中，计算机可以帮助设计人员担负计算、信息存储和制图等工作。在设计中通常要用计算机对不同方案进行大量的计算、分析和比较，以决定最优方案；各种设计信息，不论是数字的、文字的或图形的，都能存放在计算机的内存或外存里，并能快速地检索；设计人员通常用草图开始设计，将草图变为工作图

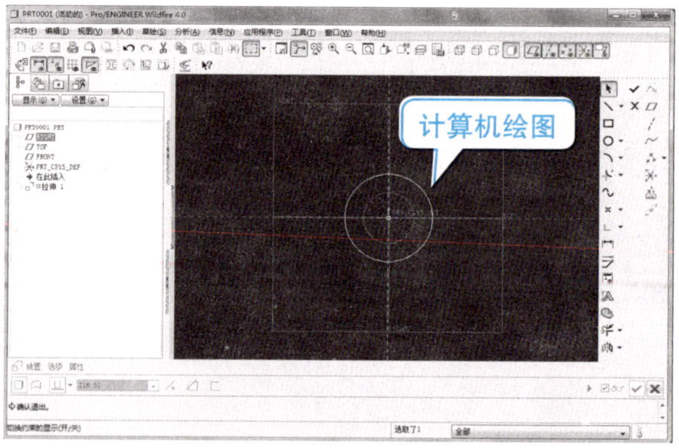

视野拓展

计算机的辅助设计应用也越来越广泛，而且正在往智能化的方向发展。人们在使用计算机进行设计时，好的辅助设计软件可以将用户没有注意到的东西都给予提示。

的繁重工作可以交给计算机完成；利用计算机可以进行图形的编辑、放大、缩小、平移和旋转等有关的图形数据加工工作。

3. 网上娱乐

电脑不仅在工作和学习方面给了人们很大帮助，在娱乐方面的应用也是丰富多彩的，我们可以用电脑听歌曲、看电影、玩游戏、收看网络电视等。这些都极大地丰富了人们的生活。

注意：虽然网络娱乐十分丰富，但是不要沉迷于网络游戏。

1.1.2 电脑的分类

计算机也称为电脑，按照其用途可分为通用计算机和专用计算机。

按照1989年由IEEE科学巨型机委员会提出的运算速度分类法，可分为巨型机、大型机、小型机、工作站和微型计算机。按照所处理的数据类型可分为模拟计算机、数字计算机和混合型计算机等。

1. 大型通用机

这类计算机具有极强的综合处理能力和极大的性能覆盖面。在一台大型机中可以使用几十台微机或微机芯片，用以完成特定的操作。可同时支持上万个用户，可支持几十个大型数据库。主要应用在政府部门、银行、大公司、大企业等。

2. 巨型机

巨型机有极高的速度、极大的容量。用于国防尖端技术、空间技术、大范围长期性天气预报、石油勘探等方面。目前这类机器的运算速度可达每秒百亿次。这类计算机在技术上朝两个方向发展：一是开发高性能器件，特别是缩短时钟周期，提高单机性能。二是采用多处理器结构，构成超并行计算机，通常由100台以上的处理器组成超并行巨型计算机系统，它们同时解算一个课题，以达到高速运算的目的。

视野拓展

由于苹果触摸屏电脑的出现，加速了电脑的更新换代、给予了电脑一条新的发展思路使得电脑的操作更加人性化。

3. 小型机

小型机的机器规模小、结构简单、设计试制周期短，便于及时采用先进工艺技术，软件开发成本低，易于操作维护。它们已广泛应用于工业自动控制、大型分析仪器、测量设备、企业管理、大学和科研机构等，也可以作为大型与巨型计算机系统的辅助计算机。近年来，小型机的发展也引人注目。特别是RISC（Reduced Instruction Set Computer缩减指令系统计算机）体系结构，顾名思义是指令系统简化、缩小了的计算机，而过去的计算机则统属于CISC（复杂指令系统计算机）。RISC的思想是把那些很少使用的复杂指令用子程序来取代，将整个指令系统限制在数量甚少的基本指令范围内，并且绝大多数指令的执行都只占一个时钟周期，甚至更少，优化编译器，从而提高机器的整体性能。

4. 微型机

微型机技术在近10年内发展速度迅猛，平均每2～3个月就有新产品出现，1～2年产品就更新换代一次。平均每两年芯片的集成度可提高一倍，性能提高一倍，价格降低一半。目前还有加快的趋势。微型机已经应用于办公自动化、数据库管理、图像识别、语音识别、专家系统，多媒体技术等领域，并且开始成为城镇家庭的一种常规电器。

1.1.3 电脑的选购常识

随着信息化时代的来临，现在有越来越多的家庭已经或准备购买电脑了，这无疑是一件好事；不过，电脑和一般的家用电器可是完全不同的，不仅有不同的品牌电脑，而且还有五花八门、各具特色的兼容机存在，这就给一般的用户，特别是不懂电脑的用户带来了选择上的困难：买品牌机的话，担心它的价格昂贵；买兼容机的话，又担心它的质量没有保证。那么，不懂电脑的用户究竟如何才能选购到一台称心如意的电脑呢?

1. 你究竟需要一台什么样的电脑?

在准备采购电脑之前，你首先应当问问自己：我买电脑最主要是用来做什么，准备在这上面花多少钱? 这才是正确的选购思路；而不是上来就考虑购买品牌机或兼容机这样的问题，把自己搞得七荤八素，找不到北；要知道，明确购买电脑的目的是最主要的，至于购买品牌机还是兼容机，只不过是一种手段而已。

2. 购买品牌机还是兼容机?

购买品牌机还是兼容机? 严格说来，在PC机中除了IBM一家之外，其他的一概都属于兼容机，或者说是IBM PC系列微机的兼容机。不过为了与中小装机商和个人组装的电脑相区别，大

视野拓展

如果用户选购电脑时感觉还是没有太多思路，可以参考品牌机的配置，然后选购一台和品牌机配置相同的兼容机。

型兼容机厂商生产的电脑我们也称之为品牌机，像康柏、惠普、联想、方正等所生产的电脑均在此列。对于电脑的初学者来说，还是买品牌机较好。因为品牌机有较好的质量保证，一般都是保修3年，而且在各个城市都会有服务站，在电脑出问题的时候能够及时得到解决。

3. 你准备买电脑的预算是多少?

在品牌机和兼容机之中，兼容机的价格要比品牌机稍微便宜一点。现在市场上的台式兼容机一般在2500元左右，品牌机一般在3000元左右，还是有一定价格差距的。其次如果选择笔记本电脑，那就只能选购品牌机了，现在的笔记本电脑的价格参差不齐，一般都在4000元以上。所以读者要通过自己的预算和需要用电脑来做些什么，以确定自己选购电脑的价位。

提示： 现在市场上其实流通的主要电脑都是笔记本电脑，但是一般从运行速度上来看笔记本电脑与台式电脑还是有一定差距的，如果没有特别的需要，家用还是选择台式电脑比较好，既经济又实惠。

1.2 电脑的组成

一个完整的电脑系统由硬件和软件两大部分组成。下面就对它们进行分类介绍。

1.2.1 电脑的硬件

电脑的硬件有很多组件构成，它们组装在一起，完成输入、处理、储存、和输出4个功能。因此，可根据它们各自完成的功能，将其分为5类。①输出设备：显示器、打印机、音箱等。②输入设备：鼠标、键盘、摄像头等。③中央处理器。④储存器：内存、硬盘、光盘、U盘以及储存卡等。⑤主板：在各个部件之间进行协调工作，是一个重要的连接载体。

1. 输出设备

输出设备是计算机的终端设备，用于接收计算机数据的输出显示，打印、声音、控制外围设备操作等。也是把各种计算机结果数据或信息以数字、字符、图像、声音等形式表示出来。显示器、打印机、绘图仪、影像输出系统、语音输出系统、磁记录设备等都属于输出设备。

视野拓展

在选购电脑时，用户要注意各个硬件之间的配合。比如一个主频较大的CPU一定要有较大的内存和一个显存较大的显卡，这样才能充分发挥CPU的性能。

2. 输入设备

向计算机输入数据和信息的设备，是计算机与用户或其他设备通信的桥梁。输入设备是用户和计算机系统之间进行信息交换的主要装置之一。键盘、鼠标、摄像头、扫描仪、光笔、手写输入板、游戏杆、语音输入装置等都属于输入设备。输入设备是人或外部与计算机进行交互的一种装置，用于把原始数据和处理这些数据的程序输入到计算机中。计算机能够接收各种各样的数据，既可以是数值型的数据，也可以是各种非数值型的数据，如图形、图像、声音等都可以通过不同类型的输入设备输入到计算机中，进行存储、处理和输出。

3. 中央处理器

中央处理器（英文Central Processing Unit，CPU）是一台计算机的运算核心和控制核心。CPU、内部存储器和输入/输出设备是电子计算机三大核心部件。电脑中所有操作都由CPU负责读取指令，对指令译码并执行指令，所以是核心部件。其功能主要是解释计算机指令以及处理计算机软件中的数据。所谓的计算机的可编程性主要是指对CPU的编程。CPU由运算器、控制器和寄存器及实现它们之间联系的数据、控制及状态的总线构成。几乎所有的CPU的运作原理都可分为4个阶段：提取（Fetch）、解码（Decode）、执行（Execute）和写回（Writeback）。

4. 储存器

储存器具有记忆功能，用来保存信息，如数据，指令和运算结果等等。它可以分为外储存器和内储存器两种。

1）内储存器（内存）

内储存器直接与CPU相连接，储存容量较小，但速度快，用来存放当前运行程序的指令和数据，并直接与CPU交换信息。内储存器由许多储存单元组成，每个单元能存放一个二进制数或一条由二进制编码表示的指令。内储存器是由随机储存器和只读储存器构成的。

2）外储存器（外存）

外储存器是内储存器的扩充。它储存容量大，价格低，但储存速度慢，一般用来存放大量暂时不用的程序，数据和中间结果，需要时，可成批的与内存进行信息交换。外存只能与内存交换信息，不能被计算机系统的其他部件直接访问。常用的外存有磁盘、磁带、光盘等。

5. 主板

主板，又叫主机板（mainboard）、系统板（systemboard）或母板（motherboard）；它安装在机箱内，是微机最基本的也是最重要的部件之一。 主板一般为矩形电路板，上面安装了组成计算机的主要电路系统，一般有BIOS芯片、I/O控制芯片、键盘和面板控制开关接口、指示灯插接件、扩充插槽、主板及插卡的直流电源供电接插件等元件。

视野拓展

在用户使用大型软件或者是系统时，软件都会给出对电脑硬件的最低要求。如Windows7系统要求CPU的主频在1000赫兹以上，内存在1G以上，硬盘剩余空间大于16G等等。

1.2.2 电脑的软件

电脑软件（ComputerSoftware）是指计算机系统中的程序及其文档。程序是计算任务的处理对象和处理规则的描述；文档是为了便于了解程序所需的阐明性资料。程序必须装入机器内部才能工作，文档一般是给人看的，不一定装入机器。

软件是用户与硬件之间的接口界面。用户主要是通过软件与计算机进行交流。软件是计算机系统设计的重要依据。为了方便用户，使计算机系统具有较高的总体效用，在设计计算机系统时，必须通盘考虑软件与硬件的结合，以及用户的要求和软件的要求。

一台电脑的软件与硬件是相辅相成的关系，如果用户使用一些高级软件，当然相应的硬件配置也要高一些了。举个简单的例子，硬件相当于一部F1赛车，软件相当于一个F1车手，要想取得满意的比赛成绩，就要求赛车的配置要高，车手的驾驶技术要好。赛车好，车手差，那么赛车的性能就体现不出来，相反赛车差，车手强，车手的技术就无用武之地。好的硬件就要有好的软件来管理才能发挥出电脑的最高性能。

1.3 电脑的简单组装

前面我们已经了解电脑的组成了，但是如果拿到一些硬件设备，我们又如何将它们组装到一起呢？下面我们就来介绍如何将它们组装起来。

1.3.1 显示器的链接

显示器是电脑的输出设备之一，它的连接有两根连线组成，一根是信号线，一根是电源线，下面我们就来介绍显示器的连接。

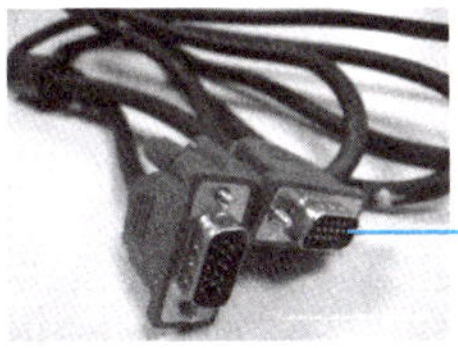

这个就是信号线了，这是一个15针的信号线，也是我们最常见的信号线

这个就是电源线了，插头一面与插座连接，另一端与显示器连接

博学先生，软件和硬件都有了，是不是意味着它们就是独立的关系了？

呵呵，当然不是了。既然软件和硬件作为一个整体，那么软件和硬件就是相辅相成的关系，可以简单地讲解一下。

博学先生，这回我明白一点它们的关系了。

呵呵，等以后如果你成为了一个电脑高手，你将更加清楚它们的关系的。

视野拓展

随着计算机的发展，中国在大型计算机的研发上也处于了领先地位。如曙光5000A高性能计算机是国家863计划高性能计算机及其核心软件重大专项支持的研究项目，是面向网络的高性能计算机，可以为网络提供计算服务，同时也是面向信息服务的超级服务器，可以提供多目标的系统服务。

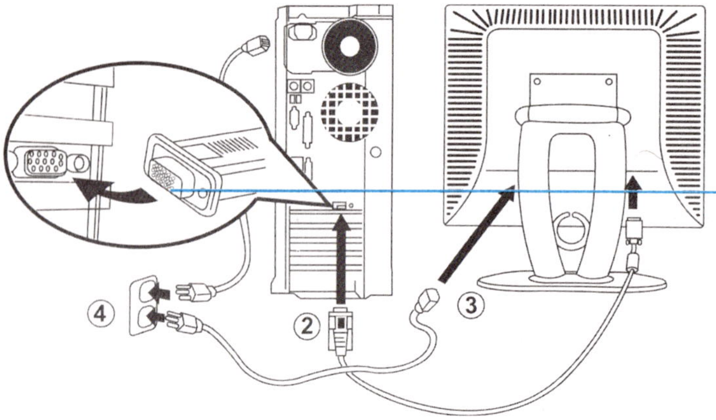

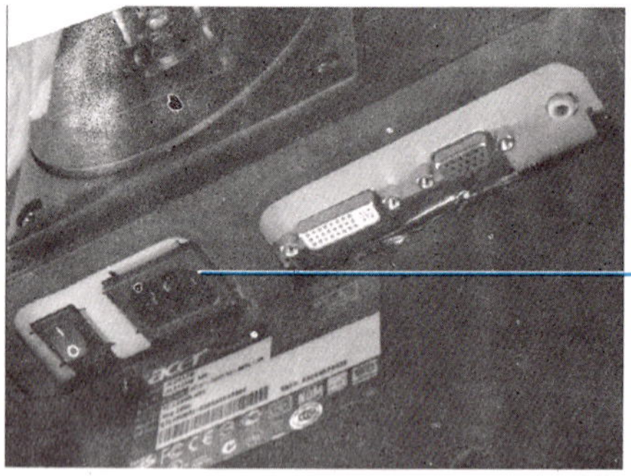

1.3.2 键盘鼠标的连接

键盘与鼠标是电脑的输入设备，在电脑主机的后方，键盘与鼠标的接口是在一起的。下面介绍如何连接鼠标与键盘。

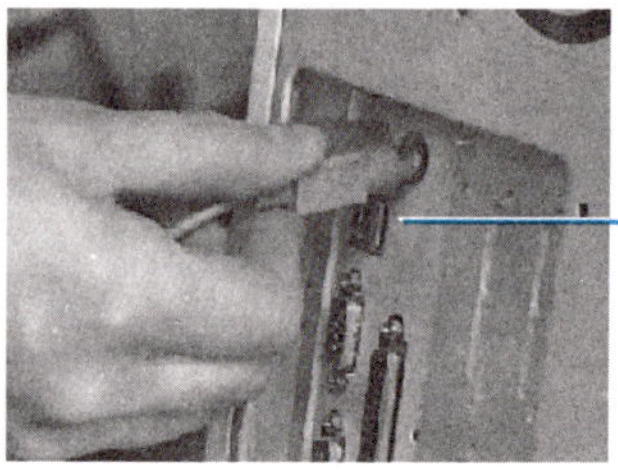

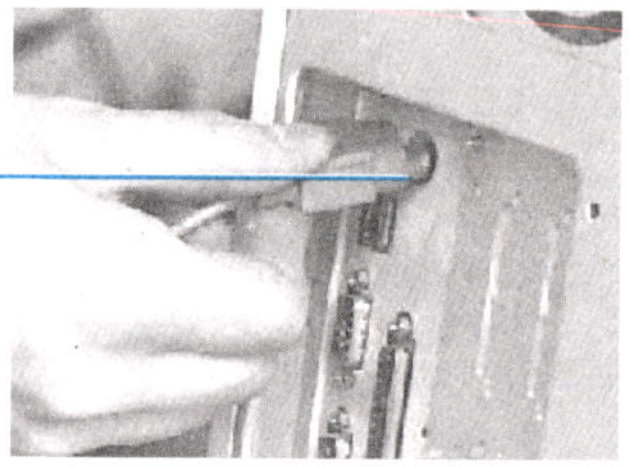

1.3.3 主机的连接

电脑主机的后部插口繁多，其中主机电源插口用于连接主机与电源，音频插口用于连接音箱或者麦克，USB插口是一个多功能的插口，主要连接像U盘、移动硬盘等设备。

视野拓展

（1）曙光5000A系统的计算节点机采用四路四核AMD Barcelona (主频2.0GHz)处理器，每个节点64GB内存，胖节点机采用八路四核AMD Barcelona(主频 2.0GHz)处理器，每个节点128GB内存。

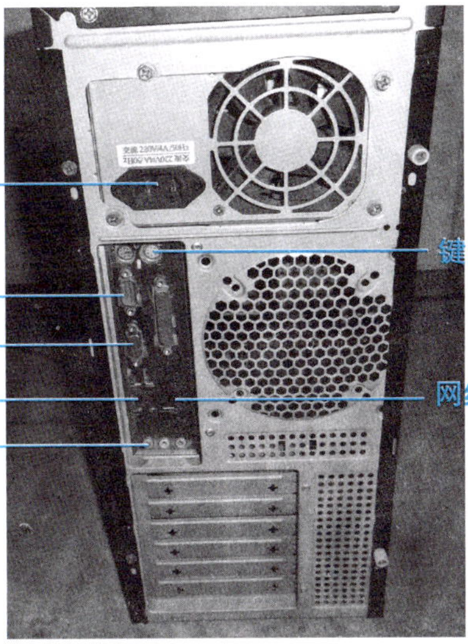

提示： USB插口用处很大，除了上面提到的U盘、移动硬盘，有的鼠标、键盘也是可以连接到USB插口上的。

1.4 第一次开启电脑

前面已经讲过电脑的连接，连接好了，我们就可以开启电脑了，下面就来介绍电脑的开启与关闭。

1.4.1 电脑的开启

开启电脑是用户使用电脑的第一步，下面我们就来看看电脑是如何开启的。

操作步骤

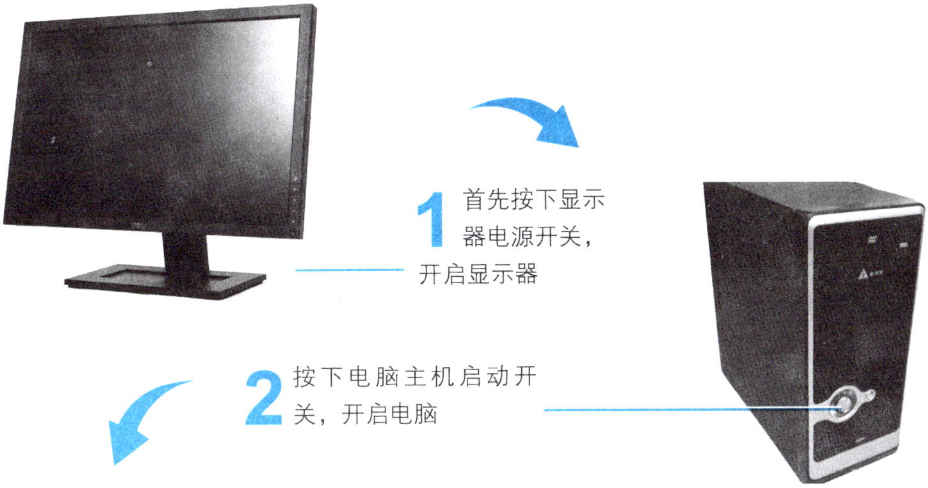

视野拓展

（2）整个系统由1650个节点组成庞大机群，共有6000颗CPU与100T海量内存，其理论浮点峰值为每秒230万亿次，采用20GB，延迟小于1.3us的Infiniband高速网络进行互联，采用了WCCS + SuSe Linux 双操作系统

3 电脑在按下主机启动开关后开始自动运行，屏幕会经过一系列的画面最后到达桌面，这时就可以开始操作电脑了

注意：

- 关机后电脑不要马上启动，否则有可能损坏部件，如果短时间离开可以使用待机和睡眠模式。
- 计算机启动后，最好不要在开机状态下拔掉电源，这种强行关机也会损害电脑，或丢失数据。

1.4.2 电脑的关闭

前面了解了电脑的开启，但是如何关闭电脑呢？下面我们就来介绍如何关闭电脑。

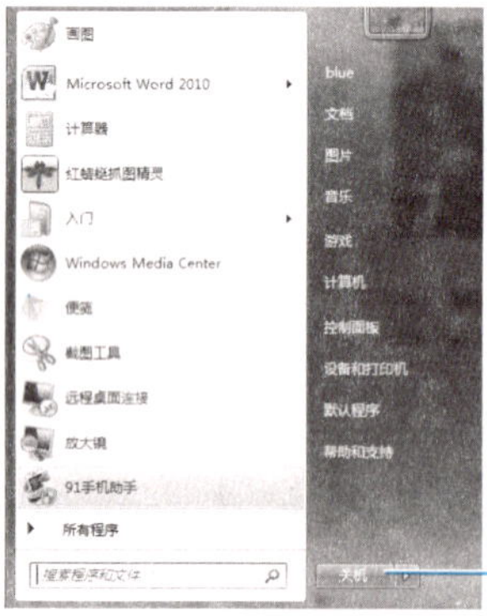

单击桌面“开始”按钮，在打开的菜单中单击关机图标，电脑就会自动关闭了。

1.5 本章小结

本章介绍了电脑的一些基本知识，读者需要掌握电脑的开启与关闭、连接、组成等。这些都是在学习电脑之前必须掌握的知识。在第2章我们将进一步了解电脑的使用。

1.6 趁热打铁

现在让我们来做一些练习检验一下自己的学习吧。

视野拓展

计算机其实主要就是用来代替人们进行许多重复性的工作，节省时间，提高效率。比如使用Excel工作软件就可以对数据进行筛选，在许多数据中，提取有用的部分。这样的工作人类自己计算的话也许需要几周的时间，而计算机只需要几分钟甚至几秒钟就可以轻松搞定。

1.6.1 选择题

1. 下列选项中不属于电脑的输出设备的是（　　）。

A. 显示器　　B. 打印机

C. 键盘和鼠标　　D. 音箱

2. 下列选项中属于储存设备的是（　　）。

A. 内存　　B. 主板

C. 光驱　　D. 硬盘

3. 下列选项中不属于硬件的是（　　）。

A. 声卡　　C. 显卡

C. 纸牌游戏　　D. 显示器

1.6.2 实践题

1. 动手尝试连接电脑。

2. 尝试启动和关闭电脑。

视野拓展

当今，计算计的发展向着高运算次数、高稳定性、高智能化的方向发展。学习计算机知识对于读者来说也就更加重要了。

读书笔记

其他选项卡也有设置说明，用户可以根据说明来设置鼠标。这里只介绍鼠标键的设置，其他设置类似，读者可以自己试试。

2.3 学会使用鼠标

通过前面的介绍我们对鼠标已经有了一定的了解，下面介绍如何正确使用鼠标。

2.3.1 鼠标的正确握法

操作鼠标时，一般是用右手握鼠标，因此，通常将鼠标放在电脑显示器的右侧，并置于鼠标垫上。

鼠标的正确握法为：右手食指和中指分别轻放于鼠标左、右键上，拇指的指肚轻贴于鼠标左侧，无名指和小指轻放于鼠标右侧，整个手握住鼠标，掌心轻轻贴住鼠标后部，手腕自然垂放在桌面上。移动鼠标时拇指、无名指和小指轻轻握住鼠标，同时手腕运动。

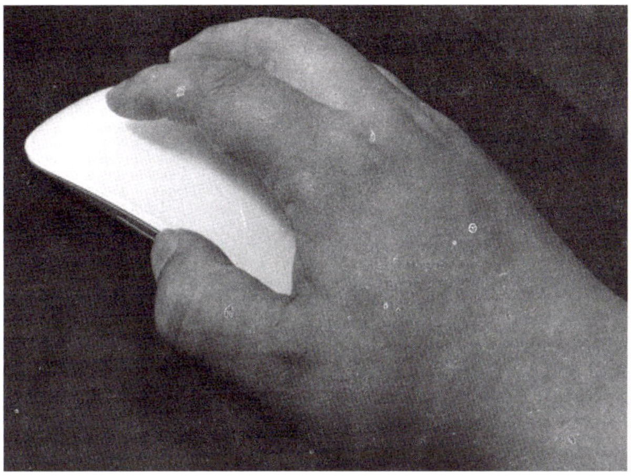

2.3.2 鼠标与光标

启动电脑进入Windows 7操作系统界面之后，你会发现桌面上有一个小箭头，当握住鼠标移动的时候，它就会随之移动，这个就是鼠标指针。当鼠标在桌面上移动的时候，指针也会随之移动。方向与鼠标移动相同。当用户移动到不同窗口或者进行不同操作的时候，光标会随之变化。下面我们就来看看各种不同的指针的含义是什么吧。

视野拓展

养成一个好的鼠标使用习惯，加之一个符合人手结构的鼠标，会使用户使用鼠标更加便利舒服。

形　状	含　义
	正常选择，表示可以执行选定、打开对象等一般操作
	帮助选择
	后台运行忙，表示当前指令还未执行完毕，需要等待
	代表系统运行中，需要等待
+	精确选择，一般用于在绘图时定位
I	选定文本，表示可以选定光标前后的文字
	不可用，表示任何操作都不起作用
	表示可以上下、左右、或者对角调整对象大小
	移动，表示可以移动选中对象
	链接选择，表示单击可以进入另一个链接，在网页中常见

2.3.3　鼠标的基本操作

前面我们了解了各种鼠标指针所代表的含义，这些都是在使用鼠标操作电脑的前提下出现的。鼠标的操作主要包括移动鼠标指针、指向、单击、双击、右键单击（右击）、拖动、滚动鼠标滚轮7种操作。下面我们就来了解一下鼠标的使用。

1. 移动鼠标指针

移动鼠标指针就是握住鼠标在鼠标垫上移动鼠标，使电脑屏幕上的指针随着鼠标的移动而移动，最后到达用户指定的位置。这个操作是鼠标操作中最基本的操作。

2. 指向

指向是指不按动鼠标任何按键的情况下，移动鼠标指针到某一个对象。

这个就是鼠标指向操作，当鼠标移动到指定对象的时候，停留就会出现相应的信息提示

3. 单击

单击是指将鼠标指向某个对象后，食指单击一下鼠标左键，然后马上松开。单击操作是用户使用电脑的时候应用最多的操作。

视野拓展

在Windows7系统中一般很少出现死机状况，不过当用户发现点击鼠标或敲击键盘计算机都没有反应时，用户最好耐心等待。当计算机运行一会之后就会恢复正常。

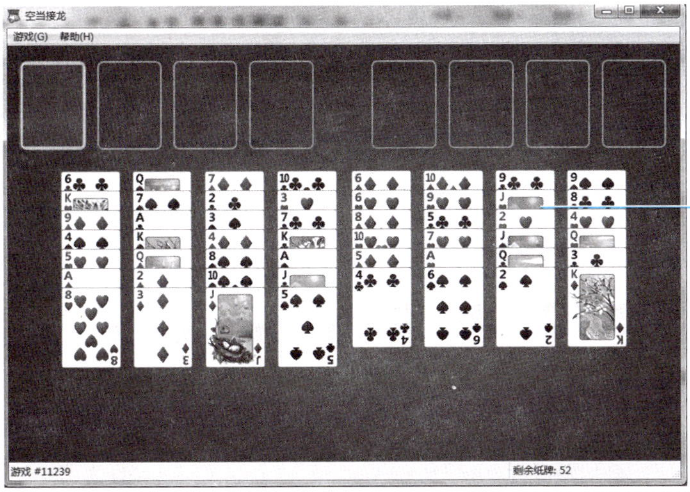

4 打开空当接龙游戏后就可以开始游戏了

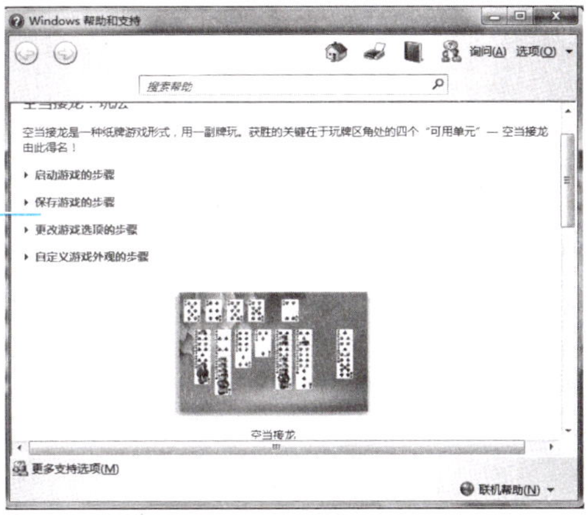

5 用户不了解游戏规则可以在空当接龙下面单击键盘上的F1键，开启“帮助和支持”，它会告诉用户该游戏的游戏规则

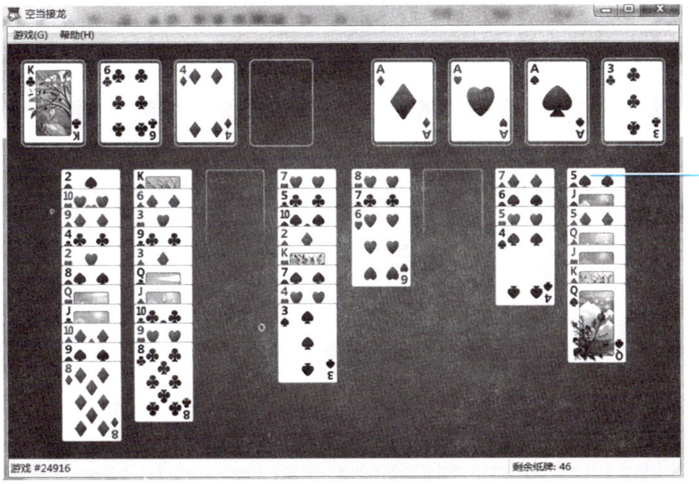

6 这个游戏单击可以选中需要移动的牌，拖动操作可以将选中的牌移动到指定位置，右击空白位置，游戏会自动将牌移动到上面的位置

用户通过游戏可以练习移动鼠标的操作，经过几局游戏之后，相信都会熟悉鼠标的操作了。

哈哈，原来Windows7操作系统中还提供游戏？

呵呵，是啊！通过游戏就使鼠标操作不再枯燥。

视野拓展

用户在使用鼠标出现误操作时，可以根据需要使用键盘上的ESC键放弃操作或松开鼠标键，敲击键盘上的Ctrl+Z键返回前一状态。方便快捷。

2.4 键盘分类

键盘是迄今为止最常用、最普通的输入设备，它是用户与计算机之间进行联系和对话的工具，主要用于输入字符信息。键盘的种类繁多，自IBM PC机推出以来，键盘有了很大的发展，目前常见的键盘有101键、104键、107键、带有光标跟踪球的多功能键盘，以及配备手写板的多功能键盘等。带跟踪球的多功能键盘常用于便携式电脑，位于键盘上的跟踪球不需要占用额外的空间，且兼有键盘和鼠标器的双重功能。

键盘主要的目的不外乎输入各项信息，而信息又包括“文字信息”与“控制命令”2种。文字输入，就是输入一篇文章、一段文字、甚至一个字符；至于命令输入，则是指输入控制信息，例如开机按下Del键进入BIOS或是在Windows的开机过程中以F8键来选择启动模式等都属于命令输入。所以键盘看似平凡，但在电脑操作中所扮演的角色可是功不可没的。

虽然键盘在电脑发展过程中的变化不大，不过种类却是五花八门，无论在外型、接头和内部构造上，均有不同的设计。

1. 依接头区分

键盘所用的接头，在外观上可分为PS/2插头及USB插头，这2种除了外型大小、对应的插座不同外，在功能上并无区别。

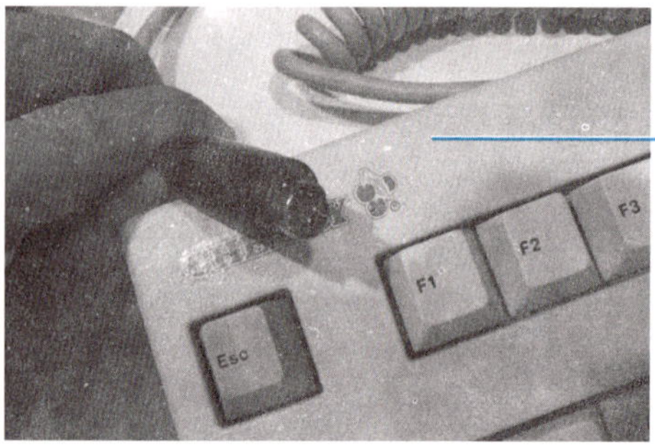

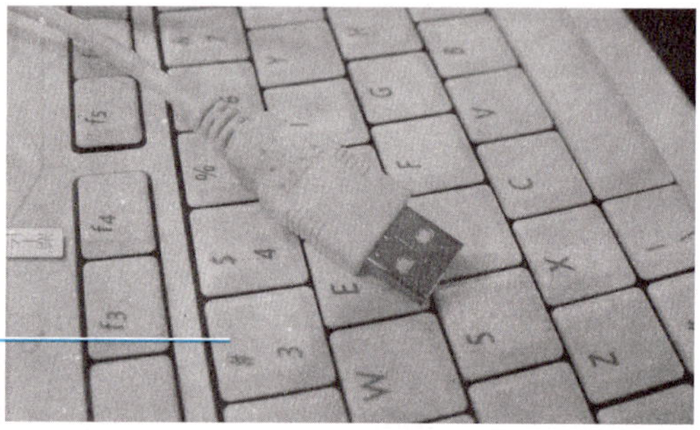

2. 依外型区分

键盘的造型变化不大，传统的矩形依然是市场主流，但近年也出现所谓人体工学造型键盘。所谓的人体工学造型，乃是指双手放在键盘上时，不需弯曲手腕以适应键盘上按键的位置，而是将键盘按键依照双手自然放置的方向来安排。人体工学键盘在外形上呈现弧形，不同于传统矩形键盘，也有人称为蝴蝶键盘或海湾形键盘。

视野拓展

由于USB借口的广泛应用，USB键盘已经占据了市场上主要的份额。用户可以发现USB接口可以连接输入设备，也可以连接储存设备，如移动硬盘、闪存等。它的应用越来越广泛。

3. 依内部构造区分

依照按键的构造不同，键盘可区分为机械式与薄膜式两种：

- 机械式

顾名思义，组成机械式键盘的按键，为独立的微动开关，每个开关控制不同的信号；而根据微动开关不同，又可区分为单段式与两段式2种。这类键盘的特点在于每个微动开关都是独立的，维修时只要将坏掉的微动开关更换掉即可，这在键盘的高价时代相当重要。

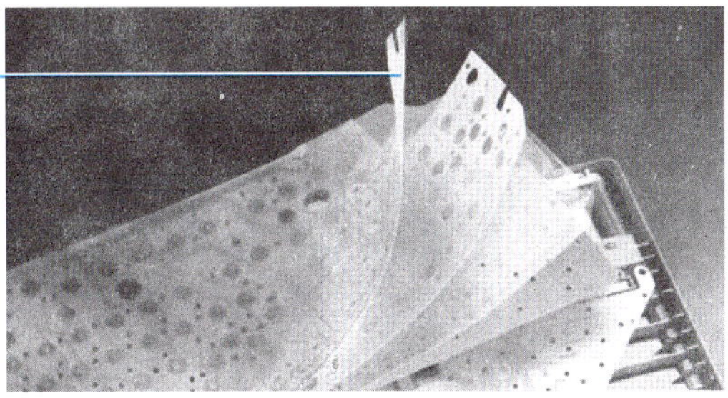

- 薄膜式

薄膜式键盘内部是一片双层胶膜，胶膜中间夹有一条条的银粉线，胶膜与按键对应的位置会有一碳心接点，按下按键后，碳心接触特定的几条银粉线，即会产生不同的信号；就如机械式键盘的按键一样，每个按键都可送出不同的信号。 这种键盘的特点在于按键时噪声较低，每个按键下面的弹性硅胶都做了防水处理，万一你不小心将水倒在键盘上，也不易造成键盘的损坏，因此薄膜键盘又称为无声防水键盘。

4. 方便的无线传输键盘

顾名思义，无线键盘是通过无线传输与电脑连接。少了线的羁绊，您可以随意移动键盘到适当的位置，享受不再当“线民”的自由自在。

视野拓展

最通常的英文与数字键位设计方案就是俗称的“QWERTY”柯蒂键盘。这是Christ opher Latham Sholes于1868年发明的键位方案。

无线传输键盘与键盘的接收器

5. 多功能键盘

市面上有些键盘除了一般标准按键外，还多出一些功能键，只要安装好专属的驱动程式，就可以直接利用这些按键启动应用程式（如IE、Outlook Express、CD播放程式）或是执行相关功能（如播放、上一页、调整音量等）。这样的好处是你不必用滑鼠移于桌面中，就能立即使用特定程序并操作之。

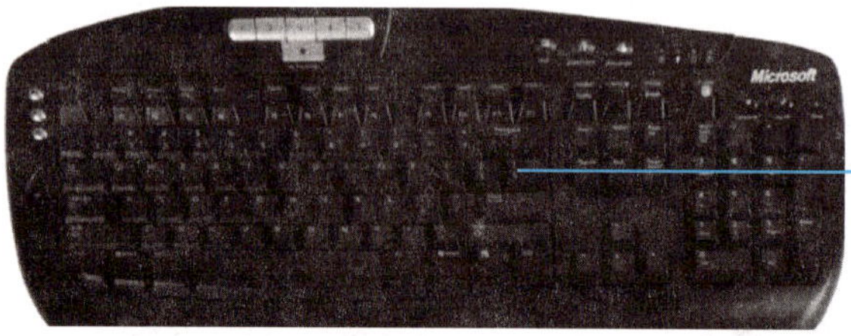

多键键盘，这个键盘中包括了音乐播放、暂停等功能键

2.5 设置键盘

前面介绍鼠标时讲过如何设置鼠标，同样作为输入设备的键盘，Windows 7操作系统也是可以对键盘进行设置的。下面我们就来介绍如何对键盘进行设置。

操作步骤

1 双击桌面“计算机图标”进入我的电脑

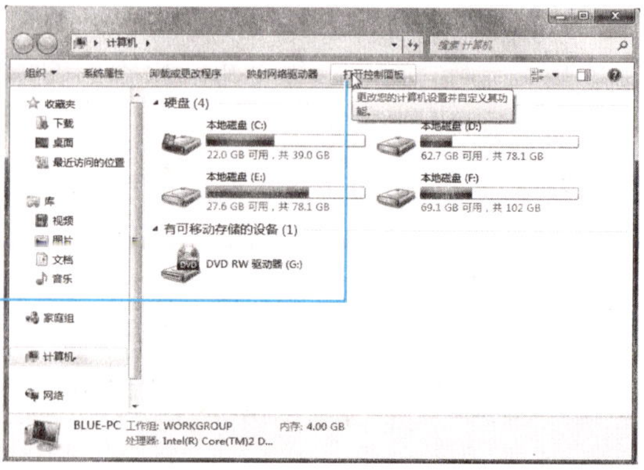

2 在“计算机”窗口中选择“打开控制面板”

视野拓展

许多文章中说柯蒂键盘主要的设计目的就是使击键的速度不至太快。不过在这些文章中的说法有一个小小的错误，这就是——柯蒂键盘的键位设计并不是要“使击键的速度不至太快导致卡住”，而是“在不至卡住的前提下尽量提高打字速度”。

3 改变查看类型，在出现的所有计算机设置中找到“键盘”，鼠标双击

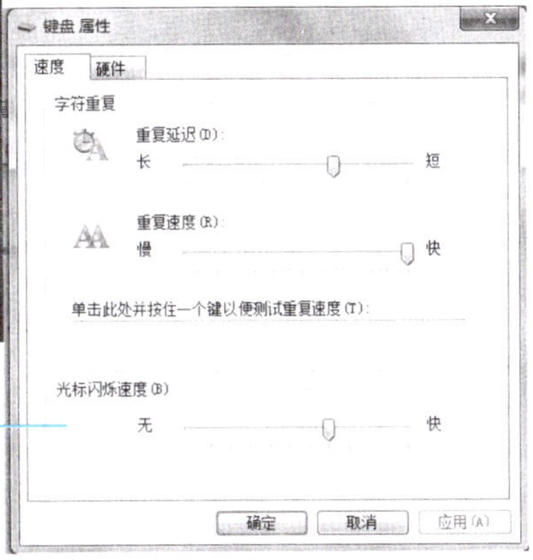

4 在弹出的窗口中单击速度选项卡，就可以对键盘进行设置了

2.6 学会使用键盘

键盘是电脑主要的输入设备之一，用户通过键盘可以输入字母、符号和数字等，此外还可以使用键盘发布系统指令等。对于初学者来说，开始操作键盘会比较吃力，主要原因是对键盘的区分和指法等不了解，下面我们就来学习吧。

2.6.1 认识键位分布

按照各类键盘的功能和排列位置，可以将键盘分为4个部分：主键盘区、功能键区、光标控制区和小键盘区。

视野拓展

各种语言的键盘基本都是在英文键盘的基础上改变而成的，大部分键的排列方式都和英文键盘相差不远，只有一些细微的差别，例如英国键盘上的美元符号变成了英镑符号，而德文键盘上的子母Y和Z互换了位置。

1. 功能键区

功能键区位于键盘顶端，有Esc键、F1~ F12键以及Power、sleep和Wake up 3个电源控制组成。

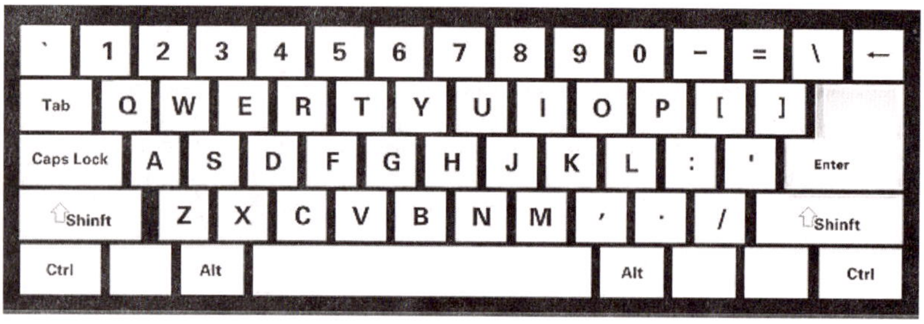

- Esc：该键的主要功能是取消某项操作或退出程序。
- F1~ F12：这12个键在不同的软件中有不同的意义。F1键一般都是帮助文件。此外，这些键还常与其他控制键组合使用，例如Alt+F4快捷键可以关闭当前程序。
- Power：电源键，按下该键将关闭电脑电源。
- sleep：睡眠键，按下该键可以使电脑处于睡眠状态。
- Wake up：唤醒睡眠键，按下该键可以使电脑从睡眠状态恢复到初始状态。

2. 主键盘区

主键盘区是主要的数据输入区域，由数字键、标点符号键、字母键以及其他一些特殊的控制键组成。

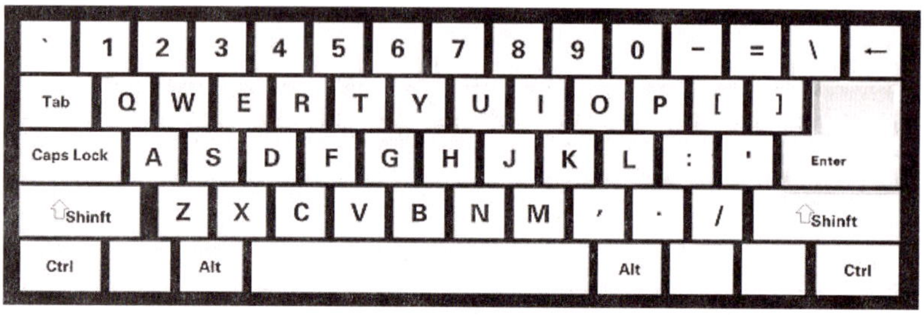

数字键包括0~9共10个按键，标点符号键包括各种标点和符号。数字键和标点符号键都是双字符键，每个按键上都标有上下两个字符。如果想要输入标点，按住Shift键再按下数字键，就可以输入上面的标点了。例如：Shift +1组合按下就会打出感叹号“！”。

主键盘区中间最大的一块区域就是字母键位区。字母键的键面印有英文字母，包括A~Z共26个字母键位。在输入字母时，直接按下字母键会输入小写的英文字母。如果按住Shift键不放再按下字母键则可以输入大写英文字母。

- Enter：中文名称为回车键。在编辑中，它的功能是另起一行。同时，在进行程序时，它也起着“确定”的作用。
- Spacebar：中文名称为空格键。位于主键盘区最下方，是所有键中最长的一个按键，编辑

视野拓展

（1）键位设计的另一个概念就是附属键位的设计，从最早的IBM PC 83键盘到现在主流的108键Windows98键盘，已经更新了几代，但总体上并没有根本性的变化。

中单击它可以输入一个空格。在输入法中，一般都将它设为选择第一个候选字词。

- Backspace：中文名称为退格键。它的主要作用是编辑中删除光标前一个字符。与之功能相反的是Delete键，此键的作用是删除光标后一个字符。
- Shift:上档键，用于输入双符号键的上面一个字符或者大写字母。
- Tab：中文名称为“制表键”。在输入编辑状态下，单击该键可以使光标向右移动一个大格。如果是在表格中，单击该键，可以使光标跳至下一个单元格的起始位置。在Word制表中，如果现在的光标位于表格最后一个单元格时，单击Tab键，它还会使表格自动增添一行。在任务窗格中单击Tab键具有选择下一个项目的作用。
- Caps Lock：它的中文名称叫大写字母锁定键，主要是将当前键盘锁定为英文大写输入状态。
- Ctrl：快捷键，该键常与其他键配合使用产生不同的功能。
- Alt：快捷键，该键常与其他键配合使用产生不同的功能。
- Win：该键位于Alt键和Ctrl键之间，标有Windows徽标，按下该键将会弹出“开始”菜单，该键也经常和其他键组合使用，例如：Win+E相当于直接打开“计算机”图标。

3. 光标控制键区

光标控制键区位于主键盘区的右侧，主要由光标移动键和页面操作功能键组成。光标控制键区中各键位的具体功能如下。

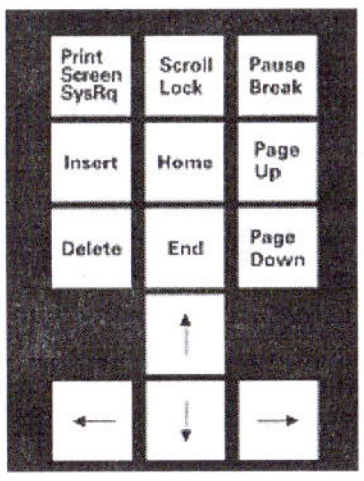

- Print Screen键：屏幕复制件，按下该键可以将当前屏幕内容以图标的形式复制到剪贴板中。
- Scroll Lock键：屏幕锁定键，一些软件会采用相关技术让屏幕自行滚动，按下此键可停止屏幕滚动。
- Pause Break键：暂停键，按下该键可使屏幕显示暂停，按回车键后屏幕继续显示。
- Insert键：插入键，用于进行插入和改写状态的转换。
- Delete键：删除键，按下该键将删除光标后面的一个字符。
- Home：首位键，按下该键光标将快速移至当前行的行首。
- End：末位键，按下该键光标快速移至当前行的行尾。
- Page Up键和Page Down键：分别为向上翻页键和向下翻页键。
- 方向键：按下相应方向键光标将向相应方向进行移动。

提示：

- Ctrl+Pause Break快捷键，可强行中止程序的运行。
- Ctrl+Home快捷键，可将光标移至整篇文档的首行行首。
- Ctrl+End快捷键，可将光标移至整篇文档的最后一行的行尾。

视野拓展

（2）虽然其中有一些诸如紧凑型的设计，但从市场反应来看是不成功的。由此可见，目前的键盘键位设计经过了多年的实践检验，已经是非常成熟的理想设计。

4. 数字键区

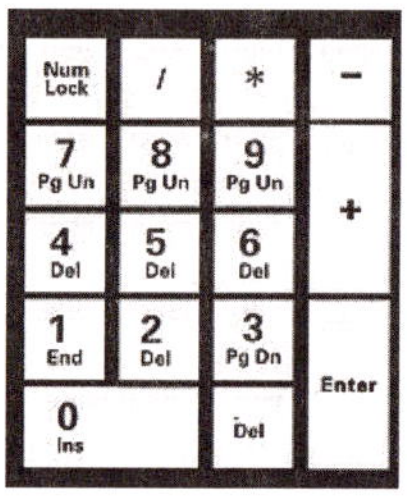

数字键区位于键盘的右侧，又称为“小键盘区”，主要用来输入数字和算术符号。数字小键盘区左上角有一个Num Lock键，通过该键可关闭或开启数字小键盘区。在关闭数字和小键盘区时，键盘右上方的指示灯熄灭，此时数字小键盘区内“2”、“4”、“6”、“8”这4个键的功能同光标移动键一样。

2.6.2 正确的打字姿势

标准，正确的打字姿势对身体各部位的健康有着重要的作用，建议读者仔细看看自己的打字姿势是否正确，如果你每日都长时间地坐在电脑前，那么一些不良的姿势会给你的身体带来极大的伤害。准备长时间工作在电脑前时，不妨选好设备，坐好姿势，为你的身体带来更多舒适，减轻各种隐疾的发生。每天爱自己多一点，就会让你的身体更棒，以更充沛的体力去迎接新的挑战。

（1）屏幕及键盘应该在正前方，不应该让脖子及手腕处于倾斜的状态。

（2）屏幕的最上方应比眼睛的水平低，且屏幕应该离你最少一个手臂的距离。

（3）要坐就坐直，不要半坐半躺，不要让身体处于角度不正的姿势。

（4）大腿应尽量保持与前手臂平行的姿势。

（5）手、手腕及手肘应保持在一条直线上，不该有任何一点的弯曲。

（6）脚应能够轻松平平放在地板或脚垫上。

（7）椅座的高度应调到与手肘有近90° 弯曲，而手指能够自然架在键盘的正上方。

（8）如果椅子设计本身没有护背曲线，请马上去买一个护背垫。要记得保持腰到背的那个曲线。现在办公人员都坐在椅子上太久，算是一种职业病。如果坐歪了那就更糟糕。

平坐在椅子上，腰背挺直，身体微向前倾，双腿自然平放在地上。桌椅高度要适当，人体与计算机键盘的距离在两拳左右（15～30cm左右）。手臂、肘、腕、两肩放松，肘与腰部距离5～10cm左右。小臂与手腕略向上倾斜，但是手腕不要拱起，手腕与键盘下边框保持一定的的距离（1cm左右），不要放在键盘上，也没必要悬得太高。

视野拓展

（1）最早的十字形方向键是微软第一代人体工学键盘上使用的，但随后就成为这一代产品中被人骂得最多的设计，十字形方向键位看起来很好看。

2.6.3 手指键位分工

1. 手指的摆放

基本键位是指打字键盘中间的A、S、D、F、J、K、L和；这8个键。将左手的小指、无名指、中指、食指和右手的食指、中指、无名指、小指的指端依次停留在这八个键位上，用以确定两手在键盘的位置和击键时相应手指的出发位置。两个大拇指自然地搭在空格键上。原点键也称盲打定位键，指F和J这两个键。这两个键的键面上都有一个凸起的短横条，可用食指触摸相应的横条标记以使各手指归位。只要左右手食指找到了F、J这两个键，其他手指马上就能找到自己的正确位置。

2. 各手指控制的按键

我们把打字键盘区上的键划分成几部分，每个手指负责其中的一部分。

左手食指负责：“4、5、R、T、F、G、V、B”8个键。

中指负责：“3、E、D、C”4个键。

无名指负责：“2、W、S、X”4个键。

小指负责：“1、Q、A、Z”4个键和“`、Tab、Caps Lock、Shift”4个键

右手食指负责：“6、7、Y、U、H、J、N、M”8个键。

中指负责：“8、I、K、，”4个键。

无名指负责：“9、O、L、。”4个键。

小指负责：“0、P、；、/”4个键和“—、=、\、Back Space、[、]、’、Enter、Shift”等键。

可以看出，小指负责的按键比较多，Shift、Alt、Ctrl等常用的控制键分别由左右手的小指负责，这些键有时候需要按住不放，同时另一只手再单击其他按键。两个大拇指专门负责空格键。

视野拓展

（2）但实际使用一下就会发现这种按键设计手指会别扭地挤在一起，无论在日常使用还是在游戏中都极不方便；特别是在赛车游戏中几乎没法玩下去。所以微软在此后的第二代产品中又改回了原来的设计。

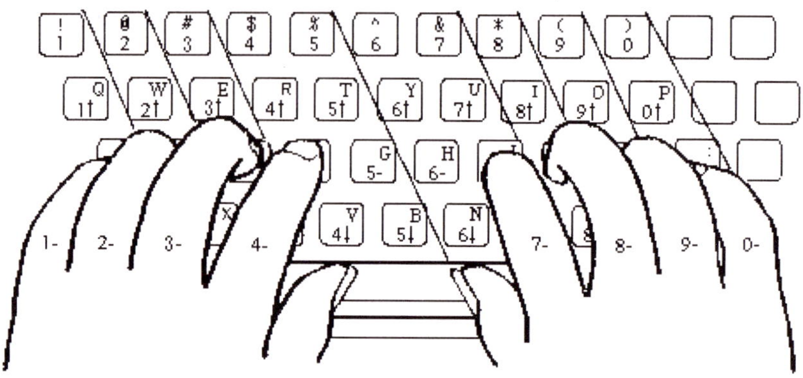

2.6.4 正确的单击方式

正确的击键方式有助于提高打字速度。操作键盘的正确击键方式为：手掌以腕为支点略向上抬起，手指略微抬起并保持弯曲，靠手腕和手指的配合动作来单击键盘，而不是靠手臂带动手来做动作。

- 以手指击键，而非指尖击键。击键时不可用力过猛，应轻快干脆，有节奏。
- 单击键盘时，只有击键手指才做动作，其他不相关手指放基准键位不动。
- 手指击键完毕后，立刻回到基准键位区的位置，准备下一次击键。

2.6.5 养成盲打的好习惯

盲打就是打字的时候不看键盘，这是打字员的基本要求，要想具有一定的打字速度，必须会盲打，而且盲打要求打字的人对于键盘有很好的定位能力。盲打的最基本方法是记住键盘指法。

初学者应该练习“盲打”，否则一旦养成错的习惯就很难纠正。要实现“盲打”首先要求操作者熟悉键盘键位，如果不熟悉每个键的位置，眼睛看着键盘击键，击键速度自然慢。初学者打字时，难免看着键盘找键位，应尽量避免这种坏习惯，试着记住键盘的键位，学习盲打。盲打不仅提高效率，也比较轻松省力。

2.6.6 使用“记事本”练习指法

我们已经了解了键盘的使用方法，下面我们来利用“记事本”功能，来看看我们对键盘的熟悉程度吧。

视野拓展

现在网络上提供了很多熟悉键盘的学打字软件，例如金山打字通。用户可以使用这些软件来帮助熟悉键盘键位。

操作步骤

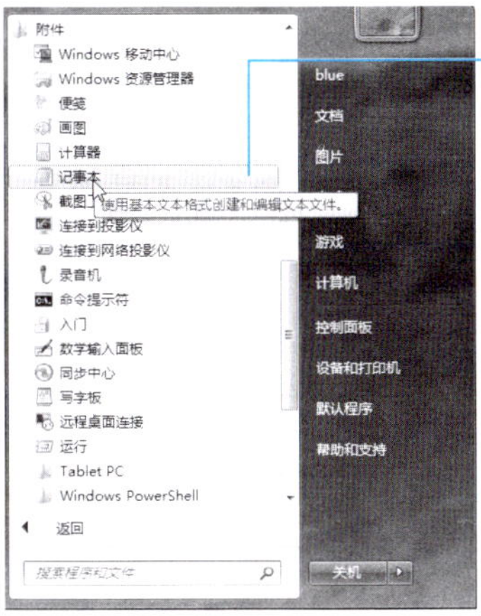

1 首先单击“开始”菜单，选择“所有程序”选项，打开“附件”中的记事本程序

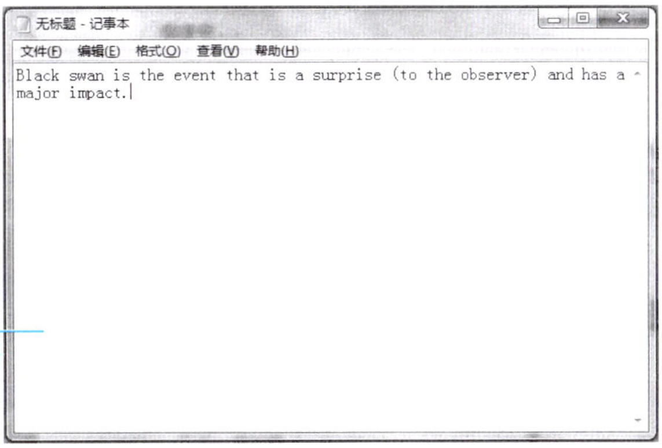

2 现在就可以在记事本中输入内容了，例如输入内容如图

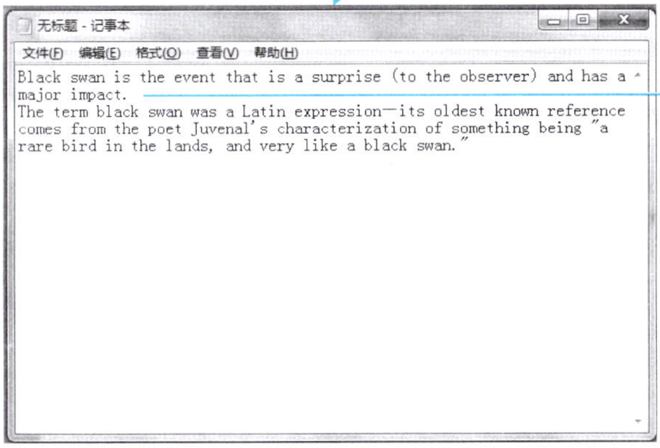

3 当输完一段后，单击回车键，就会换到下一行，每个单词输入完毕之后就可以单击空格键隔开，代表一个单词输入完毕

2.7 本章小结

本章主要学习了鼠标的分类，键盘的分类以及它们的使用方法。用户要掌握它们的使用方法。使用正确的打字姿势，养成盲打的好习惯，应用“游戏”和“记事本”功能巩固学习。

2.8 趁热打铁

现在让我们来做些练习吧。

视野拓展

键盘上的各种键的组合可以组成众多快捷键，用户可以根据书中介绍，简单熟悉一下快捷键的使用。

2.8.1 选择题

1. 要将当前屏幕内容以图片的形式复制到剪贴板中，应该按（　　）键。

A. Pause Break　　B. Insert

C. Print Screen Sysrq　　D. Scroll Lock

2. 键盘上的基键是（　　）。

A. A和K　　B. F和H

C. J和H　　D. F和J

3. 在使用键盘进行输入时，按（　　）键可以直接删除刚输入的文字。

A. delete键　　B. Enter键

C. 空格键　　D. Back Space键

2.8.2 实践题

1. 在系统桌面上使用鼠标对“回收站”图标执行指向、双击、拖动等本章介绍的操作。

2. 利用“记事本”熟悉键盘，输入下面的一段英文。

Confucius said: "Isn't it a pleasure to study and practice what you have learned? Isn't it also great when friends visit from distant places? If people do not recognize me and it doesn't bother me, am I not a Superior Man?"

[Comment] Superior Man is a common English translation for the Chinese term chun-tzu which originally means "Son of a Prince" —thus, someone from the nobility. In the Analects, Confucius imbues the term with a special meaning. Though sometimes used strictly in its original sense, it also refers to a person who has made significant progress in the Way（Tao）of self-cultivation, by practicing Rightness （or Justice）, by loving treatment of parents, respect for elders, honesty with friends, etc. Though the chun-tzu is clearly a highly advanced human being, he is still distinguished from the category of sage （sheng-jen）, who is, in the Analects more of a "divine being," usually a model from great antiquity.

视野拓展

键盘中作为组合键出现频率最高的有“Ctrl”、“Shift”、“微软徽章”，它们可以与其他按键组合组成众多快捷键，方便用户操作。

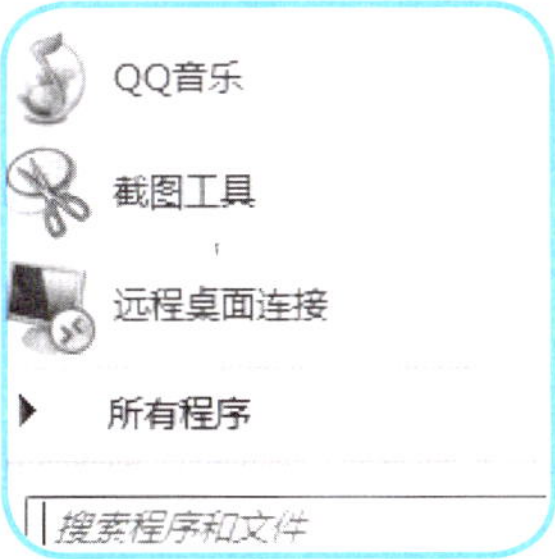

第3章

Windows 7快速入门

本章导读

作为目前最新的Windows操作系统，Windows 7操作系统具有界面美观、操作稳定等优点。本章主要对Windows 7的组成、桌面的基本操作、菜单的基本操作以及如何应用“帮助”等做出介绍。使用户对计算机有进一步的了解。

本章学习目标

- 熟悉Windows 7操作系统的窗口、菜单和对话框基本操作
- 熟悉Windows 7操作系统的工作界面

本章学习重点

- 能够掌握Windows 7操作系统下的基本操作
- 利用Windows 7的“帮助”解决问题

3.1 Windows 7的组成

Windows 7操作系统主要包括桌面、任务栏、窗口、开始菜单等，下面对它们进行逐一介绍。

3.1.1 桌面及桌面图标

启动Windows 7操作系统后就会出现桌面，其中包括桌面背景、桌面图标、Windows桌面小工具、开始菜单。

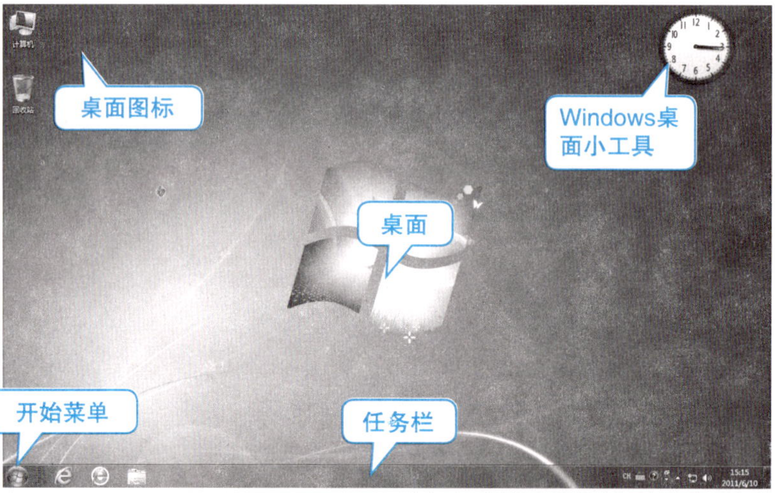

1. 桌面及桌面背景

桌面是打开计算机并登录到 Windows 7之后看到的主屏幕区域。打开程序或文件夹时，它们便会出现在桌面上。而桌面背景则是为桌面起到装饰的作用。如图所示，Windows的图案就是桌面的背景，有时又称为壁纸。

2. 桌面图标

桌面图标就是图形化的按钮。它由一个形象的小图标和说明文字组成，图标作为它的标识，文字则表示它的名称或者功能。桌面图标主要包括系统图标和快捷图标两部分。其中系统图标可进行与系统相关的操作，主要包括计算机、控制面板、网络和回收站；快捷图标指应用程序的快捷启动方式，双击快捷图标可以快速启动相应的应用程序。

视野拓展

用户可以根据自己的喜欢将Windows7操作系统中的桌面换成自己喜欢的图片，也可以在网络上寻找主题，将桌面和桌面图标以及鼠标指针统一更换。

3.1.2 任务栏和语言栏

在Windows 7操作系统下，任务栏就是指位于桌面下方的小长条，其中语言栏可以从任务栏中调出，下面就让我们来了解一下它们吧。

1. 任务栏

任务栏主要由“开始”按钮、快速启动栏、语言栏、系统提示区和“显示桌面”按钮组成。默认状态下的任务栏位于桌面的最下方。

下面来介绍一下任务栏各个部分的作用。

- “开始”按钮：单击“开始”按钮，将会显示Windows 7中各种程序选项，我们可以任意选择开启其中的系统程序和应用程序。
- 快速启动区：在快速启动区中可以任意添加常用程序，单击快速启动区程序可以开启程序，节省桌面资源。
- 语言栏：当需要输入文本内容时，在语言栏中可以选择所需要的语言和输入法等。
- 系统提示区：用于显示“系统音量”、“网络连接”、“操作中心”和一些正在运行的程序图标。
- “显示桌面”按钮：单击该按钮可以在当前打开窗口的情况下直接跳回到桌面。

提示：

- “开始”菜单的快捷键是Ctrl+Esc，这样可以不通过鼠标单击就能打开“开始”菜单，方便快捷。
- 快速启动区的应用程序顺序可以随意调换，只要鼠标单击拖动即可。
- 通过系统提示区的中按钮可以看到隐藏的其他活动图标，如果想调出隐藏程序，拖动隐藏的程序到系统启动区即可。

2. 语言栏

语言栏是在任务栏中的一排小按钮，对语言栏的具体操作将在第4章介绍。

3.1.3 窗口和对话框

窗口和对话框是人与计算机进行交流的地方，使用窗口和对话框操作，以完成特定的任务，下面就来介绍窗口与对话框。

1. 窗口

每当用户运行一个应用程序时，应用程序就创建并显示一个窗口；当用户操

视野拓展

桌面图标仅仅是方便用户启动，但是有些软件不会提供桌面快捷方式，用户可以在“开始”菜单中找到。

作窗口中的对象时，程序会做出相应反应。用户通过关闭一个窗口来终止一个程序的运行，通过选择应用程序窗口来选择相应的应用程序。

2. 对话框

对话框包含按钮和各种选项，通过它们可以完成特定命令或任务。对话框与窗口的区别是，它没有最大化、最小化按钮，且大都不能改变形状大小（“打开文件”对话框是可以改变大小的）。对话框：是人机交流的一种方式，用户对对话框进行设置，计算机就会执行相应的命令。对话框包括文本框、列表框、下拉列表框、单选按钮、复选框、命令框。

3.1.4 “开始”菜单

“开始”菜单是Windows 7操作系统中的一个特殊菜单，其中汇集了电脑中的常用程序、文件夹和选项设置等内容。下面将简单介绍“开始”菜单。

1. 认识“开始”菜单

在Windows 7操作系统桌面上单击“开始”按钮弹出的菜单就是“开始”菜单，它包括固定程序列表、常用程序列表、所有程序列表、搜索框、关闭选项按钮区和当前用户图标等。

- 常用程序列表：该列表显示最近经常使用的程序选项，单击这些程序选项即可快速启动该程序。

视野拓展

在早期版本的Windows中，有一个叫做MS-DOS Executive的程序提供了文件管理和“菜单”的功能，这个程序最终Windows 3.0中的文件管理器（File Manager）和程序管理器（Program Manager）取代，而程序管理器可以说就是开始菜单的雏形。

- 所有程序列表：该列表在常用程序列表下方，列表显示了安装在Windows 7操作系统中的所有程序，单击相应的程序菜单项可以启动该程序。
- 搜索框：位于“开始”菜单左下方，用于搜索准备使用的程序等。
- 固定程序列表：该列表用于显示系统中的固定程序，可以打开窗口和运行程序。
- 关闭选项按钮区：位于“开始”菜单的右下方，单击关机按钮 关机 即可关闭电脑，单击该按钮右侧的向右箭头即可执行休眠、注销和切换用户等操作。
- 当前用户图标：显示当前用户图标，单击该图标可以进行账户设置等操作。

2. 应用“开始”菜单启动程序

“开始”菜单最常见的一个用途是打开计算机上的程序。只要单击“开始”菜单中的“所有程序”再单击“所有程序”中的程序图标就可以启动程序。下面以开启记事本程序为例介绍从“开始”菜单启动程序。

操作步骤

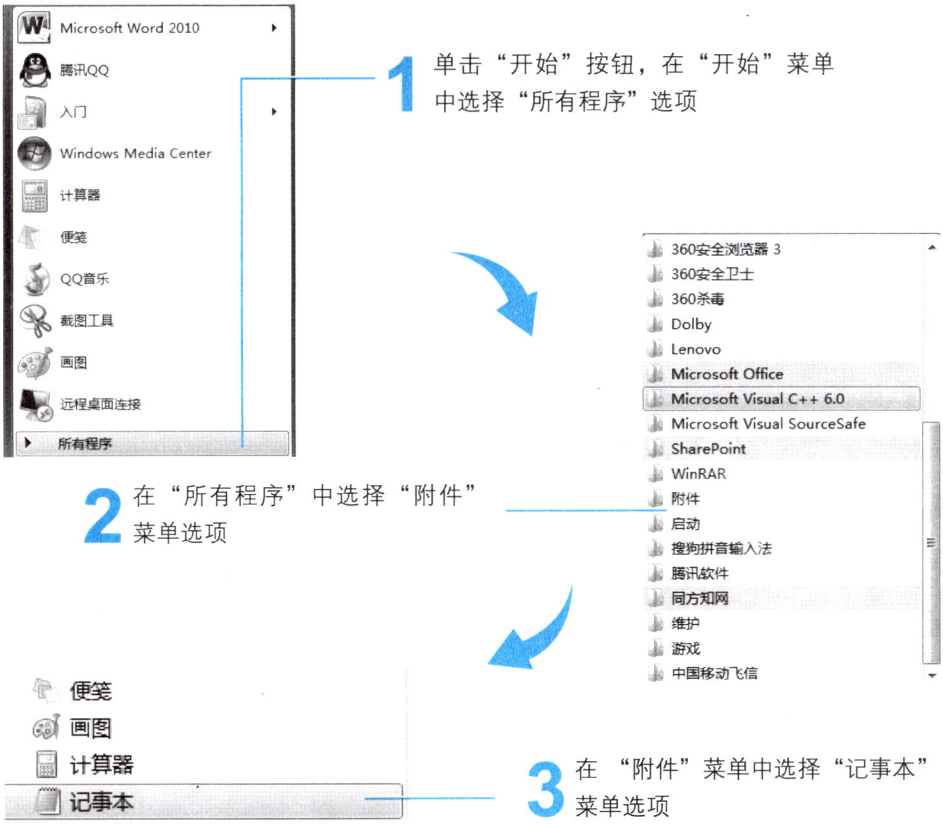

视野拓展

传统的开始选单包括一个可以自行制定的用来运行程序的“程序”菜单，列有最近使用文档的“文档”选择选项，查找文档和寻找帮助的菜单，进行系统设置的菜单。而Windows XP开始的新式开始菜单则加入了最近使用程式的列表、“文档”选单等等，Windows Vista开始加入搜寻，一直沿用到Windows7。

3.2 桌面基本操作

下面将介绍桌面的基本操作，其中包括创建桌面图标、移动桌面图标、排列桌面图标、删除桌面图标。

3.2.1 创建桌面图标

1. 创建系统图标

第一次启动Windows 7操作系统的时候，系统桌面上只有一个“回收站”图标，为了平时操作方便，可以通过简单地操作将其他常用的系统图标添加到桌面上。具体操作方法如下：

操作步骤

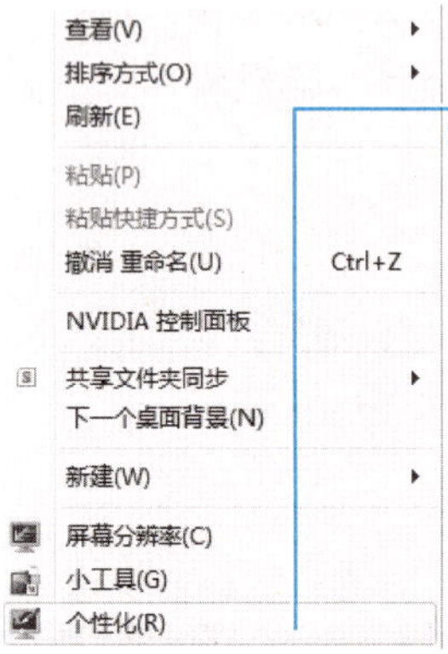

1 在桌面空白处单击鼠标右键，从弹出的菜单中选择“个性化”命令

2 在弹出的“个性化”窗口中单击“更改桌面图标”链接

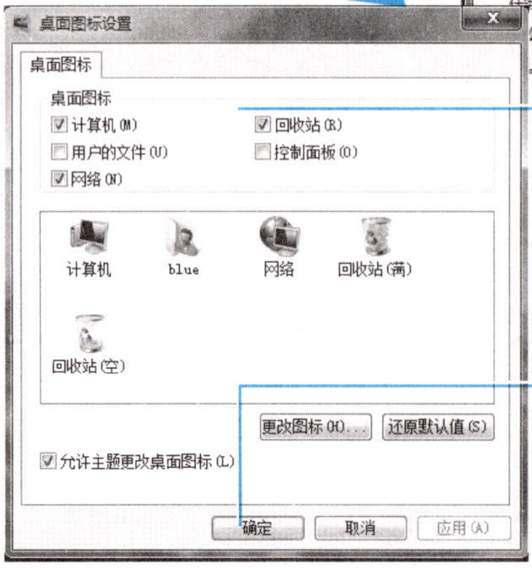

3 在弹出的“桌面图标设置”对话框的“桌面图标”栏中勾选需要添加的系统图标

4 单击“确定”按钮

视野拓展

一般来说快捷方式就是一种用于快速启动程序的命令行。它和程序既有区别又有联系。打个简单的比方，如果把程序比作一台电视机的话，快捷方式就像是一只遥控板。

2. 添加快捷方式图标

在Windows 7操作系统下，有些应用程序是比较常用的，所以需要将这些程序放在桌面上，以方便使用。下面就以创建系统自带游戏“扫雷”快捷方式为例，添加一个桌面快捷方式图标。

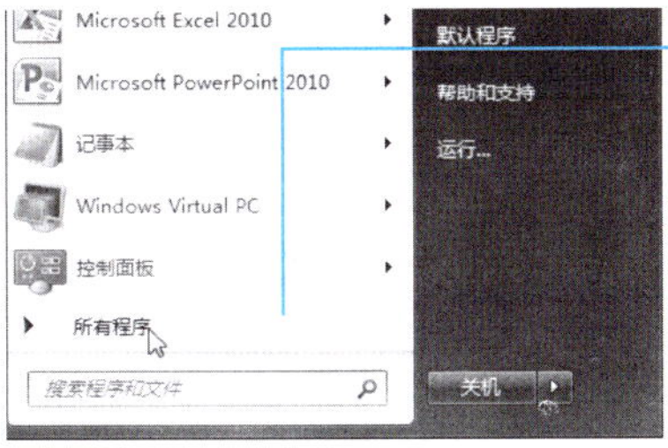

1 在Windows7系统桌面上单击“开始”按钮，在弹出的“开始”菜单中选择“所有程序”选项

操作步骤

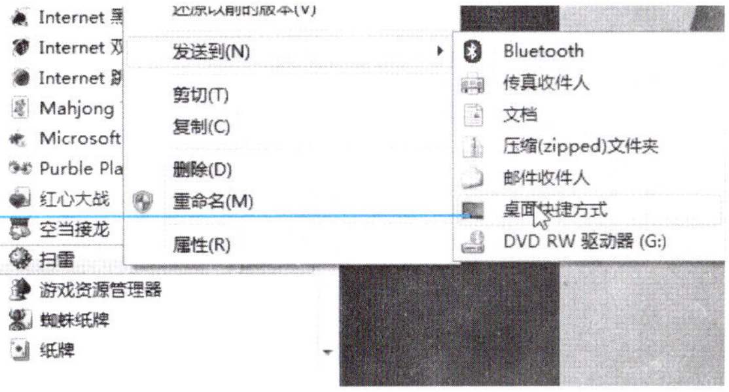

2 右击“扫雷”图标，从弹出的快捷菜单中选择“发送到”→“桌面快捷方式”命令。添加完成

提示： 一般来说，安装的程序都会自动创建桌面图标，只要勾选安装过程中提示的创建桌面快捷方式即可。

3.2.2　移动桌面图标

Windows 7操作系统默认将桌面图标纵向排列在桌面的左侧，用户也可以将其拖动到桌面上的新位置，以此来移动图标。还可以让Windows自动排列图标。右击桌面上的空白区域，从弹出的快捷菜单中选择“查看”→“自动排列图标”命令，Windows会将图标排列在左上角并将其锁定。

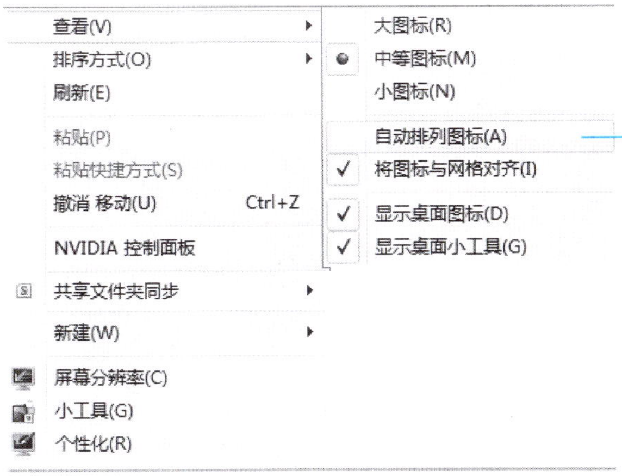

鼠标右击Windows桌面空白处，然后左键选择查看，单击自动排列图标，桌面的所有图标就会排列在桌面的左上角

视野拓展

了解快捷方式以后，大多数网民都会感同身受，有时候会出现快捷方式打不开的现象。这时用户就需要使用杀毒软件来帮忙了。

如果要将锁定的图标再次移动，就要对桌面图标解锁，重复自动排列图标操作，将“自动排列图标”前面的勾选清除，就可以任意拖动桌面图标了。

3.2.3 排列桌面图标

如果Windows桌面上的图标比较多，比较散，随处都是，不够美观，用户就可以根据需要将桌面图标进行排列。排列方法如下：

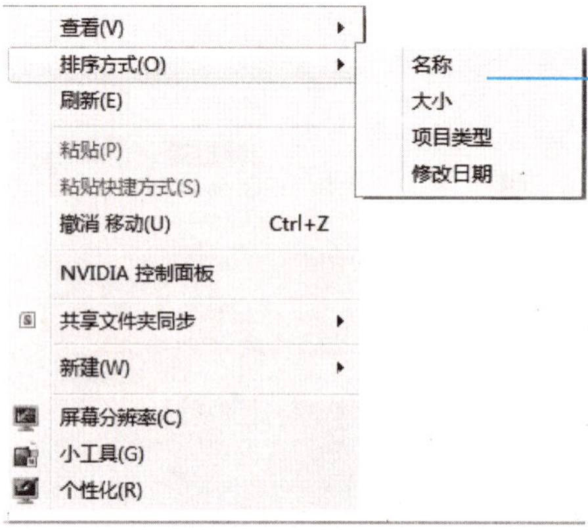

右击Windows 7桌面空白处，从弹出的菜单中选择“排序方式”，再选择按什么方式排列就完成了

3.2.4 删除桌面图标

当桌面的图标太多时，会显得桌面十分杂乱，用户可以将不使用的图标删除。下面就以删除QQ图标为例，介绍如何删除桌面图标。

操作步骤

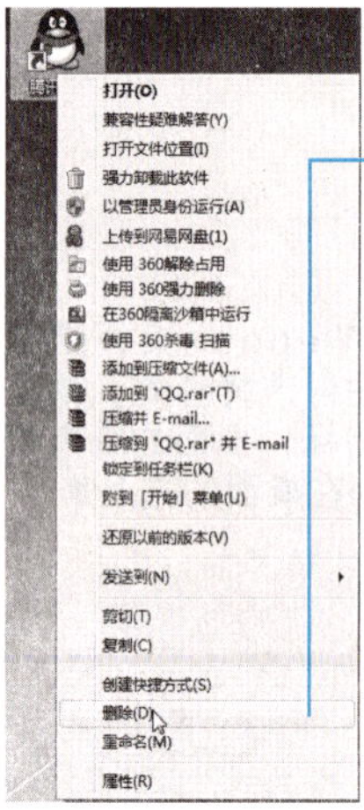

1 右击准备删除的QQ图标，从弹出的快捷菜单中的选择“删除”菜单选项

2 弹出“删除快捷方式”的对话框，询问“您确定要将此快捷方式移动到回收站吗？”单击“是”按钮，图标删除成功

注意：系统图标是不可以删除的，只有快捷图标才可以删除。如果想要系统图标不在桌面显示，就只能在创建桌面图标最后一步勾选需要在桌面上显示的图标，将不需要显示的系统图标取消勾选就可以了。

视野拓展

有人可能会问：不是还有开始菜单吗，那不是也可以直接启动程序？实际上这个问题跟快捷方式的存放地点有关。快捷方式一般存放在桌面上、开始菜单里和任务栏上的“快速启动”这三个地方。这三个地方大家都可以在开机后立刻看到，以达到方便操作的目的。

3.3 窗口的基本操作

在Windows 7中窗口是指可以放大、缩小、关闭和移动的特定区域。本节介绍窗口的一些基本操作，其中包括打开窗口、移动窗口、浏览窗口等。

3.3.1 打开窗口

以打开桌面上“计算机”图标为例，介绍打开窗口的基本操作。鼠标左键双击桌面是“计算机”图标，然后单击C盘，出现如图所示的窗口。

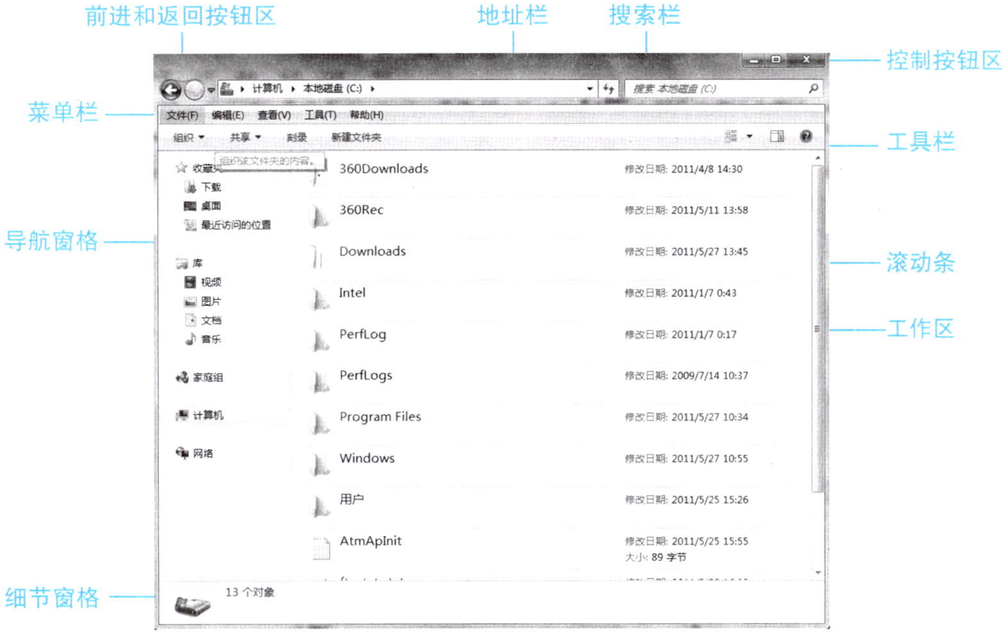

- 控制按钮区：控制按钮位于窗口的右上方，显示“最小化”按钮、最大化按钮/“还原”按钮和“关闭”按钮，用于移动窗口、改变窗口大小和关闭窗口操作。
- 前进和返回按钮区：前进和返回按钮区位于窗口的左上方，包括“返回”按钮、“前进”按钮和向下箭头，分别可以回到前一窗口，去下一窗口和查看打开过的窗口。
- 地址栏：地址栏在窗口的上方，用于显示和输入当前窗口的地址，在地址栏中输入文件路径后，按回车键就能够打开相应的文件。
- 搜索栏：搜索栏位于窗口的右上方，用于搜索该窗口中的文件。在搜索栏中输入搜索的内容，按回车键就可以进行所需的搜索。

视野拓展

有时IE浏览器窗口打开总不是最大化的，用户可以先把所有的IE窗口关了;只打开一个IE窗口;最大化这个窗口;关了它;OK，以后的默认都是最大化的了。

提示：一般来说，用户会根据需要打开多个窗口，此时任务栏就有可能排不下，为此Windows7操作系统将其归类，按类安排在不同的任务按钮上，这样即美观，又节省了空间。

- 菜单栏：当打开窗口时，在键盘上按Alt键，可在窗口上方显示菜单栏，单击菜单栏中的相应子菜单，就可以选择需要的选项进行操作。
- 工具栏：工具栏在窗口的上方，提供了一些基本操作工具，以便直接单击这些按钮可以完成相应的操作，以加快操作速度。
- 导航窗格：导航窗格位于窗口的左侧，以竖结构显示了文件夹列表和一些辅助信息，以便快速打开多种文件窗口。
- 工作区：工作区位于窗口的中间位置，是窗口的主体，用于显示窗口中的主要内容。
- 细节窗格：细节窗格位于窗口的最下方，用于显示当前操作状态以及提示信息，或当前选中对象的详细信息。

3.3.2 移动窗口

移动窗口是改变窗口在桌面上的位置。移动窗口的方法很简单，只需要将鼠标指针向指向窗口顶部空白区域，然后按下鼠标左键并移动鼠标，窗口就会跟随鼠标移动，当到达指定位置时松开鼠标即可。

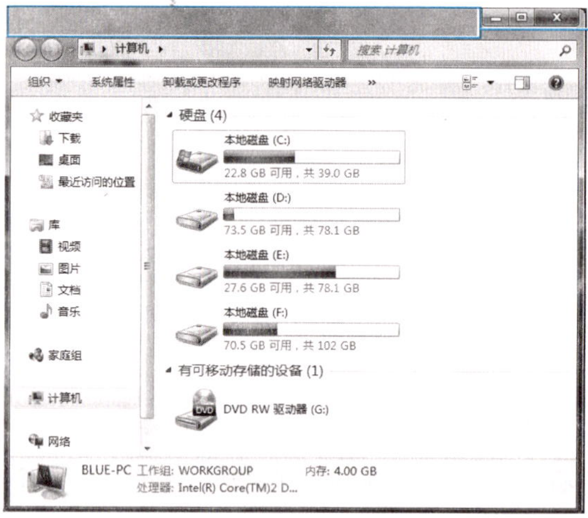

用鼠标单击窗口空白处并拖动到目标位置即可

3.3.3 调整窗口大小

在Windows 7操作系统中进行操作时，如果发现窗口的大小不符合所需，还可以对窗口的大小进行调整。将鼠标指针移动到窗口的边框或者角上，鼠标指针变为双箭头时，按下鼠标左键并拖动边框到合适的大小即可。

视野拓展

计算机中快捷方式如果在桌面摆放时间较长，却很少使用，系统就会提示用户是否将这些使用较少的快捷方式自动清除，以便桌面美观。

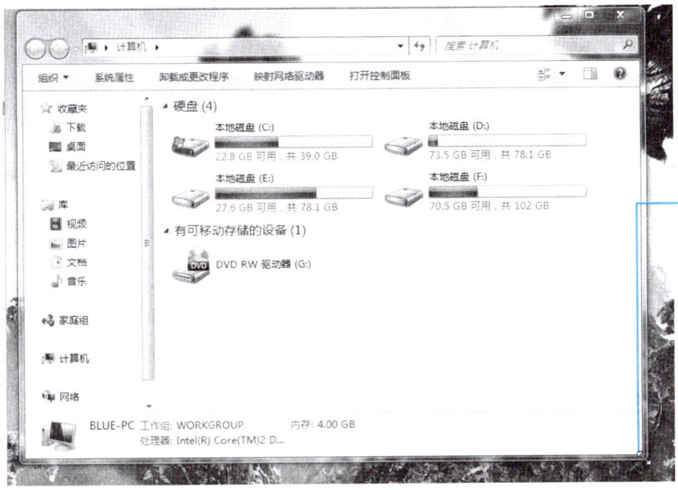

当光标变为双向箭头的时候，单击鼠标左键，拖动鼠标即可

3.3.4 在窗口间切换

在Windows 7操作系统中，经常会打开多个窗口，如何才能快速找到自己需要的窗口呢？下面以浏览多个网页为例介绍如何在多个窗口之间进行切换。

1. 在任务栏中切换窗口

将鼠标移动到准备打开的窗口类别按钮上，在弹出的菜单中选择要选择的窗口

2. 利用Tab+Alt键截图

通过Tab+Alt可以切换到先前窗口，或者按住Alt键，并重复单击Tab键，直到选中需要的窗口释放Alt键就可显示所选的窗口。

不停单击Tab键就可以在现有窗口中切换，直到选中需要的窗口

3. 使用3D窗口切换

3D窗口切换以3D队列显示窗口，用户可以快速浏览这些窗口，从而更准确地确定目标窗口。

视野拓展

三维动态切换是只有Windows7操作系统中才有的。这个设计使得Windows7操作系统比照Vista操作系统给人的感觉更加人性化按住Win键，重复按Tab键或者滚动鼠标滚轮就可以在不同窗口间切换。当停留在目标窗口时，释放Win键即可。

3.3.5 关闭窗口

如果窗口已经使用完毕，没有继续操作的需要可关闭窗口。单击窗口右上方的 “关闭”按钮 X ，或者右击要关闭的窗口在弹出的快捷菜单中选择关闭窗口就可以了。

右击需要关闭的窗口，在弹出的快捷菜单中选择“关闭窗口”菜单项，窗口关闭

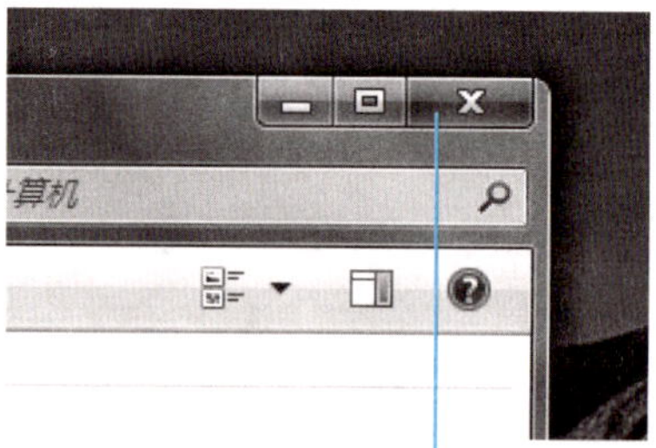

单击“关闭”按钮，窗口就会关闭

3.4 菜单的基本操作

菜单是平时使用Windows 7操作系统时经常用到的工具。下面来了解一下菜单。

3.4.1 什么是菜单

菜单是一种形象化的称呼，人们将命令分门别类地集合成“菜单”，然后显示在窗口的菜单

视野拓展

Windows7操作系统中，在任务栏上已经将窗口分类摆放，当用户想要关闭一类窗口时，可以在任务栏中关闭。同样“Alt+F4”组合键也可以关闭当前窗口。

栏上，便于用户操作。菜单标记的意义如下所示。

菜单标记	意义
...	选择带有该标记的菜单项可以弹出对话框
●	表示菜单为有效状态
✓	表示菜单为启动状态
▶	选择带有该标记的菜单项可以弹出子菜单

3.4.2 使用鼠标操作菜单

在Windows 7操作系统中，以图片分组为例介绍使用鼠标完成对下拉菜单的操作。

打开图片库，在图片库窗口菜单栏选择“查看”命令，再在“分组依据”的子菜单中选择名称即可完成分组

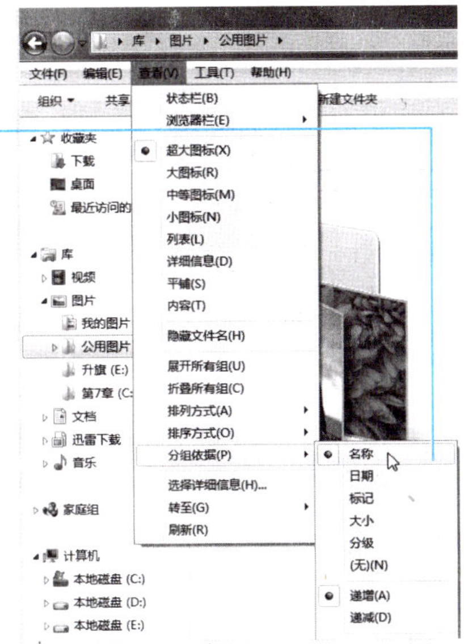

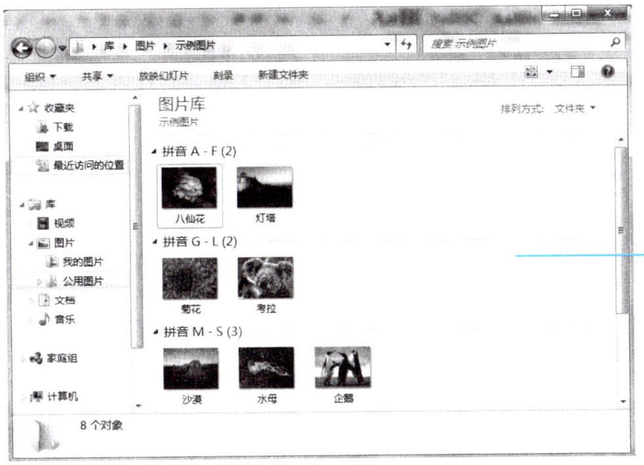

图为分组后的结果

视野拓展

“Alt+F4”组合键不光是可以关闭窗口同样是可以关闭当前窗口的应用程序，可以类推到各种程序的关闭方法中。

3.4.3 使用键盘操作菜单

同样我们也可以使用键盘来操作菜单，方法如下。

（1）打开窗口，按Alt键激活当前窗口的菜单栏。

（2）通过键盘的方向键来选择菜单项，使用回车键打开菜单。

（3）通过键盘方向键，选中需要的菜单项，按回车键确认。

3.4.4 使用快捷菜单

在Windows 7操作系统中，同样可以使用快捷菜单为图片分组。

打开图片库，在图片库窗口空白处右击鼠标，从弹出的快捷菜单中选择“分组依据”→“名称”命令，完成分组

图为分组后的结果

视野拓展

快捷菜单的快捷键为“Shift+F10”，不过很少使用，单击鼠标右键弹出快捷菜单更加方便。

3.5 自定义任务栏和"开始"菜单

前面已经介绍过任务栏和“开始”菜单，现在我们来学习如何自定义任务栏和“开始”菜单，让任务栏符合用户的实际需要。

3.5.1 调整任务栏的位置

在Windows 7操作系统下，任务栏默认在桌面的下方，用户可以根据需要调整任务栏的位置。具体操作如下：

1. 鼠标拖动调整

将鼠标移动到任务栏的空白处，按住鼠标拖动任务栏到自己满意的位置（任务栏只能在桌面的四边），位置调整完成

这就是调整位置后的任务栏

2. 使用任务栏属性调整

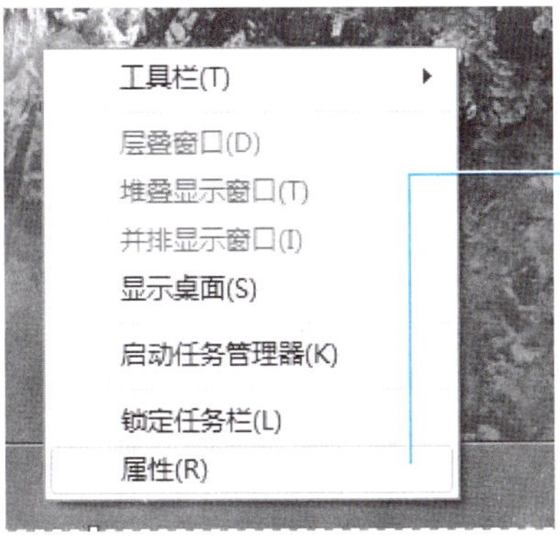

操作步骤

1 将鼠标移动到任务栏的空白处，右击鼠标，从弹出的快捷菜单中选择“属性”命令

视野拓展

使用Windows7操作系统的用户，都遇到过这样的现象：操作过程中想在任务栏中切换窗口时，忽然发现点击任务栏中的图标没有任何反应了，就像系统死机一样，这就是Windows7中常见的任务栏失去响应，又被称为“任务栏假死现象”。

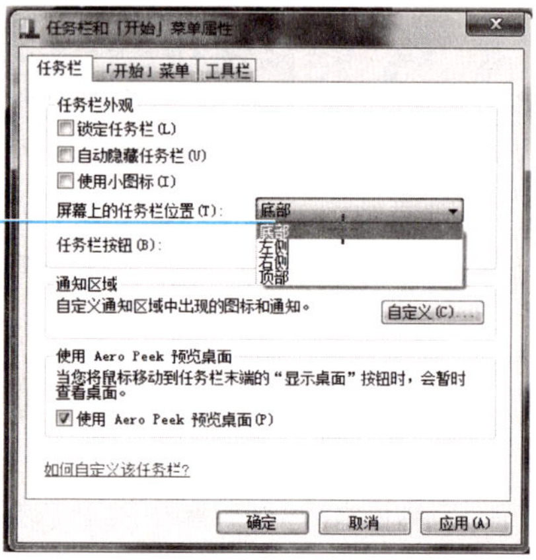

2 在“任务栏和【开始】菜单属性”对话框中选择“任务栏”选项卡，选择对话框中任务栏位置的下拉列表框，选择任务栏的位置，最后单击“确定”按钮

3.5.2 设置任务栏的外观属性

Windows 7操作系统中任务栏除了默认的形式，还可以将其变换成你所需要的形式。用户可根据需要将任务栏隐藏、调整任务栏中图标的大小。

1. 隐藏任务栏和让任务栏中快捷图标变小

有时候用户为充分显示窗口中的内容，会将任务栏隐藏。为了节省任务栏中的有限空间，会把任务栏中图标变小。下面就来介绍一下将任务栏隐藏和将任务栏中快捷图标变小操作方法。

操作步骤

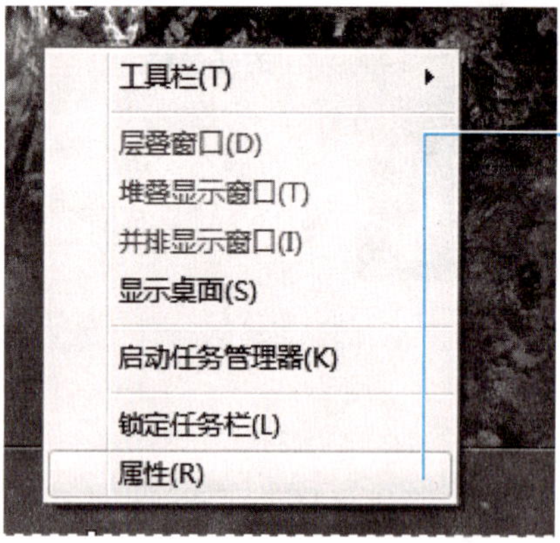

1 将鼠标移动到任务栏的空白处右击，从弹出的快捷菜单中选择“属性”命令

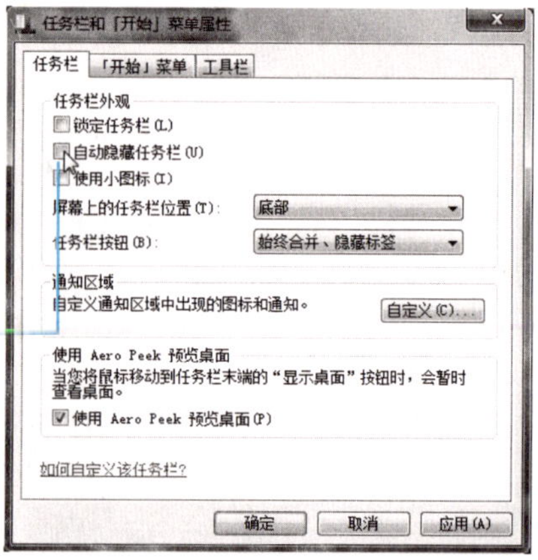

2 在“任务栏和【开始】菜单属性”对话框中选择任务栏选项卡。勾选任务栏中“自动隐藏任务栏”和“使用小图标”

视野拓展

运行多个应用程序后，会有一大堆窗口把桌面遮住。这时如再想打开桌面上的快捷方式，就得先将所有窗口最小化后，才能使用桌面。其实还有个方法让你快速打开桌面上的快捷方式，在任务栏上的空白处单击鼠标右键，选择“工具栏”菜单中的“桌面”命令，就可以在任务栏上打开桌面快捷方式了。

3.5.3 自定义任务栏通知图标

Windows 7操作系统和Windows XP操作系统相比，Windows 7可以将任务栏中的通知图标根据实际需求进行自定义。下面我们来介绍如何自定义任务栏通知图标。

操作步骤

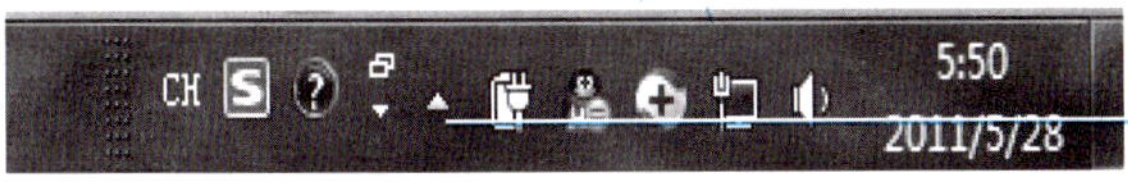

1 将鼠标移动到任务栏通知区域，单击 按钮

2 单击“自定义”链接

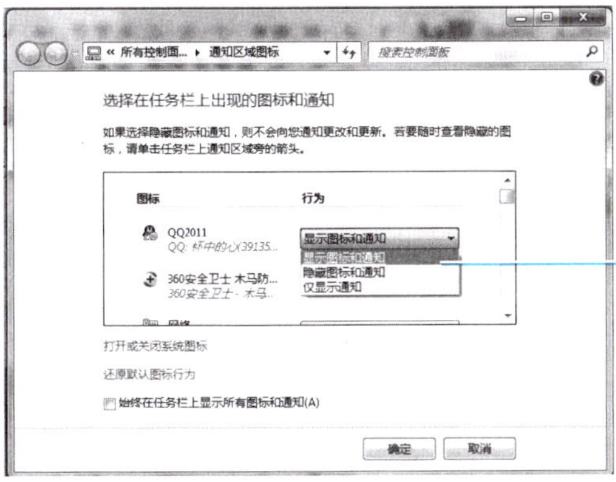

3 用户根据自己的需要，将不需要的图标隐藏。只需在下拉列表中选择“隐藏通知和图标”，最后单击“确定”按钮

3.5.4 添加工具栏

在Windows 7操作系统中，工具栏主要包括地址、链接、Tablet PC 输入面板、桌面和语言栏。

Windows 7操作系统默认下，只有语言栏被调出。下面我们就来学习如何将其他的工具放到任务栏中。

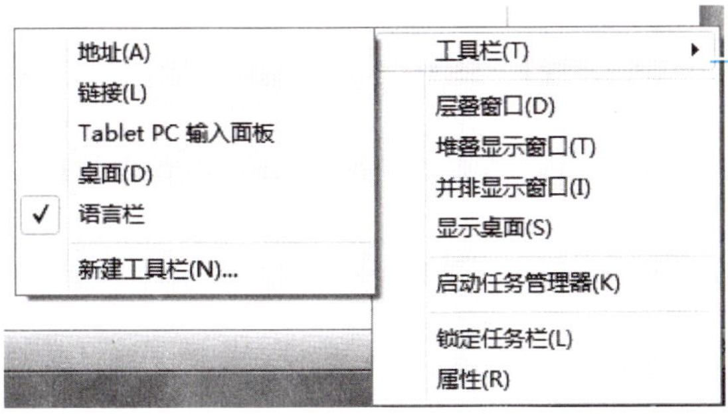

将鼠标移动到任务栏空白处，右击鼠标，从弹出快捷菜单中选择“工具栏”子菜单，单击子菜单中的菜单选项，就可以调出用户需要的工具了

视野拓展

随着微软公司对系统的不断更新，任务栏也开始越来越人性化、个性化、美观化。

3.5.5 设置“开始”菜单

在Windows 7操作系统中，用户不但可以方便地使用“开始”菜单，而且可以根据自己的爱好和习惯自定义“开始”菜单。下面就来介绍Windows 7“开始”菜单的属性设置。

当用户第一次启动Windows 7后，出现的是Windows 7风格的默认“开始”菜单，用户可以通过改变“开始”菜单属性对它进行设置。

操作步骤

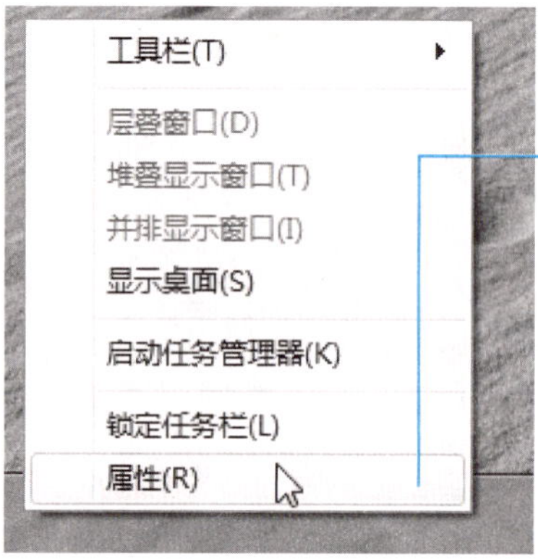

1 将鼠标移动到任务栏空白处，鼠标右击弹出快捷菜单，选择菜单中的属性选项

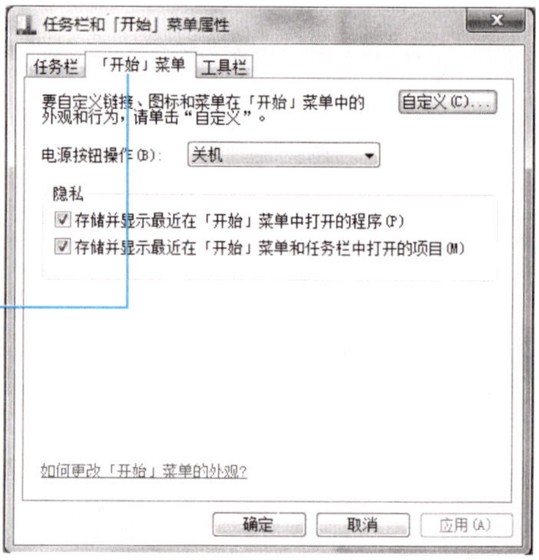

2 选择“任务栏和【开始】菜单属性”对话空中的“开始”菜单选项卡，然后单击“自定义”按钮

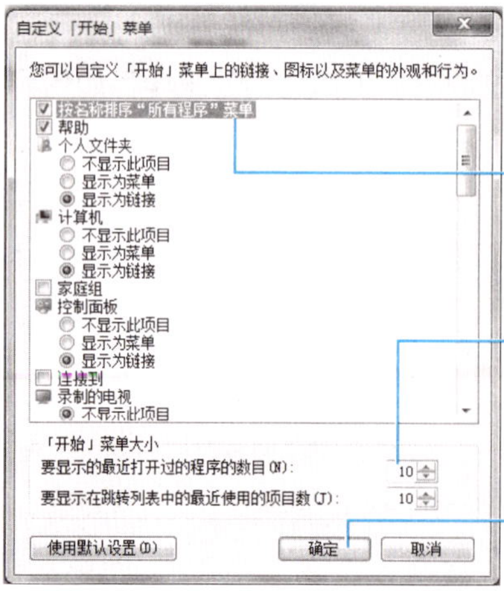

3 在“自定义【开始】菜单”对话框的列表中设置开始菜单样式

4 设置最近打开的程序数目和在跳转列表中的最近使用的项目数

5 最后单击“确定”按钮，关闭窗口，设置完成

视野拓展

文本框主要用于文本输入，但是在Word中文本可是可移动、可调大小的文字形容器。

3.6 对话框的基本操作

对话框是特殊类型的窗口。在对话框中可以提出问题，确定选项要执行的任务，或者提供相关联的操作信息，不能调整对话框的大小，但是可以移动它们。下面详细介绍对话框的操作。

3.6.1 文本框

文本框是装载文本或图片的容器，具有图形对象的性质，可以放置在页面上的任何位置。默认状态下，文本框以浮动方式插入文档。前面我们已经介绍过了“开始”菜单，“开始”菜单中的搜索栏就是一个文本框。

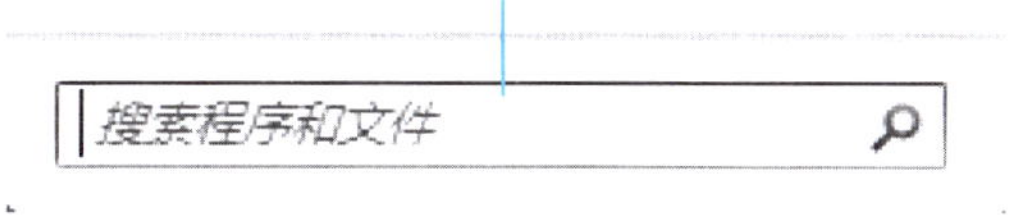

3.6.2 列表框

在列表框中系统已经提供了可选项，不需要用户输入任何内容，单击准备应用的选项即可。一般情况下，一次只能选择一个选项。如果列表框中的选项较多，一次无法全部显示，这时列表中会出现滚动条。下面就来介绍列表框。

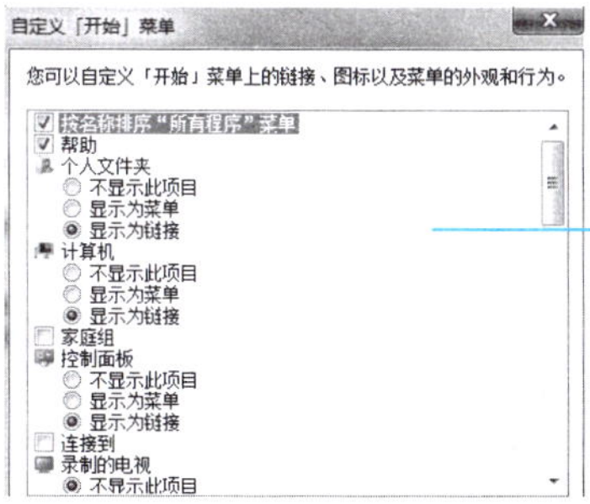

3.6.3 下拉列表框

下拉列表框右侧有一个下拉箭头，单击该箭头可以弹出下拉列表，选择相应的列表项即可进行相应操作。

视野拓展

单选按钮和复选框有时是结合使用的，如一个复选框中，每个选项下方都可以带有一个单选按钮。

鼠标左键单击下拉按钮就会出现系统提供的选项

选中要选择的选项就可以了

3.6.4 单选按钮

单选按钮以一个小圆圈表示，在一组单选按钮中，只能有一个选项处于选中状态。

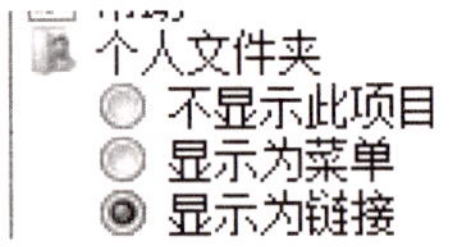

这就是一组单选按钮，3个选项中，只能选择其中的一个

3.6.5 复选框

复选框以一个小正方形的方框显示，被选中的复选框，方框中显示“√”，在一组复选框中，可以有多个复选框处于被选中状态。

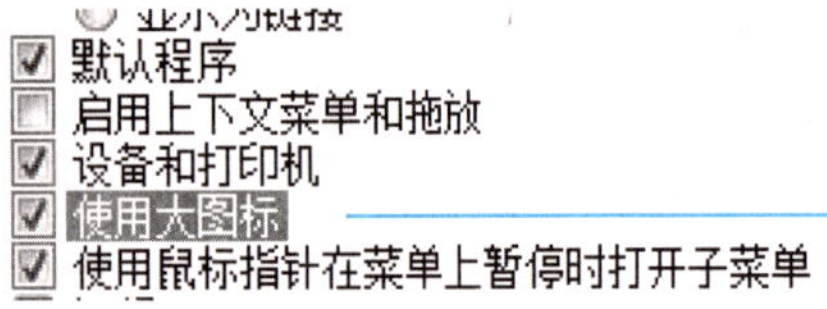

这就是一个复选框，可以选中多种状态

3.6.6 命令框

命令框为凸起的矩形，也叫命令按钮。在命令框上方写着该命令的名称，代表相应的功能，单击按钮即可执行该功能。

这就是一个命令框，单击按钮表示执行对应的操作

3.7 Windows 7桌面小工具

与Windows Vista操作系统相比，Windows 7操作系统不再使用边栏，但是保留了桌面小工具程序。这些小程序可提供及时信息及常用工具的路径。其中包括CPU仪表盘、幻灯片放映、日历、时钟等。下面就来介绍如何添加、关闭、设置这些程序。

视野拓展

Windows7系统做为一个开放式操作系统，电脑高手可以使用VC、C++、JAVA等语言软件，来制作自己喜欢的小工具。

3.7.1 添加桌面小工具

在Windows 7操作系统下，默认起始桌面是没有桌面小工具的，所以用户需要时可以自己添加桌面小工具。下面就以添加CPU仪表盘为例介绍如何在桌面上添加小工具。

操作步骤

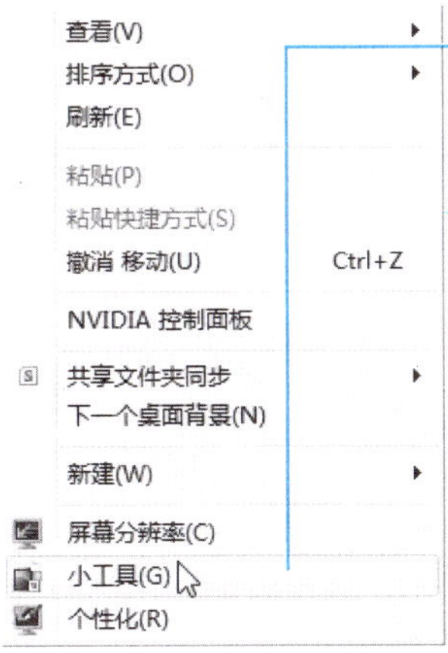

1 鼠标右击桌面空白处，从弹出的快捷菜单中，选择“小工具”命令

2 在打开的窗口中双击选择要添加的小工具

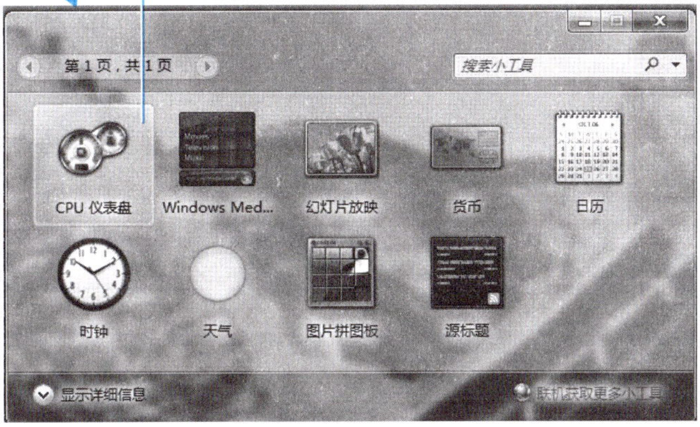

3 添加成功，可以看到桌面上的CPU仪表盘

3.7.2 关闭删除小工具

如果桌面上添加的小工具不想使用了，用户也可以将其删除。下面以CPU仪表盘为例介绍如何删除桌面小工具。

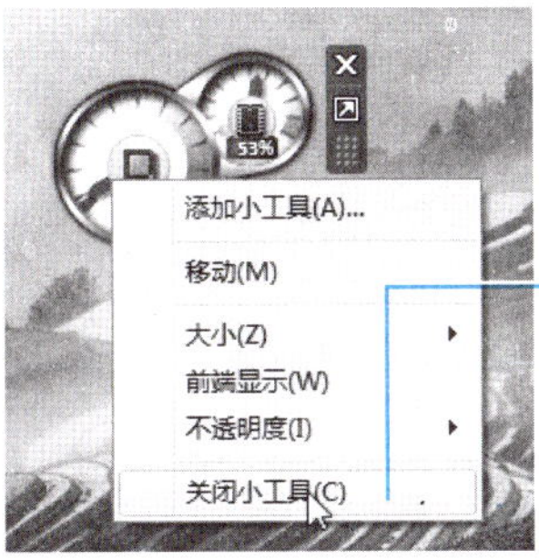

鼠标右击CPU仪表盘，从弹出的快捷菜单中选择关闭小工具，操作完成

视野拓展

以前版本的 Windows 中可用的便笺程序和便笺小工具在 Windows 7 中已被替换。如果在以前版本的 Windows 中使用了便笺或便笺小工具并已升级电脑，则原先的所有注释（墨迹或文本）都应在新版本的便笺中可用。

3.7.3 设置小工具属性

在Windows 7操作系统下，用户可根据需要设置桌面小工具的属性，包括设置小工具前端显示，调整小工具大小，设置小工具的透明度等，下面以时钟工具为例介绍如何设置小工具。

操作步骤

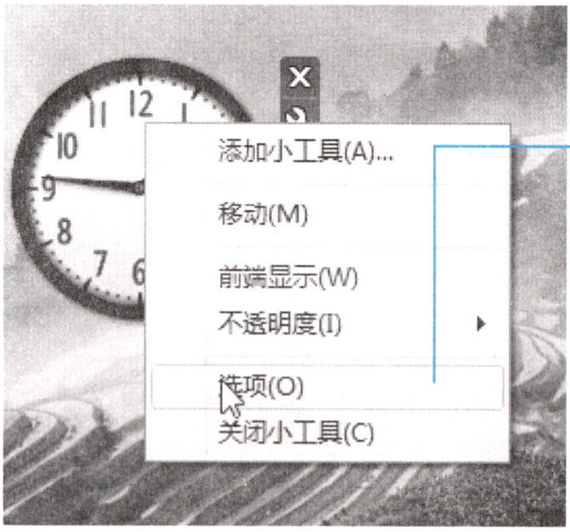

1 鼠标右击时钟，从弹出的快捷菜单中选择“选项”命令

2 单击“时区”右侧的箭头按钮，打开下拉列表

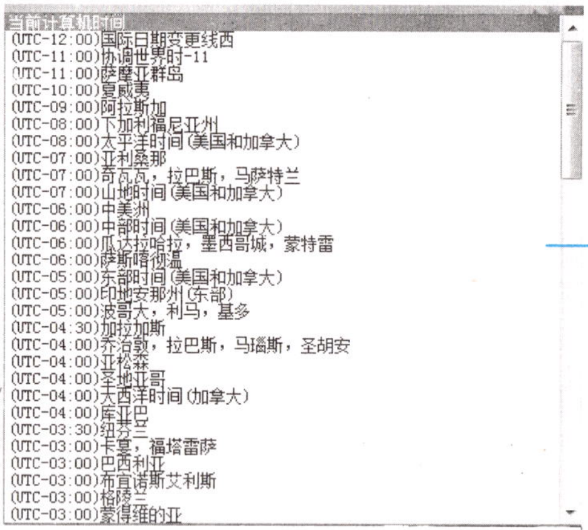

3 在下拉列表中单击选择自己需要的时区

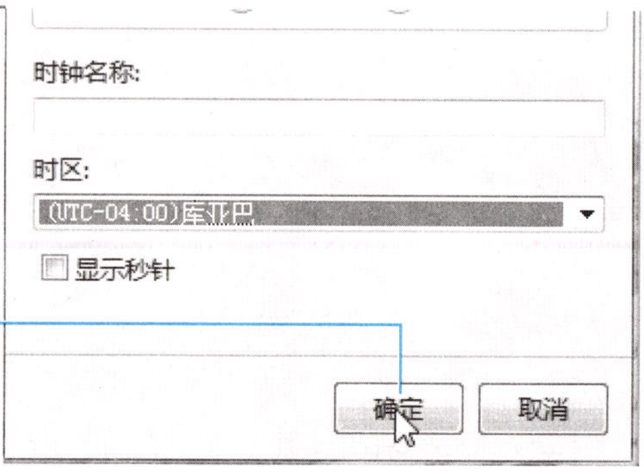

4 单击“确定”按钮，桌面上时钟显示的就是你想要的时区的时间了

视野拓展

以前版本的 Windows 中可用的便笺程序和便笺小工具在 Windows 7 中已被替换。如果在以前版本的 Windows 中使用了便笺或便笺小工具并已升级电脑，则原先的所有注释（墨迹或文本）都应在新版本的便笺中可用。

3.7.4 联机获取更多小工具

在Windows 7操作系统中，如果系统自带的小工具已不能满足需求，那么用户可以使用联机的方式从网上获取更多的小工具。下面就以获取关机快捷键小工具为例介绍如何联机获取小工具。

操作步骤

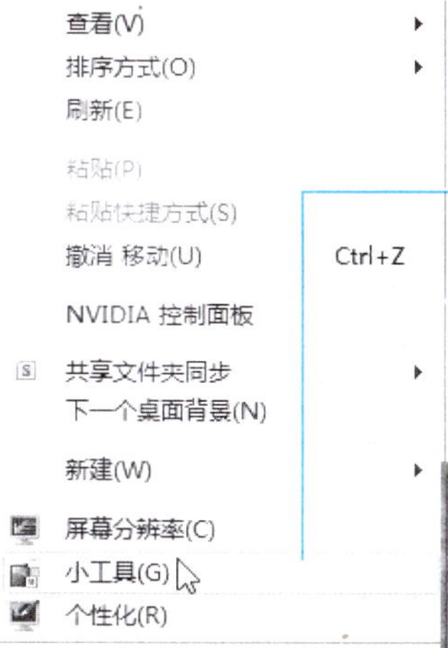

1 鼠标右击桌面空白处，从弹出的快捷菜单中，选择“小工具”命令

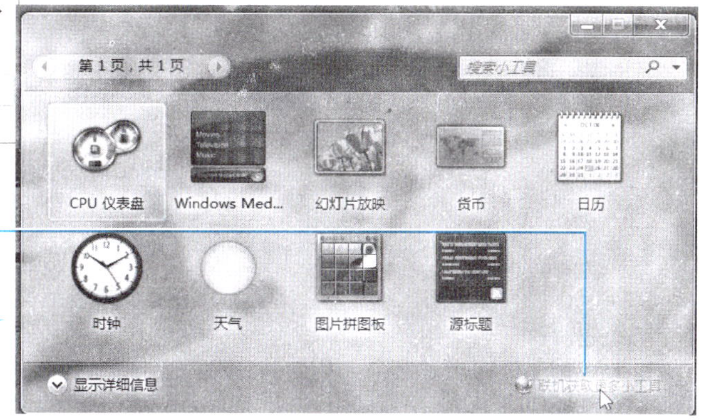

2 在打开的窗口中单击“联机获取更多小工具”链接，就会弹出网页

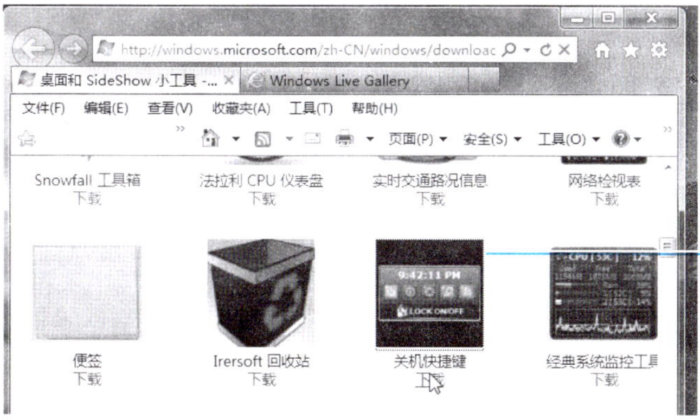

3 在弹出的网页中选择“关机快捷键”软件

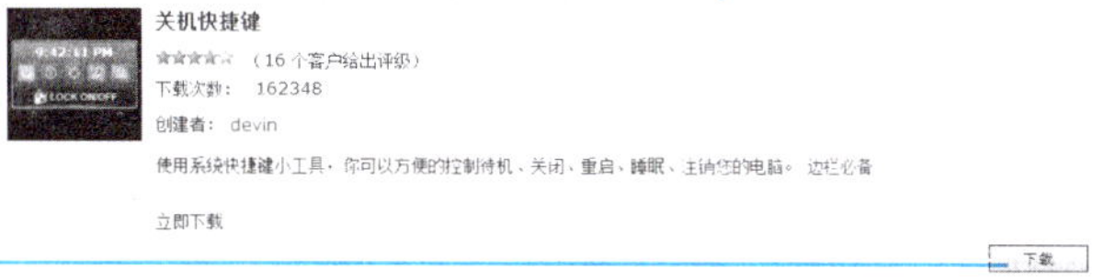

4 在弹出的下一个网页当中选择下载选项

视野拓展

随着电脑语言的广泛应用，越来越多的电脑用户掌握了各种变成技巧，制作了许多桌面小工具，用户可以通过网络来下载它们。

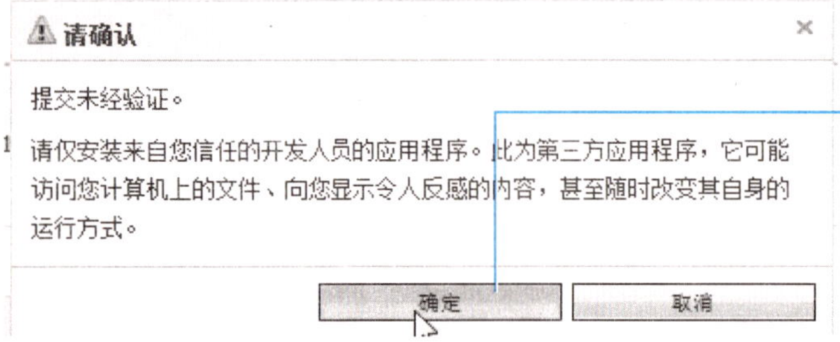

5 在弹出的对话框中单击“确定”按钮

6 在弹出的对话框中选择“另存为”命令

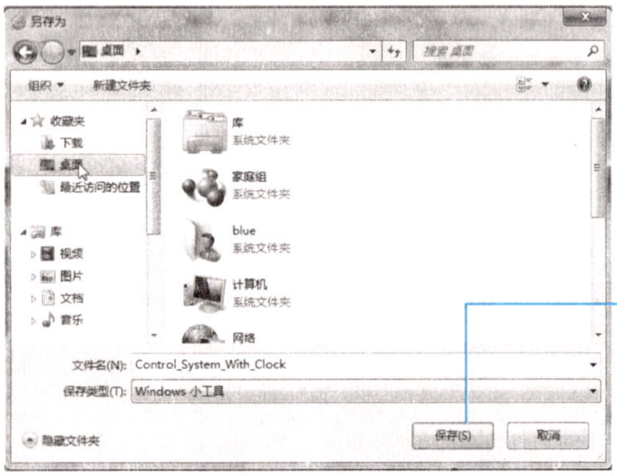

7 在弹出的对话框中单击选择“桌面”，再单击“保存”按钮，系统开始从网络上获取桌面小工具了。然后安装小工具，重复添加小工具的过程就可以将新的小工具添加到桌面上了。至于如何安装文件将在后面的章节进行介绍

3.8 “帮助”与你同在

Windows 7的“支持与帮助”系统能够全面提供各种工具和信息的资源。使用搜索、索引或者目录，可以广泛访问各联机帮助系统。通过“帮助与支持”，用户可以联机向微软技术支持人员寻求帮助。下面我们就来学习如何使用它吧。

3.8.1 善用“帮助与支持”

“帮助与支持”可以帮助读者了解自己对Windows 7操作系统中所不了解的部分，那么如何使用“帮助与支持”呢？下面我们就来学习一下它的使用。

视野拓展

现在软件的开发越来越人性化，许多软件都有“帮助”功能，用户同样在使用非系统软件时使用“帮助”来方便用户的操作。

操作步骤

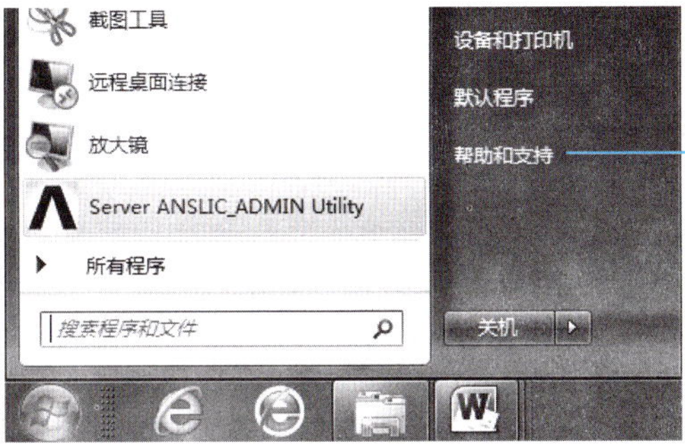

1 单击桌面“开始”按钮，在打开的开始菜单中选择“帮助和支持”

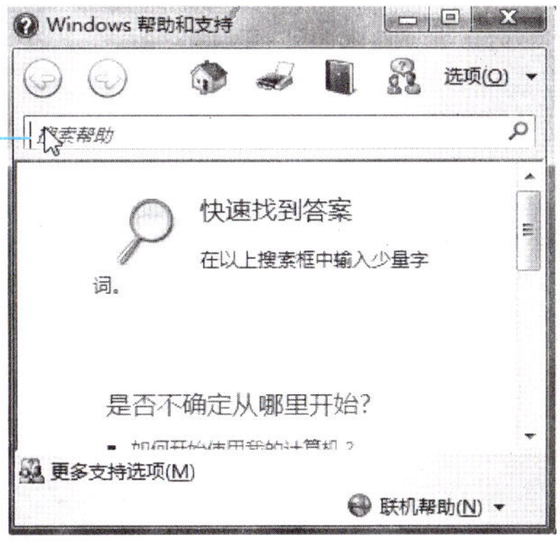

2 打开“Windows帮助和支持”窗口，在文本框中输入需要求助的问题，单击回车键，系统就会给出答案

3.8.2 获取帮助的其他方法

用户在使用Windows 7操作系统的时候，总会遇到不明白的问题，如何及时解决问题呢？下面就以打开“计算机”为例进行介绍。

操作步骤

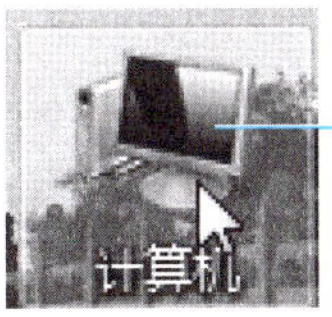

1 双击桌面上“计算机”图标，打开“计算机”

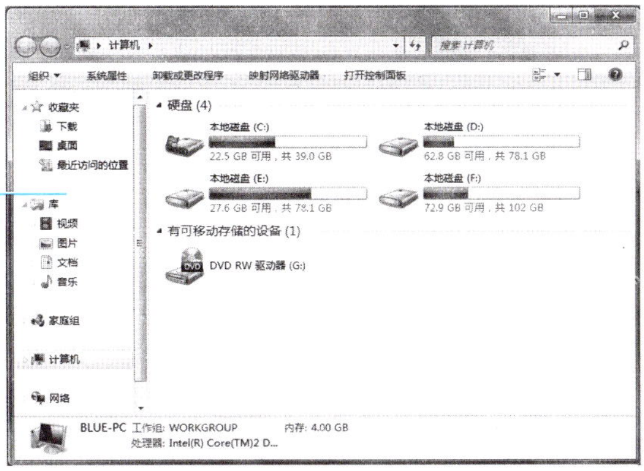

2 在打开“计算机”的窗口下按F1键，就会弹出“Windows支持与帮助”窗口

视野拓展

Windows7操作方面整体与Vista系统差别不大，仅仅是在窗口切换上多了3D切换。

原来Windows7操作系统想得这么周全啊！

呵呵，以后我们还会慢慢地介绍它的优点。

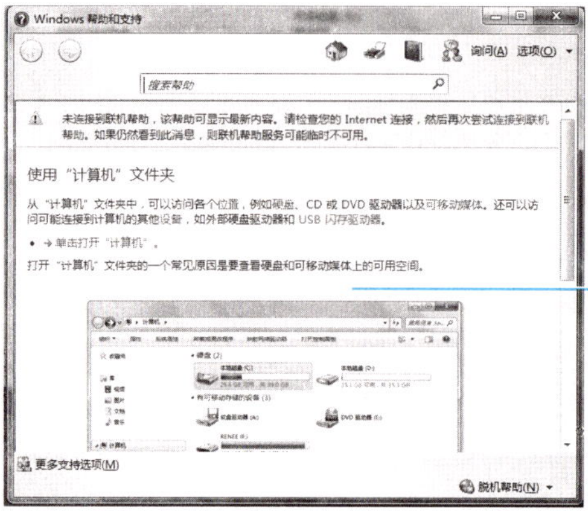

3 在“Windows帮助与支持”窗口中，用户将会了解到一些关于“计算机”的信息

3.9 本章小结

本章主要介绍了计算机在Windows 7操作系统中的基本操作。其中包括桌面、图标、开始菜单、语言栏和任务栏等。读者通过本章的学习对Windows 7操作系统应该有了一定的了解，并且能够应用这些操作。

3.10 趁热打铁

现在让我们来做一些练习检验一下自己的学习吧。

3.10.1 选择题

1. 下列选项中不属于Windows 7操作系统的系统图标的是（　　）。

A. 回收站　　B. 计算机　　C. 网络　　D. IE浏览器

2.下列不能在“开始”菜单中完成的操作是（　　）。

A.关闭计算机　B. 启动应用程序　C.打开计算机窗口　D. 更改桌面图标大小

3. 下列不属于Windows 7操作系统桌面组成部分的是（　　）。

A. 任务栏　　B. 桌面小工具　　C. “开始”菜单　　D. 对话框

3.10.2 实践题

1. 在桌面上打开多个窗口，在这些窗口中使用不同的方法进行切换。

2. 在不同程序下使用帮助和支持。

视野拓展

“帮助”给予用户极大的方便，但是有时用户遇到许多的问题“帮助”是无法帮你解决的。用户可以向网络求助，其中“百度知道”就是特别好的助手。

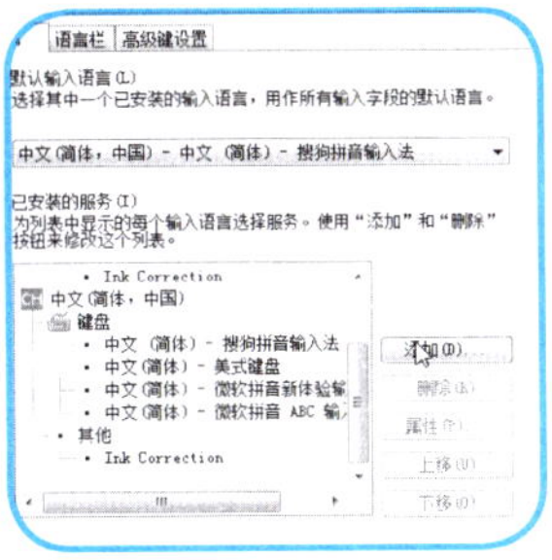

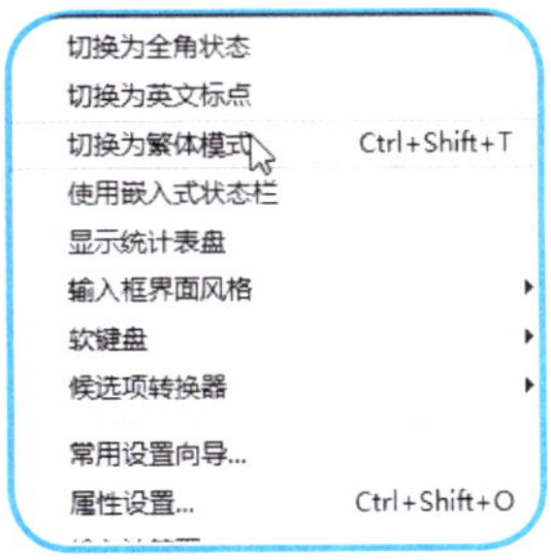

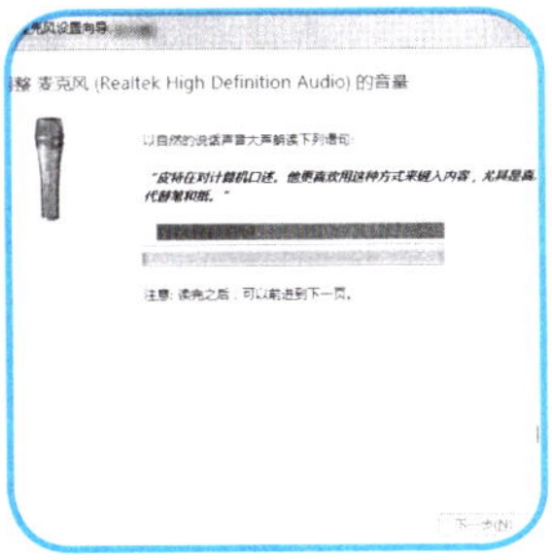

第4章 输入法设置与汉字输入

本章导读

用户在使用计算机工作时往往需要输入文本内容，文本的输入也是一种人机交流的方式。而对于汉语用户来说，中文输入又是必不可少的，本章就来介绍如何设置输入法、切换中英文输入、添加删除输入法等内容。

本章学习目标

- 了解常用的输入法
- 学会常用的输入法，最后达到熟练使用

本章学习重点

- 学会通过语言栏设置输入法
- 学会使用输入法输入文字

4.1 使用语言栏

用户在电脑中输入汉字时，首先要通过语言栏进行设置，将输入法切换到用户需要的输入状态。下面就来学习如何使用语言栏。

4.1.1 调整语言栏的位置

在Windows 7操作系统默认的状态下，语言栏浮动并且显示在桌面的前端。如果语言栏位置影响到用户的操作，可以对语言栏的位置进行调整。怎么调整语言栏的位置呢？下面就来解决这个问题。

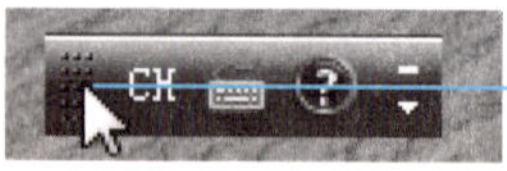

将鼠标指针移动到图标所示的位置，按住鼠标左键并拖曳鼠标，当语言栏到达用户满意的位置之后，释放鼠标左键

如果将语言栏放在桌面上任何位置，用户都感觉不合适的话，还可以将语言栏放置到任务栏中，具体操作如下。

操作步骤

1 单击最小化按钮，这样就可以将语言栏放置到任务栏当中去了

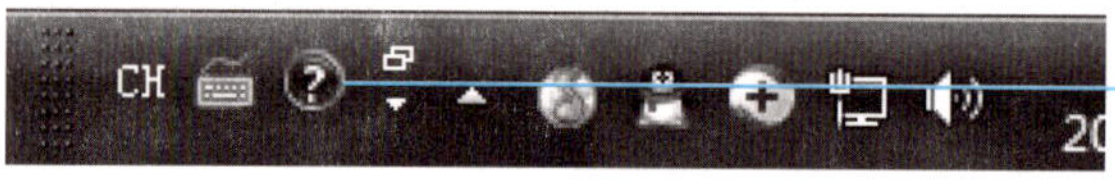

2 调整语言栏在任务栏中的位置

4.1.2 添加删除输入法

用户对电脑进行输入操作时，总会有自己习惯的输入法，如何更快捷地调整到用户习惯的输入法，又如何删除用户不经常使用的输入法呢？下面就来介绍解决这个问题的方法。

1. 添加输入法

操作步骤

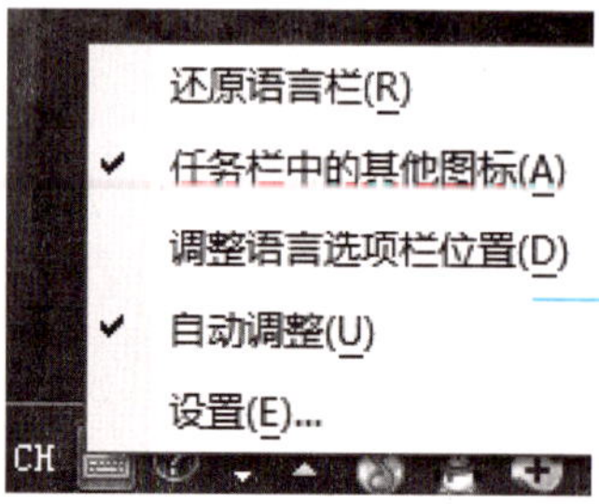

1 在任务栏的键盘按钮上单击鼠标右键，在弹出的快捷菜单中选择“设置”命令

视野拓展

在语言栏上显示的按钮和选项取决于所安装的文字服务和当前处于活动状态的软件程序。例如，Microsoft Word 2010支持语音识别，但“记事本”不支持。如果这两个程序同时运行，那么当Word活动时会显示语音按钮，但当记事本为活动程序时则该按钮消失。

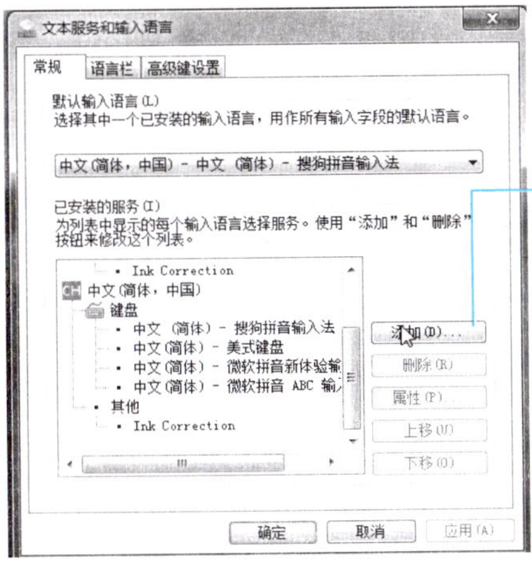

2 在弹出的“文本服务和输入语言”对话框中选择“常规”选项卡，再单击“添加”按钮

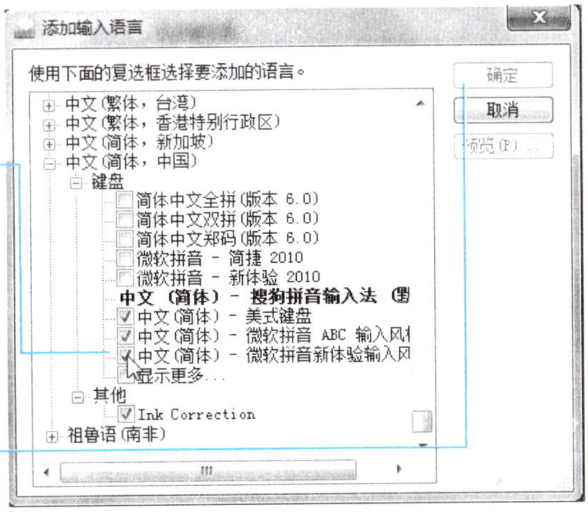

3 在弹出的“添加输入语言”对话框中选择需要添加的输入法，如添加“微软拼音ABC输入风格”

4 单击“确定”按钮，回到“文本服务和输入语言”对话框，在对话框中单击“确定”按钮，设置完成

2. 删除输入法

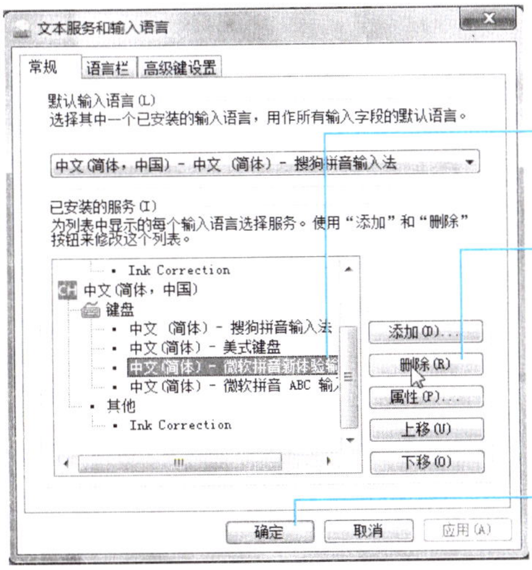

操作步骤

1 根据添加输入法的操作过程，打开“文本服务和输入语言”对话框，选中不需要的输入法

2 单击“文本服务和输入语言”对话框中的“删除”按钮

3 单击“确定”按钮，设置完成

视野拓展

可以将语言栏移动到屏幕的任何地方或最小化到任务栏。如果不使用它，则可以关闭它。因为文字服务会占用内存并可能影响性能，所以应删除不使用的文字服务。

4.1.3 切换中/英文输入状态

在用户进行文本操作时，需要中/英文输入切换的时候怎么办呢？下面就讲解如何切换中/英文输入状态。在Windows 7操作系统中，默认状态的输入法是“简体中文–美式键盘”。

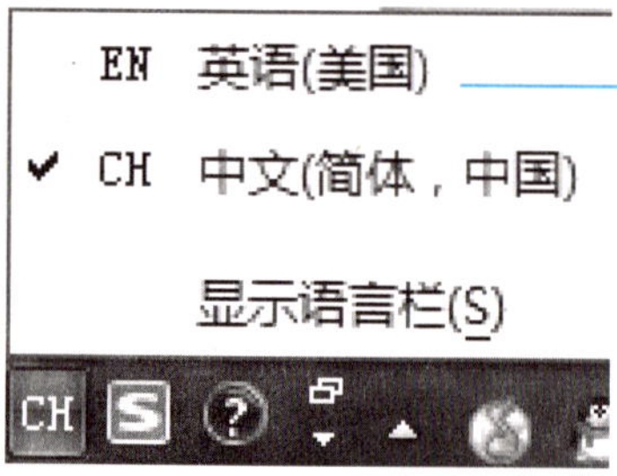

在中文输入法状态下，单击语言栏中的CH按钮，弹出如图所示的菜单，选择“英语（美国）”，就可以将输入法调整到英文输入状态了，如果想要改回中文输入状态，选择“CH中文（简体，中国）”。

这个操作在输入文本的时候比较麻烦，用户需要用鼠标操作。可不可以使用键盘操作呢？答案是肯定的，反复按Ctrl+Spacebar键就可以在当前中文输入法和英文输入法之间切换了。

4.1.4 切换输入法

在Windows 7操作系统中，要使用某种输入法，首先要切换到这种输入法状态下。在默认状态下，通常为英文输入状态，如何调整到自己需要的中文输入法呢？下面就来介绍输入法的切换。

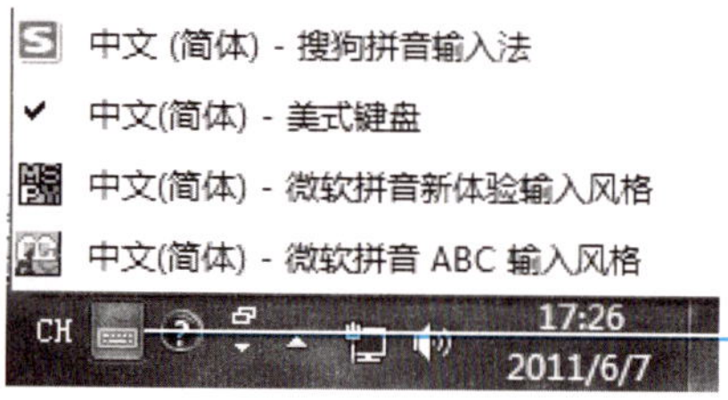

单击任务栏中的键盘图标，在弹出的菜单中可以查看已安装的输入法。如果需要选择哪种输入法，只需在该菜单中单击对应输入法即可

同样，在输入文本的时候，利用鼠标选择输入法有些麻烦，所以用户可以使用Ctrl+Shift快捷键对输入法进行轮流切换，直至切换到所需的输入法为止。

4.1.5 设置默认输入法

每次在输入文字时都要切换一次输入法比较麻烦，用户可以将常用的输入法设置成默认的，在下次开机或者开启输入文档时就无须切换输入法了。下面就是切换输入法的具体操作方法。

视野拓展

其实用户如果没有什么特殊习惯或工作要求需要使用多种输入法，完全可只使用一种常用输入法和计算机自带的英文输入法，这样切换和使用都很方便。

操作步骤

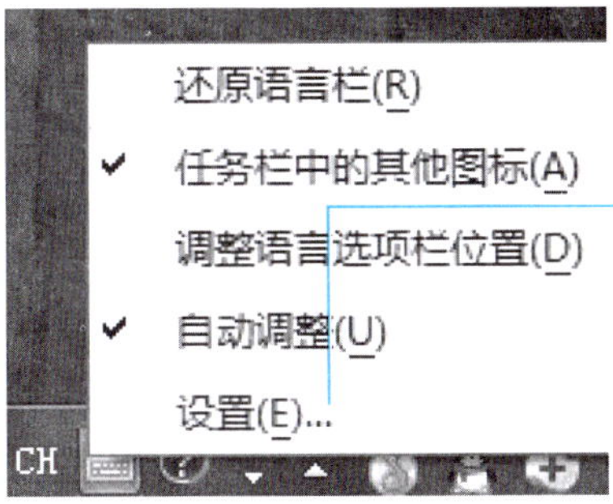

1 鼠标右击任务栏的键盘按钮，从弹出的菜单中选择“设置”命令

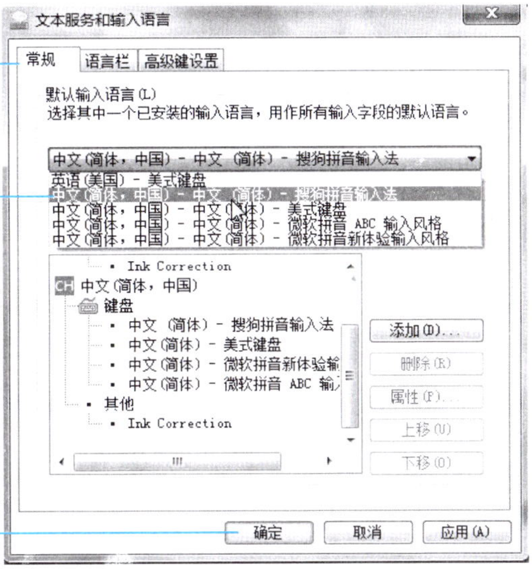

2 在弹出的“文本服务和输入语言”对话框中单击“常规”选项卡

3 在“默认输入语言”的下拉列表框中，选择需要的输入法

4 最后单击“确定”按钮，完成设置

4.1.6　输入中文标点符号

中文状态和英文状态下输入的标点符号的结果是有所不同的，下面为大家介绍英文键对应的中文标点符号。

中文标点符号	对应按键	中文标点符号	对应按键
、顿号	\	《左书名号	Shift+<
。句号	.	右书名号	Shift+>
——破折号	Shift+—	（ 左小括号	Shift+9
……省略号	Shift+6	）右小括号	Shift+0
‘左单引号	‘（第一次输入）	，逗号	,
’右单引号	’（第二次输入）	：冒号	Shift+;
“左双引号	Shift+”（第一次输入）	；分号	;
”右双引号	Shift+”（第二次输入）	？问号	Shift+?

视野拓展

现在输入法中，输入越来越简单化，许多输入法提供了许多用户日常输入的符号，如搜狗输入法中当用户需要输入“→”时，只许输入“箭头”的汉字，就可在输入法备选中找到“→”。

还有一些符号是找不到对应的按键，如何输入，下表将会给出。

标点符号	对应按键	标点符号	对应按键
！感叹号	Shift+1	@	Shift+2
#井号	Shift+3	$美元符号	Shift+4
%百分号	Shift+5	&与符号	Shift+7
*乘号（半角）	Shift+8	+加号	Shift+=

4.2 字体设置

Windows操作系统的字体是一种及其重要的资源，所有的文字显示都离不开相应字体的支持。如果系统字体出现了问题，轻则显示异常，重则系统或程序无法正常运行。

字体是数字、符号和字符的集合。字体描述了特定的字样和其他特性，如大小、间距和跨度等。下面就来介绍如何在系统添加和删除字体。

4.2.1 添加字体

Windows 7新增了大量字体，添加字体需要管理员权限，在这里对添加字体稍加介绍。

操作步骤

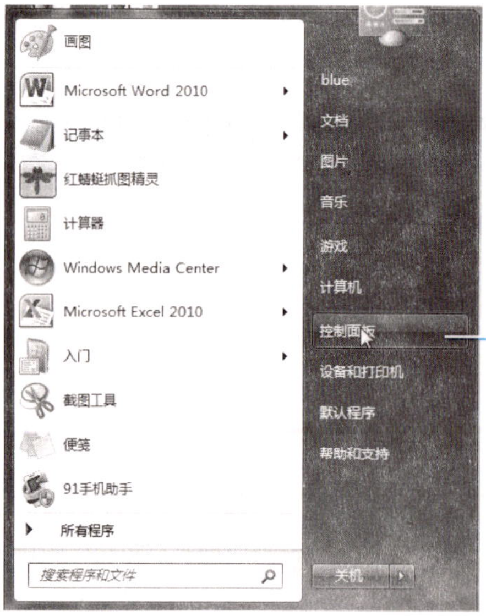

1 鼠标单击“开始”菜单，在弹出的菜单栏中选择“控制面板”命令

视野拓展

用户在输入中英文符号时切换输入法太麻烦，完全可以下载一种功能较齐全的输入法，在这之中会涵盖各种字符输入法，方便快捷。这里推荐“谷歌输入法”和“搜狗输入法”。

2 在“控制面板”中单击“字体”图标

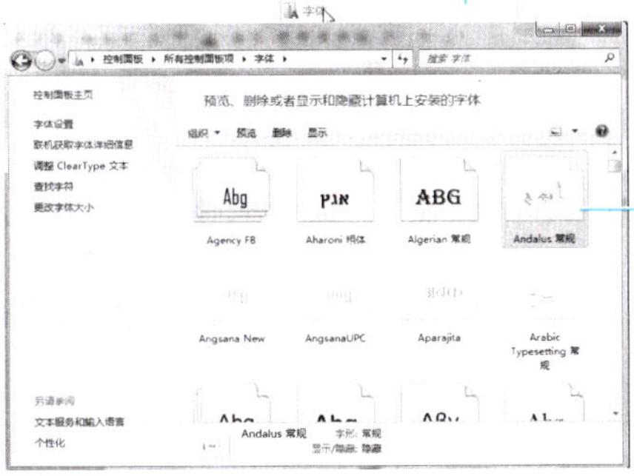

3 双击要添加的字体

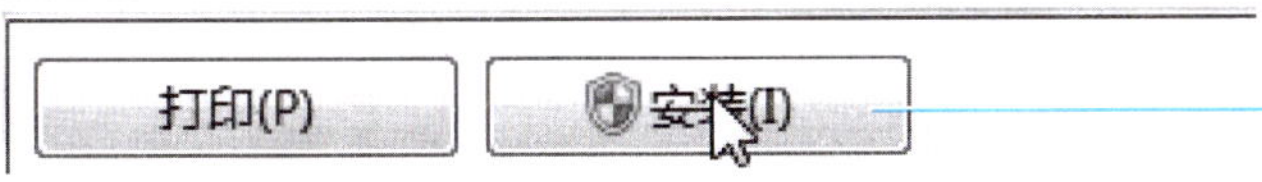

4 单击“安装”按钮，添加完成

4.2.2 删除字体

用户不需要的字体也是可以删除的，下面介绍如何删除字体。

操作步骤

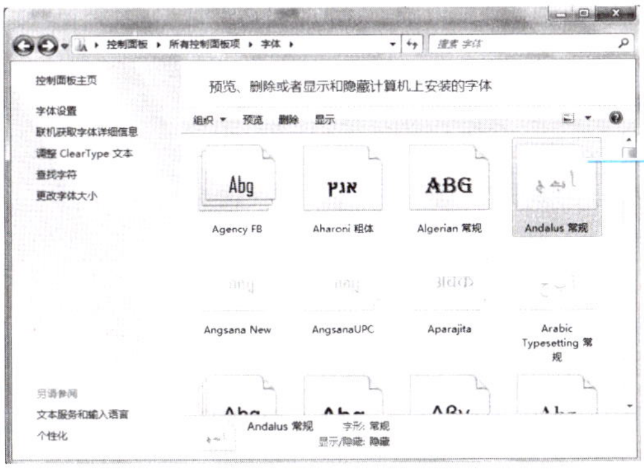

1 进入控制面板

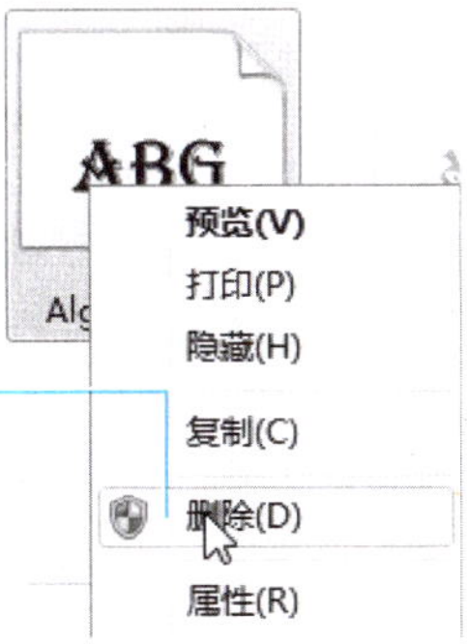

2 鼠标右击需要删除的字体，在弹出的快捷菜单中选择“删除“命令

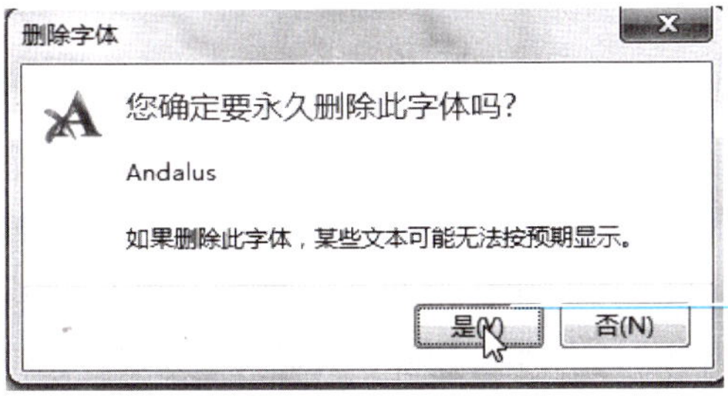

3 在弹出的对话框中单击“是”按钮，删除完成

视野拓展

在Windows系列的操作系统中，都自带了中文输入法，用户如果感觉这些输入法不适合用户使用，可以从网络上下载流行或者自己习惯的输入法。

4.3 认识输入法

输入法是指为了将各种符号输入计算机或其他设备（如手机）而采用的编码方法。汉字输入的编码方法，基本上是采用将音、形、义与特定的键相联系，再根据不同汉字进行组合来完成汉字的输入。下面我们就来了解一下现在常用的输入法。

4.3.1 拼音输入法

拼音输入法是按照拼音规则进行汉字的输入，不需要特殊记忆，符合个人的思维习惯，只要会拼音就可以输入汉字。目前主流拼音是立足于义务教育的拼音知识、汉字知识和普通话的，所以对使用者的普通话和识字及拼音水平的提高有促进作用。

4.3.2 五笔输入法

五笔输入法是按汉字的字形进行编码的。汉字是有许多相对独立的基本部分组成，例如，“好”字是由“女”和“子”组成，“音”字是由“立”和“日”组成，这里的“女”、“子”、“立”、“日”在汉字编码中称为字根或字元。五笔输入法就是将字根或笔画规定为基本输入编码，再由这些编码组合成汉字的输入法。

4.3.3 其他种类输入法

除了上面提到的两种常用的输入法，还有一些输入法应用较少，但是它们记录了中文输入法的发展历程，下面我们就来简单认识一下。

- 仓颉输入法：仓颉输入法，是由中国台湾人朱邦复于1976年所创制的中文输入法，最初只有繁体中文版本，原名“形意检字法”，用以解决电脑输入汉字的问题。1978年被重新定名为“仓颉输入法”。
- 行列输入法：发明者为中国台湾人廖明德，他曾任职发展倚天中文系统的倚天资讯，行列输入法免费授权给海峡两岸的中文电脑厂商，附在各系统中，免费使用。
- 多编码混合输入法：汉字的输入过程中，除了汉字本身具有五笔、拼音等多种输入方法外，还要考虑操作系统汉字编码环境问题，通常有Unicode、国标GB2312、扩展国标码GBK以及中国台湾、香港地区的大五码BIG5。在不同的环境中，汉字的编码是不一样的，为了兼顾不同的环境，除了开发出针对不同编码的输入法外，还有一类输入法可

视野拓展

“五笔输入法”用于需要学习过程，使用的普遍度已经完全落后于拼音输入法，但是用户如果要求的打字速度和准确输入，建议读者还是使用五笔输入法更好。

以同时兼顾GB、GBK和BIG5的情况，比如拼音之星输入法、万能五笔等，都同时具有支持中国内地和台湾地区编码的功能，这个功能在诸如GB、GBK等中文环境下玩中国台湾、香港BIG5游戏（或者在中国台湾中文环境下玩GBK游戏）、以及需要编码转换的环境中就显得得心应手了，避免了出现汉字显示乱码，以及对方或者应用程序不认识的情况。

4.4 使用拼音输入法输入汉字

拼音输入法是最常用的输入法之一，它不需要用户特殊记忆，只要会汉语拼音就可以输入汉字，下面我们来介绍两种拼音输入法。

4.4.1 智能ABC输入汉字

智能ABC输入法是Windows系统自带的输入法，简单易学、快速灵活，可以使用它输入汉字。下面详细介绍全拼输入和简拼输入汉字的方法。

1. 输入法窗口介绍

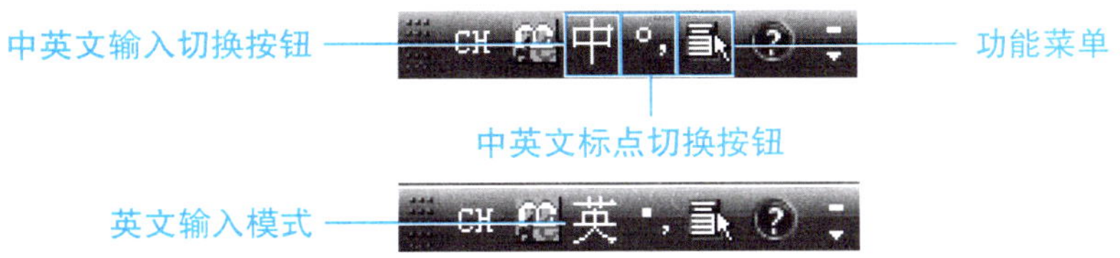

2. 全拼输入

全拼输入是指将准备输入汉字的汉语拼音字母都输入计算机。例如，输入汉字“北京”。

1 打开记事本，选择智能ABC输入法，输入汉语拼音beijing

操作步骤

视野拓展

其他种类输入法众多，都已经被拼音输入和五笔输入法所淘汰，但是它们都是输入法的发展过程，用户可以简单了解。

提示：

- 当输入的词汇为智能ABC中弹出的第一个时，可以再次单击空格，直接确认。
- 当用户只记得读音却忘记字型时，可以尝试将带有这个字的词打出来，将不需要的文字删除即可。例如，用户需要“音”字，可以打出“音乐会”，再将“乐”和“会”删除。

操作步骤

2 按空格键，从候选列表中选择“北京”，或按数字键“1”，输入完成

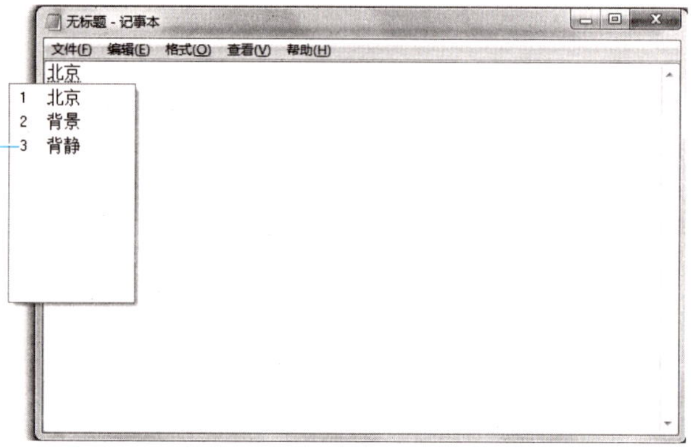

3. 简拼输入

简拼输入是指在输入汉字时，只要输入汉语拼音的首字母即可输入汉字的方法。此法可减少输入的字母数量，节省输入汉字的时间。下面以使用简拼方式输入词组“大家”为例介绍如何使用简拼。

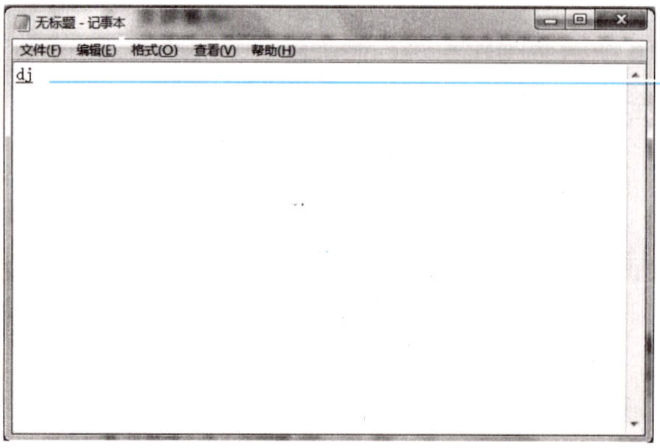

1 打开记事本，选择智能简拼输入法，输入词组“大家”的首字母“dj”

2 按空格键，在候选列表中选择“大家”，或按数字键“1”

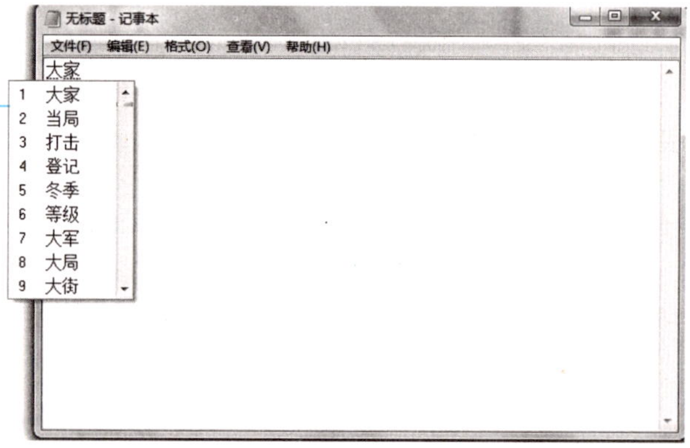

4. 混拼输入

混拼输入是指在输入汉字词组时，采用全拼和简拼混合的方式输入汉字。下面以输入“电脑”为例介绍如何使用混拼输入。

视野拓展

智能ABC输入法由北京大学教授朱守涛先生发明，在Windows系列的各个操作系统中，它都以一种常用输入法列出。

操作步骤

1 打开记事本，选择智能ABC输入法，输入词组“电脑”中第一个字的全拼和第二个字的首字母“diann”

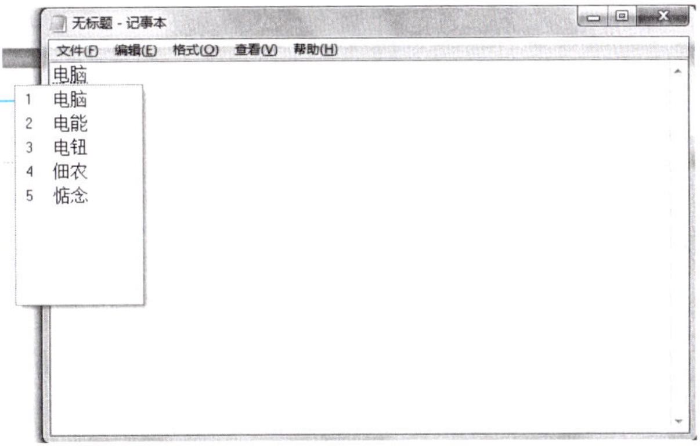

2 按空格键，在候选列表中选择“电脑”，或按数字键“1”

以下27个单音节字，只需输入声母（或声母的最前一个字母）就显示出来。

字母	汉字	字母	汉字	字母	汉字	字母	汉字	字母	汉字
a	啊	b	不	c	才	d	的	e	饿
f	发	g	个	h	和	i	一	j	就
k	可	l	了	m	没	n	年	o	哦
p	批	q	去	r	日	s	是	t	他
w	我	x	小	y	有	z	在	zh	这
sh	上	ch	出						

5. 智能ABC的巧用

- 直接输入英文

  如果在智能输入法中输入英文，只要在输入的英文字母前先输入v即可，如输入teacher，只需键入vteacher即可。

- 输入大写数字

  要在智能ABC中输入大写的数字，如“一”、“二”、“三”或“壹”、“贰”、“叁”，需要使用的快捷键就是i和I键。比如要输入“三”，只要键入i3，要输入“贰”，只要键入I2（按住Shift+i，即可

视野拓展

智能ABC输入法还提供自学能力，用户在使用拼音输入法时会发现，输入姓名最麻烦。智能ABC输入法，可以将用户经常使用的词汇记住，在下次输入时变为备选词。

输入I）即可。

- 输入中文日期

在智能ABC中快速输入年月日的方法与其他输入法相似，使用n、y、r来分割“年”、“月”、“日”，只是在输入前，还要加上i，如输入“二00四年五月八日”，只需键入i2004n5y8r即可。大小写的i，会有不同收获。

- 快速输入单位

智能ABC还提供了单位的快速输入，所用快捷键同样是i，采用“+单位缩写”，比如要输入“厘米”，则只要键入icm即可。输入“万”、“千”、“百”、“十”等的方法是在其声母前加i，如输入“千”，只需键入iq就可以。

- 其他字符的快速输入

利v键+数字键，再结合“上翻”、“下翻”可以出现一些特殊的符号。如键入v1就能出现104个特殊符号，你还可以试着体会v2到v9会有更多意外符号。

- 朦胧回忆

智能ABC 在输入的过程中会自动记忆用户输入的历史情况，对于刚刚用过不久的词语，使用最简单的方法依据不完整的信息进行回忆，从而方便地输入用过的词语。若要重复刚刚输入过的词条，可以连续按两次快捷键Ctrl+—，例如刚刚输入了“天堂”这个词，紧接着再按两下Ctrl+—，词语”天堂“就又被输入，此方式在输入内容比较单一、内容频繁重复的情况下使用起来非常有效。

4.4.2 谷歌输入法输入汉字

谷歌的拼音输入法，有5大特色。智能输入：选词和组句准确率高，能聪明地理解您的意图，短句长句，随想随打。时尚语汇：海量词库整合了互联网上的流行语汇和热门搜索词。个性定制：将使用习惯和个人字典同步在 Google 账号，并可主动下载最符合用户习惯的语言模型，是一个跟您走的个性化输入法。丰富扩展：提供扩展接口允许广大开发者开发和定义更丰富的扩展输入功能，为谷歌拼音输入法带来无限可能。多彩体验：在重要节假日、纪念日显示 Google 风格的徽标。利用输入仪表盘实时显示准确率，速度等参数，让打字变得更有趣。下面就来了解谷歌输入法。

1. 拼音输入

谷歌输入法和智能ABC输入法一样，支持全拼输入、简拼输入和混拼输入，下面只介绍全拼输入，因为谷歌输入法只在输入过程上与前面介绍的ABC输入法稍有不同。

视野拓展

谷歌输入法总体来说更加简洁，与其他类型拼音输入法比起来更能节省内存，所以得到用户青睐。

- 全拼输入

我们还是以输入汉字词组“北京”为例。

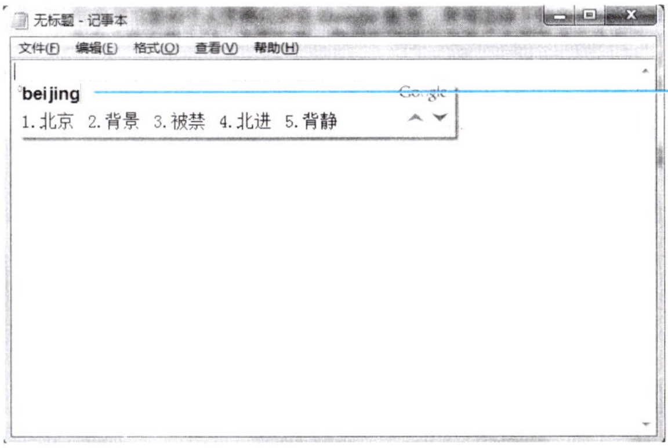

1 打开记事本，选择谷歌输入法，在记事本中输入汉字“北京”的拼音

操作步骤

2 “北京”位于列表词组中第一个，用户可以单击空格键或者按数字键“1”，输入成功

提示： 可以发现，当用户输入词组时，每个单词最多只需要单击一次空格键，与智能ABC输入法比起来更加快捷一些。

2. 长词输入

谷歌输入法还有长词输入功能，它可以消除用户在输入较长的一句话时，为拆分句子的词组而烦恼。下面以输入“我爱北京天安门”为例，介绍谷歌输入法的长词输入功能。

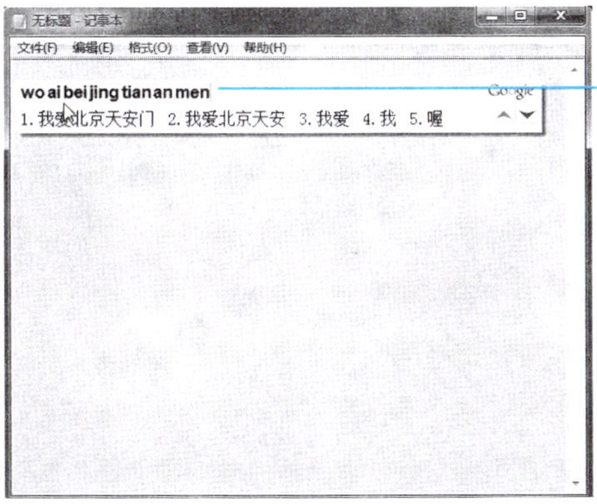

1 打开记事本，选择谷歌输入法，在记事本中输入汉字词组“我爱北京天安门”的拼音

操作步骤

视野拓展

谷歌输入法最有特色的地方是自动同步用户词库功能，就是说，使用Gmail账号登录输入法后，会自动将用户词库保存在Google服务器上，这样用户在不同地点使用输入法，会自动同步最新词库。

2 这时用户直接单击空格键或者按数字键“1”，输入成功

3. 智能纠错

谷歌输入法具有智能纠错功能，当用户输入有误时，谷歌输入法在大部分时候是可以显示出用户需要的字或词组的。下面就以输入中文“听”字为例介绍。

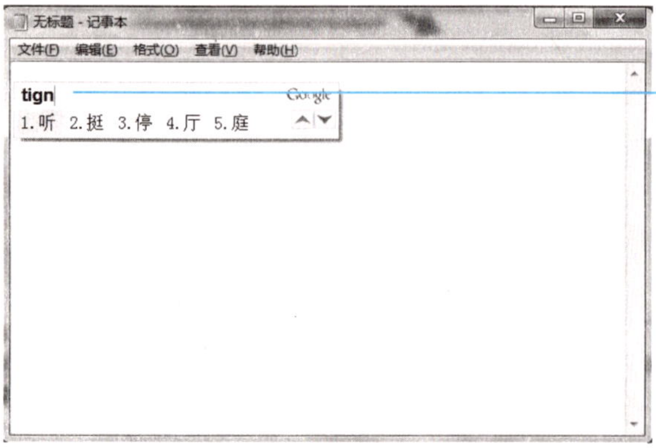

打开记事本，选择谷歌输入法，记事本中输入汉字“听”的拼音，如果我们误输入“tign”，可以看到在备选的文字中就有“听”字，单击空格键即输入成功

4. 模糊输入

在平时输入时，有很多用户可能普通话不好，例如平翘舌、“l”与“n”等分不清楚，谷歌输入法也给出了解决办法。例如输入汉字“牛奶”。

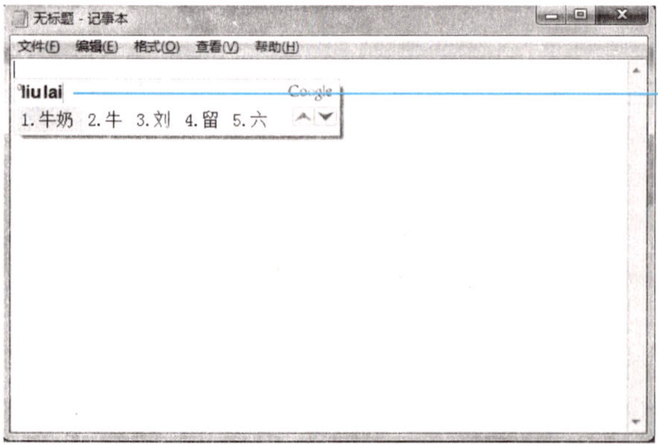

打开记事本，选择谷歌输入法，在记事本中输入汉字“牛奶”的拼音，在有些方言中汉语拼音的“l”与“n”是分不清楚的，所以我们将“niunai”中“n”都替换为“l”输入。此时在备选的选项中出现了“牛奶”，用户选择即可

视野拓展

现在谷歌输入相竞争的拼音输入法中，搜狗输入法最为强大，不过搜狗输入法没有实现用户输入的个性化，所以两种输入法各有千秋。

5. 支持繁体输入

谷歌输入法还支持繁体输入，这样用户在与中国香港、台湾等地区的人们进行交流时就不会再有输入简体字，对方没有办法理解的问题了。下面以输入汉字“簡體”为例了解这一功能。

操作步骤

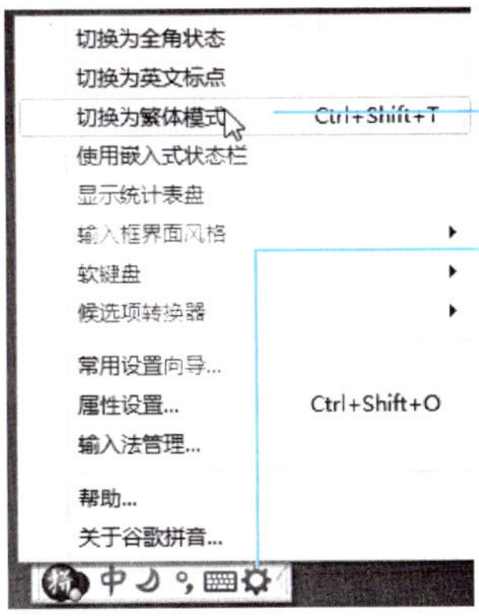

2 在弹出的菜单栏中选择“切换为繁体模式”

1 在谷歌输入法的界面单击“设置”按钮

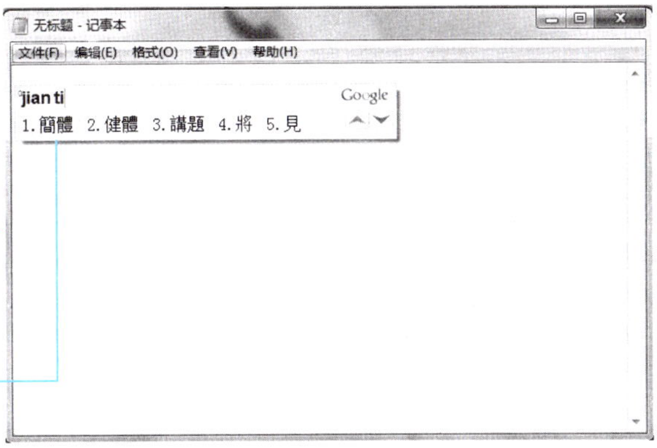

3 在谷歌输入法的备选词中就会出现“簡體”。按空格键，输入成功

6. 中文输入状态下输入网址和英文单词

当用户在中文输入状态下，难免会遇到输入英文单词或者网站地址的情况，如果切换输入法有些麻烦，那么谷歌输入法就完美地解决了这个问题。下面让我们看看如何输入吧。

打开记事本，在记事本中输入新浪网的网址www.sina.com.cn，在备选中就会看到这个网址，单击空格键，输入成功

视野拓展

现在输入法的发展也开始向着人性化发展进步，搜狗输入法的词库不断更新，谷歌输入法的个性化词库，都方便了人们输入法的使用。

7. i键妙用

在使用谷歌输入法时，i键也是很有用处的，其中包含计算模式、输入日期等。下面我们就以输入日期为例，看看如何使用这一功能。

操作步骤

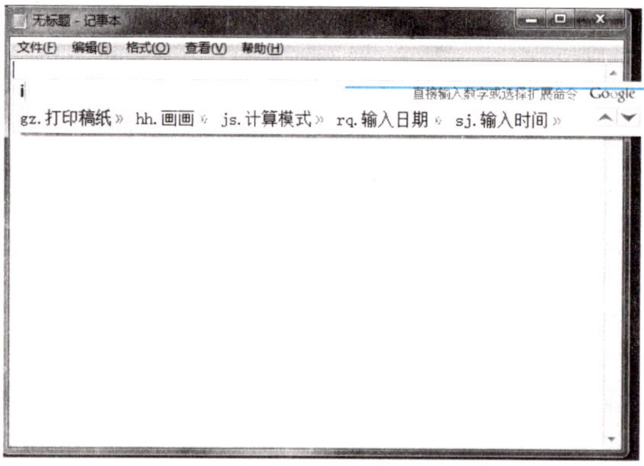

1 打开记事本，在记事本中输入字母i，就会弹出备选的界面

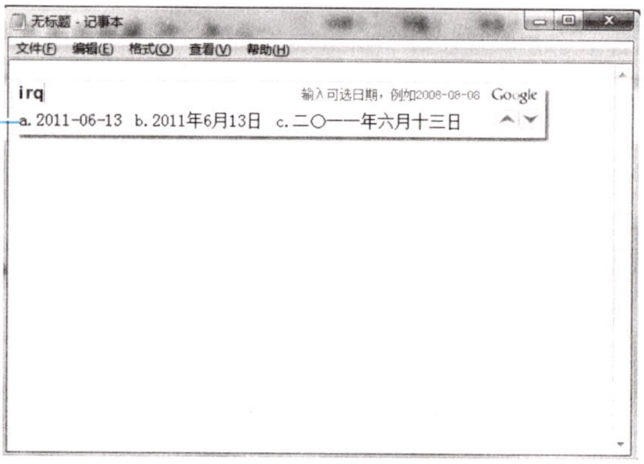

2 在备选中就可以看到输入日期的格式，用户只要选择自己需要的格式就可以了

4.5 使用五笔输入法输入汉字

五笔汉字输入法也是重要的输入法之一，与拼音输入法比起来，五笔输入法更快捷，既使是在用户不知道读音的情况下也可以完成输入。但是五笔输入法需要对文字进行拆分和规则记忆。

4.5.1 认识五笔字型

五笔字型输入法是王永民在1983年8月发明的一种汉字输入法。它完全依据笔画和字形特征对汉字进行编码，是典型的形码输入法。五笔字型输入法在使用

视野拓展

五笔字型于1983年8月28日鉴定之后，25年间其软件共有三代版本：第一代：1986年推出（老86），并附有五种笔画“前四末一”简易输入法，史称86—4.5版；其取码规范化的一个改进版WB-18030，2001年推出，称“新86”版或“标准86版”。

简体中文的地区应用较广泛，是这些地区最常用的形码输入法。后来也衍生出多种其他五笔输入法，如陈桥、万能、搜狗、极点、小鸭等。不过其普及程度与影响力远不及王码五笔。而五笔输入法一般指的是王码五笔。

4.5.2 五笔字型的基本知识

五笔字型中，字根多数是传统的汉字偏旁部首，同时还把一些含有少量的笔画结构作为字根，也有硬造出的一些“字根”，五笔基本字根有130种，加上一些基本字根的变型，共有200个左右。这些字根对应在键盘上的25个键上。键盘上有26个英文字母键，五笔字根分布在除Z之外的25个键上。这样每个键位都对应着几个甚至是十几个字根。现在让我们先了解一下汉字的基本结构、掌握一些五笔字型的基本知识。

1. 组成汉字的3个层次

五笔字型输入法将汉字分了3个层次：笔画、字根、单字。

汉字形体复杂，笔画繁多，但所有的汉字都具有几个共同特性。无论多复杂的汉字都是由笔画组成，基本笔画构成汉字的偏旁部首，再由基本笔画及偏旁部首组成单个汉字。下面对这2个层次的具体含义解释一下。

- 笔画：所有的汉字都是由笔划构成的，在书写汉字时，不间断地一次连续写成的一个线段叫做汉字的笔划。在五笔字型输入法中，对笔划的分类只考虑其运笔方向，而不计其轻重长短。故将汉字的笔划分为五类：横、竖、撇、捺、折。
- 字根：由笔划交叉连接形成的相对不变的结构称为字根，它是构成汉字的基本单位。
- 单字：将字根按一定位置组合起来就形成了汉字。

2. 汉字的5种基本笔画

“笔画”是指书写汉字时，一次写成的一个连续的线段。在五笔字形中，汉字的基本笔画分为横、竖、撇、捺、折。为了便于记忆，依次用1、2、3、4、5作为代号。

笔划名称	笔划代码	笔划走势	笔划及其变形
横	1	左→右	横一提/
竖	2	上→下	竖丨竖折勾
撇	3	右上→左下	撇
捺	4	左上→右下	捺　点
折	5	带转折	各种带转折的笔划

视野拓展

人们常说的五笔86版、98版、18030版、新世纪版，被称之为王码五笔输入法。王码可以说是五笔的正宗。另外五笔4.5版，其实就相当于王码五笔86版。其他五笔如极点五笔、万能五笔、海峰五笔、智能五笔、搜狗五笔，可以说是高级五笔、个性五笔，有各自的发明人，但基本上都是以86版五笔为编码标准的。

4.5.3 深入了解五笔字根

根据每个字根的首笔画，我们将所有字根分成5类分布在键盘上，即横、竖、撇、捺和折5个区。其中每个区有5个键位。

1. 五笔字根的键盘分布

键盘分区	首笔画	键位
第一区	横起笔	G、F、D、S、A
第二区	竖起笔	H、J、K、L、M
第三区	撇起笔	T、R、E、W、Q
第四区	捺起笔	Y、U、I、O、P、
第五区	折起笔	N、B、V、C、X

根据这5个分区以及各个区中键位的排列顺序，我们对每个键位进行编码，即“区位号”。每个区位号由两个数字组成，其中第一个数字表示区号，第二个数字表示键位号。

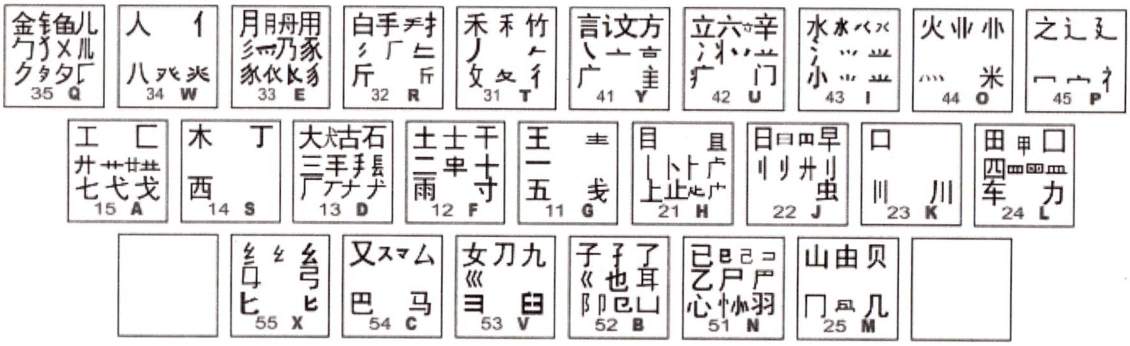

2. 字根助记词

为了帮助初学者更快地掌握各个区位上的字根，五笔字型提供了一套“字根助记词”。每一句字根助记词基本上概括了一个区位上的字根。使初学者能够很快顺口地“读出”每个区位上的字根，增强了学习的趣味性，可以加快记忆速度。

视野拓展

每个字根的第一笔定区，第二笔定位（70%的字根符合这个原则，所以看第一笔就知道在哪个区的5个键之中，看第二笔就定位在这5个键中的哪个了！将上面字根分布图中的所有字根按这个原则试一遍，把特殊的圈出来看看，不多吧。

区	区位号	键	口诀	高频字
横起笔类一区	11	G	王旁青头戋（兼）五一，（兼）五一（"兼"与"戋"同音）	一
	12	F	土士二干十寸雨	地
	13	D	大犬三羊古石厂（"羊"指羊字底）	在
	14	S	木丁西	要
	15	A	工戈草头右框七（"右框"即"匚"）	工

区	区位号	键	口诀	高频字
横起笔类二区	21	H	目具上止卜虎皮（"具"的上部及"虎"的皮）	上
	22	J	日早两竖与虫依	是
	23	K	口与川，字根稀	中
	24	L	田甲方框四车力（"方框"即"口"）	国
	25	M	山由贝，下框几（"下框"即"冂"）	同

区	区位号	键	口诀	高频字
横起笔类三区	31	T	禾竹一撇双人立（"双人立"即"彳"） 反文条头共三一（"条头"即"夂"）	和
	32	R	白手看头三二斤	的
	33	E	月彡（衫）乃用家衣底（"家"字底和"衣"字底）	有
	34	W	人和八，三四里（"人"和"八"在34键里）	人
	35	Q	金勹缺点无尾鱼（"勹"缺点"勹"，无尾"鱼"） 犬旁留叉儿一点夕 氏无七（"氏"去掉"七"）	我

区	区位号	键	口诀	高频字
横起笔类四区	41	Y	言文方广在四一 高头一捺谁人去（"高"字头，"谁"人去"讠"）	主
	42	U	立辛两点六门疒	产
	43	I	水旁兴头小倒立	不
	44	O	火业头，四点米（"业头"即"业"字无下面一横）	为
	45	P	之宝盖建道底（即"之宀冖廴辶"） 摘礻（示）衤（衣）（"礻、衤"摘除末笔一点及两点）	这

区	区位号	键	口诀	高频字
横起笔类五区	51	N	已半巳满不出己 、左框折尸心和羽（"左框"即框开口向左）	民
	52	B	子耳了也框向上（"框向上"即"凵"）	了
	53	V	女刀九臼山朝西（"山朝西"即"彐"）	发
	54	C	又巴马，丢矢矣（"矣"去"矢"为"厶"）	以
	55	X	慈母无心弓和匕（"母无心"即母字只剩框） 幼无力（"幼"去"力"为"幺"）	经

视野拓展

鱼和熊掌不可兼得，要想学习五笔，请您放弃拼音！并不是让你完全忘记拼音，只是放弃拼音指法的习惯，或者说如果有可能，尽量不要用拼音打字，只要没什么特殊情况，都用五笔。

4.5.4 拆分汉字

掌握了字根在键盘上的分布规律就可以拆分汉字了。使用五笔字型输入法输入汉字，首先要将汉字拆分为字根，然后根据字根在键盘上的分布判断出字根所在的键位。

1. 汉字的字根结构

在学习汉字的拆分方法前，应了解汉字字根间的关系，并掌握汉字的拆分原则，这样才能准确地拆分汉字。总的来说，汉字与字根的关系分为单、散、连、交4中。

类型	特点	例字
单	字根本身即是汉字	土、木、山、水、火
散	构成汉字的字根之间保持一定距离	困、促、识、汉、照
连	一个单笔画连着一个基本字根	且、自、千、太
交	几个基本字根交叉套叠后构成的汉字	本、里、申、丙、中

2. 拆分汉字的原则

在五笔字型输入法中，除了键名汉字和成字字根汉字，其他单字都是由几个字根组合而成的合成字体。输入合体字时必须先将其拆分为基本字根，拆分合体字应该遵循以下原则。

- 按书写顺序拆分：在拆分汉字时，应该按照其书写顺序进行拆分，即“从左到右”、“从上到下”、“从外到内”，且拆分出的字根应为键面上的基本字根。

好 = 女 + 子

全 = 人 + 王

- 取大优先：按照书写顺序为汉字编码时，拆出来的字根要尽可能大，即“再添一个笔画，便不能构成笔画更多的字根“为限度。

世 = 廿 + 乙 （正确）

世 = 一 + 凵 + 乙 （错误）

亲 = 立 + 木 （正确）

亲 = 立 + 一 + 小 （错误）

- 兼顾直观：在确认字根时，为了使字根的特征明显易辨，有时就要牺牲书写顺序和取大优先的原则。

国：如按书写顺序，其字根应是“国 = 冂 + 王 + 丶 + 一“，但这样编码不但有违该字的字源，也不能使字根“囗”直观易辨。为了直观，国字的正确拆分应该是：“国 = 囗 + 王 + 丶”。

- 能连不交：当一个字可以视作相连的几个字根，也可视作相交的几个字根时，我们认为，相连的情况是可取的。

视野拓展

没有用拼音打字基础或拼音打字不熟练的朋友学起五笔可能会更快！因为如果你曾是拼音高手或者中手，那么你会保留你使用拼音时的习惯，用五笔打字时很有可能会不自觉地以拼音的方式来按键，会影响五笔的进展速度。

天 = 一 + 大（二者是相连的）（正确）

天 = 二 + 人（二者是相交的）（错误）

- 能散不连：如果一个结构可以视为几个基本字根的散的关系，就不要认为是连的关系。

占 = ⺊ + 口（都不是单笔画，应视作上下关系）

非 = 三 + 刂 + 三（都不是单笔画，应视作左右关系）

总之，拆分应兼顾几个方面的要求。一般说来，应当保证每次拆出最大的基本字根，在拆出字根的数目相同时，“散”比“连”优先，“连”比“交”优先。

4.5.5 五笔打字体验

掌握字根的拆分方法和拆分原则后，便可以将汉字拆分为字根，然后按照五笔字型输入法的取码规则，提取汉字的编码并输入汉字。

1. 键面字的输入

键面字是五笔输入法中较为特殊的汉字，这些汉字在键盘按键上可以直接找到。包括键名字和其他一些成字字根。下面具体介绍键面字的输入方法。

- 键名字的输入是键面字的一部分，是指键盘每个按键上的第一个字根，共25个（z键除外）。

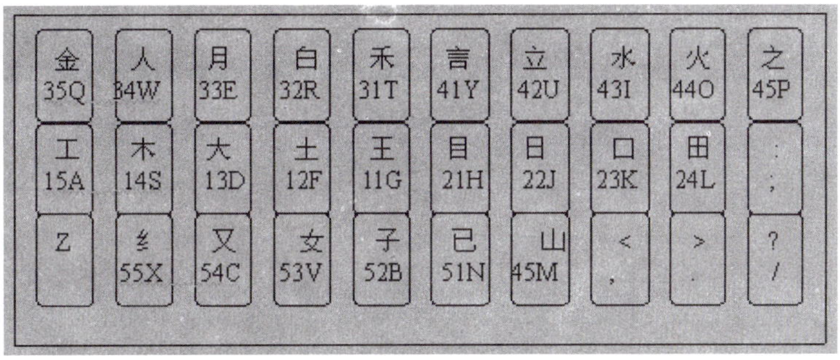

从上图可以看出，按键左上角加粗的字根便是该键的键名字。键名字的输入方法很简单，在相应键位上连续按四次，即可输入该键位的键名字。例如，若要输入“日”字。连续按四次J键即可。

- 成字字根的输入。

每一个按键中除了键名字以外，还有其他一些本身也为汉字的字根，称为成字字根。下面介绍如何输入成字字根。在输入法中，成字字根与键名字的输入有很大的区别，成字字根的基本输入公式为：报键名（报户口）+第一笔+第二笔+末笔。

在F键上共有6个成字字根（键名字除外）。即“二、雨、士、干、十、寸”。

视野拓展

学习五笔没有近路，所以想偷懒的拼音可以绕道而行。另外，五笔要经常使用，如果长时间不用，也会忘记。

输入“二”时，二＝F＋一＋一；

输入“雨”时，雨＝F＋一＋丨＋丶；

2. 输入“键外汉字”

键外字是指除了键面字以外的所有汉字。为了输入的方便。五笔输入法依据各汉字使用频率的高低分成了三级简码。下面分别介绍各级简码的输入。

- 一级简码

一级简码（高频字）共有25个。分别分布在除z键以外的其他25个字母键位上，一级简码中的汉字都是日常常用的汉字。为方便输入，规定一级简码只要按其所处的键位，再按空格键即可输入。在前面的字根助记词中的5个表中，高频词即为一级简码。这里就不列出了。

- 二级简码

二级简码由两个字母加一个空格键作为汉字的输入编码。在五笔输入法中共有600多个二级简码。二级简码均为一些常用汉字，在输入时只要取相应汉字的前两个字根，然后加空格键即可将其输入，即第一个字根+第二个字根+空格。

级=纟+乃+空格（全码：XEYY）

服=月+卩+空格（全码：EBCY）

较=车+六+空格（全码：LUQY）

崭=山+车+空格（全码：MLRJ）

楞=木+四+空格（全码：SLYN）

保=亻+口+空格（全码：WKSY）

下面以顺口溜的形式列出所有的二级简码，以供读者练习。

几多灾雪下帝城，四处冰霜亿地阴。

三年六载不平事，五度思家小儿孙。

所爱不为贡录物，财钱从来少人心。

淡观杂戏遥知理，长提铁胃吸江虹。

帮弱防强斩娄怪，肝胆闪光九方红。

能让好刀阵前出，会收孤姨马后巡。

且向空社顷米粉，也取粗纱作甩灯。

生就朱膛赤肌肋，哪管绿客贩阿参。

最恨蛤蝗毁籽料，呆骨罗妆害居民。

凡欠商煤必记册，极反姑舅瞎分成。

敢服肥脂弛北际，曾开汪泊百菜丰。

视野拓展

想学会并学好五笔，首当其冲就要会盲打，如果不会，请先努力去记住每个字母在键盘上分布的位置和正确的按键指法，如果这关过不了以后学五笔会步步艰难！

于无砂处得珍画，与张李氏结磁婚。
二失姆妈驼纱曲，七呼寺训报你亲。
得估仙玉赠芳燕，权守宫法眯瞳睛。
烽烟炽烛难止伙，粘绵浊澡可过林。
垢圾枯杨休保佃，官台铁锭岂归村。
久结晕妇妨儿习，屡认苛虎迷子沁。
悄然过客明年找，空宛洋烟他处寻。
车轩轴辊双边轨，经纱纲线肆米综。
抽打扣押手来折，喧叫吵啼脸内风。
秀芭晚间争灿色，匠物晨时夺天工。
开坟必现科中册，关们定隐北帝军。
玫珠细玉为妻采，凤朵名曲报阳春。
并洒宽邮参汉陛，且涨冯水变良屯。
断瓣失籽季难过，胡面钉餐节如冰。
东芝电笔盯得紧，南方芭药末渐闻。
普拓灰砂离右站，乐导高才进左厅。
历怀牟角搂辽炙，宁守信伯庆遥朋。
降职隐行遇瞎眼，载革引驼率吕宾。
炒米能偿张承相，棕服艰作刘史充。
当学太公交睦友，务扫肛肿切耻因。
肖男大志呈煌炮，卤条崭迪对主凶。
功夫峭级放吧哟，决比机械克烃龙。
秋嘛耿卫懈愉奶，闰旭暗晃忆尼陈。
列队联胶眩步慢，构景量牙灶叶轻。
邓字之安昌顺矣，实宙妥宵果甸兴。
旧表查顾计划列，纪档对具曙业审。
卢皮睡衣全检析，外协化池半嫌灵。
吉它怕旧限同类，纺产允代支协本。
给旨劝约加力办，示义批包答楷贞。
用术匀蝇届炎显，这样格楞共世攻。
虽说呀员拉么近，只听啊部罚个针。

视野拓展

学习五笔没有什么秘诀，就是背诵五笔字根表和练习。现在有很多五笔打字练习的软件，要打字快就要多练习。很多不懂得拆字字根，软件的界面都有提示，可以一边打字一边学习拆字方法。所谓只要功夫深，铁杵磨成针。学习五笔就是依靠多练习。

直到忱尖昨及第，仍由惭寂换秘称。

各杰委原持耿驻，互诉此基立介增。

肯要占区早避困，或量胸式扩良旬。

继订注央达负昆，另秒没较则可扔。

- 三级简码

三级简码是以单字全码中的前3个字根作为输入代码。基本输入规律为：

第1个字根+第2个字根+第3个字根+空格。

“榜”字完整的字根拆分为“木+六+冖+方”。但只要输入前三个字根即可确定该字。

对于三级简码来说，虽然省去了最后一个字根的录入，但却加了一个空格键，同样达到了四码，所以三级简码并不能明显地提高录入速度。但由于省去了用户考虑最后一个字根的时间（直接按空格键），故对提高速度来说，还是有一定帮助的。

3. 输入词组

词组是指由两个及两个以上的汉字构成的比较固定和常用的汉字串，主要包括二字词组、三字词组、四字词组和多字词组。一个词组无论包含多少个汉字，但最多只能取4码，因而极大地提高了汉字的输入速度。输入词组时的取码规则如下。

- 二字词组：取码规则为第1个字的第1个字根+第1个字的第2个字根+第2个字的第1个字根+第2个字的第2个字根，从而组合成4码。
- 三字词组：取码规则为第1个字的第1个字根+第2个字的第1个字根+第3个字的第1个字根+第3个字的第2个字根，从而组合成4码。
- 四字词组：取码规则为第1个字的第1个字根+第2个字的第1个字根+第3个字的第1个字根+第4个字的第1个字根，从而组合成4码。
- 多字词组：取码规则为第1个字的第1个字根+第2个字的第1个字根+第3个字的第1个字根+最后一个字的第1个字根，从而组合成4码。

4.5.6 巧用万能Z键

Z键俗称“万能键”，可以代替任何一个字根。如在输入汉字的过程中，若只记得第一个字根，第二个字根和第四个字根，那么可以输入Z键作为第三个字根。理论上讲，先输入任意一个键位上的字根，然后再按3次Z键，通过翻页即可找到所有以该键中的字根为第一个字根的所有字词。

视野拓展

语音识别不光可以输入汉字，同样可以对计算机进行操作，如口述“打开【开始】菜单”，Windows7操作系统就会自动打开“开始”菜单。

4.6 使用Windows 7中的语音识别输入汉字

在Windows 7中，语音识别（Windows Speech Recognition）的准确性与Vista系统比起来得到了进一步的提升。语音识别功能支持在很多普通应用程序中进行听写，让用户能够告诉计算机需要执行的操作。例如，用户只需要说出收件人的姓名和邮件的内容，即可完成电子邮件的听写过程。

1. 设置麦克风

初次使用语音识别功能，用户必须设置麦克风。Windows 7操作系统会根据用户的语音特点，调整自己的识别模式以便于正确识别用户的语音命令。下面来介绍如何设置麦克风。

操作步骤

1 单击“开始”按钮，在打开的菜单中选择“控制面板”命令

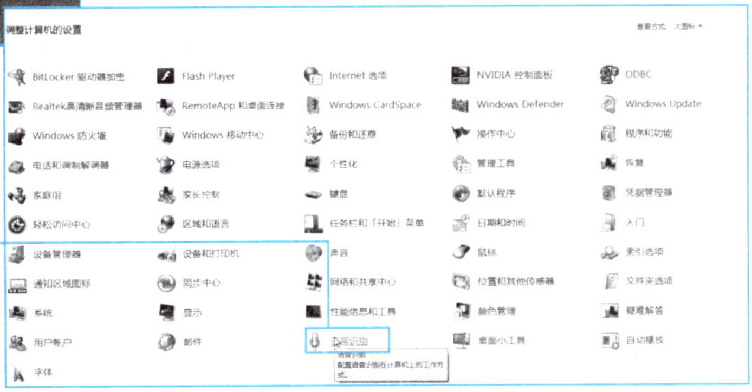

2 在“控制面板”中单击“语音识别”超链接

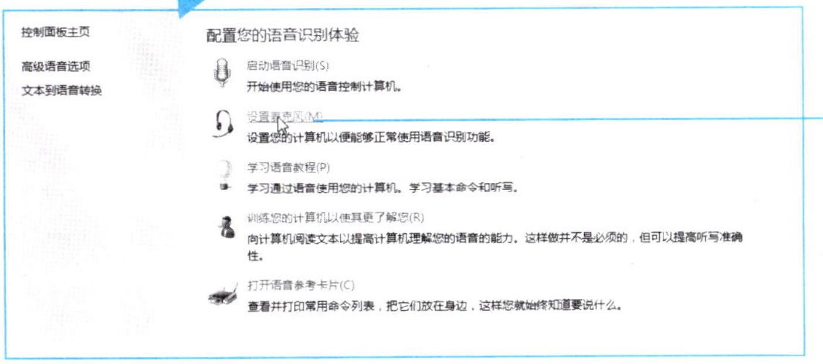

3 在弹出的窗口中单击“设置麦克风”超链接

视野拓展

Windows7的语音识别使您可以听写文本、对计算机下命令、使用Windows，但有时语音识别仍然难以使用；许多非微软的程序不支持Windows的语音命令，并非一切技术均放之四海而皆准。这是一项前沿技术，在某些方面仍有待改进。

4 在弹出的对话框中选择用户试用的麦克风类型

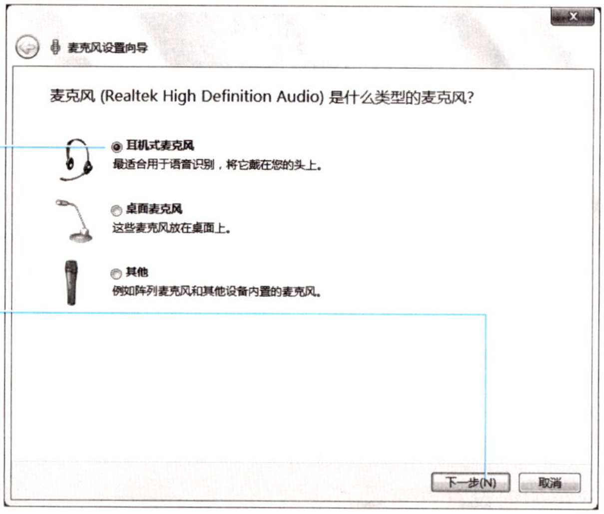

5 单击“下一步”按钮

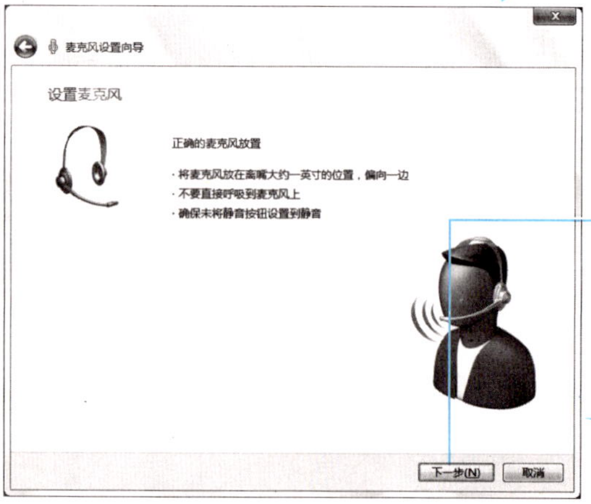

6 这一对话框提示用户如何才能使得麦克风顺利接收语音，单击“下一步”按钮

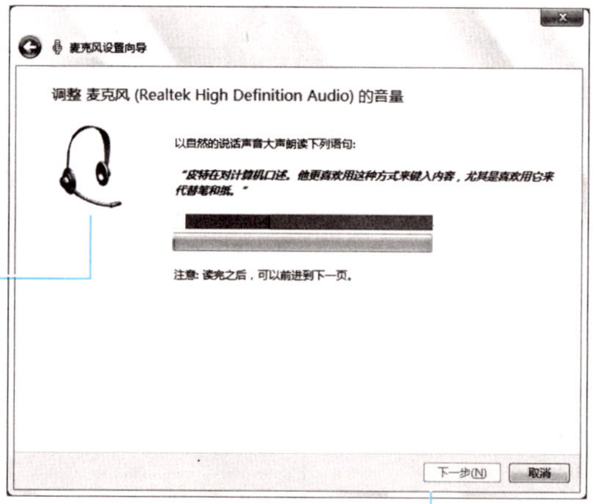

7 对麦克风清晰地说出“皮特在对计算机口述。他更喜欢用这种方式来键入内容，尤其喜欢用它来代替笔和纸。”

8 朗读完成后单击“下一步”按钮

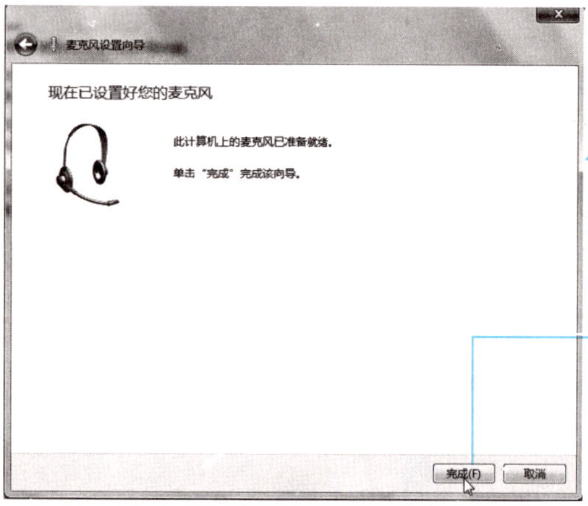

9 单击“完成”按钮

视野拓展

在听写时，注意发音要清晰。尝试说出完整的句子或有意义的句子片段，如果您说的短语更为完整，计算机就能更好的理解您所说的话。

2. 开启语音识别

操作步骤

1 打开“开始”菜单，单击“所有程序”选项

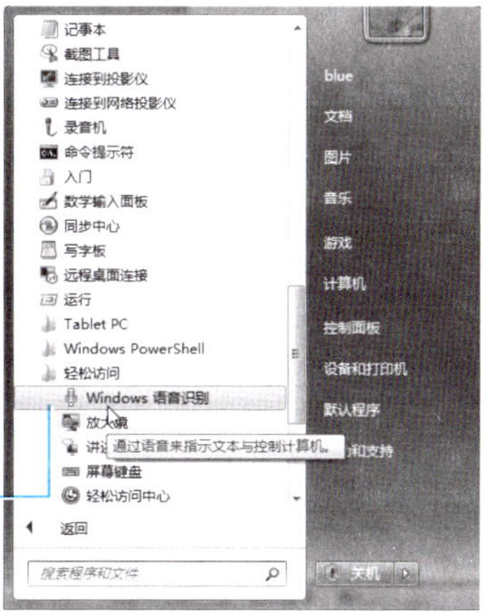

2 选择“附件”，在附件中选择“轻松访问”，最后选择“语音识别”

3. 使用语音识别输入汉字

操作步骤

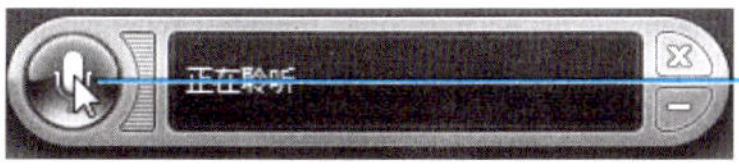

1 刚开启的“语音识别”是关闭状态的，需要单击开启按钮，进入语音识别状态

2 然后用户对着麦克风说“开始”，语音识别会自动打开“开始”菜单

3 用户继续语音输入命令“所有程序”、“附件”、“记事本”，语音识别就会自动打开“记事本”程序，这时就可以语音输入汉字了

视野拓展

当用户在语音识别下口述“我能说什么”时，此命令就会打开Windows语音识别参考卡，用户可以根据介绍语音输入命令。

4 用户对着麦克风说“语音识别功能好逗号”就会出现文本所显示的字，但是有时会识别有误，显示为“语音识别功能还好，”

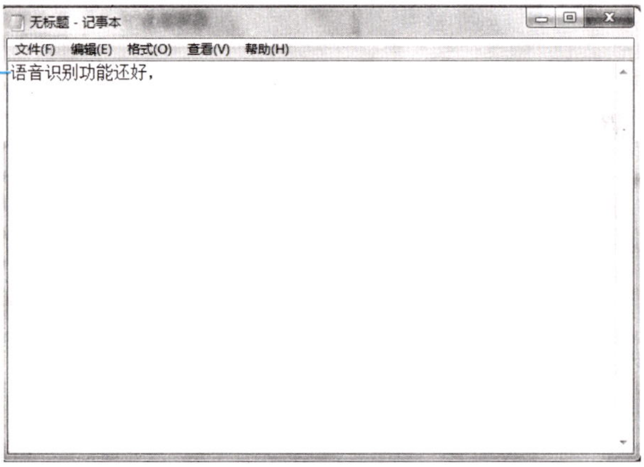

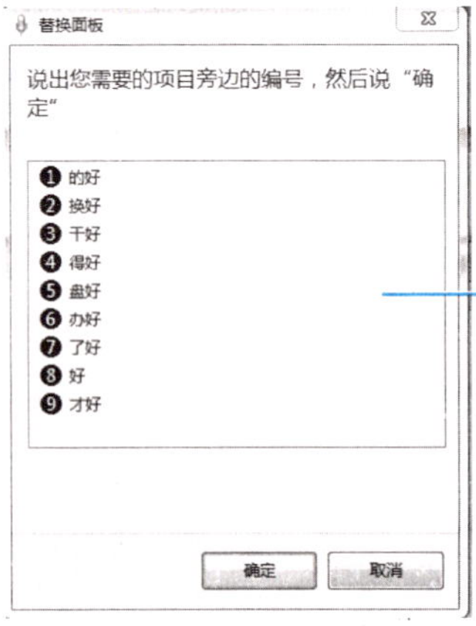

5 用户对麦克风说“更正还好”，就会弹出“替换面板”，再对麦克风说“8”，“确定”

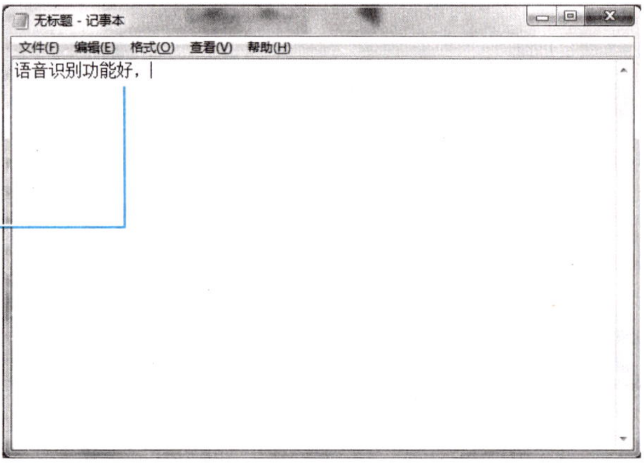

6 这时，记事本上原来的“还好”更正为“好”。输入完成

提示：

- 用户如果需要其他命令，只要对麦克风说出指令就可以，例如要删除“好”字，对麦克风说“删除好”操作就完成了。
- 语音识别功能不光能输入汉字，当用户需要打开其他程序时，也可以使用这个功能。

4.7 本章小结

本章主要介绍了拼音输入法、五笔输入法和语音识别输入，其中拼音输入法是现在最常用的输入法，其次是五笔输入法，语音识别输入的应用很少。拼音输入法入门简单，比较适合初学者使用，现在输入法的不断改进大大提高了拼音输入法的输入速度。五笔输入法需要读者认真学习，多加练习才能最后达到熟练的程度。

视野拓展

现在已经有开发者推出了免安装的绿色版本输入法，体积小，智能化程度高，占用资源少，不需要安装还免除了改写注册表的烦恼，也防止了实时更新信息泄漏。

4.8 趁热打铁

下面让我们来做些练习检验一下自己吧。

4.8.1 选择题

1. 下列输入法中，是Windows 7操作系统自带的输入法是（　　）。

A. 智能ABC输入法　　B. 五笔输入法

C. 谷歌输入法　　D. Sogou拼音输入法

2. “的”字属于五笔字型中的（　　）。

A. 成字字根　　B. 一级简码

C. 键名字　　D. 合体字

4.8.2 实践题

1. 用两种以上方法切换输入法。

2. 使用智能ABC输入法和拼音输入法输入一段文字，字数不少于50个。

视野拓展

这样的绿色输入法，通常有基于IME方式需要修改注册表的准绿色输入法，如拼音加绿色版本，还有基于外挂方式的真正意义上的完全免安装的绿色版本，如基于拼音之星6.5A系列版本开发的拼音之星绿色输入法。

读书笔记

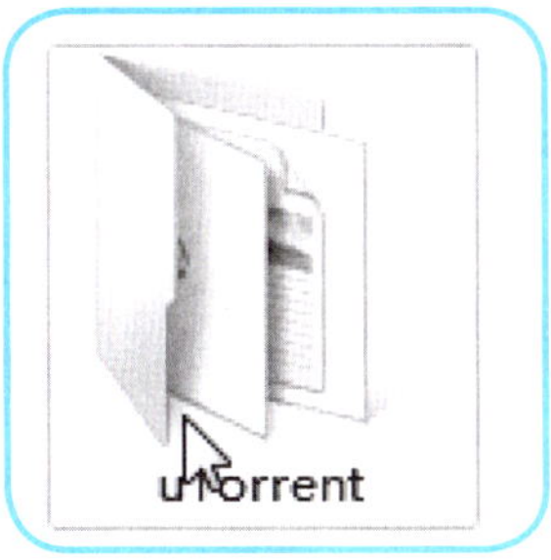

第5章 文件与文件夹管理

本章导读

Windows 7操作系统是一种基于文件的操作系统，文件管理是它的基本功能。本章主要介绍如何浏览、新建、删除、复制等文件操作。

本章学习目标

- 了解磁盘、文件、文件夹等概念
- 学会如何对文件及文件夹进行基本操作

本章学习重点

- 学会浏览文件和文件夹
- 掌握文件与文件夹的基本操作
- 学会压缩与解压缩文件

5.1 认识磁盘、文件与文件夹的种类

在计算机中数据是以文件的形式来表示的，而文件夹正是将文件分门别类保存的载体和工具。文件与文件夹都保存在电脑的磁盘之中。

5.1.1 什么是磁盘

磁盘是电脑主要的存储媒介之一，由一个或者多个铝制或者玻璃制的碟片组成。这些碟片外覆盖有磁性材料。绝大多数磁盘都是固定硬盘，被永久性地密封固定在硬盘驱动器中。现在使用的磁盘储存单位大部分以G为单位，1G=1024M。在Windows操作系统中，将磁盘分区，用户可以根据个人需要将文件分类放入各个磁盘分区中。

5.1.2 什么是文件与文件夹

1. 什么是文件

计算机文件是以计算机硬盘为载体存储在计算机上的信息集合。文件可以是文本文档、图片、程序等。文件通常具有3个字母的文件扩展名，用于指示文件类型（例如，图片文件常常以JPEG 格式保存并且文件扩展名为 .jpg）。

视野拓展

（1）磁盘设备应包括磁盘驱动器、适配器及盘片，它们既可以作为输入设备，也可作为输出设备或称载体。

2. 什么是文件夹

普通计算机文件夹是用来协助人们管理计算机文件的，每一个文件夹对应一块磁盘空间，它提供了指向对应空间的地址，它没有扩展名，也不像文件那样需要用扩展名来标识。但它有几种类型，如：文档、图片、相册、音乐、音乐集等。

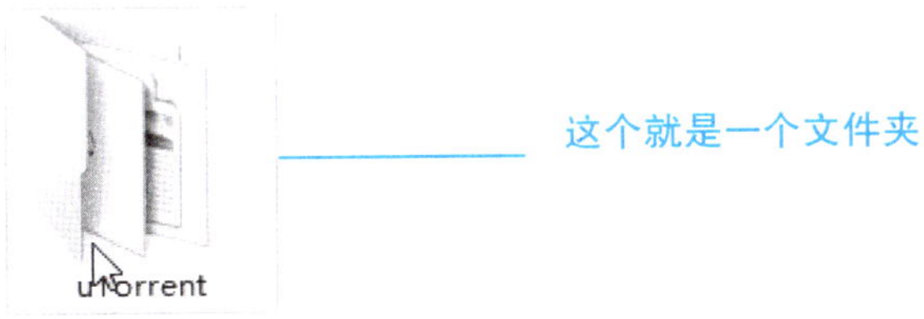

5.1.3 什么是文件路径

文件路径是指位置，如abc.txt文件保存在C盘、aaa文件夹中，那么该文件的路径就为C:\aaa\abc.txt。

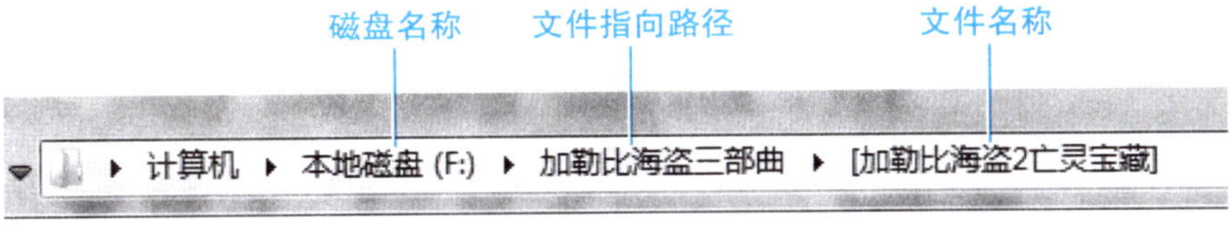

5.1.4 磁盘、文件与文件夹之间的关系

在Windows中打开一个磁盘，就会看到其中包含的文件夹。文件夹把磁盘分隔成了可管理的存储区域，以便帮助用户分隔程序、文档等。实际上，文件夹帮助用户组织磁盘，就像纸文件夹帮助组织文件柜一样。 文件夹中包含哪些内容呢？文件夹可以包含其他的文件夹（有时候称为子文件夹）和文件。文件是一组保存在磁盘上的数据。文件可以是程序、文档（例如信件），或者其他程序需要使用的数据文件。 在计算机中，各种数据都以文件的形式存放。如果用户将自己的相片存放在计算机中，则计算机中必定会有对应的图像文件。总的说来磁盘、文件夹与文件是从大到小的关系。磁盘提供空间，文件夹管理、区分文件。

提示： 有时候文件后缀是隐藏的，但是文件的样式可以告诉用户看到的是一个什么类型的文件。

注意:

- 文件名可以使用汉字、英文符号、数字等形式，但是不可以使用以下字符：斜杠“/”、问号“？”、分号“;”、点“.”、引号等。
- 文件名的后缀用户是不可以删除的，一旦删除文件后缀就会出现文件无法打开的情况。

视野拓展

（2）控制软盘读和写，即输入或输出是由磁盘驱动器及其适配器来完成的，从功能上来说，一台磁盘设备与一台录放机的作用是相同的，一盘录音带可反复地录音，那么软盘片或硬盘片，或称信息载体，也可以反复地被改写。

5.2 浏览文件与文件夹

在Windows 7操作系统中，每个文件都存放在磁盘中，如何浏览这些文件呢？本节就来介绍如何浏览文件与文件夹。

5.2.1 从“计算机”浏览文件与文件夹

从“计算机”中浏览文件是最常用的一种方式，下面就以浏览电影《加勒比海盗2》文件为例介绍如何从“计算机”浏览文件与文件夹。

操作步骤

1 在桌面上双击“计算机”图标打开计算机

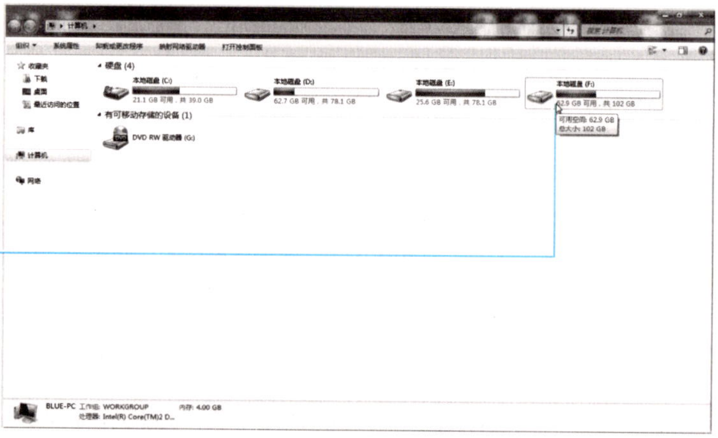

2 在“计算机”窗口中双击F盘

3 在F盘中双击“加勒比海盗三部曲”文件夹

视野拓展

电脑中的文件可以是文档、程序、快捷方式和设备。文件是由文件名和图标组成，一种类型的文件具有相同的图标，文件名不能超过255个字符（包括空格）。

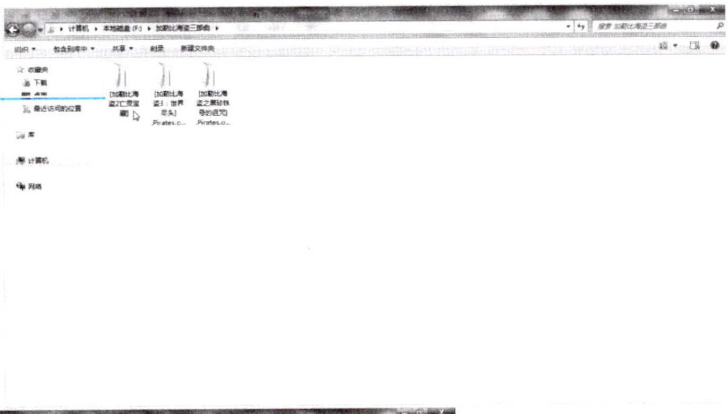

4 双击《加勒比海盗2》文件夹

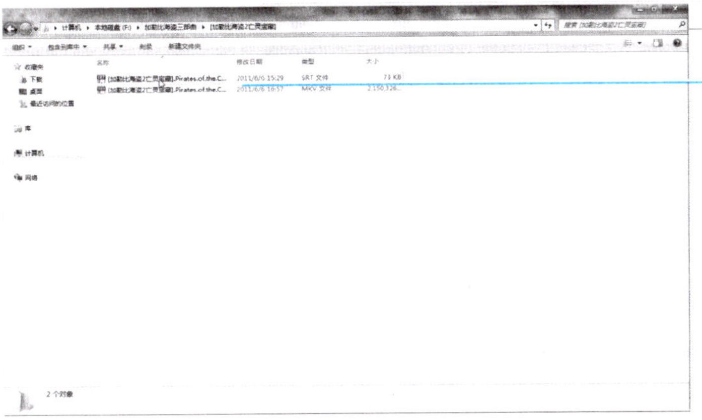

5 查看文件

5.2.2 从“资源管理器”浏览文件

在Windows 7操作系统中，当进入“计算机”窗口时，窗口的左侧就是资源管理器，资源管理器可以让用户一目了然地看到文件的位置。下面同样以浏览电影《加勒比海盗2》文件为例介绍如何从“资源管理器”浏览文件。

操作步骤

1 单击桌面“计算机”图标，进入“计算机”窗口

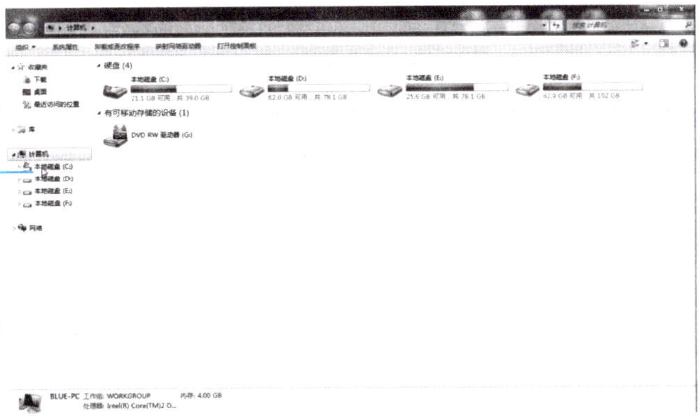

2 单击资源管理器中的F盘

视野拓展

“文件夹”就是一个目录名称，它提供了指向对应磁盘空间的路径地址，它可以有扩展名，但不具有文件扩展名的作用，也就不像文件那样用扩展名来标识格式。但它有几种类型，如：文档、图片、相册、音乐、音乐集等等。使用文件夹最大优点是为文件的共享和保护提供了方便。

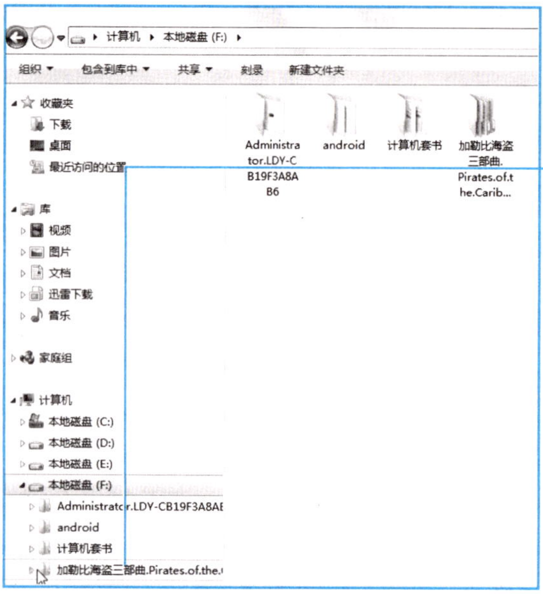

3 在资源管理器中双击《加勒比海盗》文件夹

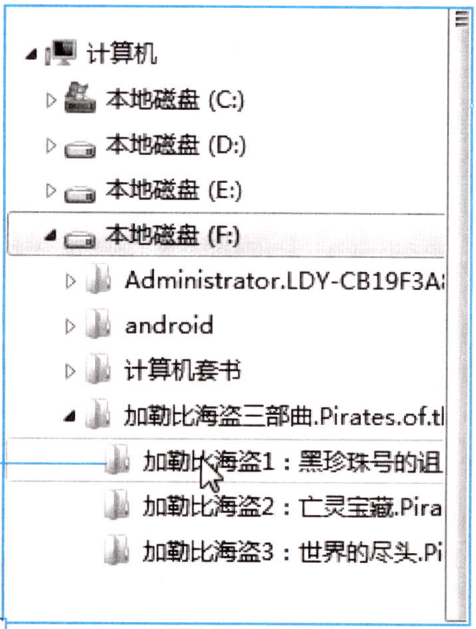

4 在资源管理器中双击《加勒比海盗2》文件夹

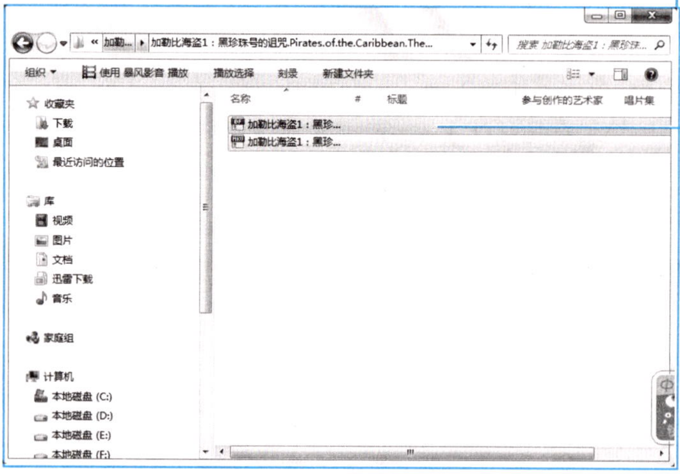

5 浏览《加勒比海盗2》文件

6 资源管理器中文件的路径

视野拓展

当用户记不得可以需要浏览的文件位置时，只许记得文件的大致名称。在计算机窗口的搜索栏中将文件名称输入其中，然后搜索，耐心等待。搜索完毕后系统会列出所有关于用户输入的名称的文件或文件夹。

5.2.3 通过文件夹窗口查看

通过窗口路径查看文件是Windows 7操作系统特有的一种浏览文件模式，下面我们就来学习一下这种方法。

操作步骤

1 单击桌面“计算机”图标，进入“计算机”窗口

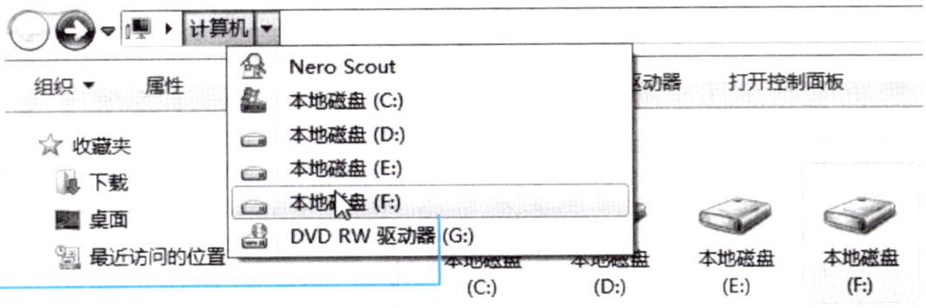

2 单击“计算机”右侧的箭头，在打开的下拉列表框中单击F盘

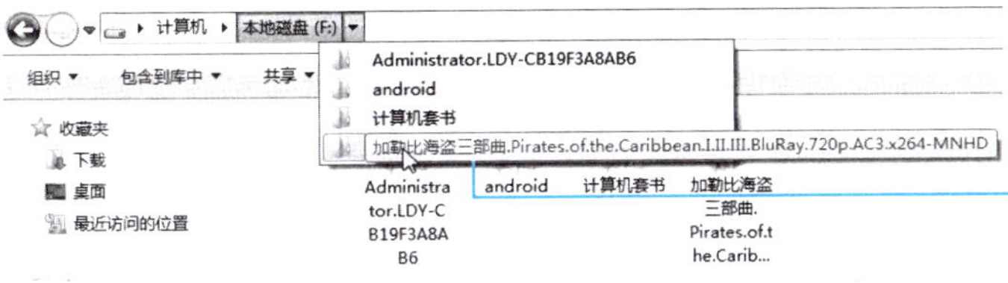

3 接着在路径中选择《加勒比海盗》文件夹

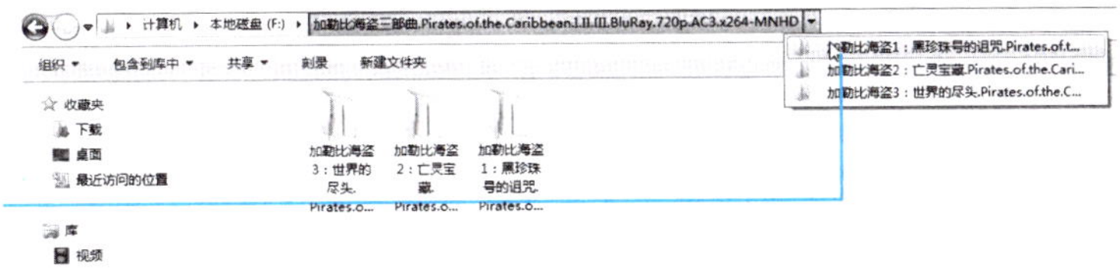

4 最后在路径中单击《加勒比海盗2》文件夹

视野拓展

用户通过搜索栏不光可以搜索文件名，也可以按文件类型搜索，只需要将文件的后缀输入到搜索栏中，开始搜索就可以了。

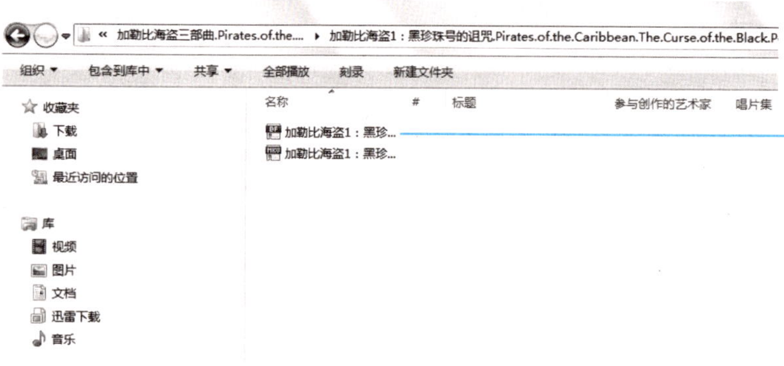

5 浏览文件

文件的路径

5.2.4 更改文件夹及文件的查看方式

对于文件和文件夹，我们可以改变文件与文件夹的查看方式，方便用户查看文件。下面就来介绍如何更改文件及文件夹的查看方式。

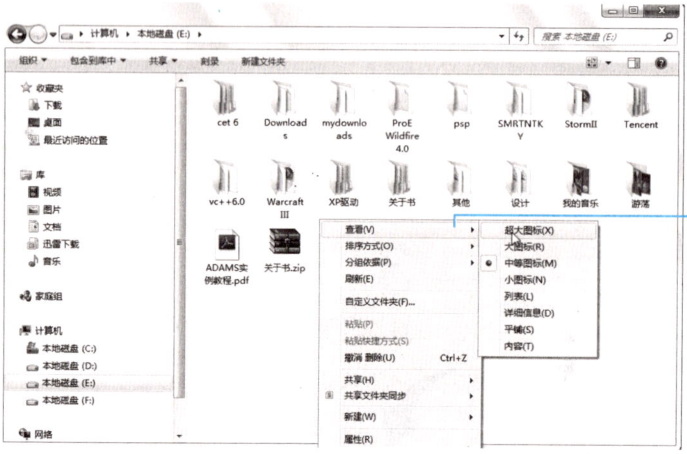

在“计算机”窗口中打开E盘，这里面是笔者电脑的文件。在窗口空白处右击打开快捷菜单，单击“查看”，在子菜单中就会看到可供选择的查看方式

- 小图标、中等图标、大图标、超大图标：以不同的大小显示文件和文件夹。
- 列表：文件以小图标形式显示，只能看到文件名和文件图标，并以最小间距排列，适用于文件较多时使用。
- 详细信息：以小图标形式显示文件，并以表格形式显示文件的详细信息，包括文件大小、文件类型、修改时间和该类文件的相关信息，如图形文件的尺寸、音频文件的播放时间等。

视野拓展

通过文件夹窗口修改路径的功能是Windows系统从Vista开始才有的，用户可能不太习惯，不过还是很方便的。

- 平铺：以中等图标大小显示文件，并同时显示文件的类型和大小等基本信息。
- 内容：以中等图标大小显示文件，并以表格形式显示文件部分信息。

提示： 对于图像文件，当图标大小设置为“中等图标”或更大时，文件将以缩略图形式显示。

5.2.5 更改文件的排列方式

当某个目录下包含的文件或文件夹太多时，为方便查找，可以对该目录下的文件和文件夹进行有序的排列。Windows 7操作系统提供了多种文件排列方式，用户可根据需要进行更改。

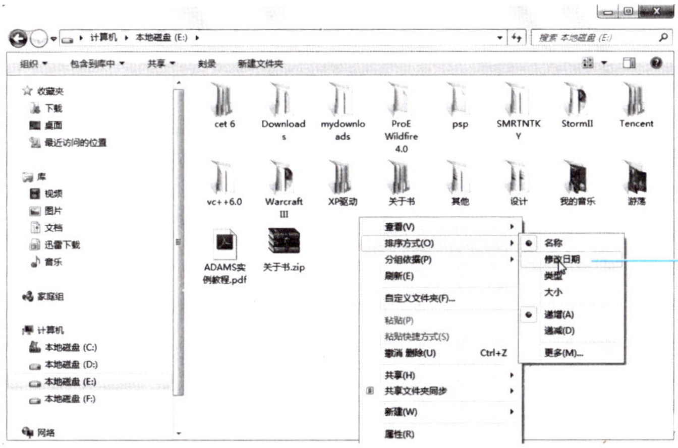

在“计算机”窗口中打开E盘，这里面是笔者电脑的文件。在窗口空白处右击打开快捷菜单，单击“排序方式”，在子菜单中就会看到可供选择的排序方式，用户可根据需要选择

5.3 文件与文件夹的基本操作

Windows 7操作系统中，文件与文件夹的基本操作包括新建、选择、重命名、删除、移动、复制、查找文件和文件夹等。本节主要介绍文件与文件夹的基本操作知识。

5.3.1 新建文件/文件夹

1. 新建文件夹

当我们对文件进行归类整理时，通常需要新建文件夹，以便将不同用途或类型的文件分别保存到不同文件夹中，下面我们就来学习如何建立一个文件夹。

视野拓展

不光文件可以修改浏览方式，在桌面上的图标也是可以修改浏览方式的，修改方法与文件浏览方式修改基本一致。

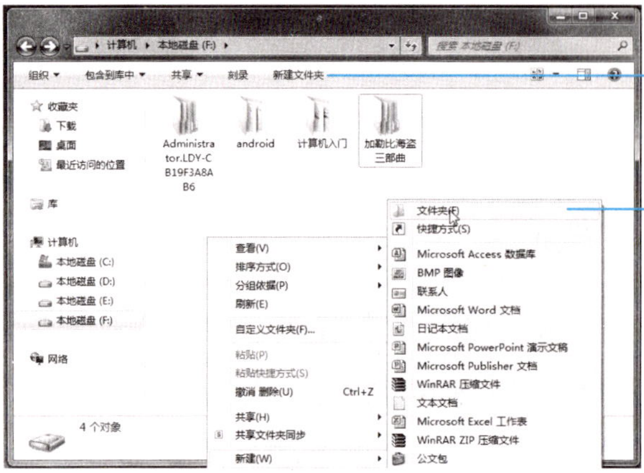

或者选择窗口工具栏中的新建文件夹也可以

1 打开“计算机”窗口，依次进入需要创建新文件夹的目录，然后右击窗口空白处，从打开的快捷菜单中，选择“新建”→“文件夹”命令

提示： 前面用快捷菜单新建文件夹的方法是常规方法，在窗口和桌面下都可以使用，使用工具栏新建的方式只可以在窗口下使用。

2 执行以上操作后，在窗口中会出现一个新的文件夹，并自动以“新建文件夹”命名，输入用户需要的文件夹名称，然后按回车键或单击窗口空白处即可

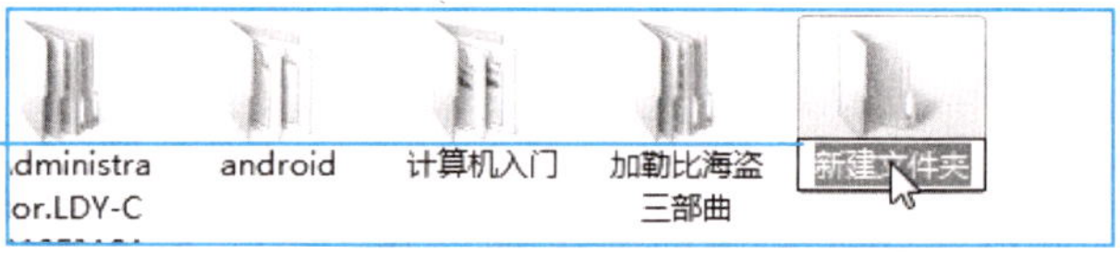

2. 新建文件

在Windwos7操作系统中，有多种类型的文件，如何新建一个自己需要的文件呢？下面以新建Word文档来学习如何新建文件吧。

操作步骤

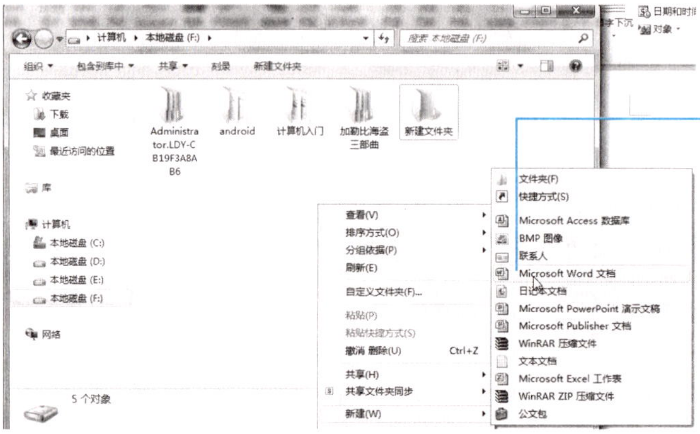

1 打开“计算机”窗口，依次进入需要创建新文件夹的目录，然后右击窗口空白处，在打开快捷菜单中选择“新建”→“Microsoft Word文档”命令

2 执行以上操作后，在窗口中会出现一个新的Word文档，并自动以“新建Microsoft Word文档”命名，输入用户需要的文件夹名称，然后按回车键或单击窗口空白处即可

视野拓展

在电脑中一般建一个自己的文件夹，这样自己的文件都放在里头，不容易弄乱，找起来也方便。C:盘一般是系统盘，安装操作系统用，自己的文件夹，一般建在D:盘里头，这样就算重装系统，文件也都在。

5.3.2 选择文件/文件夹

在Windwos7操作系统中，经常要对文件或文件夹进行操作，下面介绍如何执行这一操作。

1. 选择单个文件/文件夹

选择单个文件/文件夹的操作很简单，只要鼠标单击文件/文件夹就可以。这个操作与第3章的选定图标的操作是一样的。

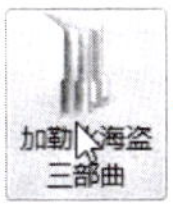

只要用鼠标单击需要进行操作的文件就选定了。

2. 选择相邻文件/文件夹

用户可以根据实际需要选择多个相邻的文件/文件夹，如何执行这个操作呢？下面我们就来学习一下吧。

- 使用鼠标框选择

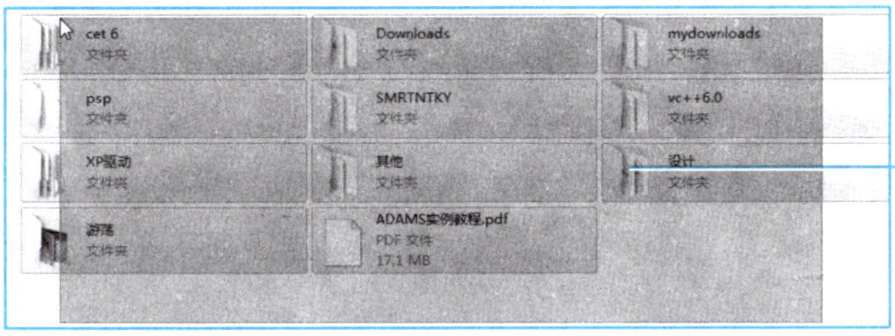

在窗口的空白处按住鼠标左键，并拖动鼠标，将起始点与终点形成一个矩形框，在矩形框中的文件即为选中的文件

- 使用Shift键选择

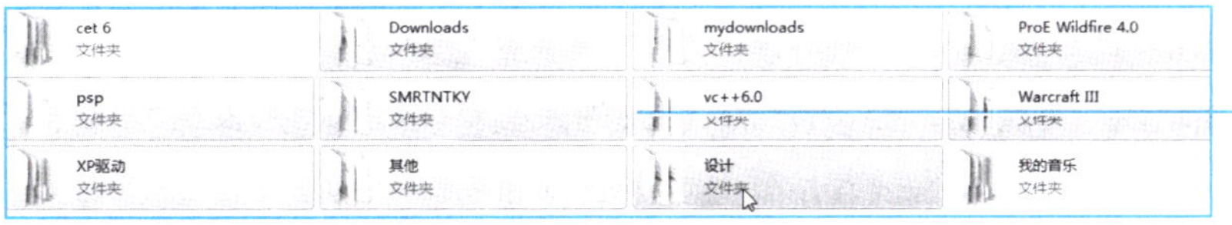

首先选择用户需要的起始文件，然后按住Shift键，选择终点文件，在起始文件与终点文件之间的文件就全部被选中了

- 全部选择

在很多情况下，用户需要把窗口中的所有文件全部选择，运用前面的方法可以完成，但是按Ctrl+A快捷键，可以快速将窗口中的所有文件都选中。

3. 选择不相邻的多个文件/文件夹

在使用Windows 7操作系统时，用户有时也会选择不相邻的文件，如果每选中一个文件，执行一次操作很麻烦，我们可以结合Ctrl键执行。

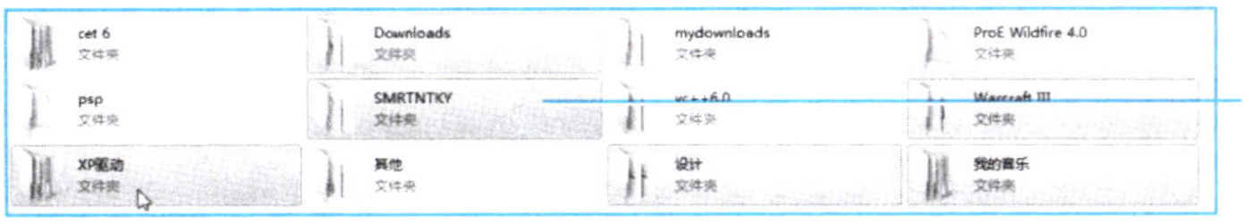

首先按Ctrl键不放，然后鼠标左键选择需要选择的文件，背景颜色发生改变的文件即为用户选中的文件

视野拓展

（1）Windows中单击鼠标右键，然后选择“新建”菜单就可以非常方便地建立一个新文件，“新建”菜单里面列出了和一些应用程序相关联的文件类型，如“文本文件”、“WinZip文件”等。

5.3.3 复制文件/文件夹

复制文件的作用是创建一个与被复制文件相同的文件，以作备份或复制给他人使用。下面介绍一下如何使用复制操作。

操作步骤

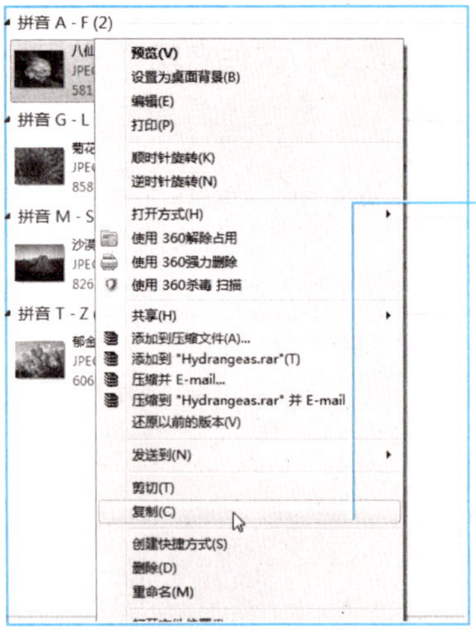

1 首先找到需要复制的文件，选择文件，然后鼠标右击需要复制的文件，从弹出的快捷菜单中选择“复制”命令

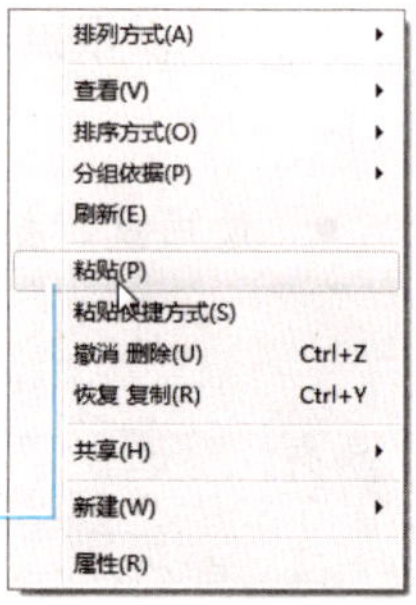

2 打开需要将复制文件存放的文件夹，在窗口空白处单击鼠标右键，从打开快捷菜单中选择“粘贴”命令，操作完成

提示：

- 这个操作也可以使用快捷键完成，步骤为：
  （1）选择需要复制的文件。
  （2）按快捷键Ctrl+C。
  （3）打开目标文件夹。
  （4）按快捷键Ctrl+V操作完成。

5.3.4 移动文件/文件夹

移动文件/文件夹是指将选中的文件/文件夹转移到其他位置存放，转移以后，虽然存储路径发生变化，但文件或文件夹的大小及内容都不会发生改变。这个操作对用户整理电脑磁盘是很有用处的。下面来介绍这个操作。

操作步骤

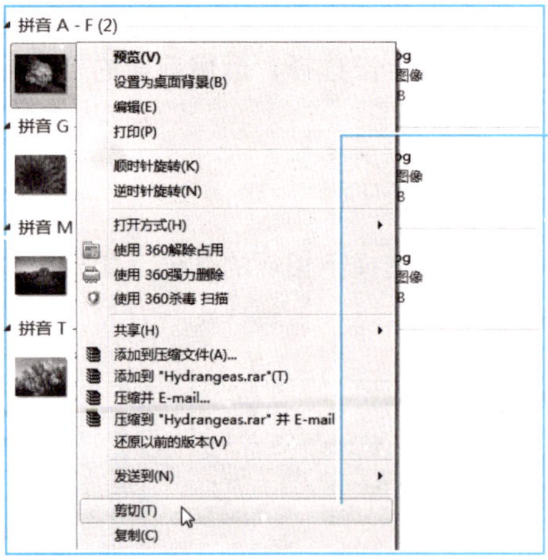

1 首先找到需要移动的文件，选择文件，然后右击需要移动的文件，从弹出的快捷菜单中选择“剪切”命令

视野拓展

（2）但“新建”菜单并没有列出所有的应用程序包含的文件类型，我们可以按自己的需要向“新建”菜单中增加其他的文件类型。

2 打开需要将移动的文件存放的文件夹，在窗口空白处单击鼠标右键，从打开快捷菜单，中选择“粘贴”命令，操作完成

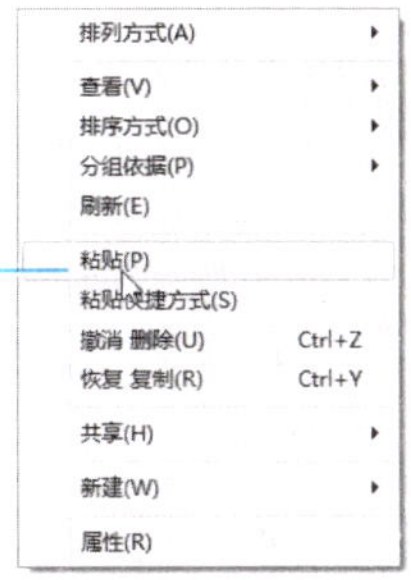

提示：

- 这个操作也可以使用快捷键完成，步骤为：
  （1）选择需要移动的文件。
  （2）按快捷键Ctrl+X。
  （3）打开目标文件夹。
  （4）按快捷键Ctrl+V操作完成。

5.3.5 删除文件/文件夹

在Windows 7操作系统中，对不再使用的文件/文件夹可以将其删除。下面详细介绍删除文件/文件夹的操作方法。

操作步骤

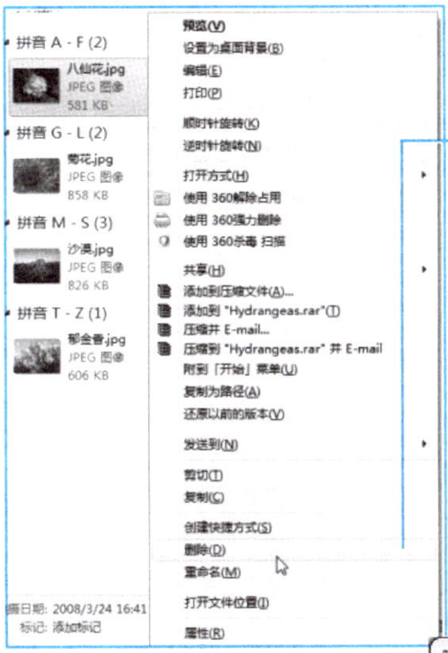

1 首先找到需要删除的文件，选择文件，然后鼠标右键单击需要删除的文件，从弹出的快捷菜单中选择“删除”命令

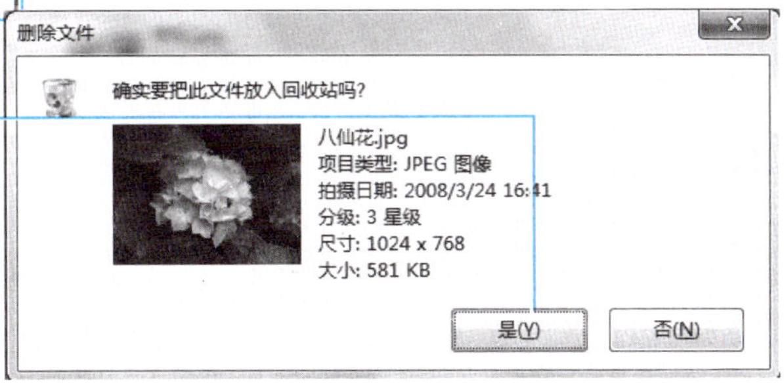

2 在弹出的“删除文件”对话框中，单击“是”按钮，操作完成

提示：

- 这个操作也可以使用快捷键完成，步骤为：
  （1）选择需要删除的文件。
  （2）按快捷键Ctrl+D。
  （3）弹出确认对话框时按空格键，操作完成。

5.3.6 还原文件/文件夹

在Windows 7操作系统中，如果错误地删除了一些文件/文件夹，可以将它们从回收站还原到原来的文件夹下。下面介绍如何实现这个操作。

视野拓展

打开注册表编辑器，展开HKEY_CLASSES_ROOT主键，该主键下列出了Windows中所有文件类型的扩展名称。我们可以找到要添加到“新建”菜单中的文件类型，然后进行修改。

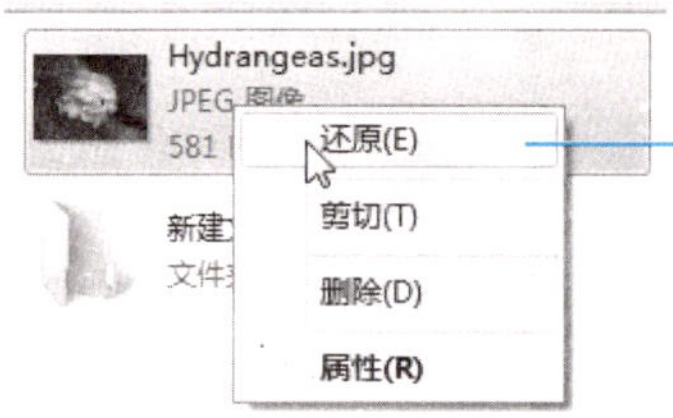

打开桌面的“回收站”图标，在“回收站”中找到需要还原的文件，右击鼠标，在弹出的快捷菜单中选择“还原”命令，操作完成

5.3.7 重命名文件/文件夹

在Windows 7操作系统下，新建的文件/文件夹都是默认的名字，所以用户要区分这些文件需要重新命名这些文件。下面来介绍这个操作。

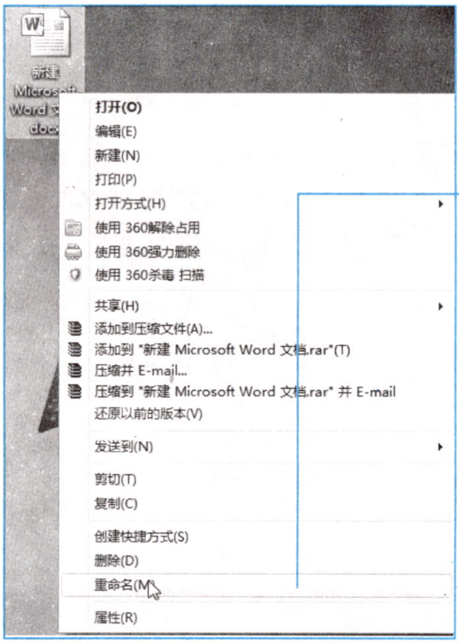

1 找到用户需要重命名文件，右击文件，从弹出的快捷菜单中选择“重命名”命令

2 输入用户自定义的名字，操作完成

提示：

- 这个操作也可以使用快捷键完成，步骤为：
  （1）选择需要命名的文件。
  （2）按F2键。
  （3）输入用户自定义的名字，操作完成。

5.3.8 查找文件/文件夹

如果忘记了需要使用的文件/文件夹所在的位置，用户可以使用查找功能快速查找文件/文件夹。下面介绍如何查找文件/文件夹。

操作步骤

1 打开“计算机”

视野拓展

复制文件是用户经常用到的一种操作，我们经常说到的拷贝文件就是指复制文件。这是用户传送文件信息最主要的一个方法。

2 在窗口搜索栏中输入需要查找文件夹的名字，例如查找“示例图片”文件夹，按回车键，Windows7操作系统就开始自动查找了

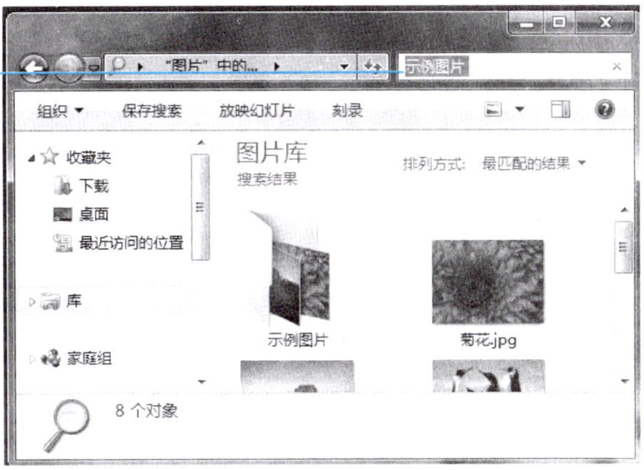

5.4 文件与文件夹的设置

操作步骤

下面我们来了解一下文件/文件夹都有什么属性吧。

5.4.1 文件与文件夹的属性

文件/文件的属性包括共享、安全等，如何改变文件夹的属性呢？下面就来介绍如何修改文件/文件夹的属性。

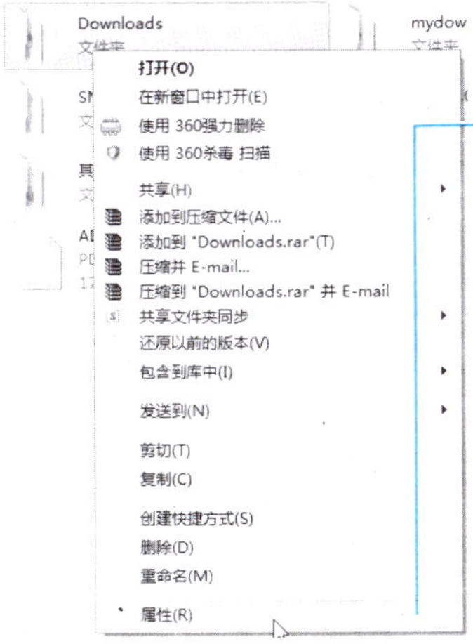

1 找到需要改变属性的文件夹，右键单击文件夹，从弹出的快捷菜单中选择“属性”命令

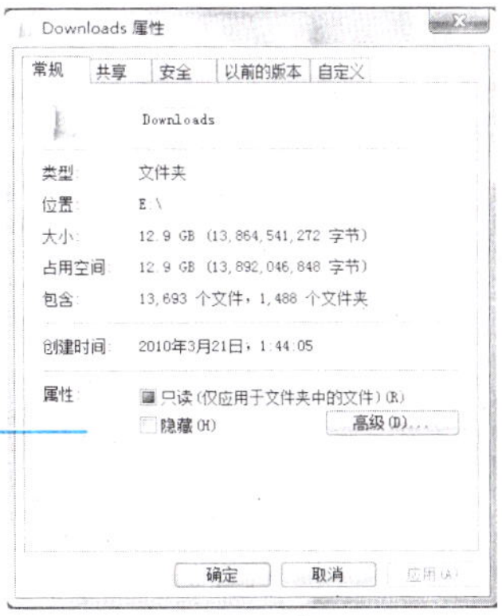

2 在弹出的对话框中就可以对文件做出需要的操作了

提示：

- 在常规选项卡中，只读表示这个文档只能打开来读，不能修改也不能储存。有些重要的档案会设定成只读状态，免得一不小心被修改文档的内容，除非解除只读的状态，不然这些文档是不能修改的。
- 共享选项卡，用来设置文件/文件夹共享，在局域网中经常用共享，这样其他用户可以方便地在用户的计算机中提取自己需要的信息。
- 安全用来设置文件/文件夹的权限。
- 隐藏文件/文件夹，用户在正常情况看不到隐藏的文件，可以保护用户的隐私。

视野拓展

文件碎片是因为文件被分散保存到整个磁盘的不同地方，而不是连续地保存在磁盘连续的簇中形成的。

5.4.2 显示隐藏的文件/文件夹

一旦文件/文件夹被隐藏，用户是无法看到隐藏的文件的，如何查看被隐藏的文件/文件夹呢？下面我们就来学习一下吧。

操作步骤

1 打开“计算机”

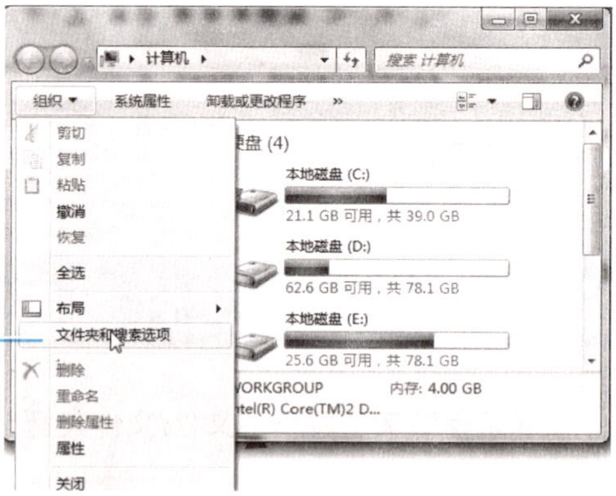

2 在窗口的工具栏中单击“组织”选项，在弹出的菜单中单击“文件夹和搜索选项”

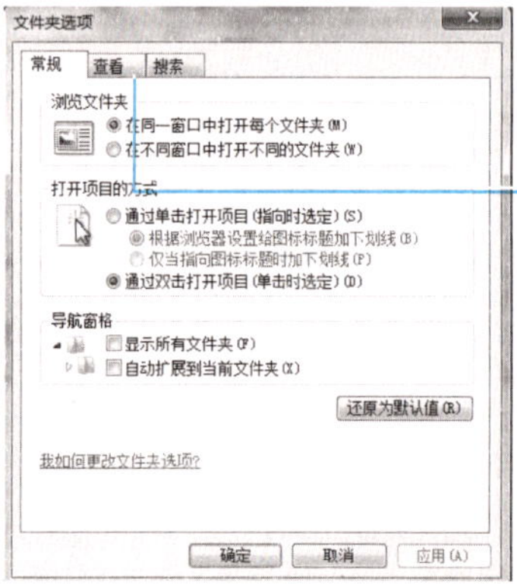

3 在弹出的“文件夹选项”对话框中选择“查看”选项卡

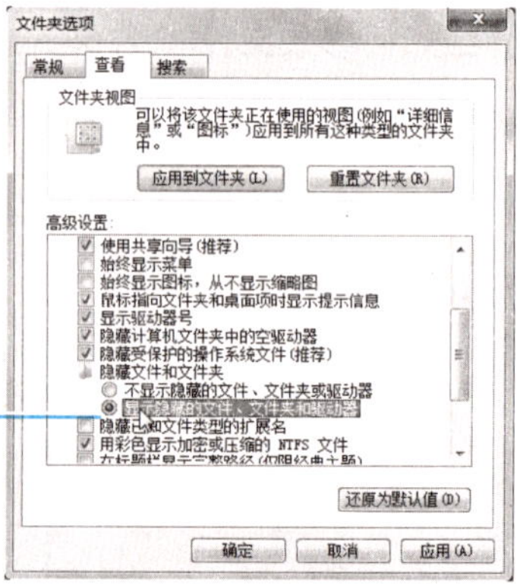

4 在“查看”选项卡中，将“隐藏文件和文件夹”单选菜单中的选项更改为“显示隐藏的文件、文件夹和驱动磁盘”。操作完成

5.4.3 设置个性化的文件夹图标

在Windows 7操作系统下，文件夹都是默认的图标，这样可能会造成用户一时难以区分自己需要找的文件夹类型，下面我们来介绍如何更改文件夹图标，让你的文件夹一目了然。

视野拓展

文件碎片又是怎么产生的呢？（1）在文件操作过程中，Windows系统可能会调用虚拟内存来同步管理程序，这样就会导致各个程序对硬盘频繁读写，从而产生文件碎片。

操作步骤

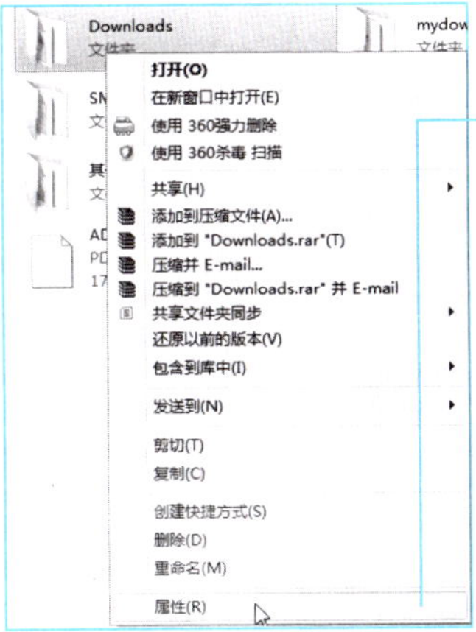

1 右键单击需要更改的文件夹，选择“属性”选项

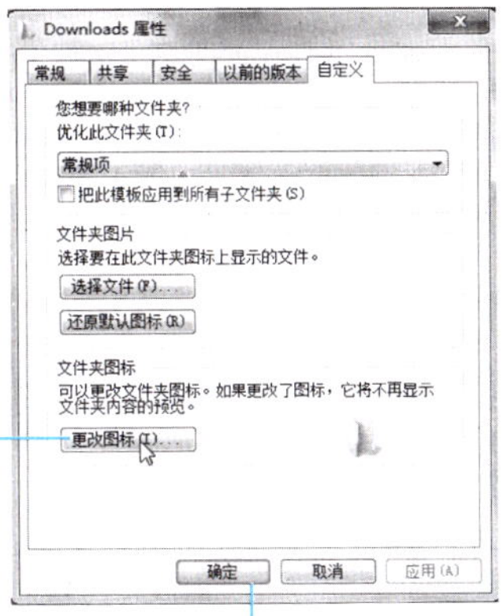

2 在属性对话框中单击“自定义”选项卡，单击“更改图标”按钮

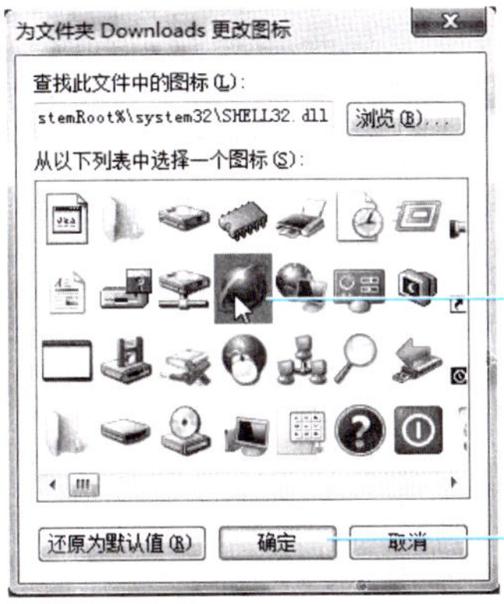

3 在弹出的对话框中选择用户需要的图标

4 单击确定按钮

5 单击确定按钮，设置完成

5.5 管理压缩和解压缩文件

WinRAR是一款功能强大的压缩包管理器，可以备份数据、缩减电子邮件附件的大小和解压缩RAR与ZIP等格式的文件等。本节介绍压缩与解压缩文件的知识。

5.5.1 使用WinRAR软件创建压缩文件

在Windows 7操作系统中，如果文件占用的空间较大，可以将其压缩，以便节省磁盘空间。下面介绍创建压缩文件的方法。

视野拓展

（2）还有一种情况就是当中间的一个扇区内容被删除后，新写入一个较小的文件，这样在这个文件两边就会出现一些空间，这时候再写入一个文件，两段空间的任意一部分都不能容纳该文件，这时候就需要将文件分割成两个部分，碎片再次产生了。

操作步骤

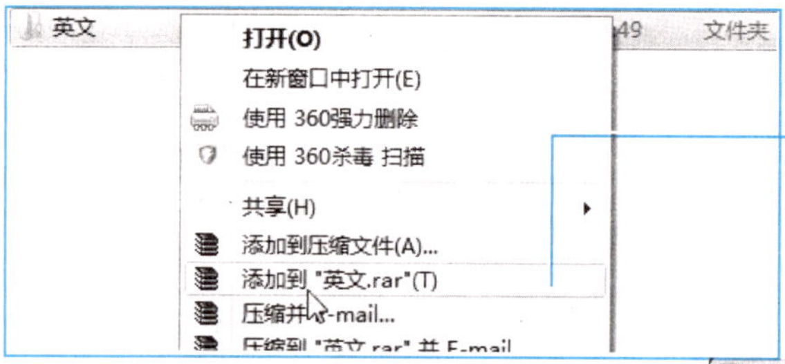

1 右键单击需要压缩的文件，选择“添加到压缩文件A”

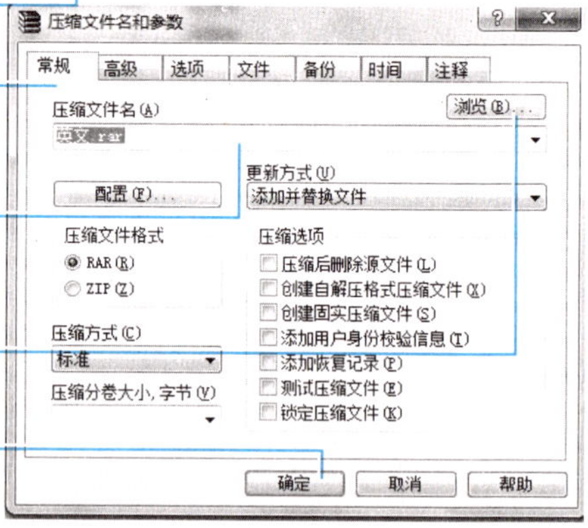

2 在弹出的“压缩文件名和参数”对话框中，选择“常规”选项卡

3 修改压缩文件名

4 单击“浏览”按钮选择创建的压缩文件路径

5 单击确定按钮，开始压缩文件

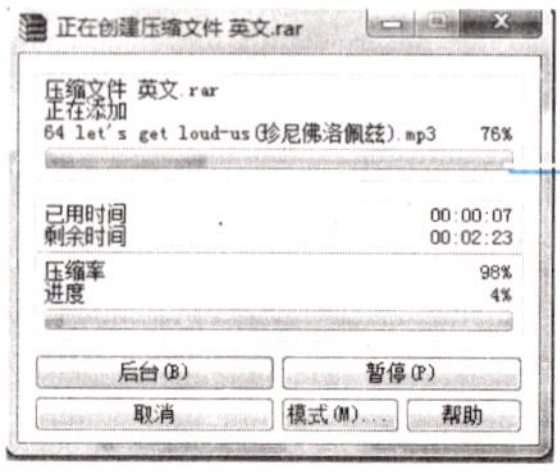

显示压缩文件的进度，用户耐心等待就可以了

5.5.2 使用WinRAR解压缩文件

压缩过的文件在使用过程中不是很方便，用户可以使用WinRAR软件解压缩后使用。下面我们就来学习解压缩的方法。

操作步骤

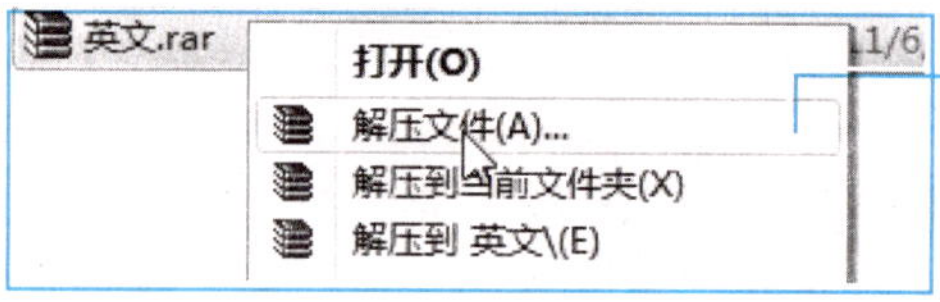

1 右键单击需要解压缩的文件，在弹出的快捷菜单中选择“解压缩文件A”

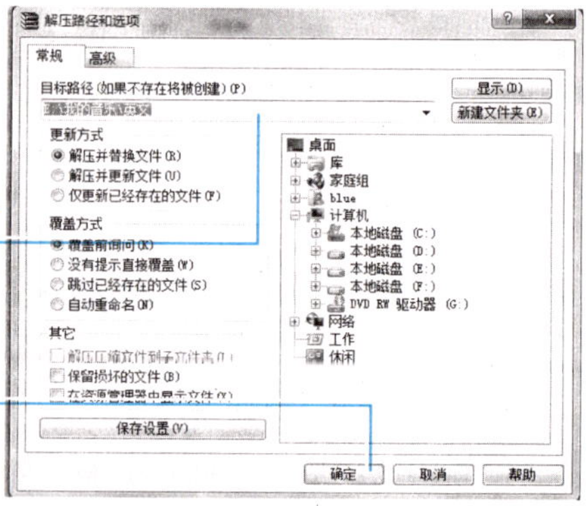

2 选择解压缩文件保存路径

3 单击“确定”按钮，耐心等待，解压缩完成

视野拓展

（3）最常见的就是下载电影之类的大文件，这期间大家一般都会处理一下其他事情，而下载下来的电影文件被迫分割成若干个碎片存储于硬盘中。因此下载是产生碎片的一个重要源头。还有就是经常删除、添加文件，这时候如果文件空间不够大，就会产生大量的文件碎片，随着文件的删改频繁，这种情况会日益严重。

5.6 本章小结

本章主要学习了文件管理的基本操作。通过本章的学习加上前面的学习，用户应该对计算的基本操作有了一定的了解，这些操作都是使用计算机过程中必不可少的操作，读者需要多加练习熟悉，使计算机文件/文件夹管理变得井井有条。

5.7 趁热打铁

下面让我们来做些练习检验一下自己的学习吧。

5.7.1 选择题

1. 下列操作中是对文件/文件夹进行移动操作的快捷键（　　）。

A. Ctrl+X　　B. Ctrl+A

C. Ctrl+C　　D. Ctrl+V

2. 如果希望选中多个不相邻的文件，用户需要按住（　　）键来进行操作。

A. Shift　　B. Ctrl

C. Insert　　D. Alt

5.7.2 实践题

1. 使用WinRAR软件创建压缩文件。

2. 创建一个文件/文件夹，对其进行删除、还原、复制、移动、重命名操作。

视野拓展

（4）虽然说文件碎片对于正常工作影响并不大，但是会显著降低硬盘的运行速度，这主要是硬盘读取文件需要在多个碎片之间跳转，增加了等待盘片旋转到指定扇区的潜伏期和磁头切换磁道所需的寻道时间。

读书笔记

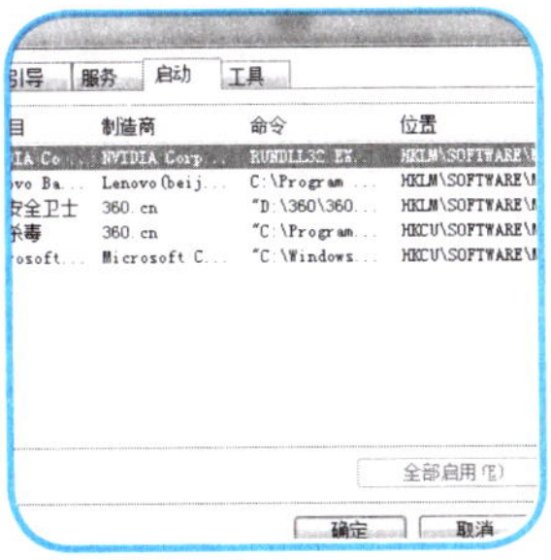

第 6 章

管理电脑中的软硬件

本章导读

计算机的功能都是通过软件来实现的，用户需要系统以外的功能就要安装软件。当新加入一个硬件的时候，也需要在系统中添加相应的程序以实现软件对硬件的管理，本章主要介绍如何实现这些。

本章学习目标

- 学会安装和卸载软件
- 学会安装和卸载软件
- 了解硬件配置

本章学习重点

- 掌握常用软件的安装方法
- 了解电脑硬件的基本配置

6.1 软件的安装与卸载

尽管操作系统自带了很多工具软件，但这些还远远不能满足我们的应用需求，要想使电脑更充分地发挥其功能，还需要安装一些特定的工具软件。当这些软件不再使用时也应该将其卸载，以便节省磁盘空间。

6.1.1 如何安装软件

下面以安装QQ聊天程序为例来了解一下安装软件的基本过程。

操作步骤

1 找到QQ安装程序，双击安装程序

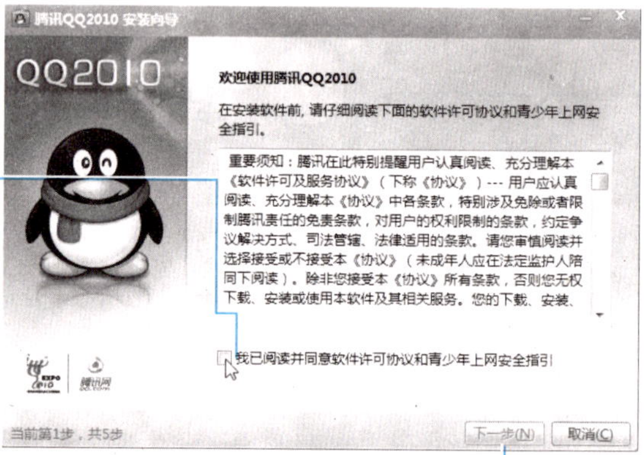

一般的软件都会有个使用的协议，如果用户不同意其条款无法安装软件的，所以必须勾选同意协议的条款

2 同意协议后，单击“下一步”按钮

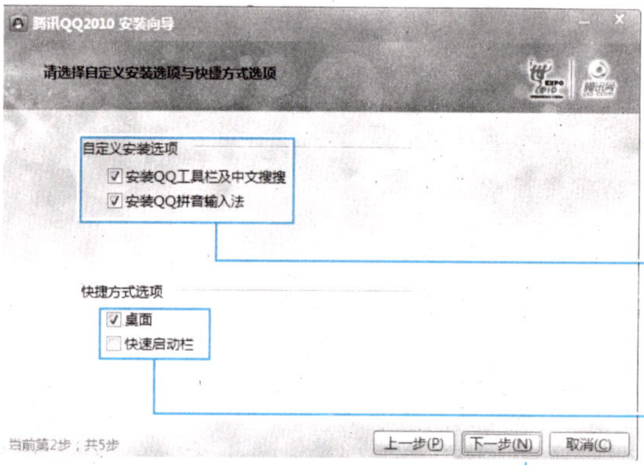

一般来说，一个程序很有可能附带其他的安装软件，如果用户需要可在此勾选要安装的软件

快捷方式选项用来定义是否在桌面定义快捷方式，方便启动程序。快速启动栏是在任务栏设置启动图标

3 设置完成，单击“下一步”按钮

视野拓展

软件分为收费版和免费版，一般用户市场上买到的收费软件都有序列号，网络上的收费软件也是企业版、试用版或注册版的。免费版软件就可以省下这部分钱了。

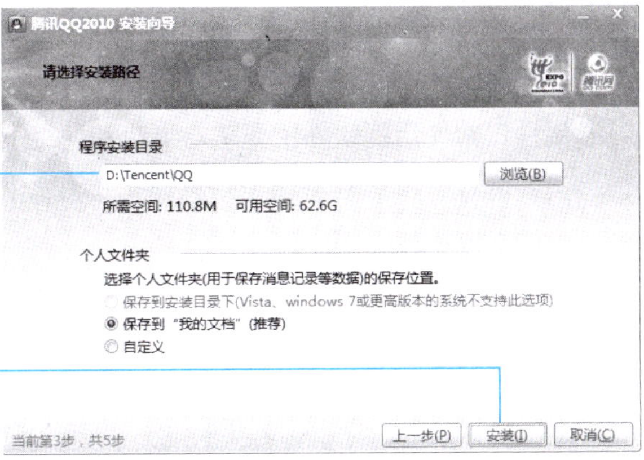

程序保存目录，一般情况下计算机默认保存程序在C盘，但是C盘多为系统文件，并且空间有限，所更改目录为D盘

4 设置完成，单击对话框中的“安装”按钮，开始安装

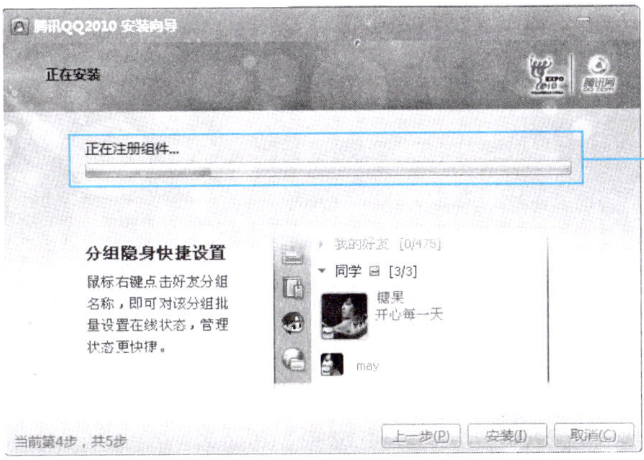

进度条表示安装进行的程度，进度条走满，代表安装即将结束。用户需耐心等待

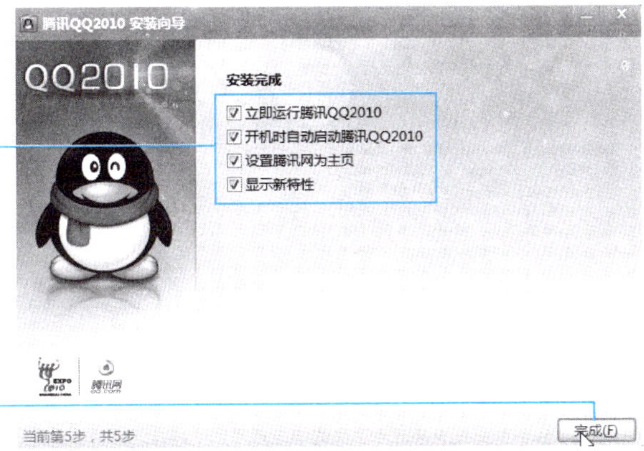

如果安装后想马上要启动QQ程序，就在“立即运行腾讯QQ”前勾选，需要开机运行就在“开机时自动启动QQ”前勾选。其他类推

5 设置完成，进行最后一步，单击“完成”按钮，安装结束

安装完成后会在桌面上看到一个QQ的启动图标。需要开启QQ时双击图标就可以了

提示： 有些程序是收费的，在安装过程中需要提供序列号，只有输入了正确的序列号后才能进行后面的安装。

视野拓展

一般来讲软件被划分为系统软件、应用软件,其中系统软件包括操作系统和支撑软件（包括微软发布的嵌入式系统，即硬件级的软件，使电脑及其他设备运算速度更快更节能）。

6.1.2 下载软件

用户日常使用的软件主要来自光盘和网络下载。购买的光盘软件安装比较方便，用户同样也可以根据需要从网络上下载软件。下面就以下载QQ安装程序来学习如何下载软件。

操作步骤

1 双击启动IE浏览器

2 在地址栏中输入www.qq.com，按回车键进入腾讯QQ主页

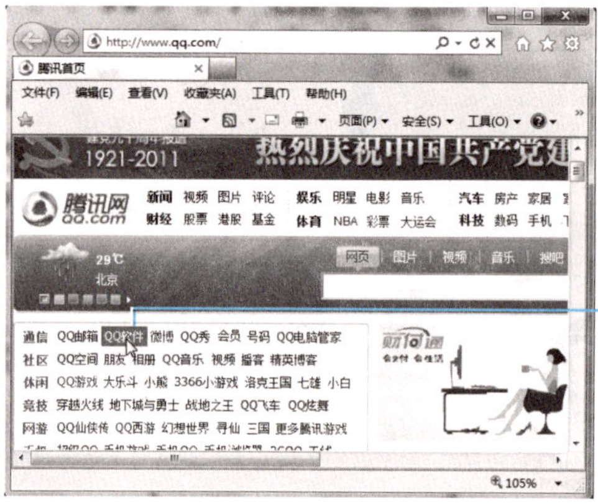

3 在腾讯主页上单击“QQ软件”链接

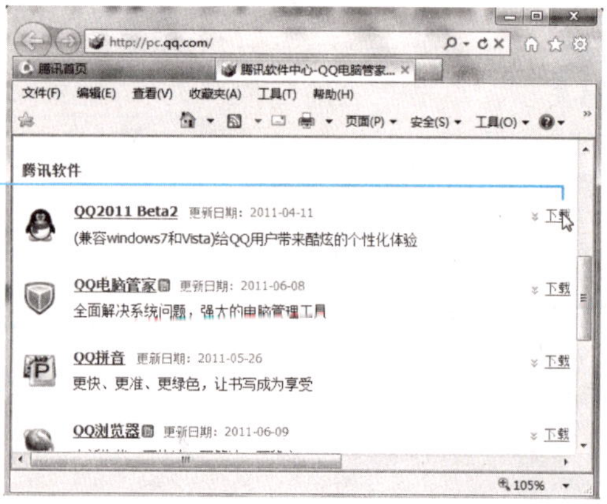

4 在弹出的网页中，单击“下载”链接

提示： 如果用户在第5步中不是选择“另存为(A)”，而是直接选择“保存”按钮，系统会直接下载，并将文件保存在默认的位置。

视野拓展

不同的软件一般都有对应的软件授权，软件的用户必须在同意所使用软件的许可证的情况下才能够合法使用软件。从另一方面来讲，特定软件的许可条款也不能够与法律相抵触。

5 单击"保存"按钮旁边的下拉菜单

6 选择"另存为(A)"

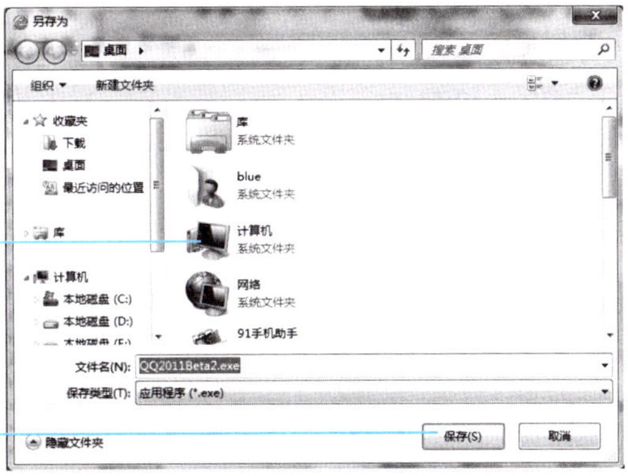

7 在打开的"另存为"对话框中，双击"计算机"图标，选择安装程序保存的路径

8 单击"保存"按钮，开始下载

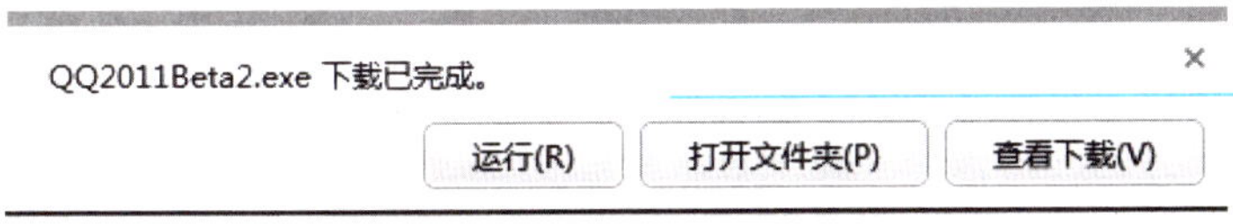

9 下载完成。

博学先生，我们可以从网络上下载其他程序吗？

呵呵，当然可以啦，由于网络的出现，使得资源的共享率特别高，用户可以通过网络找到各种资源哦。

6.1.3 彻底从系统中删除软件

安装在电脑中的应用软件如果暂时不准备使用，那么应该将其卸载删除，以免浪费电脑空间。下面就以卸载QQ聊天程序为例来学习如何卸载应用软件。

1. 从快捷菜单中卸载

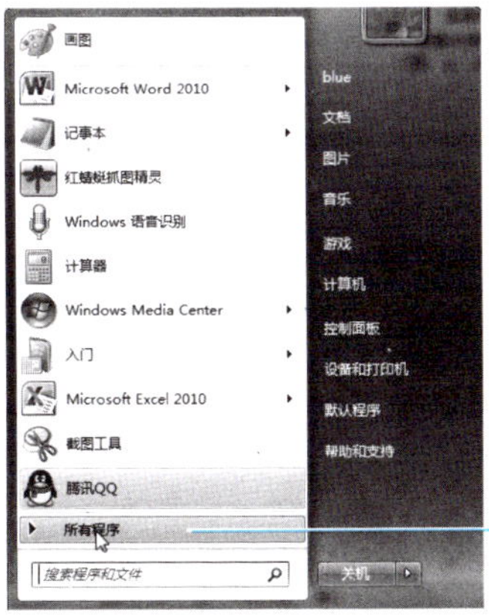

1 打开"开始"菜单，单击所有程序

操作步骤

视野拓展

软件开发是根据用户要求建造出软件系统或者系统中的软件部分的过程。软件开发是一项包括需求捕捉，需求分析、设计、实现和测试的系统工程。软件一般是用某种程序设计语言来实现的。通常采用软件开发工具可以进行开发。

2 打开“腾讯软件”目录后，再打开“QQ2010”子目录，单击“卸载QQ2010”

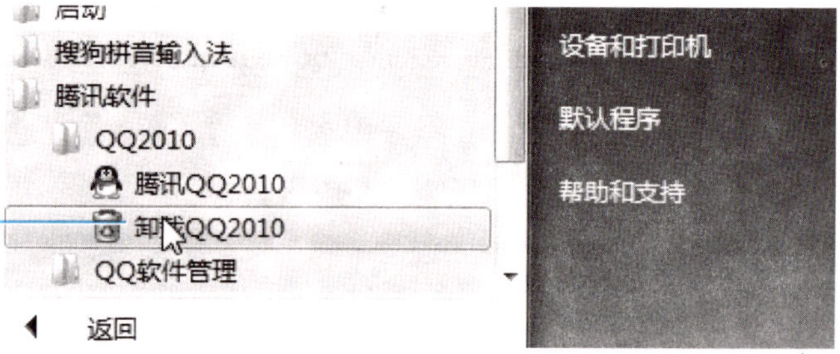

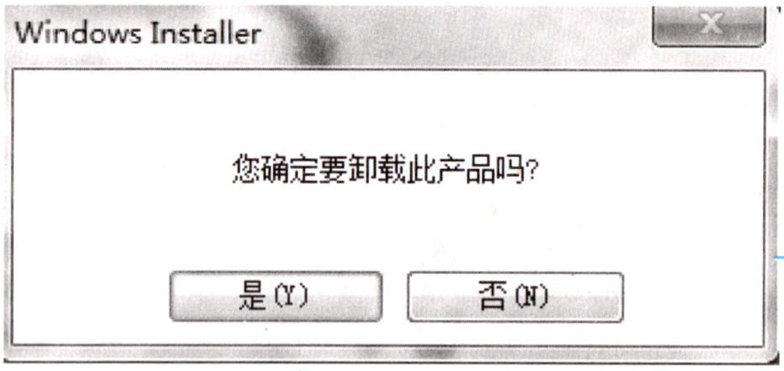

3 弹出的对话框询问用户是否确定删，单击“是”按钮

系统准备删除

显示软件删除进度

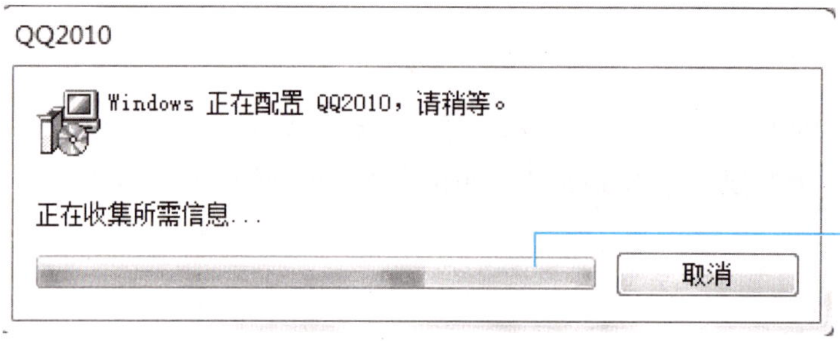

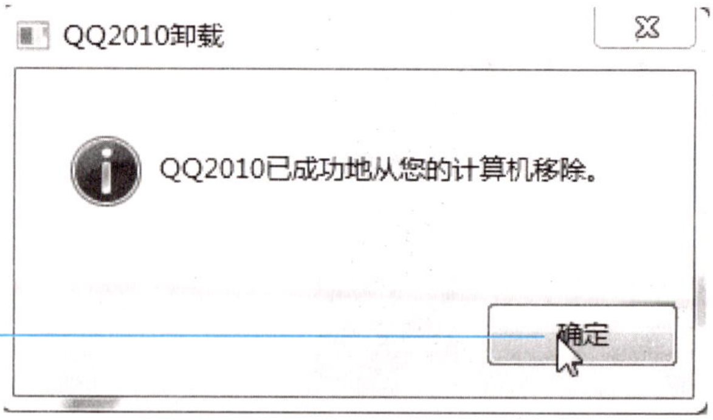

4 单击“确定”按钮，删除成功

注意：

- 如果程序正在运行必须关闭程序后才能够卸载。
- 有些软件在开始菜单中没有提供卸载功能，就无法使用这种方法了。

视野拓展

卸载是指从硬盘删除程序文件和文件夹以及从注册表删除相关数据的操作，释放原来暂用的磁盘空间并使其软件不再存在于系统中。

2. 从“卸载更改程序”中卸载

操作步骤

1 双击“计算机”图标

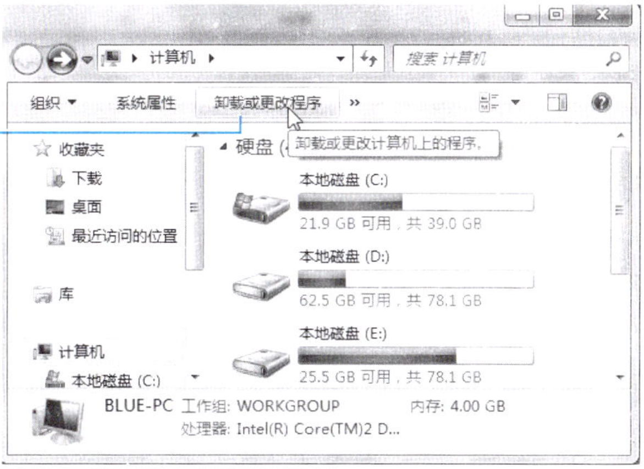

2 在窗口的工具栏中单击“卸载或更改程序”

3 在程序列表中双击QQ2010程序

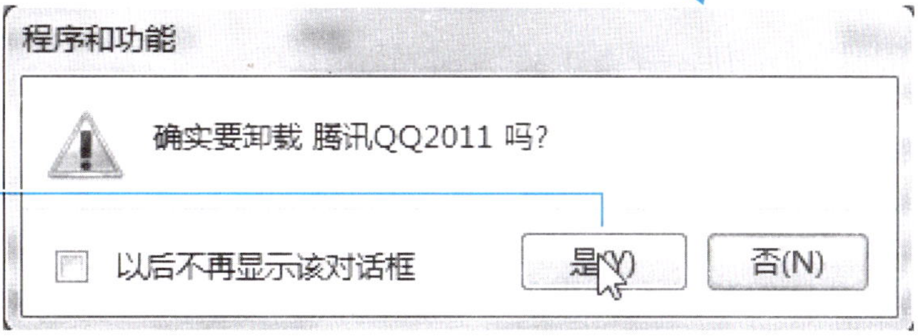

4 在弹出的对话框中单击“是”按钮，卸载成功

6.1.4 选择软件的运行方法

如何开启一个软件呢？主要有两种方法，分别为从“开始”菜单中运行和从“桌面快捷方式”运行。下面就以开启QQ程序来学习一下吧。

视野拓展

由于当今系统应用软件种类繁多，安装模式趋向于复杂化，释放安装文件的形式越来越多样化，而且还恶意捆绑其他软件的安装。

1. 从“开始”菜单启动

操作步骤

1 打开“开始”菜单，单击“所有程序”

2 单击“腾讯软件”子菜单，然后单击“QQ2010”子目录，最后单击QQ图标，程序运行

2. 从桌面启动

桌面启动一般是安装程序后在桌面创建了快捷方式的软件，只要鼠标双击桌面快捷方式图标，就可以运行程序了。

6.1.5 取消开机自动运行软件

有些软件在安装后，自动默认成为开机运行，这样的程序有可能影响电脑的运行和开机速度。下面就来介绍如何取消程序的开机运行。

操作步骤

1 打开“开始”菜单→“所有程序”→“附件”→“运行”

视野拓展

面对以上环境仅仅依赖软件自带的卸载程序是远远不够的，如果每次都依赖这些本身就有缺陷的自带卸载程序来卸载软件，就会遗留非常多的残留信息，从而影响系统的稳定性和效率性以及磁盘空间占用率增大。

2 在文本框中输入MSCONFIG

3 单击“确定”按钮

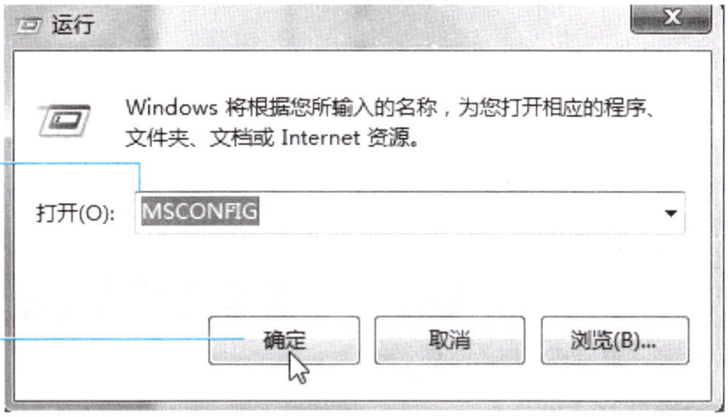

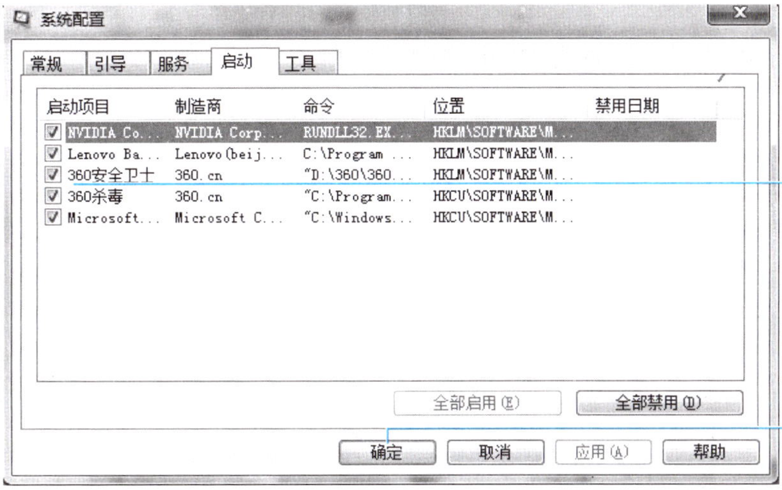

4 在弹出的“系统配置”对话框中，选择“启动”选项卡，将不需要开机驱动的程序前面的勾选去掉

5 单击“确定”按钮，设置完成

6.2 任务管理器

在Windows 7操作系统中，用户可以从任务管理器关闭运行错误的程序、查看硬件设备运行情况等功能。下面我们就来了解一下任务管理器吧。

6.2.1 查看电脑的使用情况

任务管理器可以提供电脑当前的运行情况，下面我们就来看看如何从任务管理器中查看电脑的使用情况吧。

视野拓展

如果用户因为软件捆绑而不能完全卸载附带软件，可以使用卸载工具。下面介绍几款卸载工具软件，卸载天尊、完美卸载、Windows清理助手。

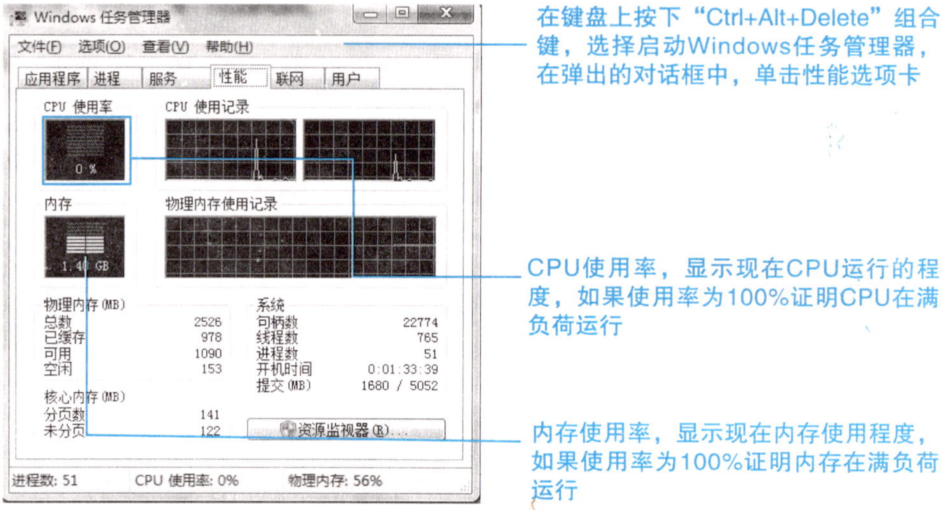

6.2.2 关闭多余任务

用户通过任务管理器同样可以关闭多余的任务，下面我们就来了解一下如何关闭吧。

操作步骤

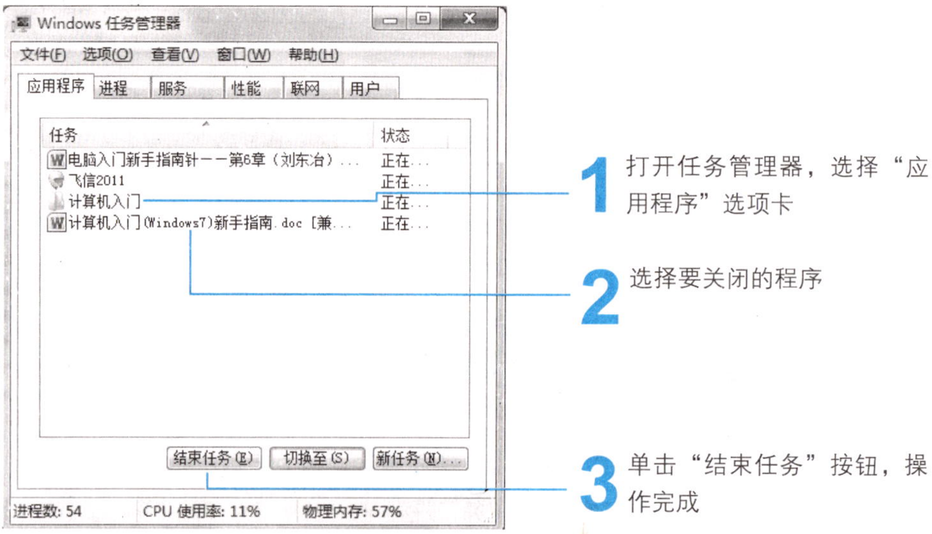

6.2.3 认识任务管理器中的系统程序

在任务管理器的“进程”选项卡中你可以看到许多当前运行的进程，系统程序最好不要关闭，哪些程序是系统程序呢？下面就让我们来认识一下它们吧。

视野拓展

国产系统综合工具，如QQ电脑管家:是国内即时通讯工具老大腾讯开发的一款免费系统维护工具,主要功能包括安全防护、系统优化和软件管理。360安全卫士:国内免费的杀毒工具,在查杀木马和恶意插件很出色。

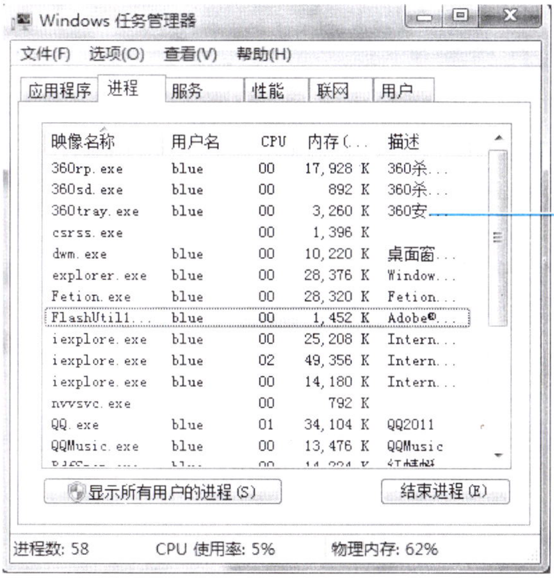

打开任务管理器，单击“进程”选项卡，查看进程

- system：这是一个进程树，隶属于System Idle Process。
- Csrss.exe：这是子系统服务器进程，负责控制Windows创建或删除进程以及16位的虚拟DOS环境。
- System Idle Process：这个进程是作为单进程运行在每个处理器上，并在系统不处理其他进程的时候分派处理器的时间。
- Smss.exe：这是一个会话管理子系统，负责启动用户会话。
- WinLogon.exe是Windows NT登录管理器。它用于处理系统的登录和登录过程。
- lsass.ex:是一个系统进程，用于微软Windows系统的安全机制。它用于本地安全和登陆策略。
- Services.exe：系统服务的管理工具。
- Explorer.exe：系统外壳。比如桌面、图标、任务栏等，都必须要这个外壳来支持，当然，我们所用的资源管理器也是它。
- Svchost.exe：这个进程要着重说明一下，有不少朋友都有这种错觉：若是在“任务管理器”中看到多个Svchost.exe在运行，就觉得是有病毒了。其实并不一定，系统启动的时候，Svchost.exe将检查注册表中的位置来创建需要加载的服务列表，如果多个Svchost.exe同时运行，则表明当前有多组服务处于活动状态；多个DLL文件正在调用它，所以，一般3到4个是正常的。
- ctfmon.exe：输入法支持。
- tskmgr.exe：这就是任务管理器，当关闭任务管理器后就没了。

视野拓展

Windows任务管理器提供了有关计算机性能的信息，并显示了计算机上所运行的程序和进程的详细信息。

6.3 查看硬件配置

Windows 7操作系统提供了查看硬件设备的功能，用户通过查看硬件通过设备管理器轻松查看管理硬件。下面我们就来了解一下如何使用这个功能吧。

6.3.1 了解电脑的基本配置

电脑硬件包括中央处理器、内存、硬盘、光驱、显卡等，如何查看这些硬件都是什么品牌、型号等信息呢？下面我们就来了解一下。

操作步骤

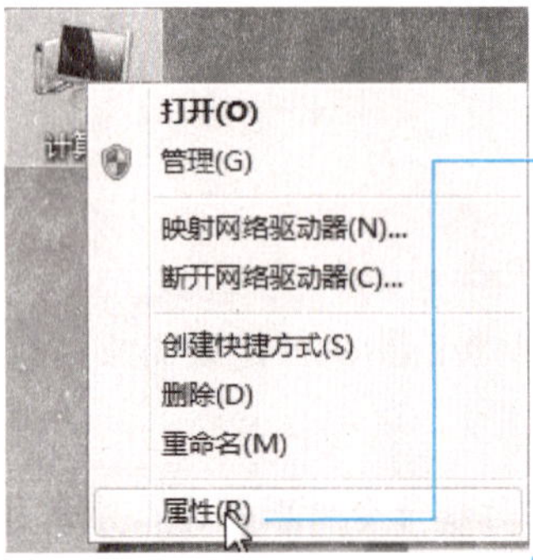

1 右键单击“计算机”图标，单击属性选项

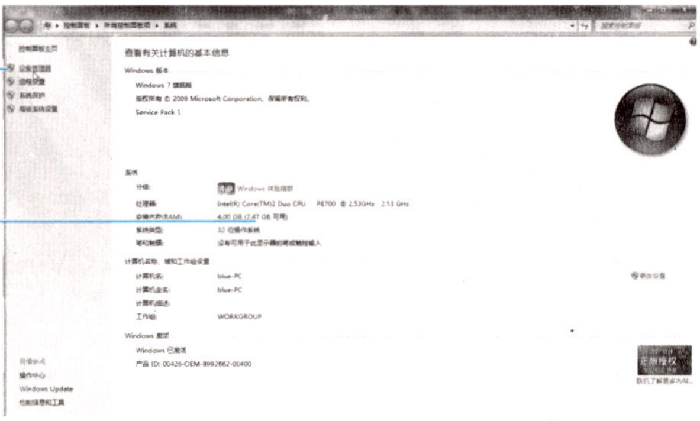

2 在弹出的窗口中选择设备管理器

在窗口中可以看处理器和内存信息

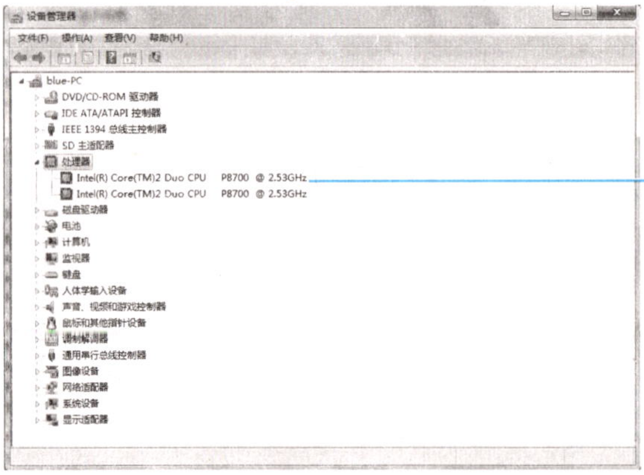

3 在窗口中，单击硬件就可以看到硬件信息。图上显示为处理器的信息

视野拓展

我们可以选择一种更简单的方法，就是右键单击任务栏的空白处，然后单击选择“任务管理器”命令。或者，按Ctrl+Shift+Esc组合键也可以打开任务管理器，赶快试试吧。

6.3.2 查看硬件属性

如何查看硬件属性呢？同样使用设备管理器可以查看，下面我们就以查看处理器的属性来了解一下吧。

操作步骤

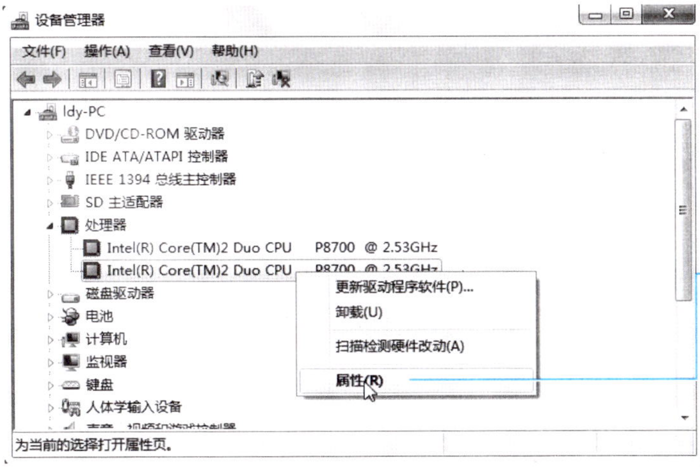

1 在设备管理器右键单击处理器的子选项，在弹出的菜单中选择“属性”命令

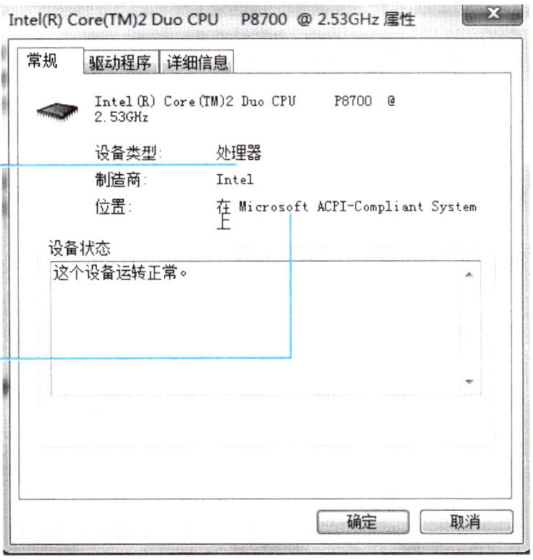

2 在弹出的对话框中，可以看到3个选项卡，分别为“常规”、“驱动程序”、“详细信息”

常规可以看到处理器安装的位置。驱动程序可以看到驱动程序提供的厂商和类型

6.3.3 查看硬盘可用空间

用户需要经常关注硬盘各个分区的使用情况，如果硬盘马上要满了，安装程序的时候可以安装在其他硬盘分区。下面我们就来学习一下查看硬盘可用空间。

视野拓展

Windows的任务管理器只能显示系统中当前进行的进程，而Process Explorer可以树状方式显示出各个进程之间的关系，即某一进程启动了哪些其他的进程，还可以显示某个进程所调用的文件或文件夹，如果某个进程是Windows服务，则可以查看该进程所注册的所有服务。

操作步骤

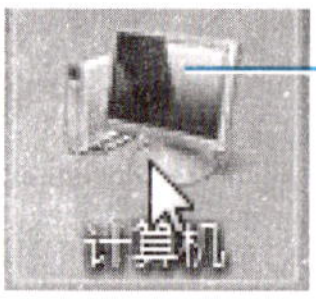

1 双击桌面计算机图标

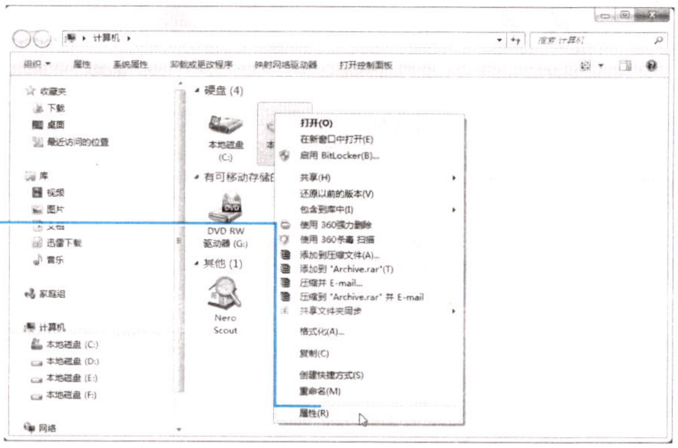

2 右键单击D盘，在弹出的快捷菜单中单击属性选项

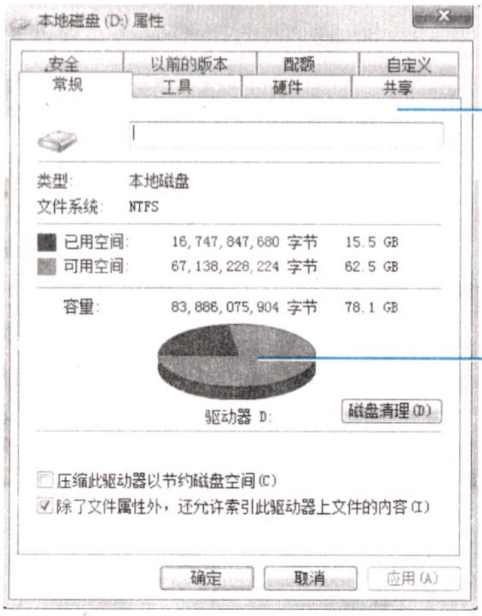

3 在弹出的对话框中就能看到了

藕荷色部分为可用空间，蓝色部分为硬盘已经被使用的部分

6.4 添加与卸载新的硬件设备

硬件设备分为即插即用设备和非即插即用设备，即插即用设备主要包括U盘和移动硬盘等，非即插即用设备主要包括打印机等设备。

6.4.1 安装与卸载即插即用设备

1. 安装即插即用设备

在Windows 7操作系统中，将即插即用设备使用数据线连接到电脑后，电脑

视野拓展

（1）任务管理器可以完成如此强大的任务，如果你使用的是公用计算机，而又不希望他人私自操作任务管理器，可以在“开始→运行”框中键入Gpedit.msc命令打开组策略窗口，找到“本地计算机策略→用户配置→管理模板→系统→Ctrl+Alt+Del选项”项。

就会自动识别硬件设备。

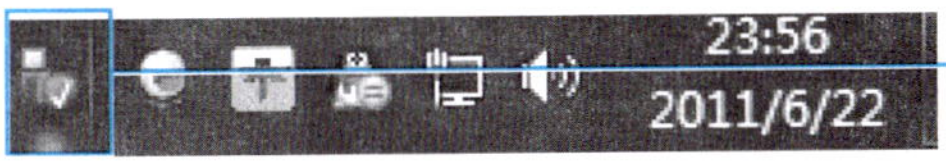

设备连接成功后，就会在任务栏中出现图上的图标

这时打开“计算机”窗口会看到多出一个磁盘，这个就是我们连接的U盘或移动硬盘

2. 卸载即插即用硬件设备

当移动设备使用结束后，就要移除设备。那么如何卸载设备？下面就来了解一下如何卸载即插即用设备吧。

操作步骤

2 单击弹出“设备”

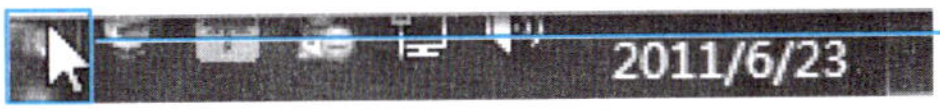

1 右键单击图标

删除成功后会弹出如图的提示，然后就可以拔下设备了

注意： 用户千万不可以不卸载即插即用设备，直接断开设备与计算机的连接，这样会使得储存设备中丢失资料。

6.4.2 安装与卸载非即插即用设备

如果需要添加的设备不是即插即用的设备，就需要安装驱动程序。下面我们就以添加打印机为例来学习一下添加非即插即用设备。

操作步骤

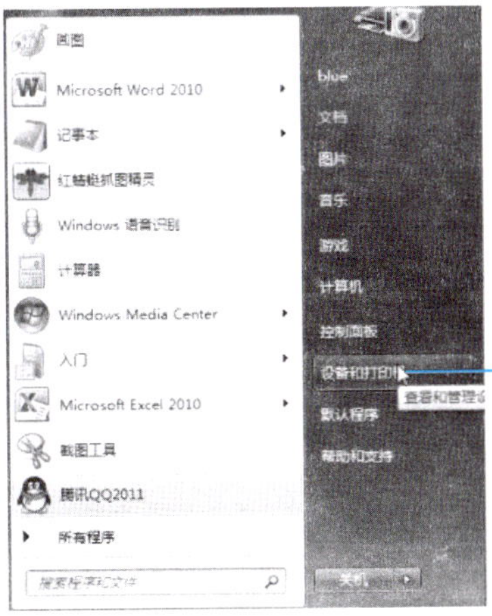

1 打开“开始”菜单，单击“设备和打印机”

然后在右侧窗口中选择“删除任务管理器”项，将其设置为“已启用”，以后按下“Ctrl+Alt+Del”组合键时就无法操作任务管理器了。

2 在弹出的窗口中单击添加打印机

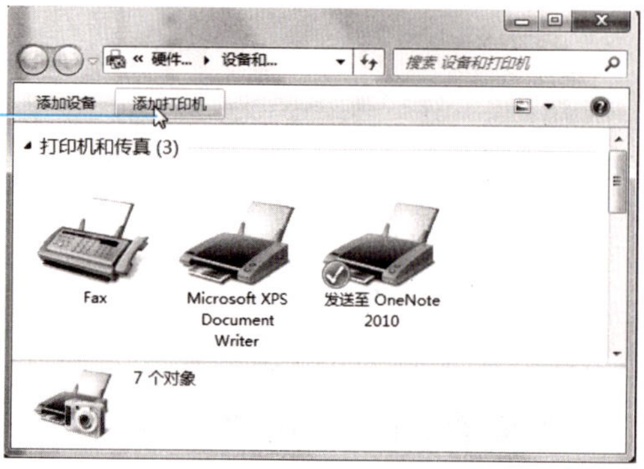

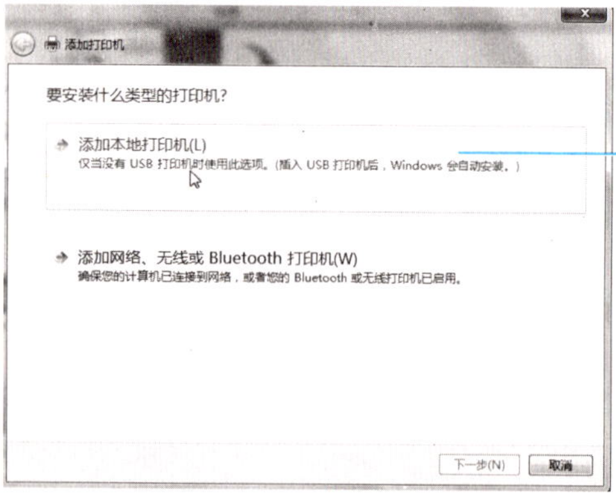

3 单击“添加本地打印机”

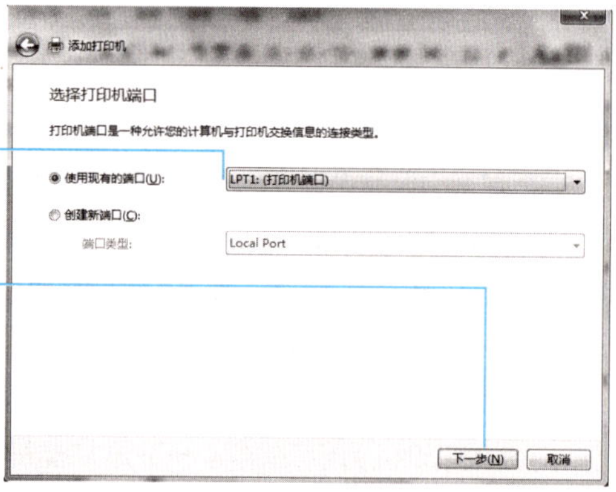

4 选择打印窗口

5 单击“下一步”按钮

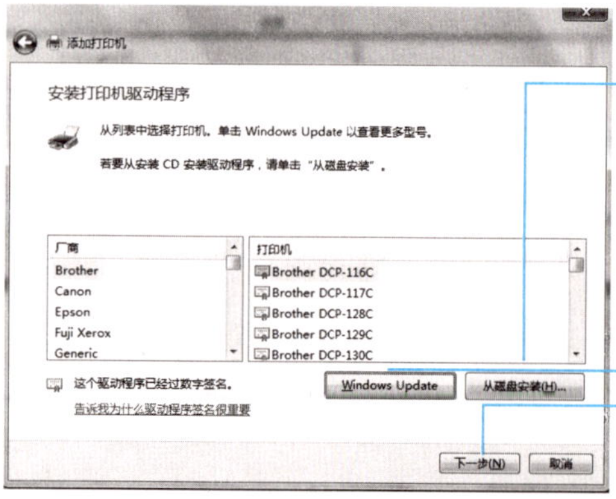

6 如果有光盘和磁盘驱动，单击从磁盘安装，系统会自动搜索

7 没有磁盘驱动就可以单击“Windows Update”按钮，系统会自动下载

8 单击“下一步”按钮

视野拓展

用户上述查看电脑硬盘的方法也可以使用在外接移动硬盘上。

9 安装过程结束后单击“完成”按钮，安装结束

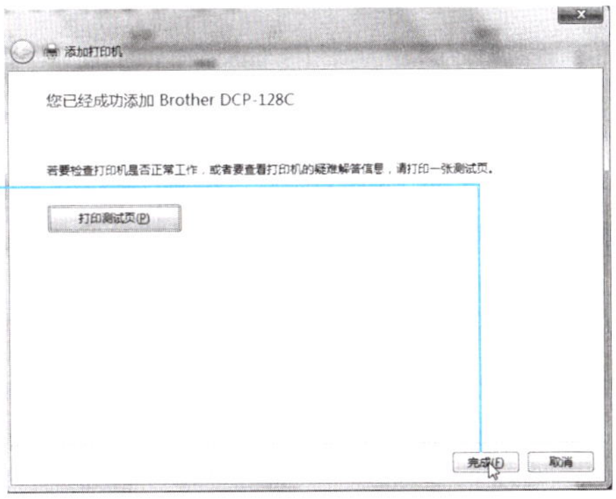

6.5 本章小结

本章主要介绍了如何安装、下载、管理软件和硬件管理的知识。虽然软件的种类很多，但是基本安装过程大同小异，主要包括更改安装路径、输入产品序列号等步骤，用户根据安装过程中的提示即可完成安装。

6.6 趁热打铁

下面我们来做些练习检验一下自己的学习吧。

6.6.1 选择题

1.下列设备中（　　）是非即插即用型设备?

A. 打印机　　B. U盘　　C. 移动硬盘　　D. 音箱

2. 下列选项中不属于软件安装过程的是（　　）。

A. 输入序列号　　B. 更改安装路径　　C. 启动安装程序　　D. 卸载软件

6.6.2 实践题

1. 从网络上下载飞信聊天工具。

2. 安装飞信聊天工具。

视野拓展

不管电脑中的硬盘还是外接移动硬盘，用户都要小心使用，不要中途断电、撞击等有损硬盘的操作及活动。

读书笔记

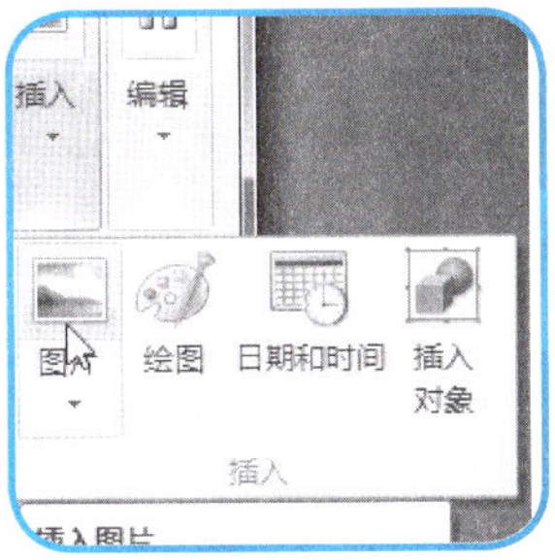

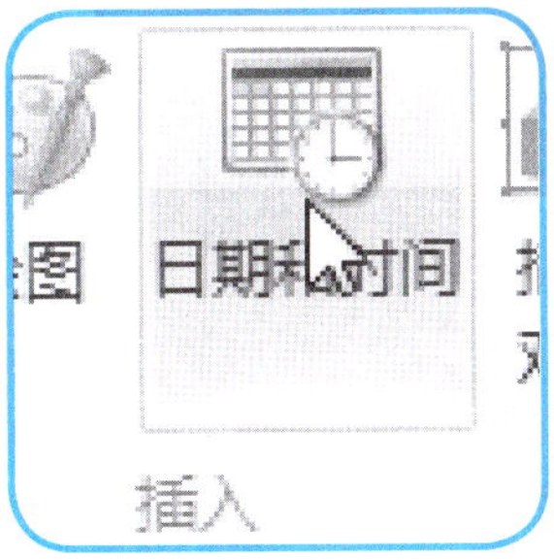

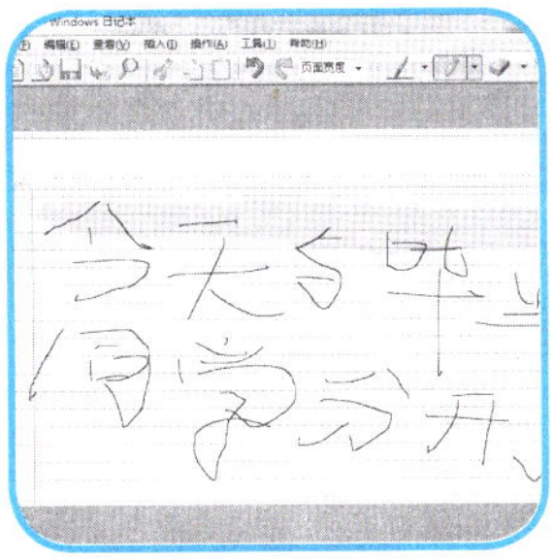

第7章

Windows 7的实用附件

本章导读

本章主要介绍Windows 7操作系统中附件方面的知识，如写字板、Windows日记本、画图、计算器、截图工具等。即使电脑中没有安装专业的应用程序，通过Windows 7的自带工具，也能满足日常的编排文本、绘制图形和计算数值等需求。

本章学习目标

- 学会使用写字板输入和编辑文本
- 学会使用画图工具绘制简单图形
- 学会使用截图工具截图
- 学会使用计算器常用功能
- 学会使用Windows 日记本

本章学习重点

- 使用画图工具作图
- 使用截图工具截图
- 使用写字板输入和编辑文本

7.1 写字板

“写字板”程序是Windows 7自带的一款功能强大的文字编辑和排版工具，在“写字板”中，用户可以完成文本输入、文本编辑、设置文本格式、插入图片等操作。

7.1.1 写字板的操作界面

要使用写字板就需要先了解写字板的工作界面。下面我们就来认识一下它。

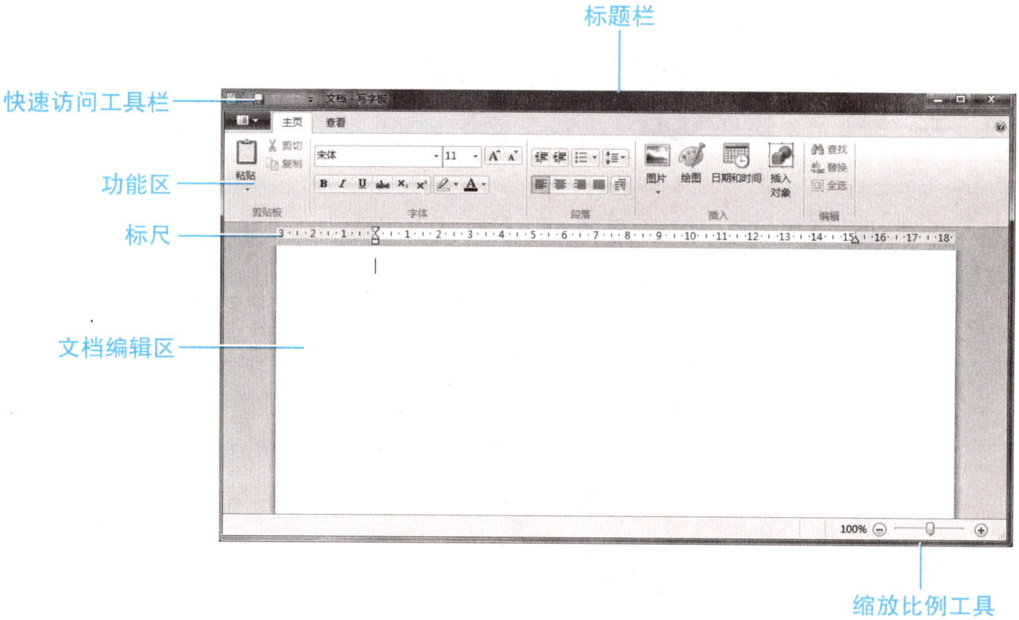

- 快速访问工具栏：快速访问工具栏是Windows 7操作系统新添加到写字板中的功能栏，它便于用户进行保存、撤销和重做等操作。
- 标题栏：显示正在操作文档的名称等信息。
- 功能区：位于标题栏的下方，分为▤▾按钮选项卡和功能区，其中选项卡提供了写字板的所有功能，用户只需要选择相应的选项卡，在弹出的功能区中选择相应的选项就能完成所需要的操作。
- 标尺：标尺是显示和编辑文本宽度的工具，其默认单位为厘米。
- 文档编辑区：文本编辑区在写字板工作界面中占用了最大的区域，它主要用于输入和编辑文本。
- 缩放比例工具：位于窗口右下侧，用于按一定比例缩小或放大文本编辑区中的信息。

视野拓展

（1）写字板具有Word的最初的形态，有格式控制等等，而且保存的文件也是.doc，是word的雏形。

7.1.2 在写字版中输入文字

前面了解了写字板的操作界面，下面我们来体验一下在写字板中输入文字吧。

操作步骤

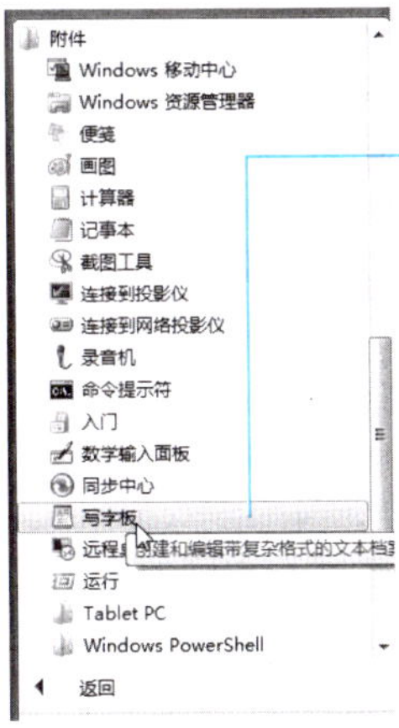

1 在“开始”菜单中选择“所有程序”→“附件”命令，单击写字板图标，打开写字板

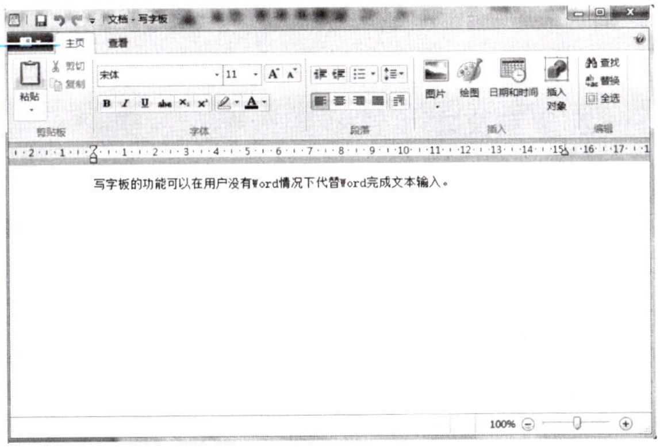

2 切换到习惯的输入法，输入如图文字

7.1.3 文档的编辑

文档的编辑包括选择文本、复制文本和删除文本，执行这些操作，用户可以对文本进行编辑。下面一起了解一下吧。

操作步骤

1. 选择文本

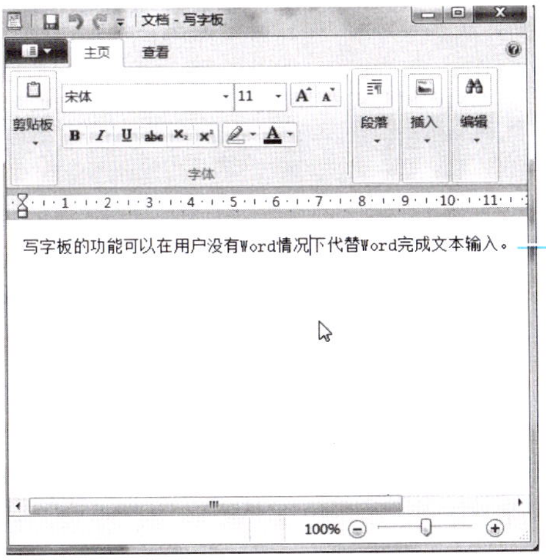

1 将光标放在准备选择文本的左侧，单击并拖动鼠标至目标位置

注意：

- 用户如果要选择全部文本可以使用Ctrl+A快捷键。
- 选择分段文本按住Ctrl键选择文本就可以了。
- 用户也可以按下Shift键，光标单击文本起始位置，然后单击终点位置，中间的文本就被选中了。

视野拓展

（2）写字版的容量比较大，对于大点的文件记事本打开比较慢或者打不开可以用写字板程序打开。同时，写字板支持多种字体格式。

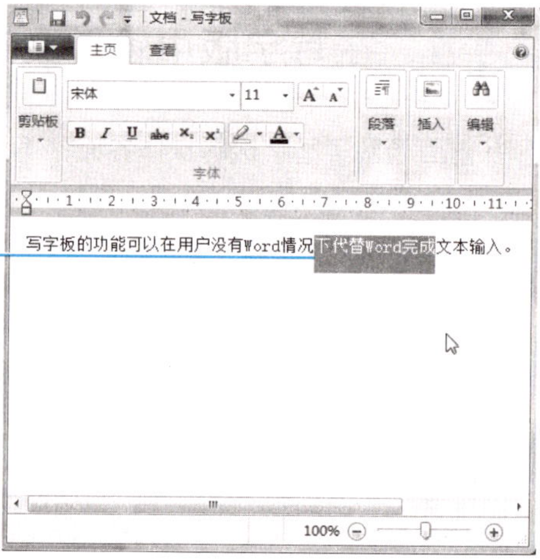

完成操作，蓝色背景区域为选中的文本

操作步骤

2. 复制文本

复制文本也是用户经常使用的一项功能，它可以帮助用户避免重复输入带来的烦恼。

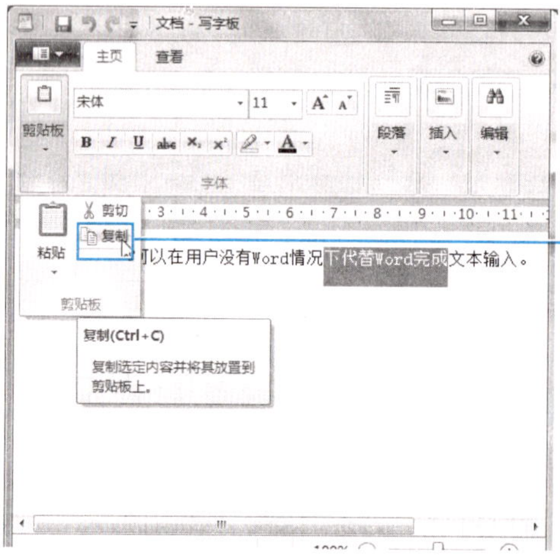

1 选择文本，单击写字板操作界面左上角的剪切板图标下拉箭头，选择复制

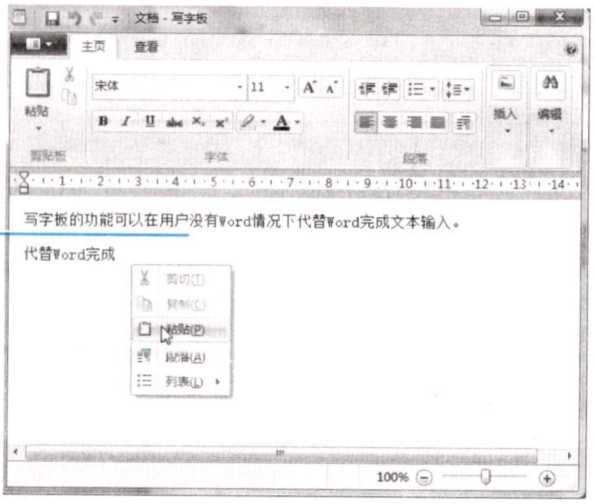

2 在文档编辑区中将光标放到准备粘贴文本的位置，单击鼠标右键，在弹出的快捷菜单中选择“粘贴”命令

注意：

- 这里的“复制”、“粘贴”也可用快捷键实现，分别为Ctrl+C和Ctrl+V。

前面提到的快捷键看着好眼熟啊！

对啊！这里使用的快捷键与前面提到的文件的快捷键其实是一样的

视野拓展

写字板可以在没有Word的情况下简单代替一部分Word的功能，也是一款比较好的自带软件。

3. 删除文本

用户在写字板中输入文字时，如果输入了错误的文本，可以将其删除。下面我们就来学习如何删除文本。

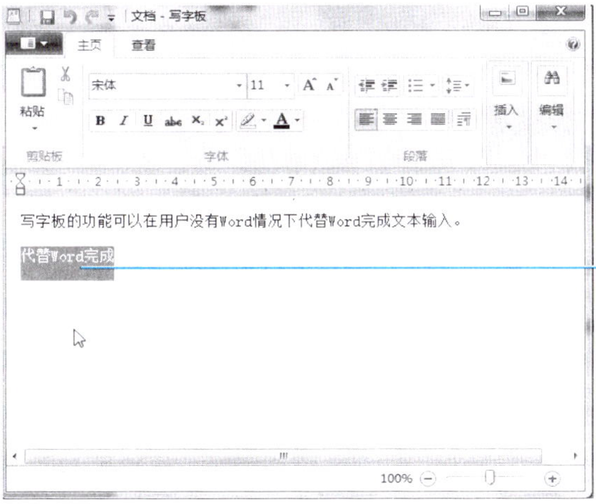

选择要删除的文本，按Delete键。

提示： 当选中文本后，使用空格键或者Backspace键也可以将文字删除。

7.1.4 插入对象

写字板还为用户提供了插入对象功能，通过这个功能可以在文本中插入图片、日期、绘图、对象。下面我们就来了解一下吧。

1. 插入图片

操作步骤

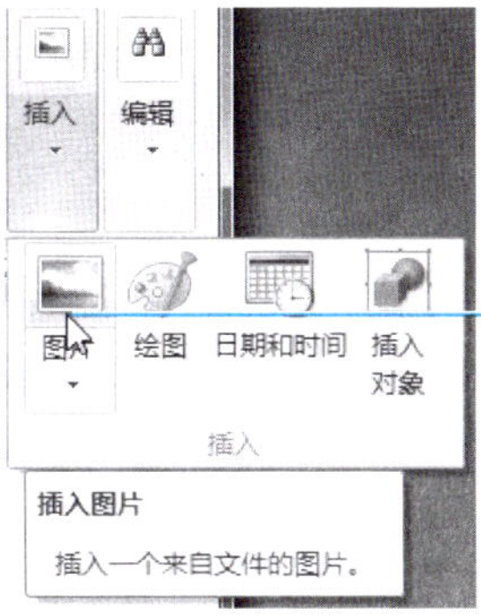

1 在写字板操作界面中单击右上角的“插入”图标，在弹出的下拉框中选择“图片”

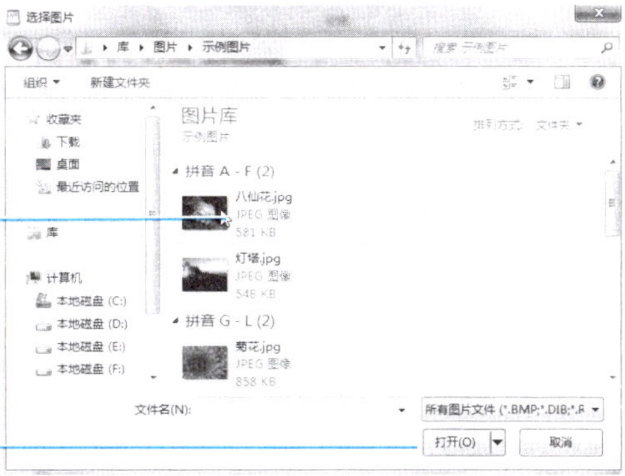

2 在弹出的对话框中找到需要的图片，选择图片

3 单击“打开”按钮。

视野拓展

用户通过一段时间学习，可以发现书中介绍的快捷键有些是通用的，最常见的就是“复制”、“粘贴”快捷键实现分别为Ctrl+C和Ctrl+V。

图片成功插入

2.插入绘图

操作步骤

1 单击插入中的“绘图”按钮

3 绘画结束后关闭画板

2 在弹出的画图界面中用户画下自己需要的图案

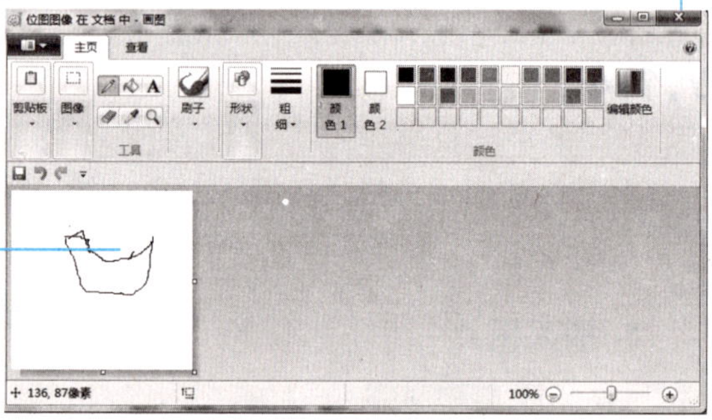

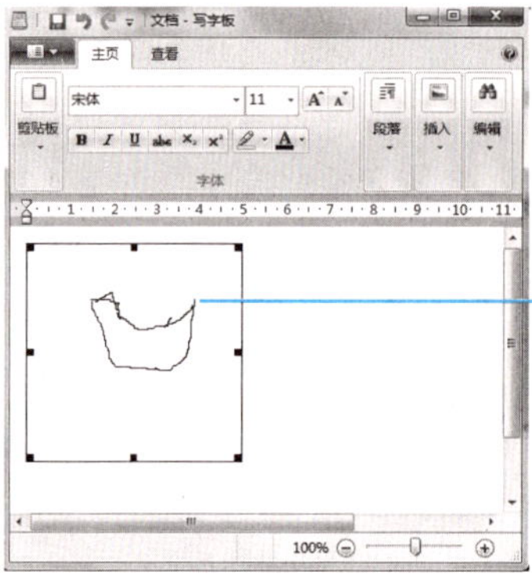

4 插入成功

3. 插入日期和时间

操作步骤

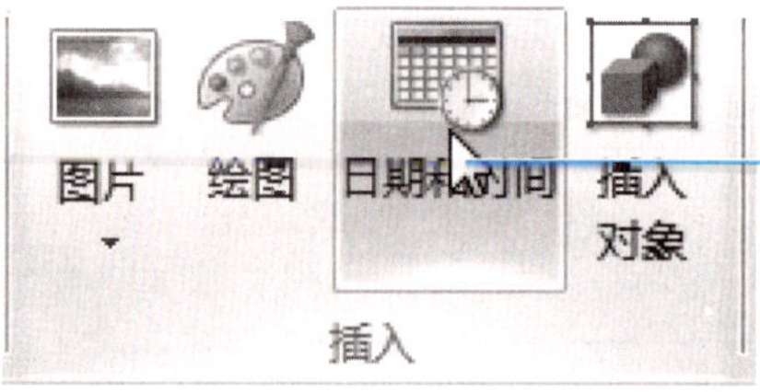

1 单击插入中的日期和时间图标

视野拓展

其中“Ctrl+F”为查找快捷键，既可以使用在系统查找文件时，也可以用于文本中的文字查找，十分方便。

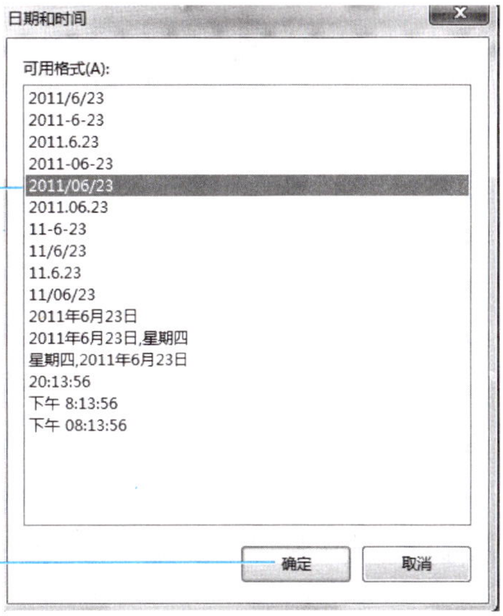

2 在弹出的对话框中选择需要时间和日期的格式

3 单击“确定”按钮

4. 插入对象

操作步骤

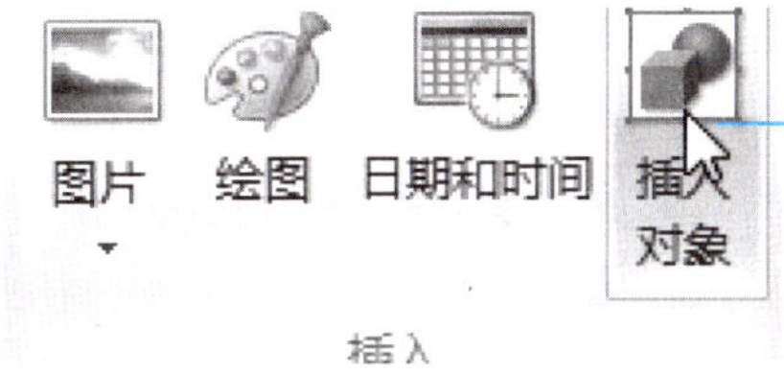

1 单击插入中的插入对象

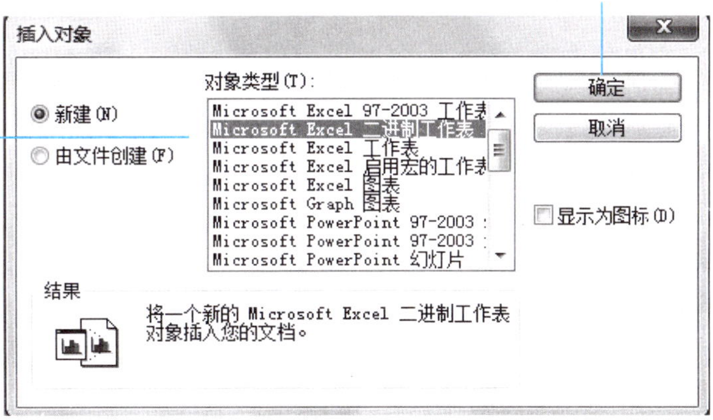

2 选择用户要添加的对象

3 单击“确定”按钮

7.1.5 设置文档格式

写字本还能对字体样式、大小、颜色以及段落对齐方式等进行设置。下面我们来了解一下吧。

视野拓展

写字板的绘图功能其实十分简单，用户最好在确实找不到绘图辅助软件时使用。

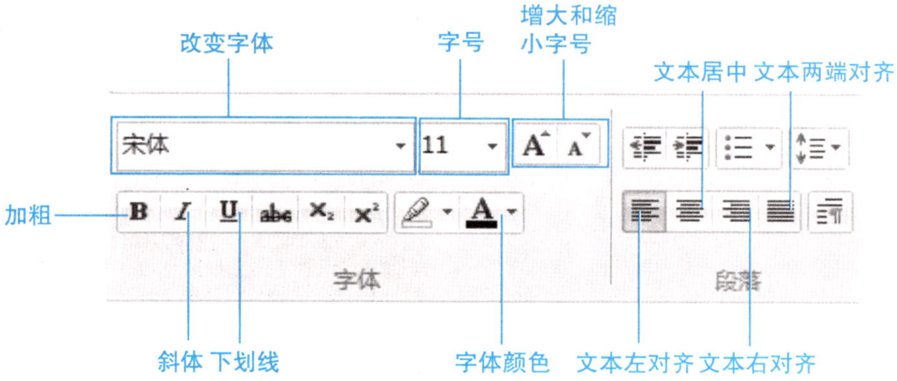

7.1.6 文档的保存和打开

1. 保存文档

操作步骤

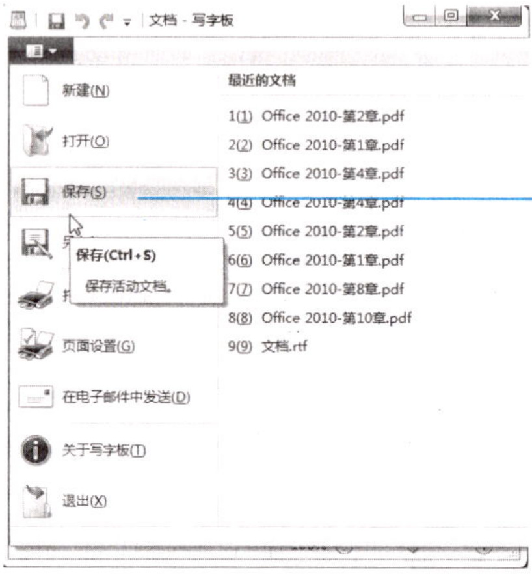

1 单击 图标，在弹出的菜单中选择保存

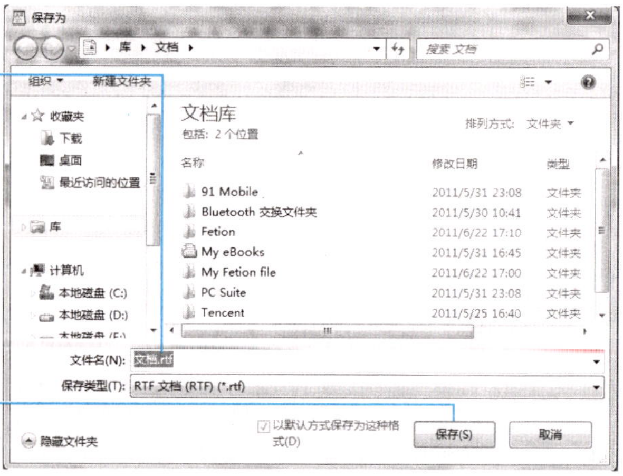

2 更改文件名和保存路径

3 单击“保存”按钮

视野拓展

写字板的插入对象功能可以与其他的office工作软件进行插入链接，也十分方便。

操作步骤

2. 打开文档

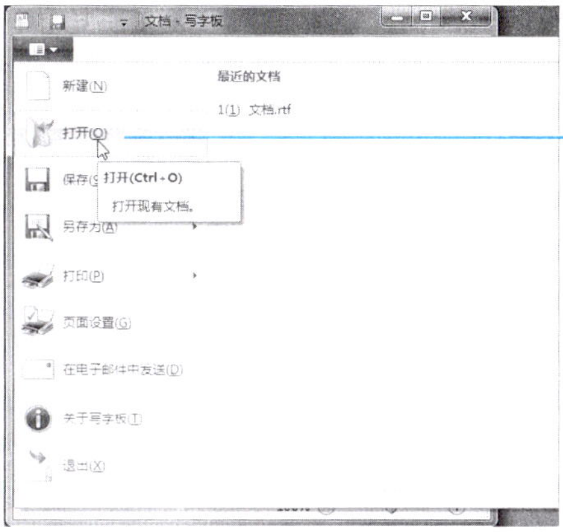

1 单击图标，在弹出的菜单中选择“打开”命令

2 找到需要打开的文件路径，选择文件

3 单击“打开”按钮

7.2 Windows日记本

在日常生活中，有些用户喜欢写日记。Windows 7操作系统提供了日记本这一功能，用户不仅可以向其中键入文本，而且还可以像在普通纸张上一样进行手写。

7.2.1 创建并保存日记本

操作步骤

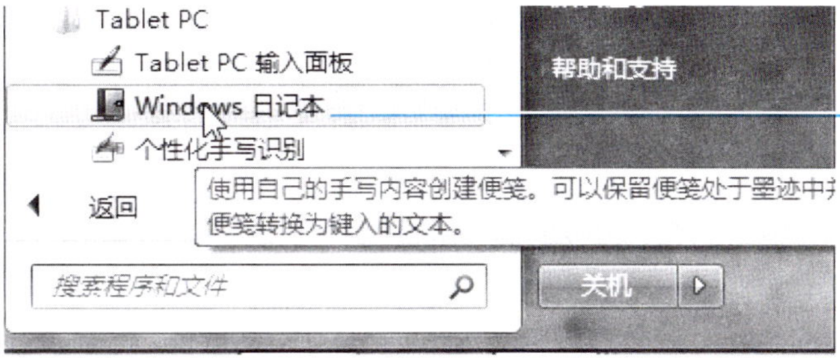

1 打开“开始”菜单→“所有程序”→“附件”→Tablet PC→Windows日记本

视野拓展

保存文档也可以使用快捷键“Ctrl+S”。

2 选择适当的笔形式，这里选择的是“细点”

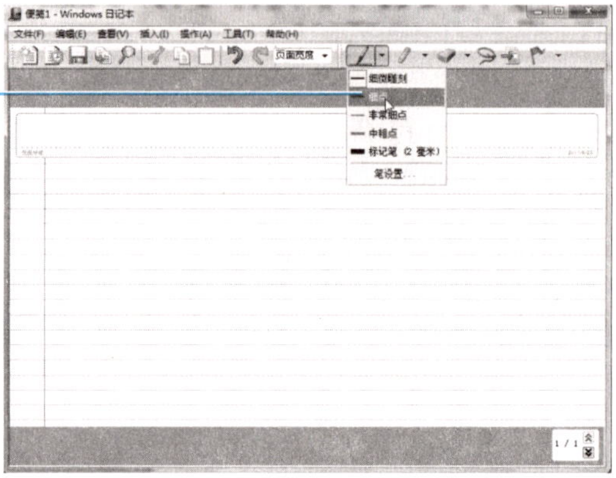

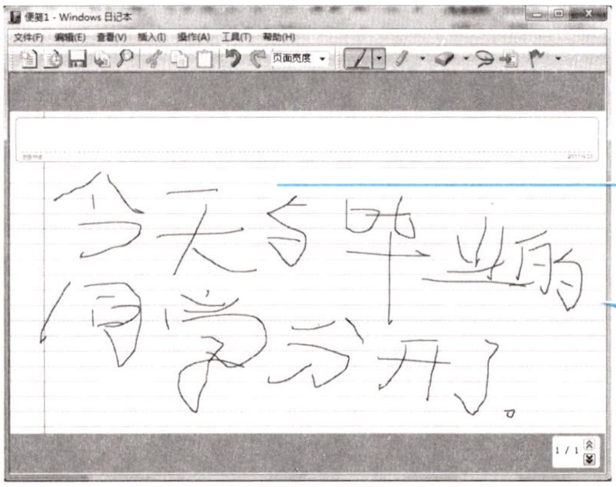

3 在日记本中写下日记内容

4 输入内容完毕，单击工具栏中的“文件”，在弹出的下拉菜单中单击“保存”

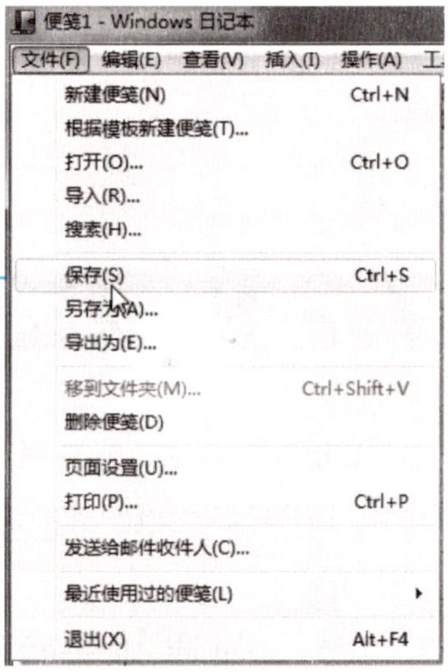

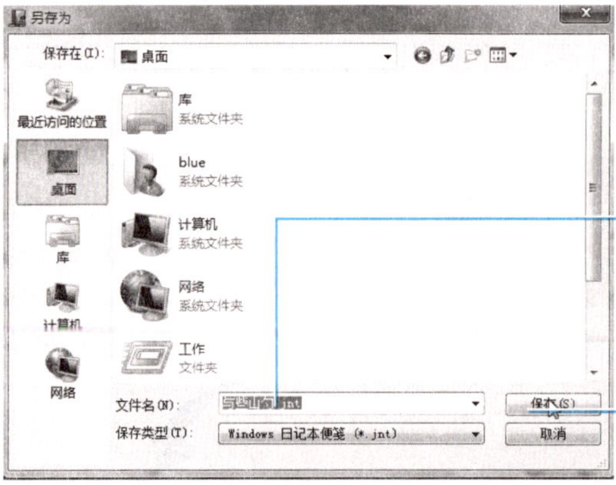

5 修改文件名和保存路径

6 单击“保存”按钮

注意:

- 如果文字输入错误，单击 图标，就可以像使用橡皮一样擦掉错字。

视野拓展

Windows日记本支持“另存为”和“导出”两种保存方式。在“另存为”中不仅可以保存成特有的日记本便笺文件，还可以保存成日记本模板文件；而“导出”功能则可保存成. mht和. tif文件，即使他人没有使用Windows7操作系统，也能打开你的日记。

7.2.2 创建并保存日记本

Windows日记本还提供了荧光笔，用户可以使用荧光笔把日记中重点的内容画出来。

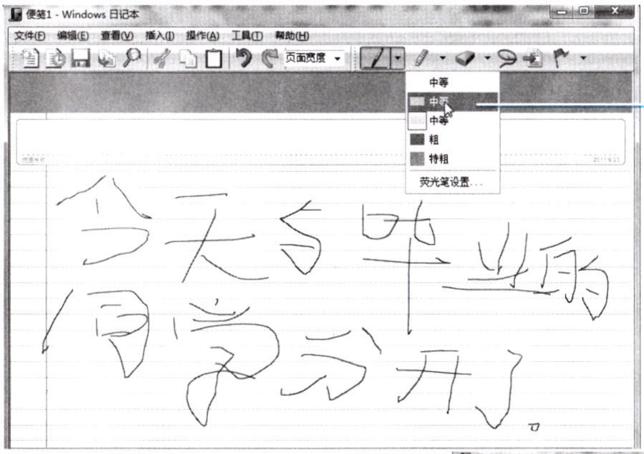

1 单击“荧光笔”图标旁边的下拉箭头，选择荧光笔类型

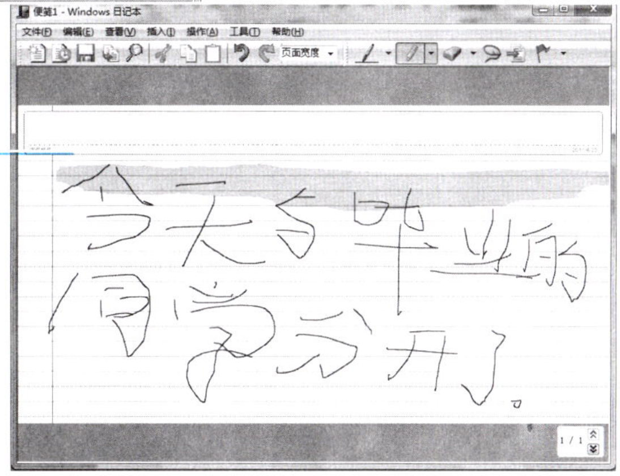

2 在要标记的地方按住鼠标左键，并拖动鼠标

7.2.3 添加日记元素

Windows日记本还可以添加图片和文本框，以丰富用户的日记内容。下面我们来为日记添加图片吧。

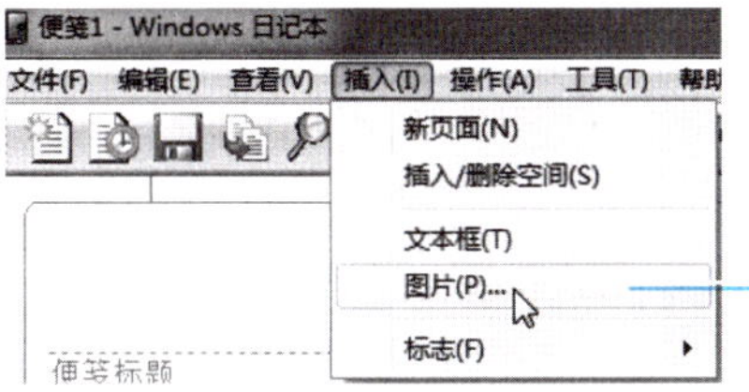

1 在日记本窗口菜单栏中单击“插入”菜单，在弹出的下拉菜单中选择“图片”命令

视野拓展

初识此程序，会发现界面很简洁，其实是把很多实用的工具栏都隐藏了，为了方便使用，可以在“查看/工具栏”中将四个选项都选中，我们就能发现其基本功能包括打开、保存、撤销等必备功能。

2 找到图片的存放路径，选择图片

3 单击“插入”按钮

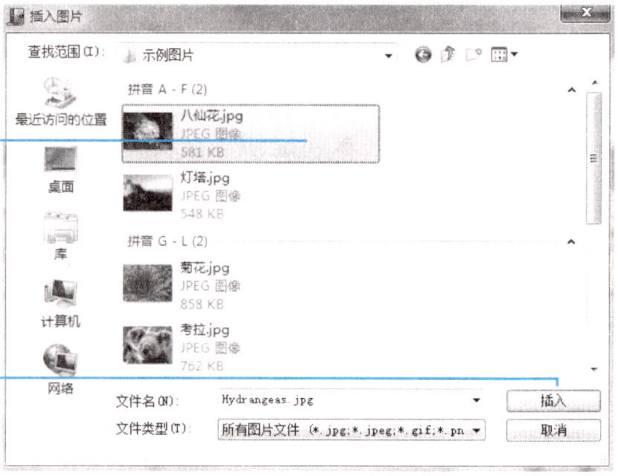

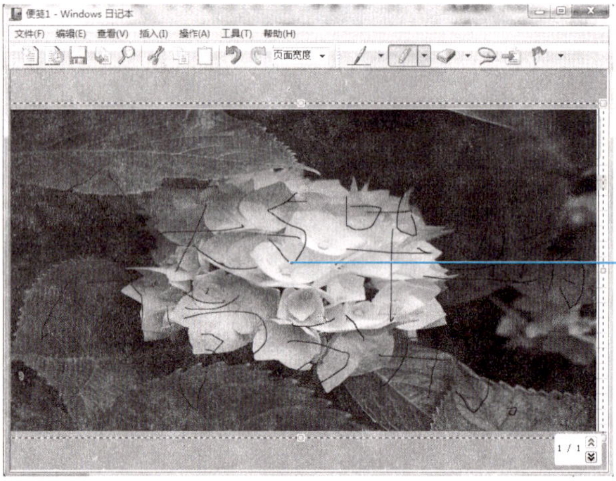

4 操作完成

7.2.4 将手写字转换成文本

日记本中的文字也可以转化成文本内容。下面让我们来体验一下吧。

操作步骤

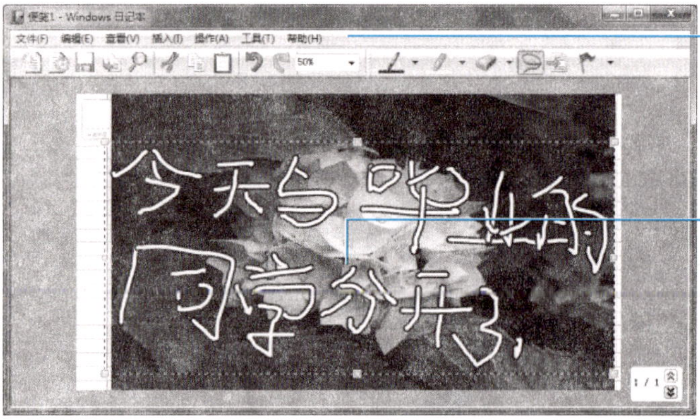

1 单击窗口“选择工具”

2 框选需要编辑转换的内容

视野拓展

该日记本程序还内置了多种模板，可从“文件/根据模板新建便笺”里选择音乐、月历、速记等多种模板，满足用户不同的需要。

3 选择菜单栏中的“操作”→“把手写转换成文本”命令

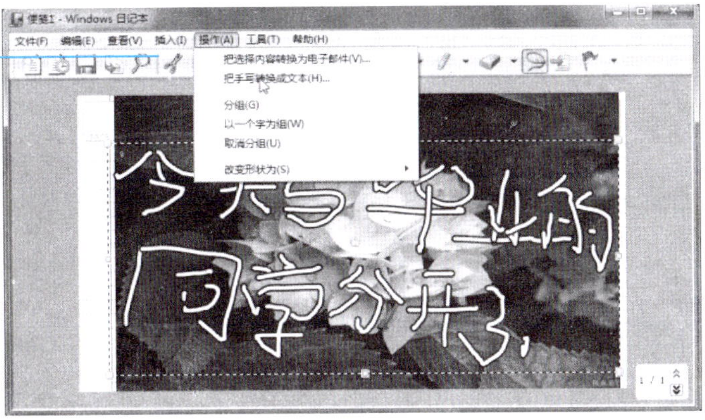

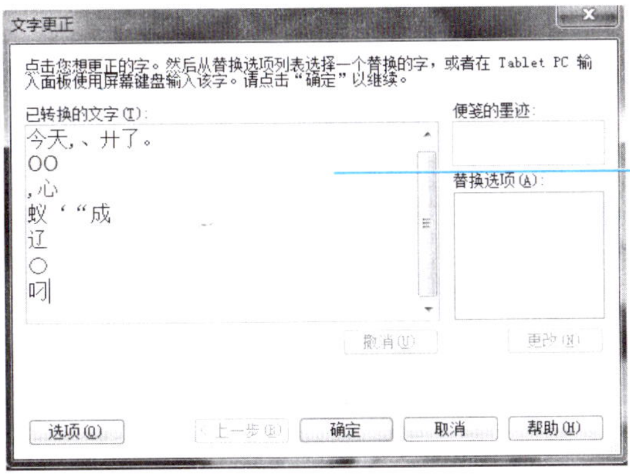

4 弹出“文字更正”对话框，在“已转换的文字”文本框中，全选内容

5 输入更正后的文本

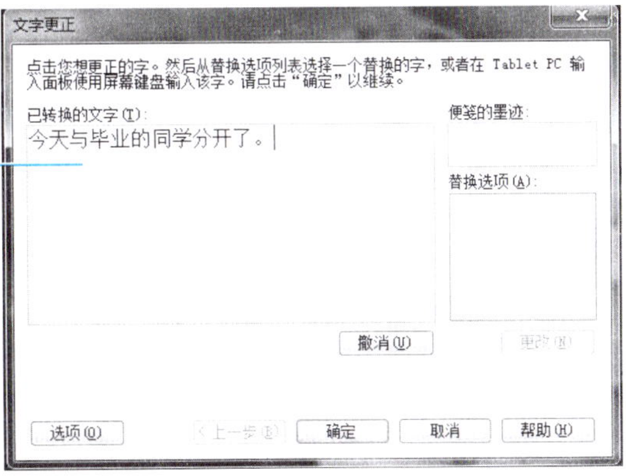

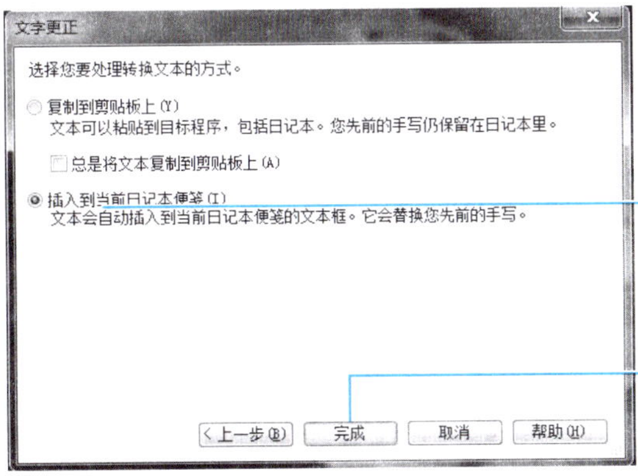

6 选择“插入到当前日记本便笺”

7 单击“完成”按钮

视野拓展

鼠标指针在它的界面中变成了“手写笔”，我们可以随意涂鸦，但用手写方式输入文字就不太方便了。

7.3 画图

画图是Windows 7操作系统中自带的一种用于绘制图形的程序，使用它可以绘制各种各样的图形，还可以对图片进行编辑，本节主要介绍画图的有关知识。

7.3.1 认识画图程序界面

在使用画图程序页面之前首先要先熟悉画图程序的界面。

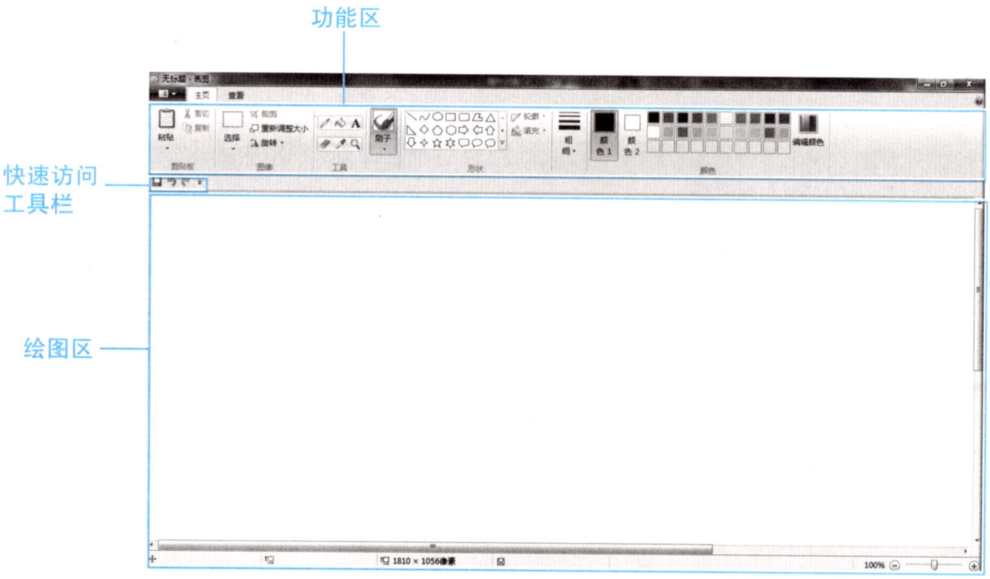

- 功能区：位于窗口的上方，主要是包括剪切板、图像、工具、形状、颜色。分别用于编辑图片、插入图片、绘图、添加图形、填充颜色等功能。
- 快速访问工具栏：位于功能区的下方，主要包括保存图像、返回上一步等功能。
- 绘图区：图像和图形的编辑在这个区域进行。

7.3.2 绘制图形

利用画图工具可以自由画图，也可以按照“形状”中提供的图形绘制添加图形。下面我们就来简单了解一下。

1. 绘制线条

用户可以在画图程序中使用不同的工具绘制线条。用户所使用的工具及所选择的选项决定了

视野拓展

（1）如果想把用鼠标写出的墨迹变成文字，只要使用“选取”工具选定需要转换的对象，然后点击“操作/把手写转换成文本”就行了。

线条在绘图中显示的方式。

使用“铅笔”工具可以绘制细的、任意形状的直线或曲线；使用“刷子”工具可绘制具有不同外观和纹理的线条，就像使用艺术刷一样。使用不同的刷子，可以绘制具有不同效果的任意形状线条和细线。

使用“直线”可绘制直线。使用此工具时，可以指定线条的粗细，还可以选择线条外观。使用“曲线”工具可绘制平滑曲线。

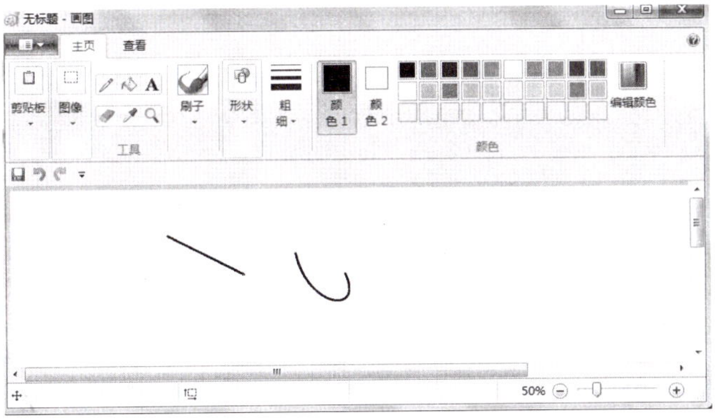

2. 绘制其他图形

用户可以使用画图程序在图片中添加其他形状。除了传统的矩形、椭圆、三角形和箭头外，还包括一些新的特殊形状，如心形、闪电形或标注等。如果用户还希望选择自定义形状，可以使用“多边形”工具。

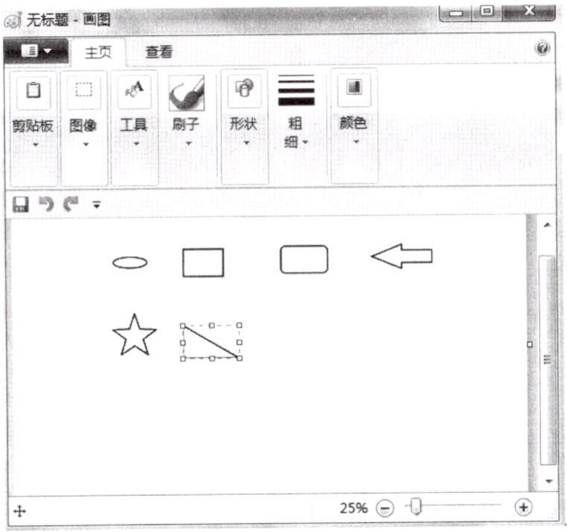

7.3.3 图片编辑

“画图”程序也可以插入图片，并对图片进行编辑，下面我们就来了解图片的编辑功能。

视野拓展

（2）想把已经存在的文字加入到日记本中吗?只要在记事本或Word程序中选择“文件/打印/日记本便笺书写程序”进行虚拟打印，然后使用日记本的“导入”功能就行了。

1. 打开图片

操作步骤

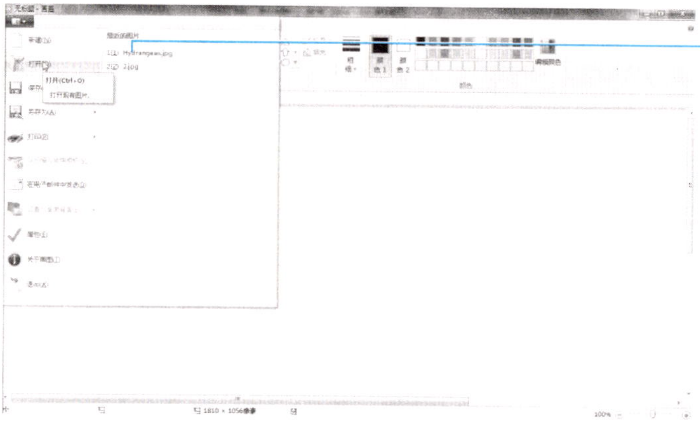

1 打开“画图”程序，单击 [按钮图标] 按钮，在弹出的菜单中选择“打开”命令

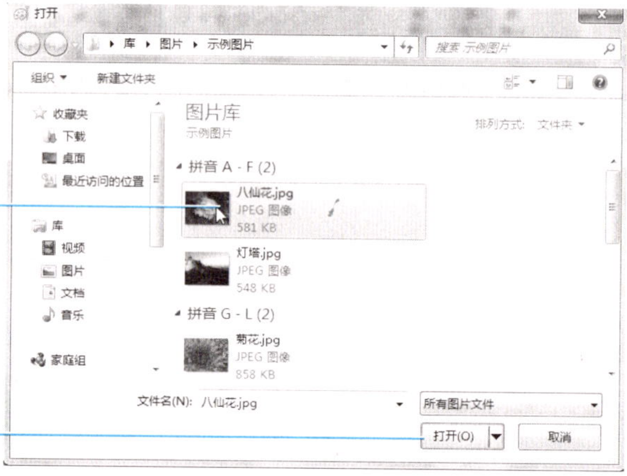

2 在弹出的窗口选择图片

3 单击“打开”按钮

2. 移动图像

移动图像可以将图像中的一个部分截取，移动到另一个位置。

操作步骤

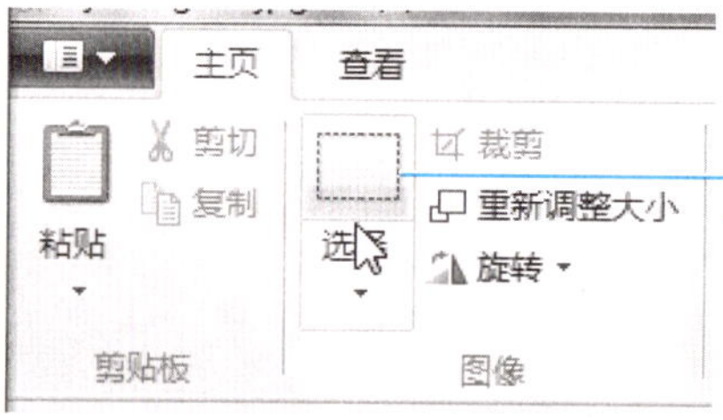

1 单击“图像”组中的“选择”按钮

2 在图片上某一点处单击鼠标，拖动鼠标到另一点，在起点和终点之间形成矩形区域，这个矩形区域就是图片中被选中的部分。

视野拓展

在“工具箱”中，为用户提供了十六种常用的工具，当每选择一种工具时，在下面的辅助选择框中会出现相应的信息，比如当选择“放大镜”工具时，会显示放大的比例，当选择“刷子”工具时，会出现刷子大小及显示方式的选项，用户可自行选择。

3 按住鼠标在被选中区域中拖动，直到满意为止

3. 复制图片

操作步骤

1 选择需要复制的区域

2 右键单击被选中区域，在弹出的快捷菜单中选择“复制”命令，再选择“粘贴”命令，操作完成

7.3.4 给图片题字

图片编辑完成后，还可以在图片上题字。下面介绍如何添加文字。

操作步骤

1 在“工具”区单击按钮A

视野拓展

在生活中的颜色是多种多样的，在颜料盒中提供的色彩也许远远不能满足用户的需要，当“颜色”菜单中为用户提供了选择的空间，执行“颜色”或“编辑颜色”命令，弹出“编辑颜色”对话框，用户可在“基本颜色”选项组中进行色彩的选择，也可以单击“规定自定义颜色”按钮自定义颜色然后再添加到“自定义颜色”选项组中。

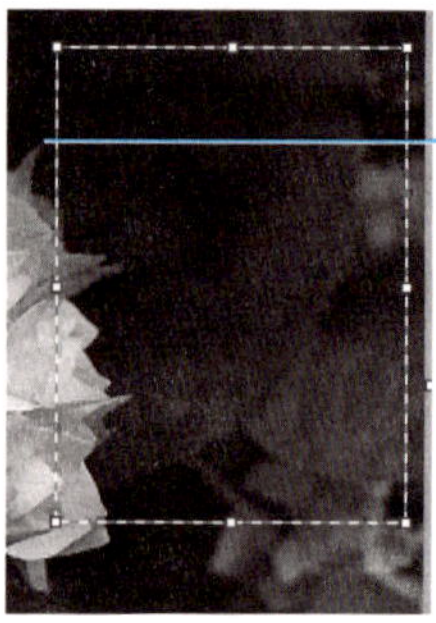

2 选择图片上的一点，单击鼠标，拖动鼠标到另一点，在起点和终点之间形成矩形区域，这个矩形区域就是图片中添加文字的区域

3 调整字号

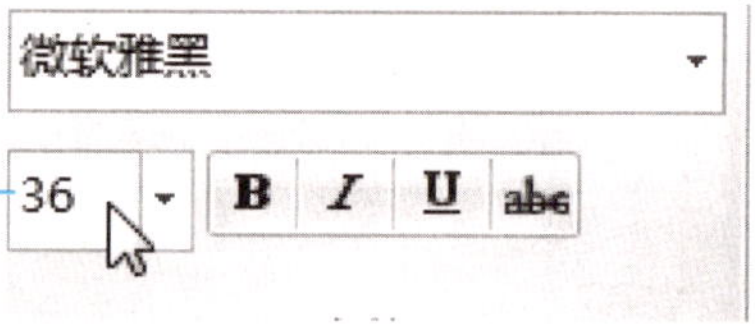

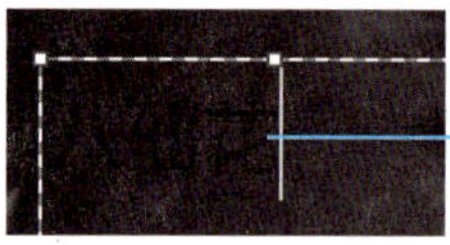

4 在选定区域输入文字即可

7.3.5 保存图片

图片编辑、题字完成之后就要保存图片了。下面介绍如何保存图片。

操作步骤

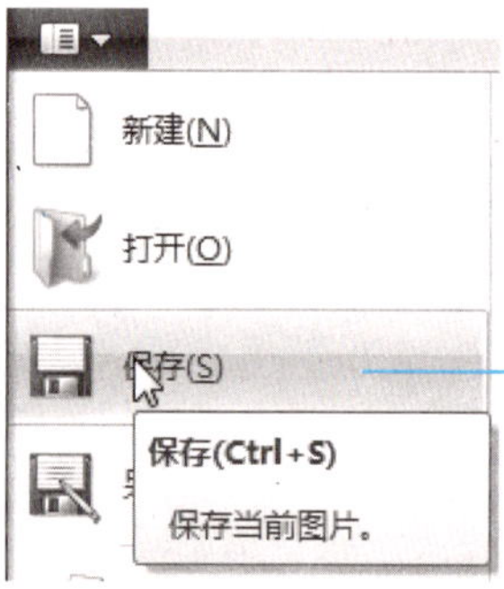

1 单击按钮，在弹出的菜单中选择“保存”命令

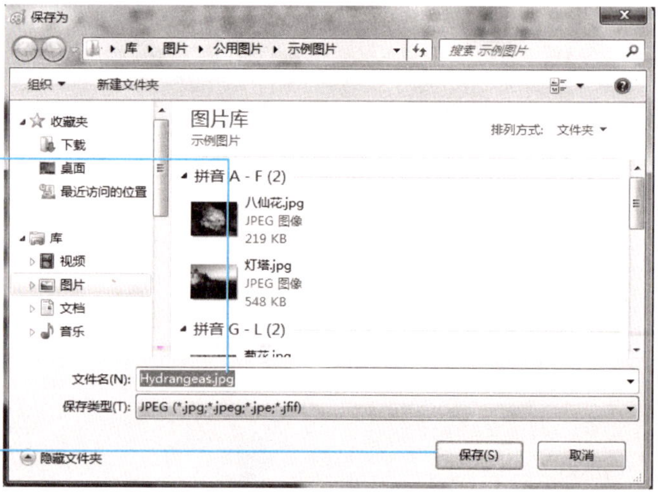

2 更改保存路径及文件名

3 单击“保存”按钮，操作结束

视野拓展

当用户的一幅作品完成后，可以设置为墙纸，还可以打印输出，具体的操作都是在“文件”菜单中实现的，用户可以直接执行相关的命令根据提示操作。

7.4 计算器

Windows 7操作系统中，提供了计算器功能。下面我们就来了解一下吧。

7.4.1 标准型计算器

在“开始”菜单中选择所有程序→附件→计算器命令，打开计算器。以计算36 ÷ 3 = 12为例进行介绍。

1 单击3、6按钮，在显示栏中出现数字36

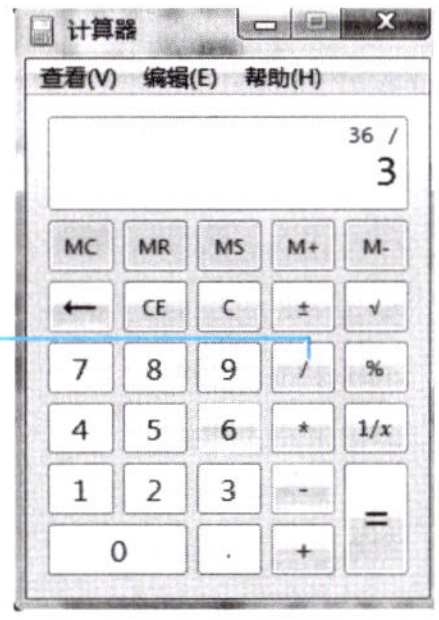

2 单击“/”按钮，然后单击数字3按钮

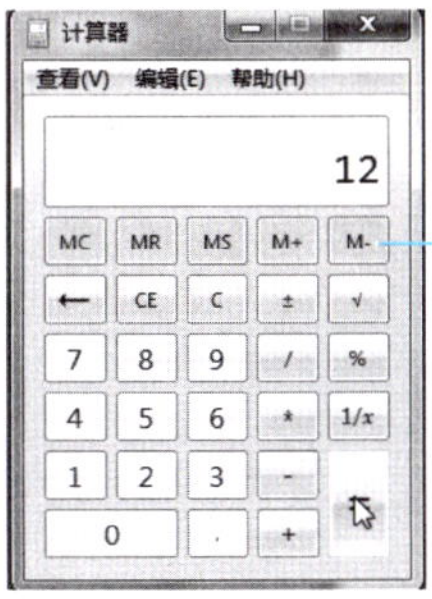

3 单击“=”按钮，显示结果12

操作步骤

7.4.2 科学型计算器

下面以计算正弦30度为例介绍如何使用科学型计算器。

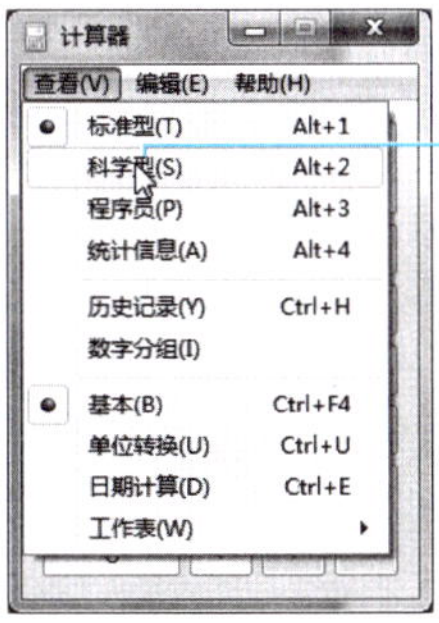

1 单击计算器界面菜单栏中的“查看”，在弹出的下拉菜单中选择“科学型”

操作步骤

视野拓展

在用户使用画图程序之前，首先要根据自己的实际需要进行画布的选择，也就是要进行页面设置，确定所要绘制的图画大小以及各种具体的格式。用户可以通过选择“文件”菜单中的“页面设置”命令来实现。

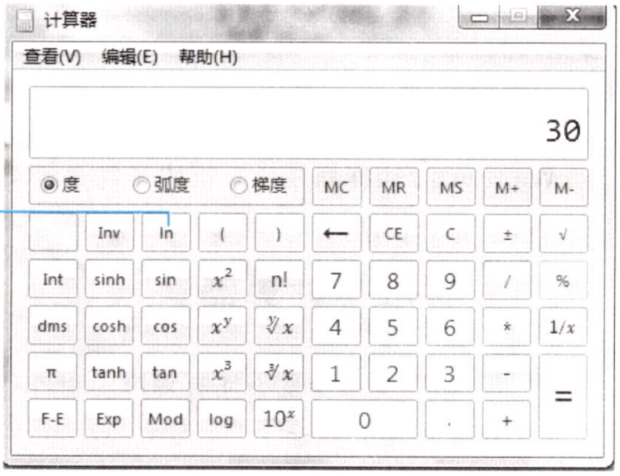

2 单击数字按钮3、0

3 单击sin按钮，显示结果为0.5

7.5 截图工具

在Windows 7操作系统中，窗口截图是指截取当前打开的所有窗口中的某个窗口。

7.5.1 截取图片

在开始菜单中选择所有程序→附件→截图工具命令，打开截图程序。

操作步骤

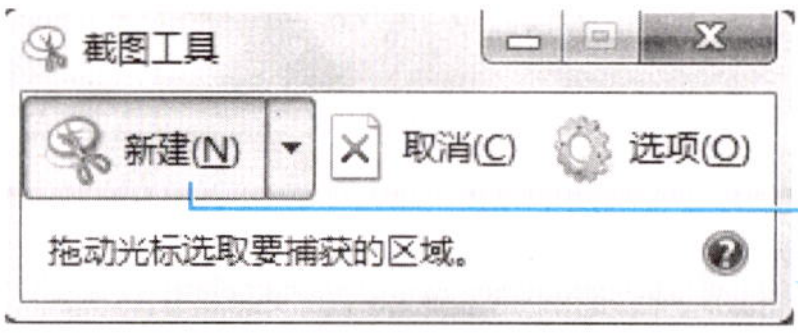

1 打开截图工具，用鼠标在屏幕上指定起点与终点，在起点与终点之间形成的矩形区域即为截图区域，松开鼠标，截图就自动完成了，用户可以将截图粘贴在需要的地方

视野拓展

（1）部分标准型具备数字存储功能，它包括四个按键：MRC、M−、M+、MU。键入数字后，按M+将数字读入内存，此后无论进行多少步运算，只要按一次MRC即可读取先前存储的数字，按下M−则把该数字从内存中删除，或者按二次MRC。

2 完成图片截图

7.5.2 标注图片

图片截取结束后，用户可以给图片添加标注以及文字注释。

操作步骤

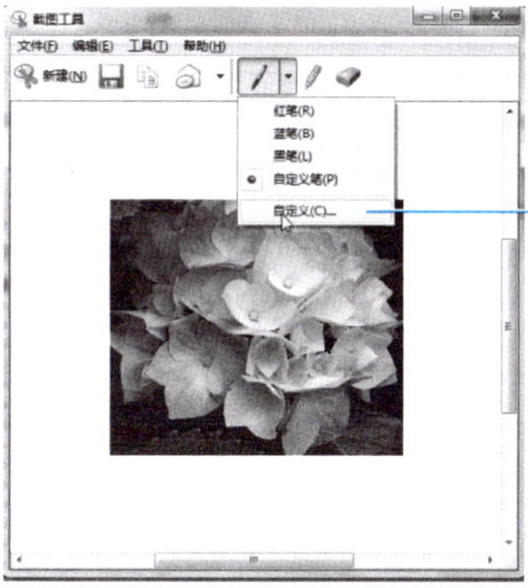

1 在截图工具窗口中单击“笔”按钮右侧的下拉箭头，选择自定义

2 在弹出的“自定义笔”对话框中设置颜色、笔迹粗细和笔尖形状

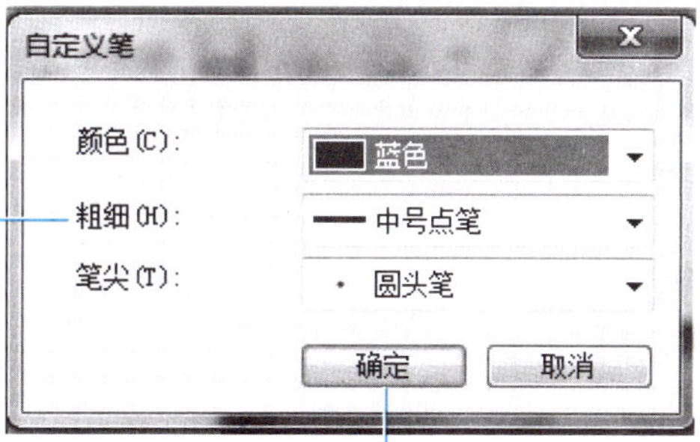

3 单击“确定”按钮

4 在图片任意位置添加文字标注，操作完成

（2）MU则为利率计算，2000[MU]20%=2000/(1−20%)=2500,2000[MU][±]20%=2000/(1+20%)=1666.7。

7.6 本章小结

本章主要介绍了Windows操作系统中几种自带的附件工具。使用写字板可以在没有Word的情况下代替Word工作、使用计算器进行日常计算和科学计算、使用画图软件进行简单的绘图。经过本章的学习用户可以使用这些软件进行必要的操作。

7.7 趁热打铁

下面来做些练习检验一下自己的学习吧。

7.7.1 选择题

1. 在Windows日记本中添加图片时，需要在（　　）菜单下进行。

A. 文件　　B. 插入

C. 操作　　D. 编辑

2. 下列选项中，写字板中不可以插入的是（　　）。

A. 图片　　B. 时间和日期

C. 对象　　D. 视频

7.7.2 实践题

1. 使用写字板输入《静夜思》。
2. 利用Windows日记本写一篇日记。
3. 使用科学计算器计算lg100的值。

视野拓展

计算器只是简单的计算工具，有些机型具备函数计算功能，有些机型具备一定的贮存功能，但一般只能存储几组数据。

第8章 多媒体娱乐与休闲

本章导读

Windows 7自带了多种视听娱乐应用程序，本章主要介绍如何使用Windows Media Player和Windows Media Center来播放音乐和视频文件、使用Windows DVD Maker将图片或视频刻录到DVD光盘中。下面让我们来了解Windows 7的媒体中心吧。

本章学习目标

- 学会使用Windows Media Player播放音频和视频
- 学会使用Windows DVD Maker刻录图片或视频文件

本章学习重点

- 掌握Windows Media Player播放音频和视频的方法
- 掌握Windows DVD Maker刻录DVD光盘方法

8.1 Windows照片库

Windows照片库是Windows Live组件中的一部分，Windows Live照片库的操作界面简单，能方便地浏览各种图片。新集成的功能更能轻松地对照片进行编辑和整理，如去除红眼、调整曝光和调整颜色等。

8.1.1 Windows照片库

首先我们来熟悉一下Windows照片库的功能分区。

- 功能区：位于窗口的上方，其中包括开始、编辑、查找、创建、查看选项，主要对照片进行修改、标注、编辑、效果处理等功能。
- 导航窗格：通过导航窗格中列出不同的条件，用户可以通过选择不同的标签对照片进行分类查看。
- 图片预览区域：窗口中最大的区域，此处显示照片的缩略图。
- 控制区域：对照片进行旋转、删除、播放幻灯片以及调整缩略图尺寸等操作。

8.1.2 浏览和查找图片

在Windows照片库可以多种方式查看照片，并且可以查找图片。下面了解一下如何查看图片和查找图片。

视野拓展

有时Windows7照片库中无法打开照片，用户可以试一试使用管理员身份打开照片库中的图片。

1. 查看图片

操作步骤

1 在“开始”菜单中选择“所有程序”→“Windows Live照片库”命令，打开照片库

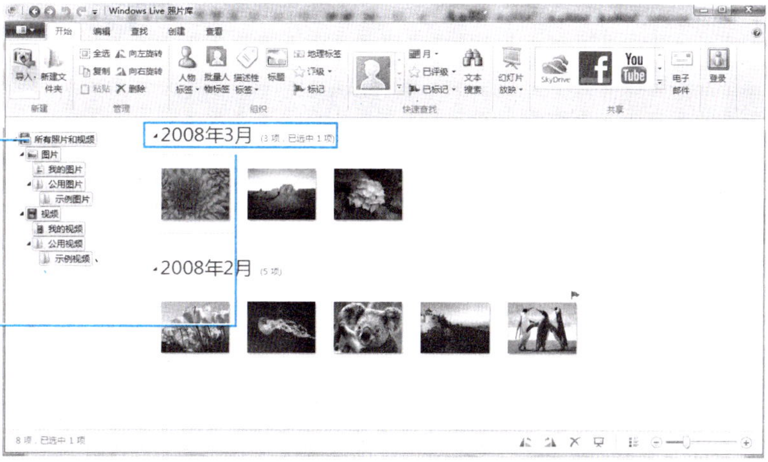

2 在导航窗格中选择“照片和视频”就可以看到Windows7系统中所有默认目录下的图片和视频文件

导航窗格中的时间表示照片拍摄时间

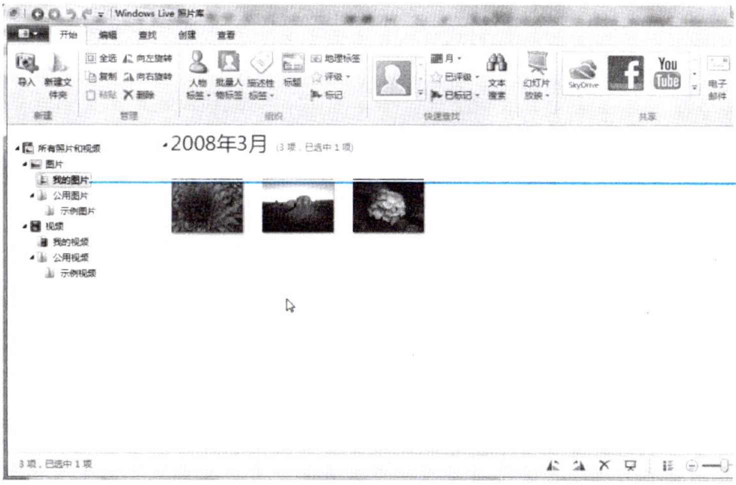

3 单击导航窗格中的子目录，可以根据目录分类查看图片

视野拓展

Windows7照片库中的文件用户也可以在计算机中找到路径进行查看。

4 调整拖动“控制区域”中的“放大或缩小”滑块调整缩略图的大小

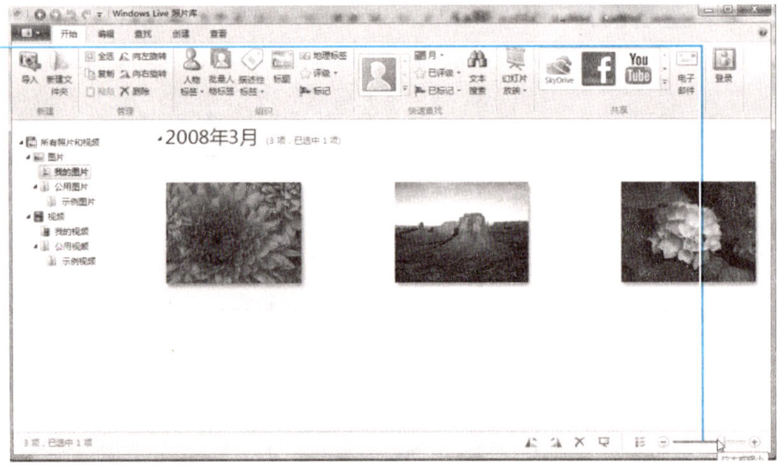

6 双击需要查看的图片，可以打开查看图片

5 单击“查看详细信息”就可看到图片的详细信息了。再单击一下可以继续查看缩略图

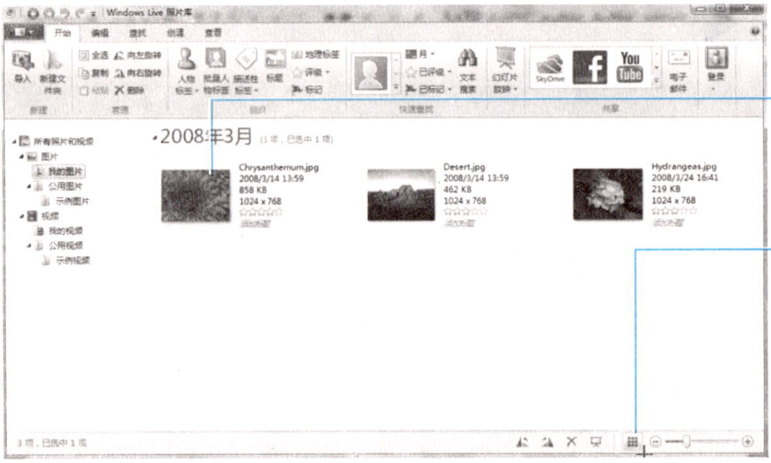

7 查看单张大图片

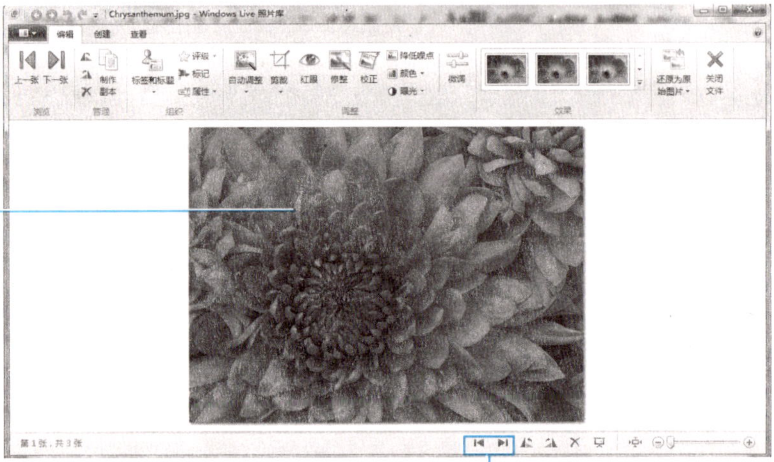

8 单击“前一张”和“下一张”按钮，可以查看其他图片

视野拓展

Windows7照片库的查看功能更加具体，可以帮助用户分类。用户在计算机路径中查看图片只能按系统默认的形式和顺序进行查看。

2. 查找图片

Windows照片库还为用户提供了图片查找方法，方便用户查找图片。

- 按时间查找照片

1 单击功能区中的“查找”选项

操作步骤

2 单击“日期”按钮在出现的下拉菜单中可以看到所有照片拍摄的日期，单击日期就可以查看照片了

3 单击“月”在出现的下拉菜单中可以看到所有照片拍摄的月份，单击月份就可以查看照片了

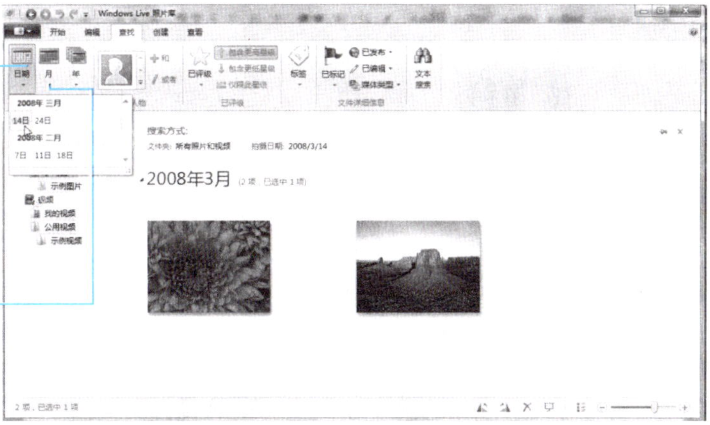

- 按照片名称查找

1 单击功能区中的“查找”选项

操作步骤

视野拓展

其实在之前的Windows操作系统中也带有照片库功能，例如Windows XP，但是微软公司还是在不断地完善照片库。

2 单击“文本搜索”按钮

3 例如搜索图片名为Desert的图片，在文本框中输入Desert

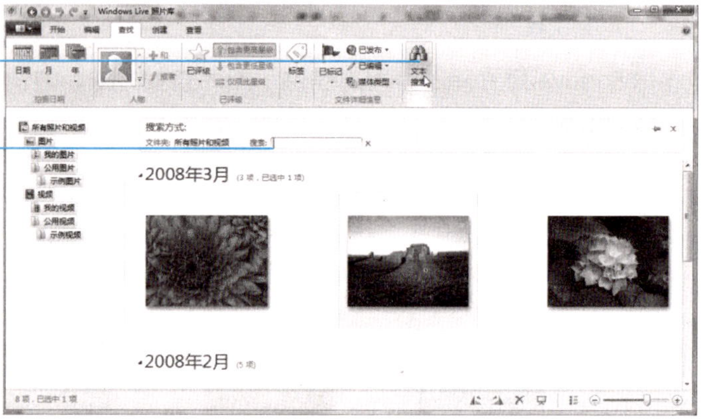

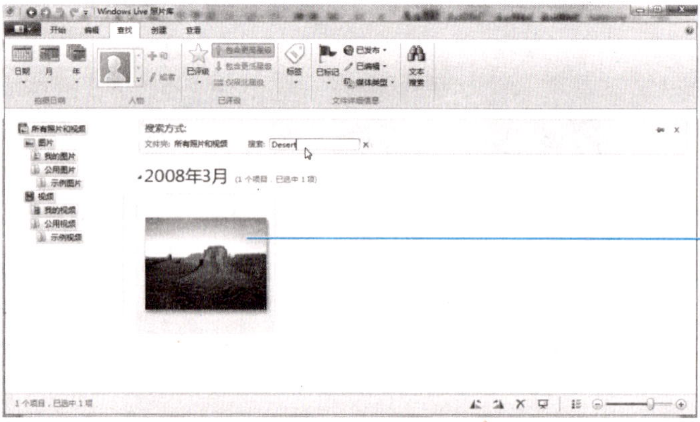

4 在图片预览区域中就会看到文件名为“Desert”的照片

8.1.3 添加和删除图片

在Windows照片库中，只有系统默认的文件夹中的照片才能查看，如何将其他照片填入照片库，又如何删除呢？下面我们就来学习一下吧。

1. 添加照片

操作步骤

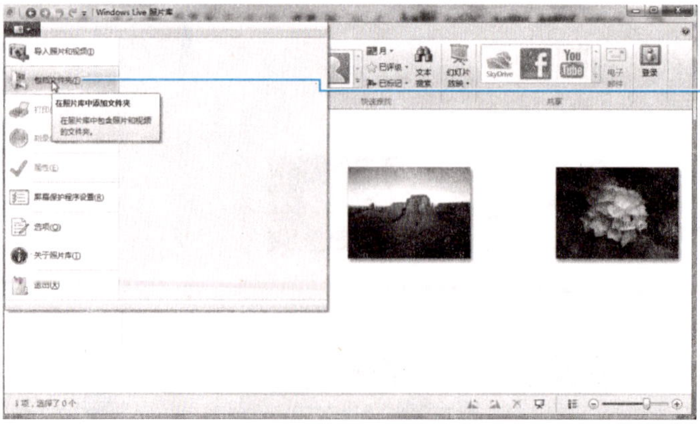

1 打开Windows照片库，单击“窗口”左上方的文件按钮，选择“包括”文件夹命令

视野拓展

照片库不能够自动扫描计算机中的照片，在网络上还有其他的查看图片的软件可以实现这一功能。用户可以根据需要在网络上下载安装。

2 在打开的“图片库位置”对话框中单击“添加”按钮

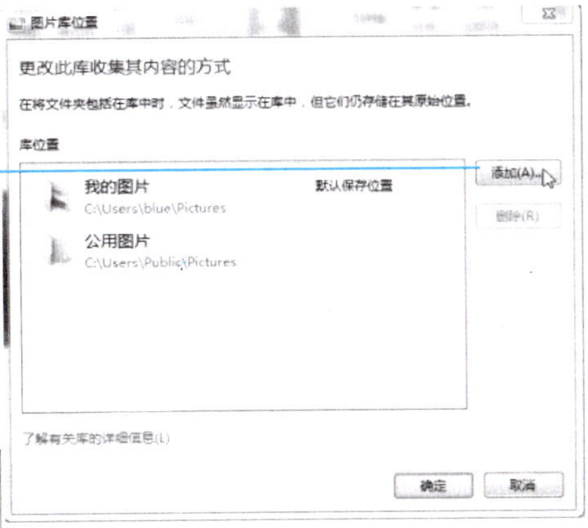

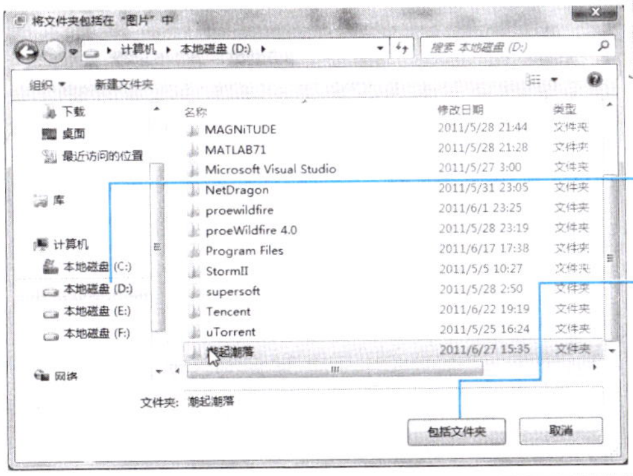

3 选择需要添加的文件夹的路径。

4 单击“包括文件夹”按钮，添加图片

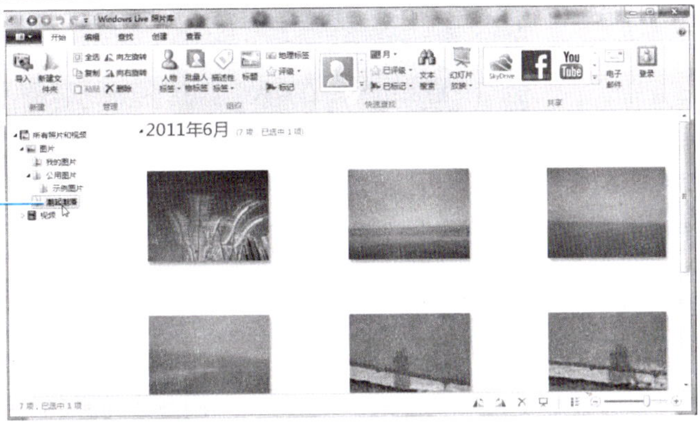

5 查看添加的图片

2. 删除图片

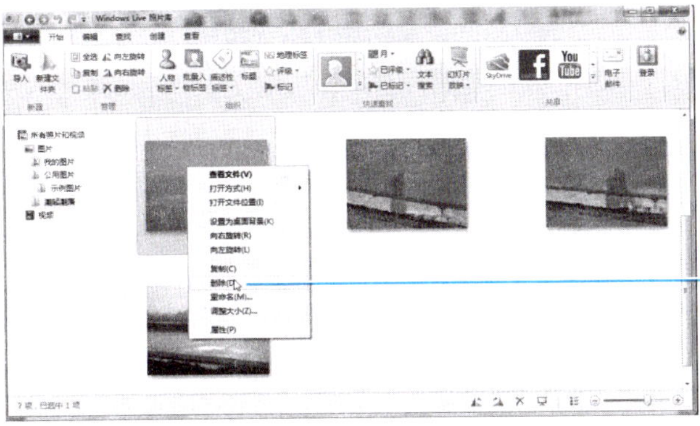

操作步骤

1 右键单击需要删除的图片，在弹出的快捷菜单中选择“删除”命令

视野拓展

奉劝用户还是不要随意在照片库中删除照片，因为照片库中没有显示照片的路径。

2 这时会弹出一个对话框，询问是否删除文件，单击“是”按钮，删除成功

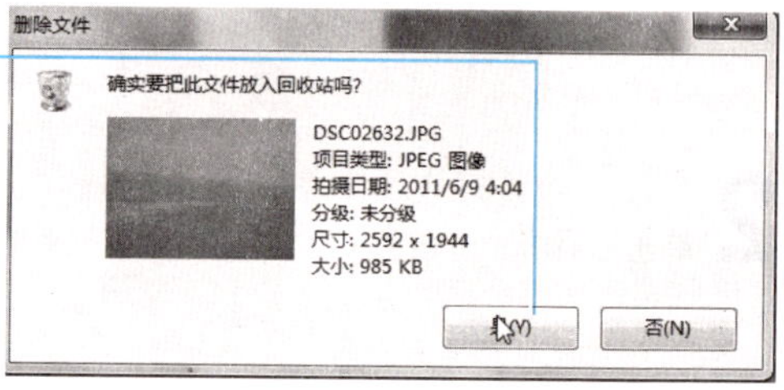

8.1.4 编辑图片

Windows照片库可以对图片进行简单的后期编辑，如去除红眼、调整曝光和调整颜色等，使得照片的效果看上去更佳。

操作步骤

1 打开需要编辑的图片，单击“红眼”命令，因为人物图片上红眼修改后容易看不出来，所以此处选择一张有红色的图片进行处理，效果更明显

2 然后按住鼠标左键，选择需要去除红眼的地方（一般是人或动物的眼睛处），松开鼠标左键，就会看到图片选中区域中红色最深的地方变成黑色了

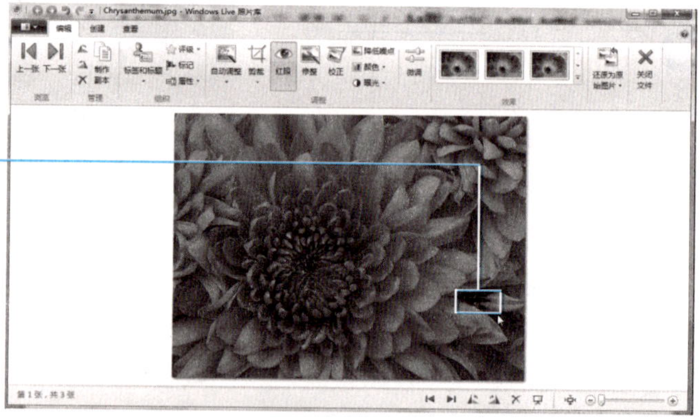

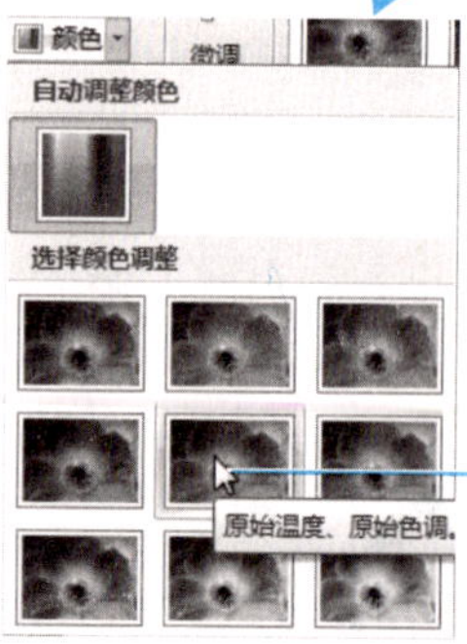

3 在功能区中单击“颜色”选项右侧的下拉箭头，选择用户需要的照片颜色效果

视野拓展

照片库的照片编辑功能十分实用，相当于一个简单的照片处理软件，方便快捷。如果用户想要对照片进行深入的修改和美化，可以使用Photoshop软件。

4 在“颜色”选项下面是“曝光”选项，选择需要的曝光效果

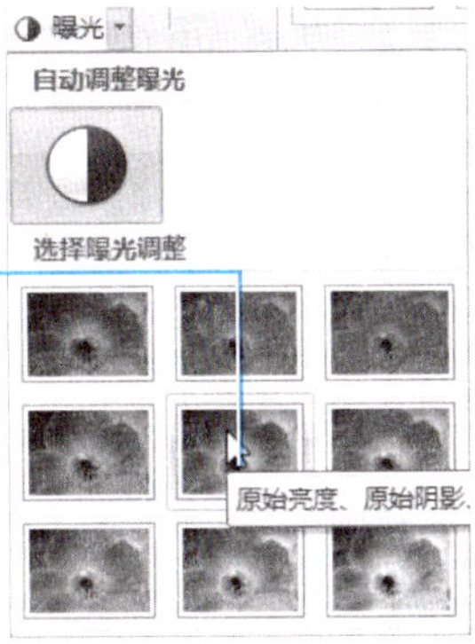

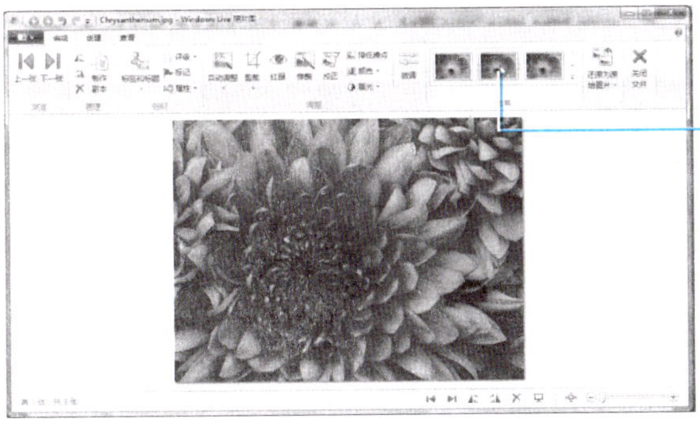

5 在效果区中选择需要的效果，如棕色、黑白等

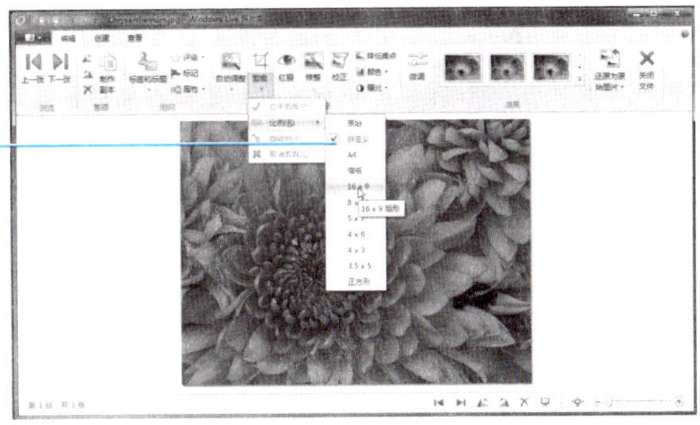

6 单击“剪裁”选项下方的下拉箭头，在弹出的子菜单中选择需要的比例

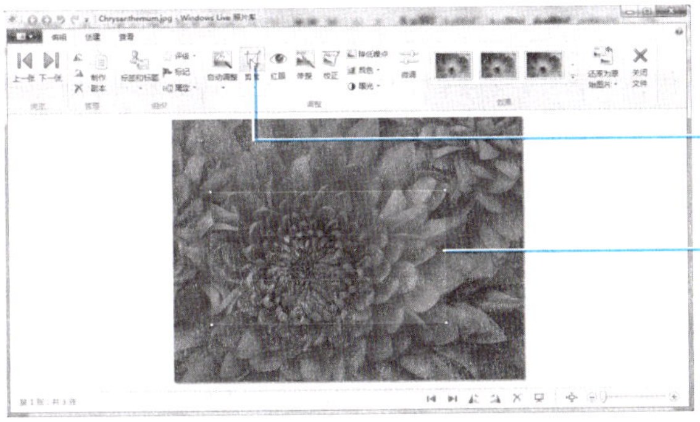

8 单击“剪裁”选项，操作结束

7 拖动区域，选择要留下的区域

8.2 Windows Media Player

Windows Media Player是一款Windows系统自带的播放器，支持许多流行音乐和视频格式，使得Windows Media Player对视频和音乐的播放功能更加强大。

视野拓展

可以使用Windows Media Player将音乐、视频和图片同步到多种便携设备，包括便携式媒体播放机、存储卡和 Portable Media Centers。只需将受支持的设备连接到计算机，播放机会为设备选择最佳的同步方法。然后就可以将数字媒体文件传输到设备， 无论到哪里都可以使用这些文件。

8.2.1 简介

首先让我们对Windows Media Player进行一下初步的了解。Windows Media Player可以播放的文件类型主要有3GP、AAC、AVCHD、MPEG-4、WMV、WMA、AVI、DivX、MOV、Xvid文件。同时提供了直观易用的界面，用户可以播放数字媒体文件，整理数字媒体收藏集、将数字媒体文件同步到便携设备等功能。下面先介绍Windows Media Player的界面。

- 标题栏：用于显示Windows Media Player播放窗口的名称，右侧3个按钮可以在窗口关闭、最小化和最大化之间进行切换。
- 地址栏：包括“前进”按钮和“后退”按钮，以及切换按钮，便于用户在Windows Media Player播放器各窗口间进行切换。
- 工具栏：包括各种对当前窗口进行操作的工具按钮，以及搜索播放器中媒体信息的搜索框。
- 导航窗格：用于快速切换不同媒体信息的显示，包括音乐、视频和图片等媒体信息。
- 显示信息工作区：用于显示当前媒体类别的详细信息，并对这些信息进行管理和各种操作。
- 播放控制区：用于显示媒体信息的播放状态，并提供播放控制按钮、播放模式的切换按钮。
- 列表信息面板：单击Windows Media Player播放窗口右上角的“播放”、“刻录”、“同步”按钮时，列表信息面板中将显示相应的列表信息。

8.2.2 切换窗口模式

默认打开的Windows Media Player播放器窗口是以“库”模式显示的，用户可以根据个人需要改变窗口的显示模式。

视野拓展

（1）V9以后的版本甚至支持与便携式音乐设备同步音乐。整合了Windows Media的收费以及免费服务，V10更整合了纯商业的在线商店商业服务。支持换肤。

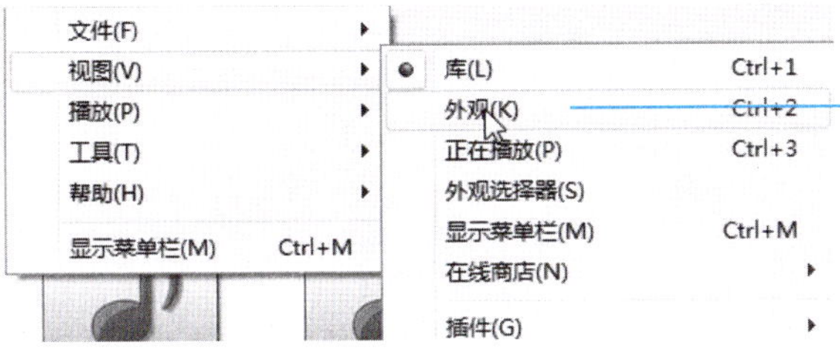

1 在“地址栏”中单击鼠标右键，在弹出的快捷菜单中选择“视图”→“外观”命令

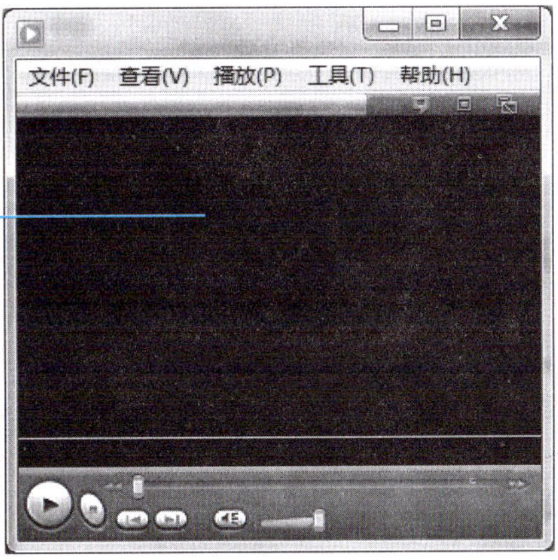

2 就自动切换到了窗口模式了

8.2.3 播放媒体文件

Windows Media Player播放器，可以播放计算机中的音乐和视频，并把音乐和视频添加到媒体库中，方便播放。

1. 播放音乐

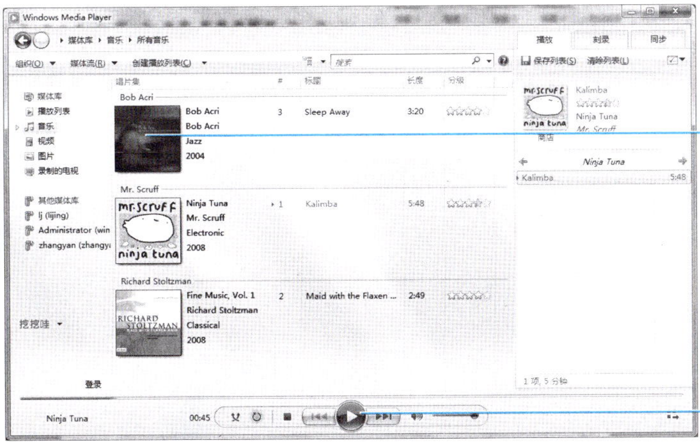

双击需要播放的视频文件

选择需要播放的视频文件，按下播放按钮

操作步骤

提示：

- 播放进度条：显示当前播放音乐或视频文件的播放速度，单击进度条的不同位置可以调整播放进度。
- 无序播放按钮：单击该按钮可以将播放列表设置为随机播放模式。
- 重复播放按钮：单击该按钮将重复播放音乐或视频文件。
- 停止按钮：单击该按钮将停止播放媒体文件。
- 上一首与下一首按钮：单击这两个按钮将播放当前音乐的上一首或下一首。
- 播放暂停按钮：单击该按钮暂停当前播放文件，如果是暂停状态下的，单击该按钮将会继续播放。
- 静音按钮：单击该按钮可以关闭播放声音。
- 音乐滑块：拖动滑块可以调整播放音量的大小。

视野拓展

（2）支持MMS与RTSP的流媒体。内部整合了Windows Media的专辑数据库，如果用户播放的音频文件与网站上面的数据校对一致的话，用户可以看到如图的专辑讯息。

操作步骤

注意：在播放视频文件时，窗口中不会显示播放控制区，如果需要对播放过程进行控制，只需将鼠标光标移到窗口的显示内容区域，播放控制区就会自动出现了。

2. 播放视频文件

在Windows Media Player中也可以播放视频，具体步骤如下。

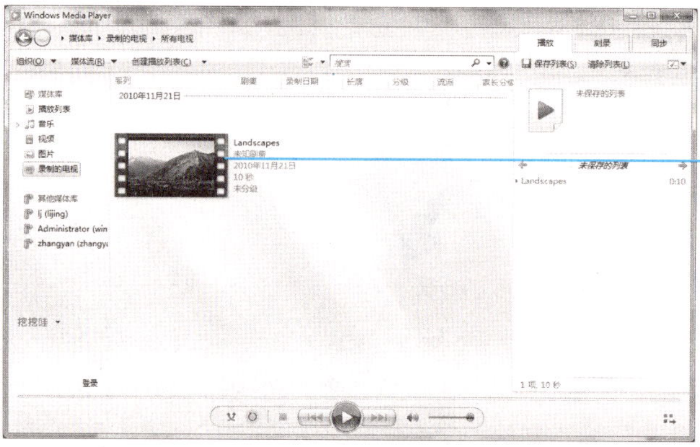

1 在导航窗格中，选择要播放的视频，双击视频文件或右键单击，在弹出的快捷菜单中选择“播放”命令

2 正在播放的视频

8.2.4 使用媒体库

媒体库集合了所有的媒体文件，在媒体库中可以创建播放列表、浏览媒体文件和添加媒体文件。

1. 创建播放列表

操作步骤

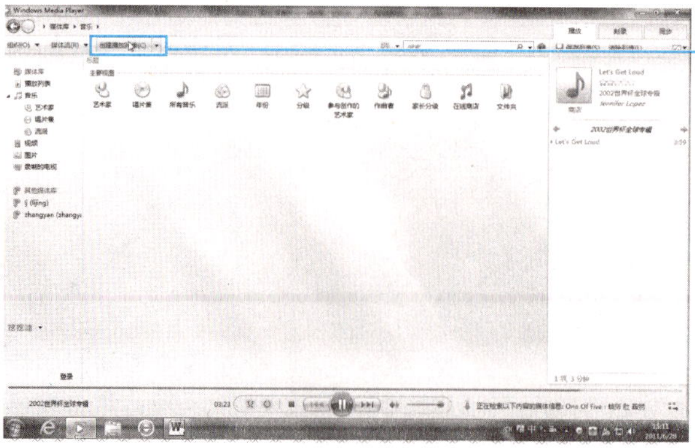

1 单击工具栏中的“创建播放列表”按钮

视野拓展

数字媒体的用户到在PC上储存了规模庞大的收藏、颇具鉴赏力的高保真音响爱好者，涉及到各个层次的人群。在设计过程中采纳了各方面的反馈意见，对播放机的用户界面进行了重大变革，以使用户能以更加简单、直观的方式进行内容导航，获得更加完美的整体体验。

2 在文本框中输入列表名称为“英文”

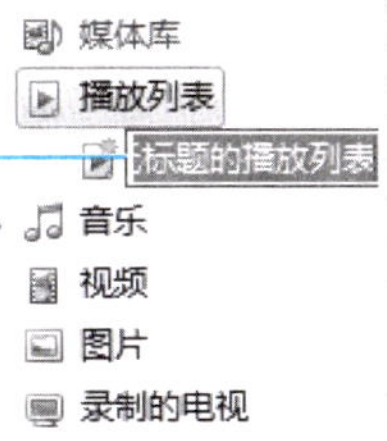

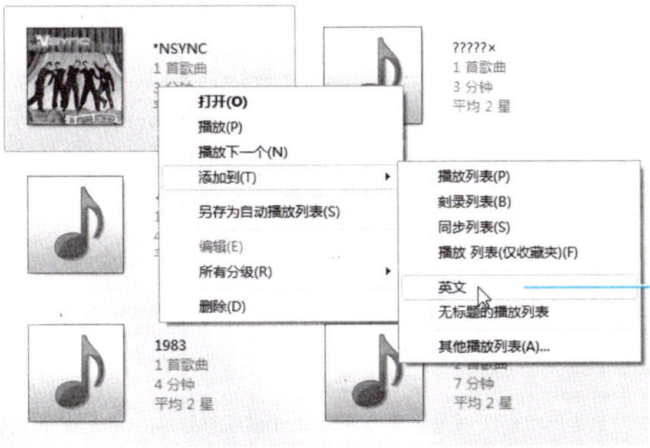

3 单击导航窗格中的音乐按钮，打开“所有音乐”窗口，右键单击需要添加到列表中的音乐，在弹出的子菜单中选择“英文”

2. 浏览媒体文件

当Windows Media Player中添加许多媒体文件时，可根据媒体文件的不同分类方法浏览文件。

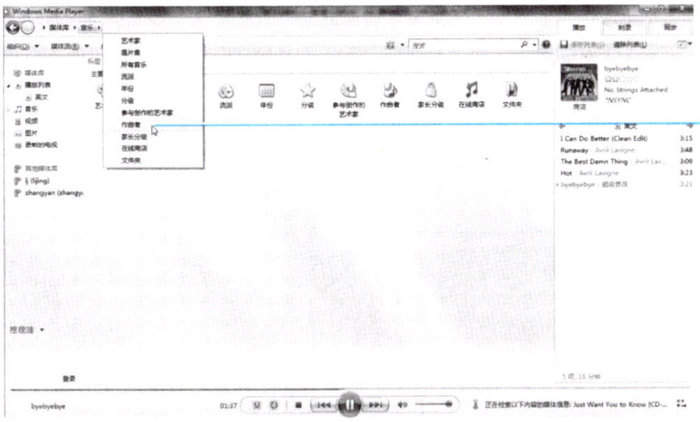

1 单击地址栏中“媒体库”右侧的箭头按钮，在弹出的下拉列表中选择“音乐”命令。单击音乐命令右侧的箭头按钮，在弹出的下拉菜单中选择“作曲者”命令

操作步骤

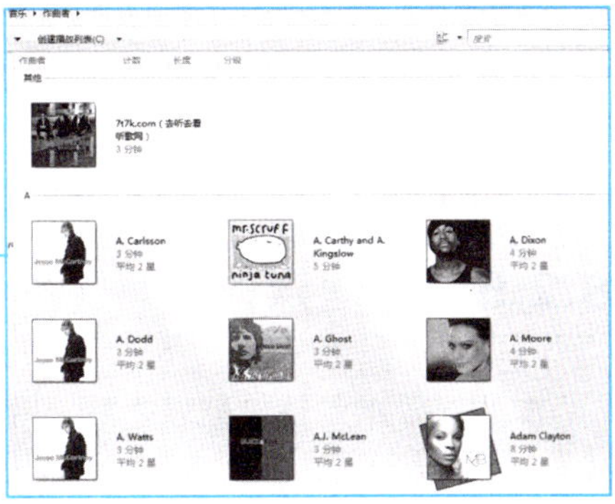

2 在显示信息工作区中就会看到歌曲按不同作者分类了

视野拓展

由于微软整合了WMP于系统内，不少人认为这是微软意图垄断的行为，事实上，微软也因此吃了不少官司。

3. 添加媒体文件

Windows Media Player中媒体文件默认为“库”文件夹，如何在其他位置迅速添加媒体文件呢？操作步骤如下：

操作步骤

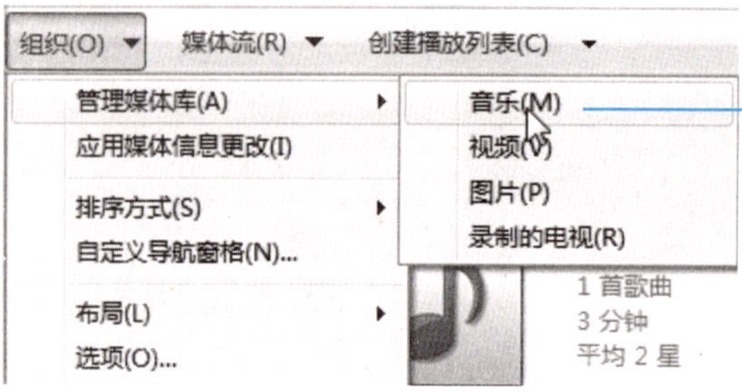

1 单击工具栏中的“组织”按钮，在弹出的下拉列表中选择“管理媒体库”→“音乐”命令

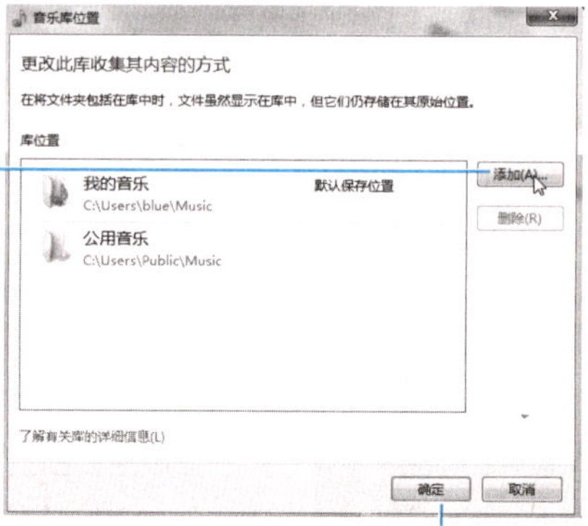

2 在弹出的对话框中单击“添加”按钮

3 更改路径，找到需要添加的文件夹

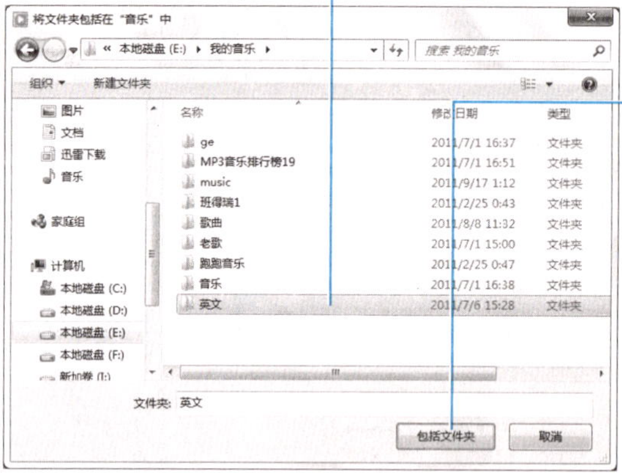

4 单击“包括文件夹”按钮

5 单击“确定”按钮，添加完成

8.2.5 管理媒体文件

文件被添加到播放列表之后，用户还可根据个人爱好更改媒体文件的信息合并专辑。下面我们就来了解一下如何执行这些操作。

视野拓展

可以使用Windows Media Player来组织数字媒体集，包括音乐、视频和图片。进行组织的第一步是将数字媒体文件添加到播放机媒体库，然后这些文件自动组织到媒体库中的类别，以使其易于查找。

1. 自定义媒体信息

自定义媒体信息是指根据需要编辑媒体文件的某些信息。下面以编辑音乐文件的作者信息来介绍如何操作。

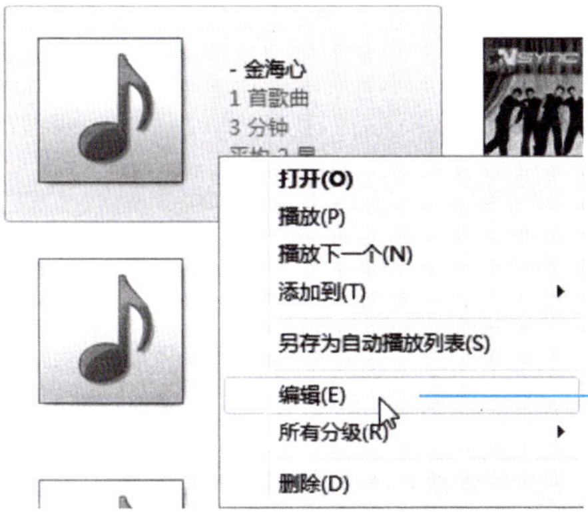

操作步骤

1 找到需要编辑的媒体文件，在作曲者栏中右键单击文件，在弹出的菜单中选择编辑

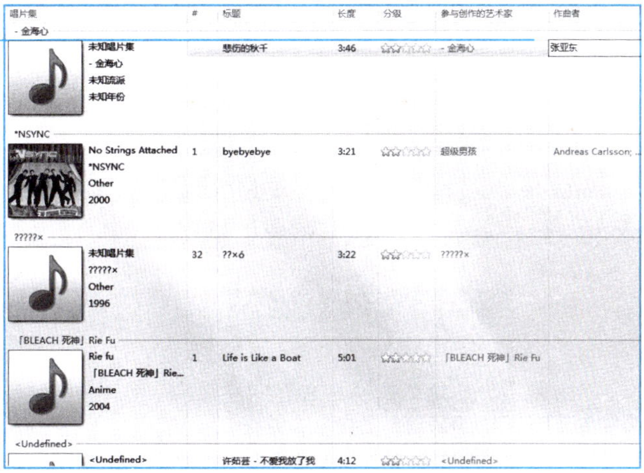

2 在文本框中输入作者的名字“张亚东”，操作完成

2. 合并音乐

如果同一位艺术家的歌曲分在多个唱片中时，为了方便集中管理，可将两张不同的唱片合并为一张唱片机。

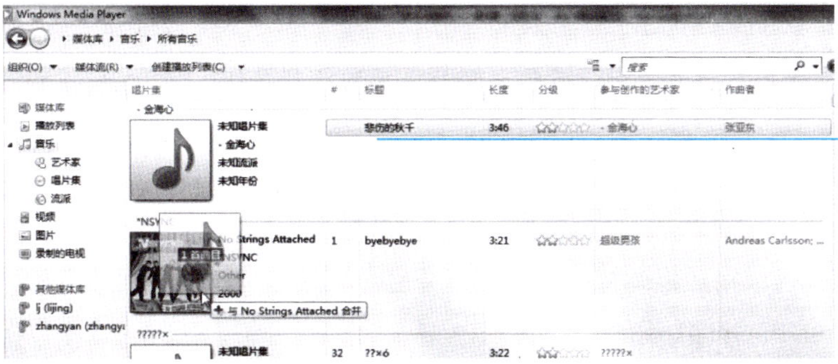

操作步骤

1 找到需要合并的唱片，拖动文件到另一唱片集，当出现“合并”字样时，放开鼠标左键

视野拓展

添加文件后，即可对这些文件执行许多操作，包括播放、刻录混合CD、创建播放列表，或者将这些文件同步到便携式音乐播放机。

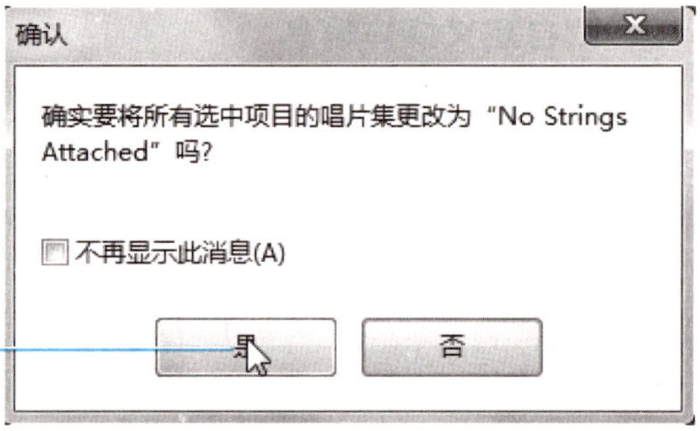

2 在弹出的对话框中，单击"是"按钮，操作完成

8.3 Windows Media Center

Windows Media Center也称媒体中心，它将Windows 7操作系统中的娱乐程序集中在一个组件中，包含音频、视频播放和游戏等功能。下面让我们来了解一下它吧。

8.3.1 简介

Windows Media Center 其实是将原有的Media Player所有的功能整合上Windows DVD Maker等其他程序及一些硬件功能构建的一个娱乐程序。

- 功能区：该区域显示了Windows Media Center所有功能，其中包括图片、视频、音乐、电视等。
- 播放控制区：该区域中包含各种播放视频、音乐、观看电视的控制按钮。

8.3.2 播放音乐

Windows Media Center同样可以播放媒体库中的音乐，并且可以按照信息分类播放音乐文件。下面我们就从Windows Media Player中播放音乐文件吧。

视野拓展

连接设备后，左侧的"导航"窗格中会出现一个设备节点，此时可以使用"媒体库"窗格浏览所有设备内容。可以使用唱片集画面视图、滚动和"即时搜索"来浏览设备内容，其方式与在本地媒体库中进行内容导航的方式类似。

操作步骤

1 打开Windows Media Center，在窗口中单击“音乐”选项

2 在音乐库上方有媒体信息分类选项，单击“唱片集”

3 选择要播放的唱片集

4 单击“播放唱片集”，操作完成

8.3.3 图片浏览

Windows Media Center也可以浏览媒体库中的图片，下面就来了解一下。

操作步骤

1 打开Windows Media Center，在窗口中单击“图片+视频”选项

视野拓展

享受数字音乐并不意味着要舍弃唱片集画面。为了提升用户的视觉体验，Windows Media Player在整个媒体库中都采用了唱片集画面，将音乐的外在价值带入了新的高度；用户可以在浏览“艺术家”、“唱片集”和“歌曲”视图时，更加轻松地获取相应参考。

2 单击需要浏览的图片文件夹，打开该文件夹

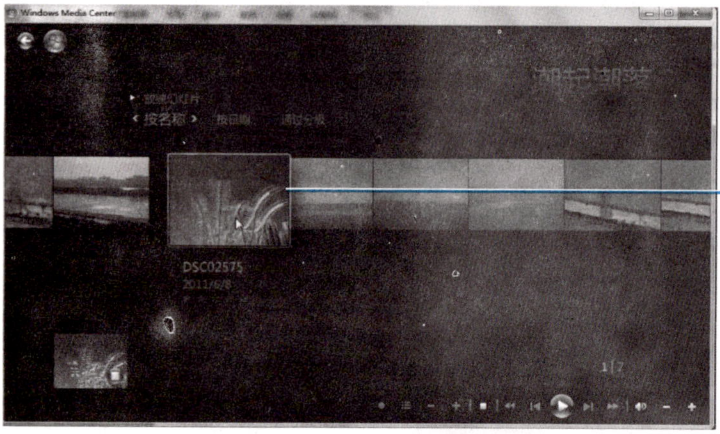

3 单击需要浏览的图片

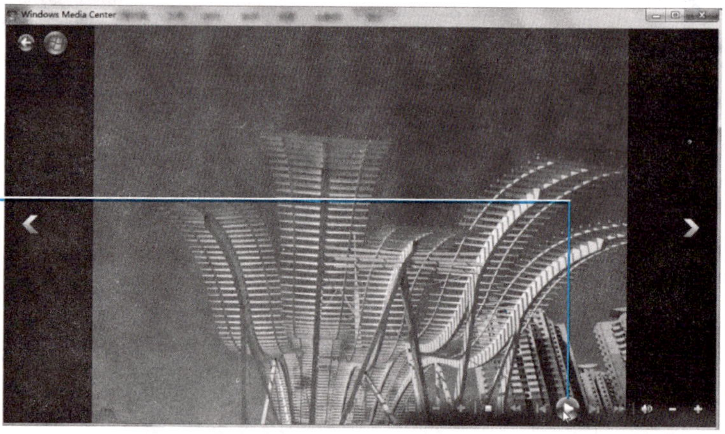

4 单击“播放”按钮可以动态播放图片

8.3.4 播放DVD光盘

通过Windows Media Center播放DVD光盘也非常简单，下面我们就来了解一下吧。

视野拓展

Windows Media Center 其实是将原有的Media Player所有的功能整合上Windows DVD Maker等其他程序及一些硬件功能构建的一个娱乐程序。（Windows7、Windows vista均带有该功能）。

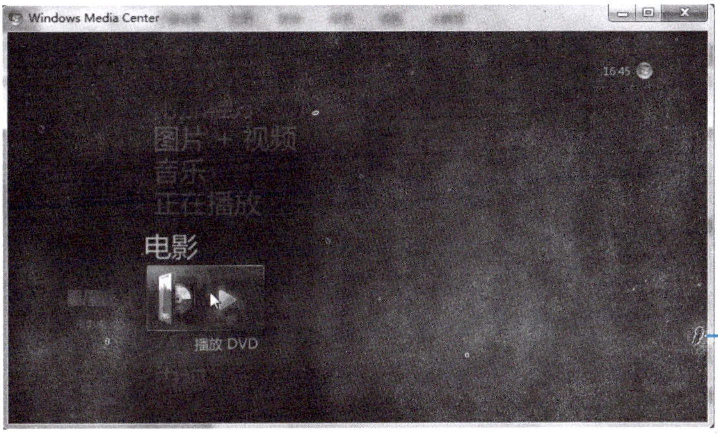

将DVD光盘放入计算机的光驱中，打开Windows Media Center，在窗口中单击“电影”选项，然后单击“播放DVD”按钮

8.3.5 设置Windows Media Center

在Windows Media Center中可以对启动和窗口行为、视觉和声音效果等进行设置。下面就以设置启动和窗口行为为例介绍。

操作步骤

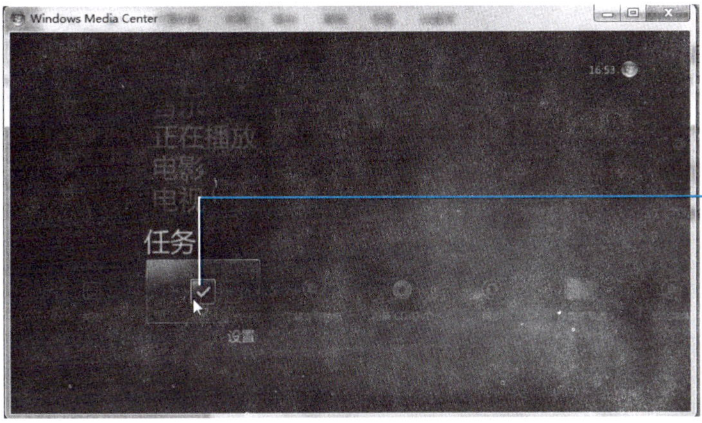

1 启动Windows Media Center，在窗口中选择任务选项，然后单击“设置”按钮

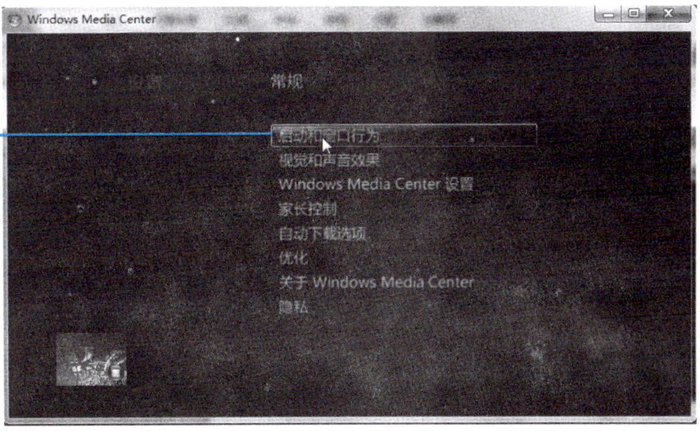

2 单击“启动和窗口行为”

视野拓展

Media Center的遥控器，让计算机上的所有娱乐活动均触手可及，同时亦可把它作为键盘和鼠标的补充设备。这一功能要求用户的电脑带有遥控器，比如说联想的ideapad V550电脑就带有遥控器。

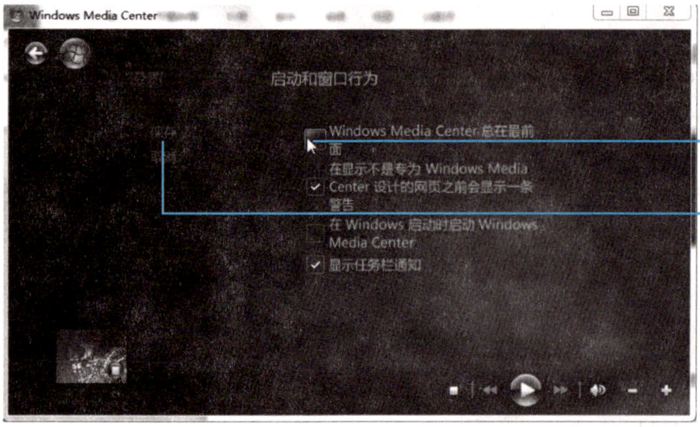

3 勾选需要更改的选项

4 单击“保存”选项，设置完成

8.4 Windows DVD Maker

Windows DVD Maker是Widnows7操作系统内置的一款刻录软件，通过它可以将电脑中的视频文件和图片文件刻录到DVD光盘中去。

8.4.1 了解Windows DVD Maker界面

在使用Windows DVD Maker前先来了解一下Windows DVD Maker的界面吧。

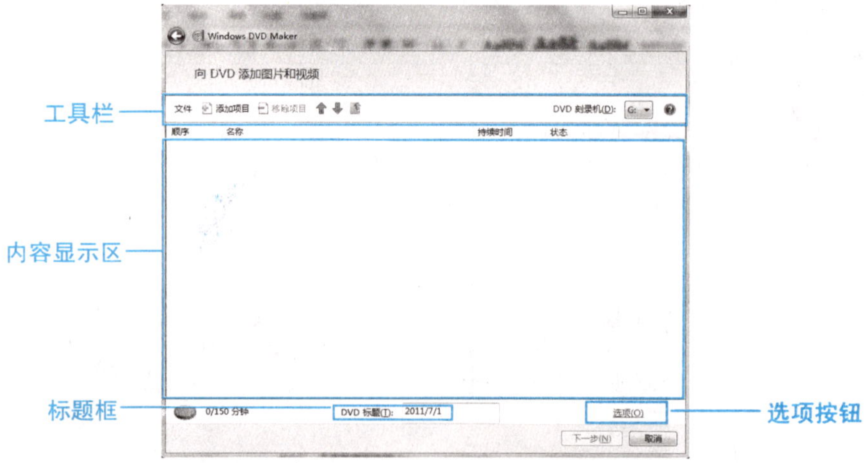

- 工具栏：在窗口的上方，主要是添加需要刻录的文件与选择刻录机。
- 内容显示区：用来显示添加的刻录文件的内容。
- 标题框：修改刻录光盘的名字。
- 选项按钮：对Windows DVD Maker的属性进行设置。

视野拓展

TV调谐设备，用来接收有线电视、卫星电视或者电视天线的节目信号。用户可以轻松使用电脑连接有线电视接受模拟信号，不过这一功能也要求用户的电脑中自带电视卡。

8.4.2 刻录视频

使用Windows DVD Maker刻录工具将电脑中的图片或视频文件刻录到DVD光盘中，需要先将空的DVD光盘放入到刻录光驱中。

操作步骤

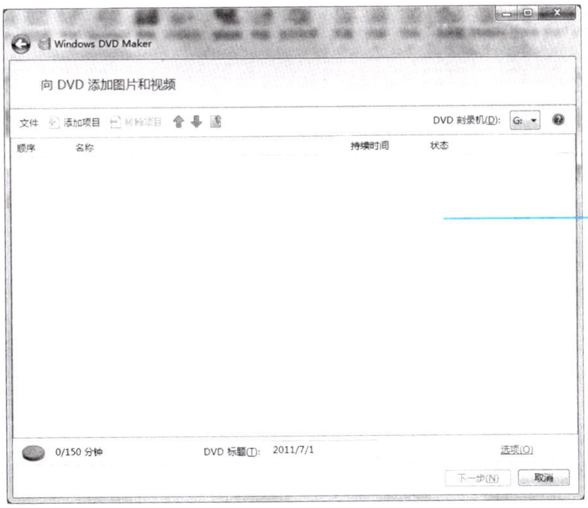

1 在“开始”菜单中选择“所有程序”→“Windows DVD Maker”命令，打开程序

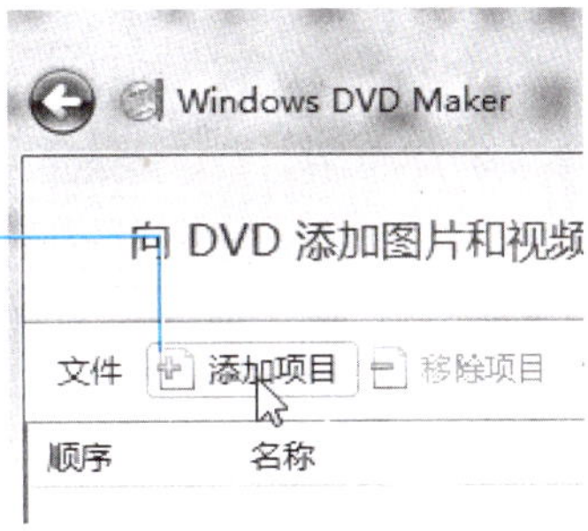

2 单击工具栏中的“添加项目”选项

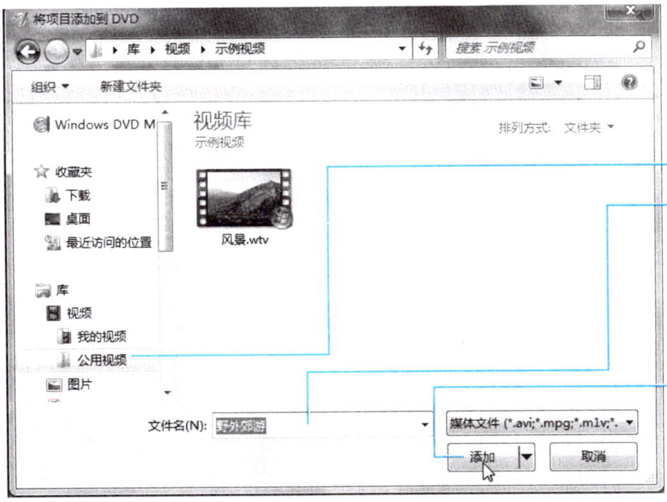

3 找到需要刻录的视频文件的路径

4 输入刻录文件的名字

5 单击“添加”按钮

视野拓展

虽然media center的许多功能原来通过其他的软件也可以实现，但是各个软件之间却呈条块分割，总体给人一种零敲碎打的感觉。而如今，Windows Media Center把它们完美地融合在了一起，成为了一个整体，应用更方便，兼容性也更完善。

6 单击“下一步”按钮

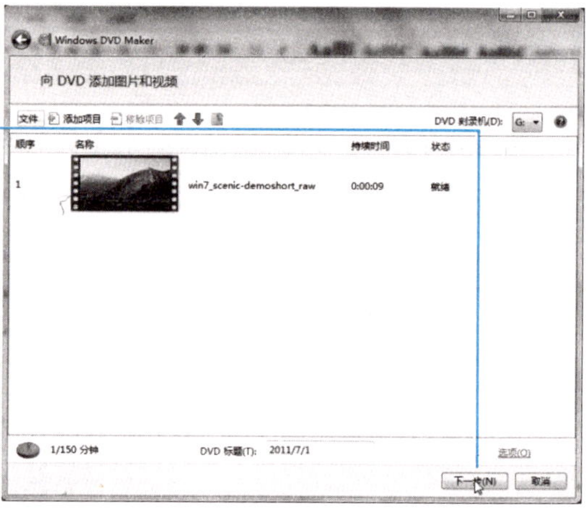

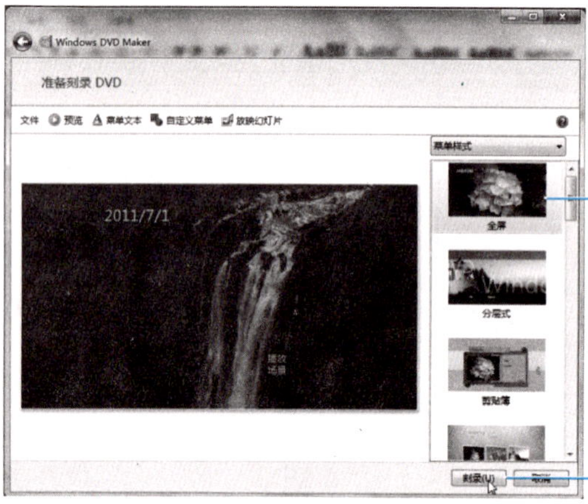

7 选择菜单样式

8 单击“刻录”按钮，开始刻录

8.4.3 刻录图片

刻录图片与刻录视频过程类似，下面就来了解一下吧。

操作步骤

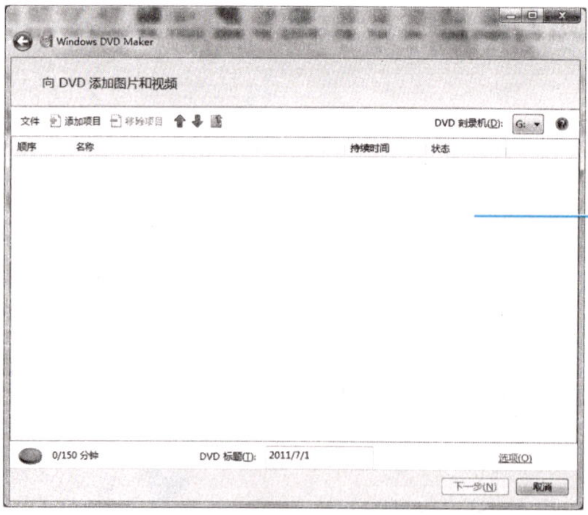

1 在“开始”菜单中选择所有程序→“Windows DVD Maker”命令打开程序

视野拓展

Windows7中的 DVD Maker 可直接发布成 MPEG-2 格式，从而允许您直接从视频摄像机刻录 DVD。 Windows DVD Maker 同时支持对您的电影使用各种发布样式，重点突出电影内容并可创建自定义外观。

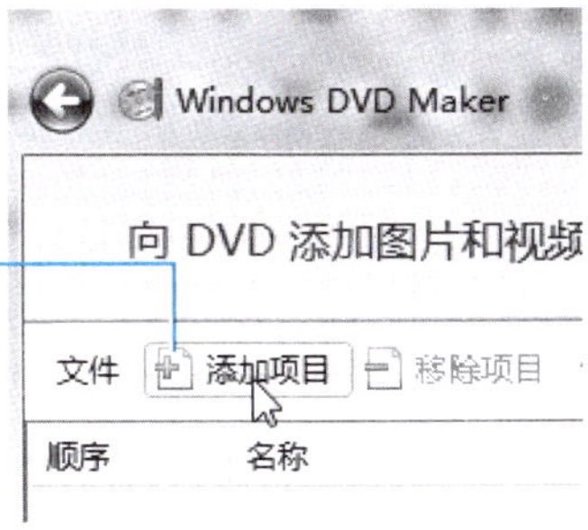

2 单击工具栏中的“添加项目”选项

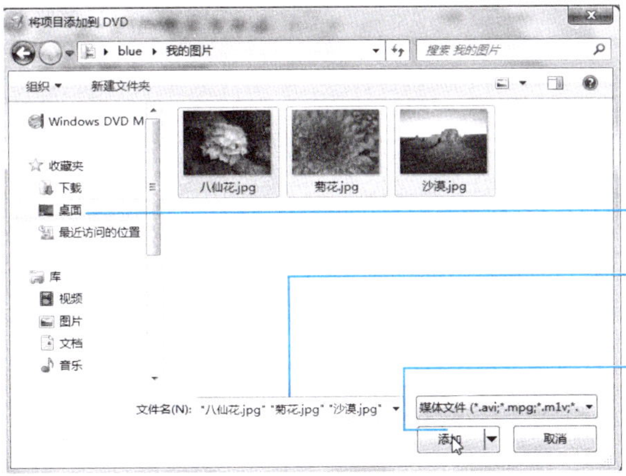

3 找到图片所在的路径

4 输入文件名

5 单击“添加”按钮

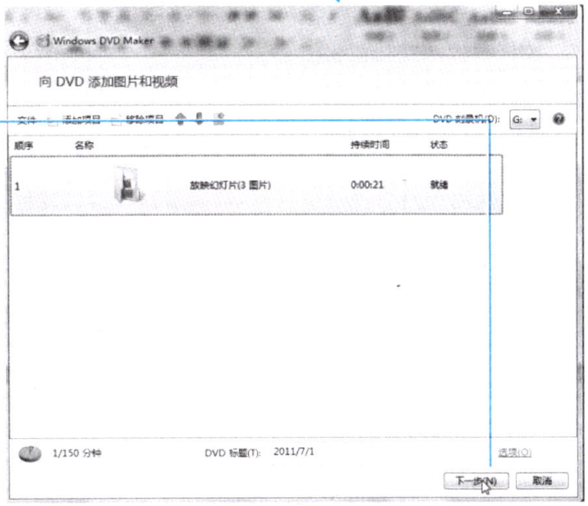

6 单击“下一步”按钮

7 更改菜单样式

8 单击“刻录”按钮，操作完成

视野拓展

因为 Windows DVD Maker 同时与 Windows 照片库集成，所以只需要选择“刻录视频 DVD”即可选择要发布的照片和视频，而不必离开“Windows 照片库”。

8.5 本章小结

本章主要介绍如何使用Windows 7自带的多媒体软件，其中包括照片库、Windows Media Center、Windows DVD Maker、Windows Media Player。应用这些多媒体软件用户即可以在工作学习之余，让自己轻松享受电脑生活了。

8.6 趁热打铁

下面让我们来做些练习检验一下自己的学习吧。

8.6.1 选择题

1. 下列不能使用Windows Media Player播放的是（　　）。

A. CD音乐光盘　　B. 本地音乐文件

C. DV作品　　D. 格式为RMVB的电影

2. 下列操作，不能在浏览数码照片的过程中实现的是（　　）。

A. 放大照片　　B. 删除照片

C. 调整照片的显示方向　　D. 剪切照片

8.6.2 实践题

1. 使用Windows Media Player播放电脑中的音乐文件。

2. 使用照片库浏览文件，并对图片进行编辑。

视野拓展

虽然Windows DVD Maker提供了刻录功能，但是现在网络许多流行的刻录软件功能更加强大，如Nero就是一款功能强大的刻录软件，不仅可以刻录照片、视频，还可以刻录各种数据。

第9章

Word 2010入门

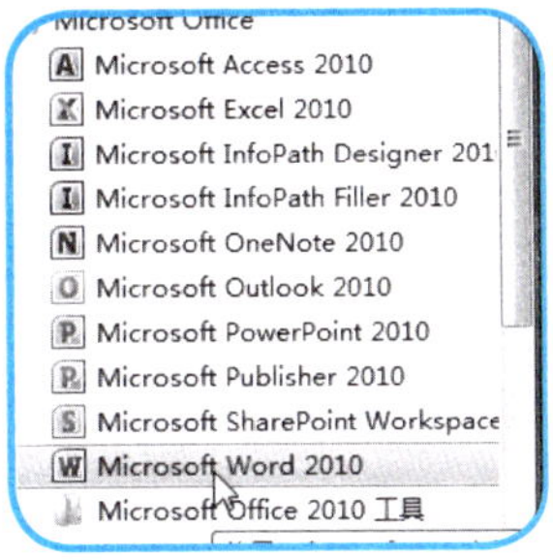

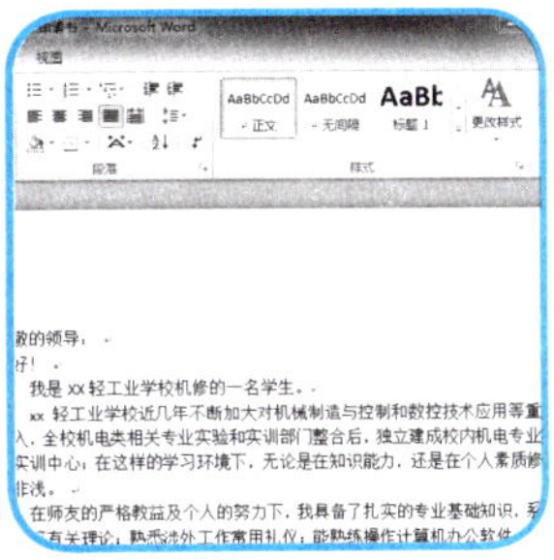

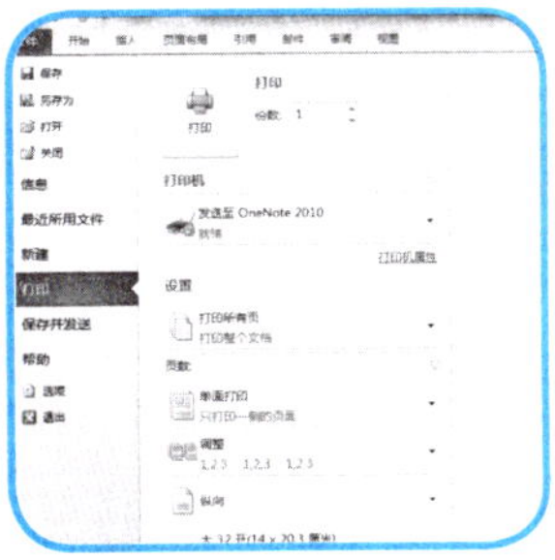

本章导读

Word 2010是Microsoft公司推出的Office工作软件中的一个文档编辑软件，它的文档编辑功能强大,包括在文档中插入图片、调整字体、调整版式等，是当今办公领域应用最广泛的文字处理软件。

本章学习目标

- 启动Word 2010
- 使用Word 2010编辑文档
- 设置文档格式
- 美化文档
- 添加艺术字体
- 设置打印文档

本章学习重点

- 熟练使用Word 2010编辑文档
- 掌握文档的格式设置
- 掌握文档保存和打印

9.1 Word 2010简介

Microsoft Word 2010 提供了世界上最出色的文字处理功能，其增强后的功能可创建专业水准的文档，可以更加轻松地与他人协同工作，并可在任何地点访问自己的文件。Word 2010 旨在向用户提供最上乘的文档格式设置工具，利用它还可轻松、高效地组织和编写文档。

9.1.1 启动 Word 2010

Word 2010也是从“开始”菜单中启动，下面就来介绍Word 2010的启动过程吧。

操作步骤

1 在“开始”菜单中选择“所有程序”→“Microsoft Office”→“Microsoft Office Word 2010” 命令

2 打开的Word 2010操作界面

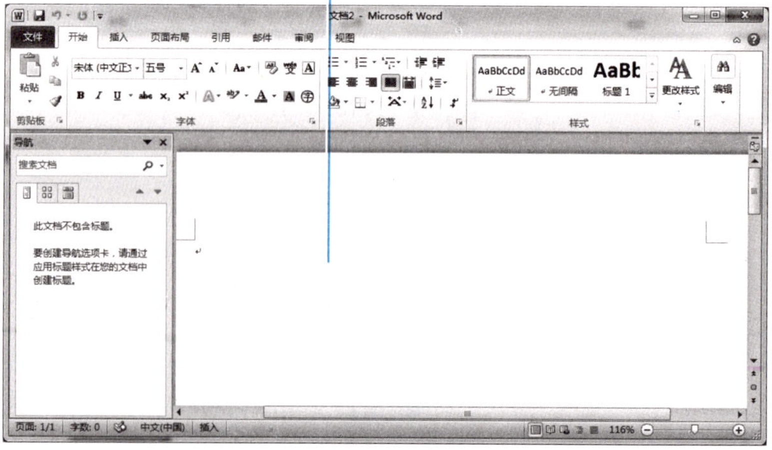

视野拓展

（1）Word是由Microsoft公司出版的一个文字处理器应用程序。它最初是由Richard Brodie为了运行DOS的IBM计算机而在1983年编写的。

9.1.2 了解Word 2010操作界面

启动Word 2010之后，就会看到程序的操作界面了。其中包括快速访问工具栏、标题栏、功能区、文档编辑区、状态栏五个部分。下面我们就来介绍一下。

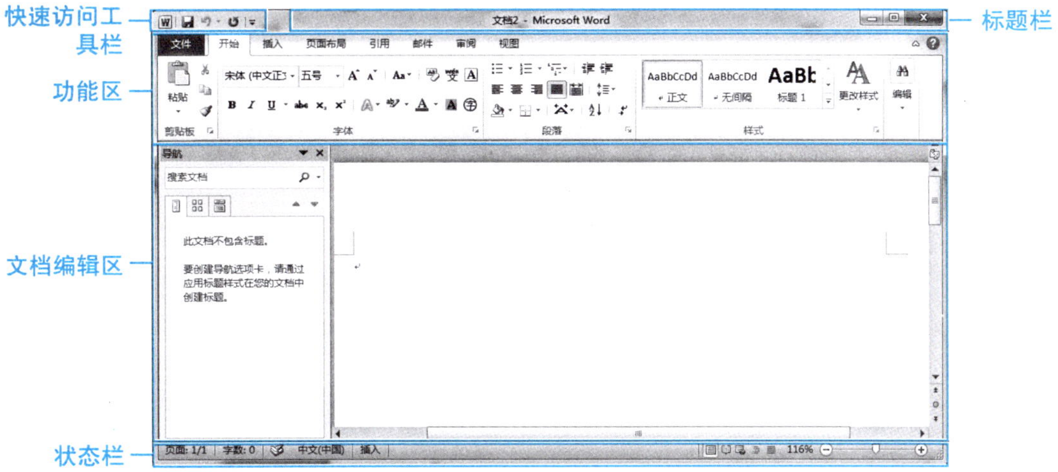

- 快速访问工具栏：快速访问栏位于窗口左上角，默认状态下的工具栏包括“保存”、“撤销”、“恢复”3个按钮。
- 标题栏：标题栏位于窗口的正上方，正中用于显示当前编辑文档的名称，右侧有“最小化”按钮、“还原”按钮和“关闭”按钮。
- 功能区：Word 2010的功能区由多个选项卡组成，其中包括“文件”、“开始”、“插入”、“页面布局”、“引用”、“邮件”、“审阅”、“视图”，启用时单击选项卡即可。
- 文档编辑区：文档编辑区位于页面的正中间，用于文本输入、文本编辑和处理图片的工作。
- 状态栏：状态栏位于窗口最底端，显示当前的“页面”、“字数”、“输入语言”、“视图显示形式”、“缩放比例”等信息。

9.1.3 输入内容并保存

在Word文档编辑区中有一个闪烁的竖线，称为光标，它表示当前文本的编辑位置。通过键盘输入的汉字和字符，即可在光标左侧显示出来。下面是用户在文档中输入的一封求职申请书。

视野拓展

（2）随后的版本可运行于Apple Macintosh (1984年), SCO UNIX，和Microsoft Windows (1989年)，并成为了Microsoft Office的一部分，目前Word的最新版本是Word 2010，于2010年6月18日上市。

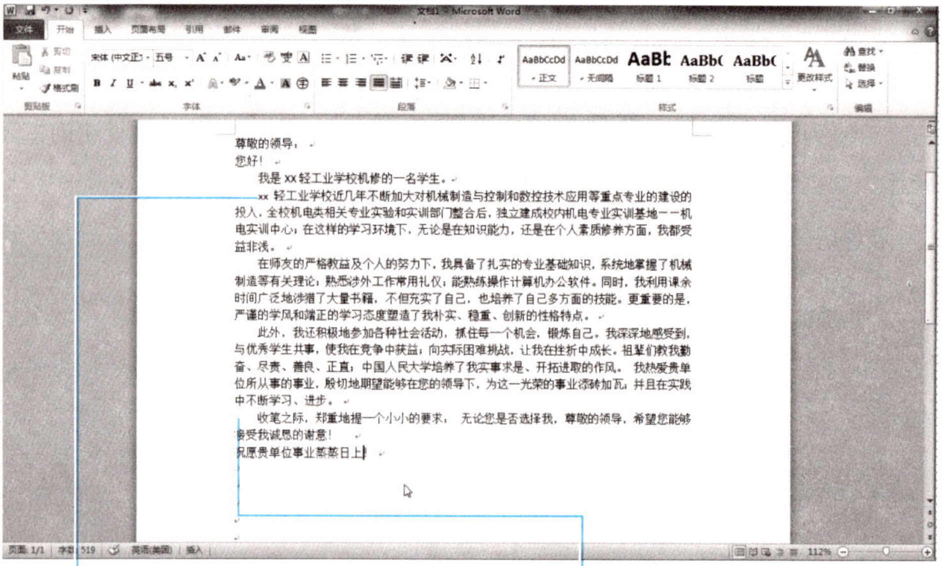

输入完毕后单击快速访问栏中的 按钮，将会弹出“另存为”窗口。

操作步骤

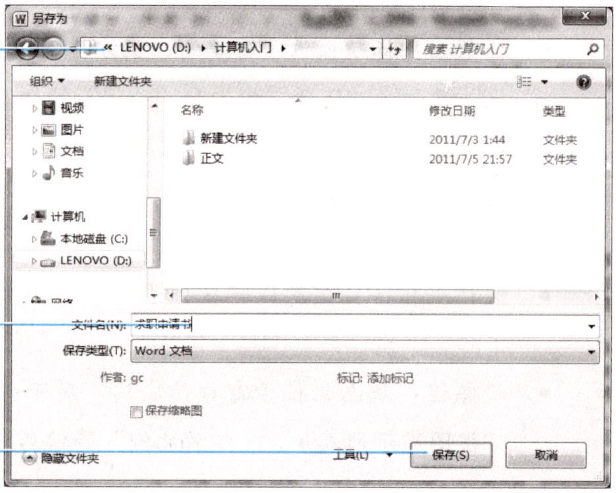

9.1.4 退出Word 2010

当文档保存结束后，不再需要使用Word 2010时，就可以通过下述方法退出Word 2010。

视野拓展

当从 Microsoft Office 2003 升级到 2007 版时，虽然可能需要升级到受支持的操作系统，但您不必升级硬件。当从 Microsoft Office 2000 或 Office XP 升级到 2007 版时，需要确保您的硬件和操作系统都符合 2007 Microsoft Office system 的最低要求。

1 选择“文件”选项卡

2 单击“退出”命令，操作结束

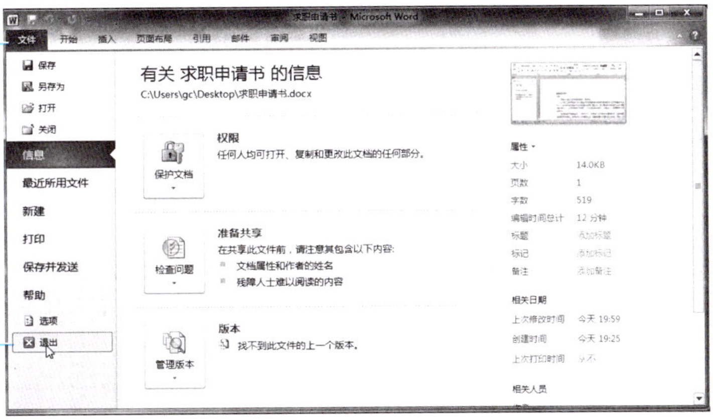

操作步骤

提示： 用户也可以使用第3章中提到的退出方法，在任务栏中关闭文档或者单击 X 按钮关闭文档。

9.2 编辑申请书

下面将介绍如何对文本进行编辑，例如选择、插入、移动、复制等。

9.2.1 打开申请书

如何打开已经存在的文档呢？下面就来介绍一下。

1 找到需要打开的文档的文件路径，双击文档

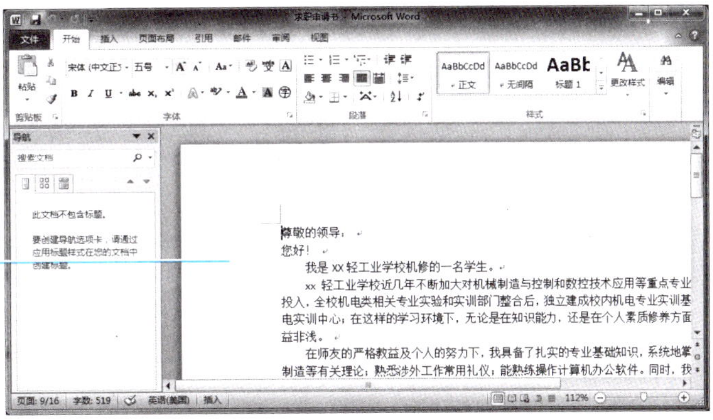

2 在打开的Word 2010窗口中显示了文档内容

操作步骤

提示： 当用户需要打开多个文档时，可以按住鼠标左键，拖动鼠标在起点和终点间形成一个矩形，矩形区域内的文档被选中，然后按下Ctrl键，双击其中任意一个文档，就可以将选中的文档全部打开了。

9.2.2 文本的选择和插入

在文本的编辑过程中，选择文本是对文本删除、复制、剪切等操作的前提。被选定的文本将以蓝色背景显示。

视野拓展

跟其他Microsoft Office程序一样，Word可使用固定宏语言（宏语言）来高度定制。（最初是WordBasic，但自从Word 97以来就变成Visual Basic）然而，这种性能也可以在文档中嵌入就像梅利莎蠕虫的电脑病毒。这就是电脑用户需要安装防火墙和反病毒软件的一个原因。

操作步骤

1 将光标停留在需要选择文本的起始位置

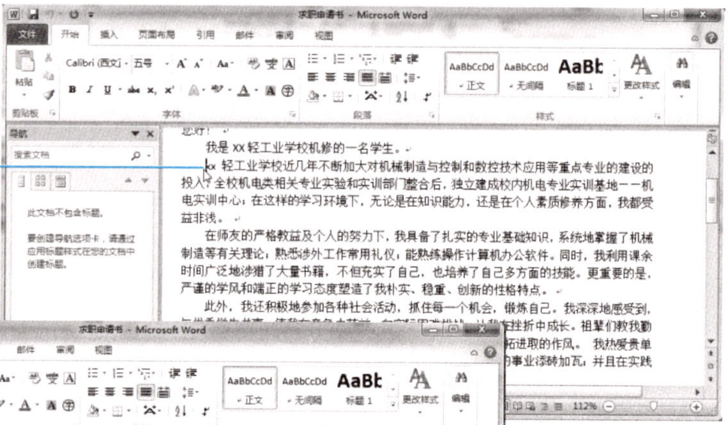

2 按住鼠标左键，拖动鼠标，当拖动到需要选择文本的末端时松开鼠标

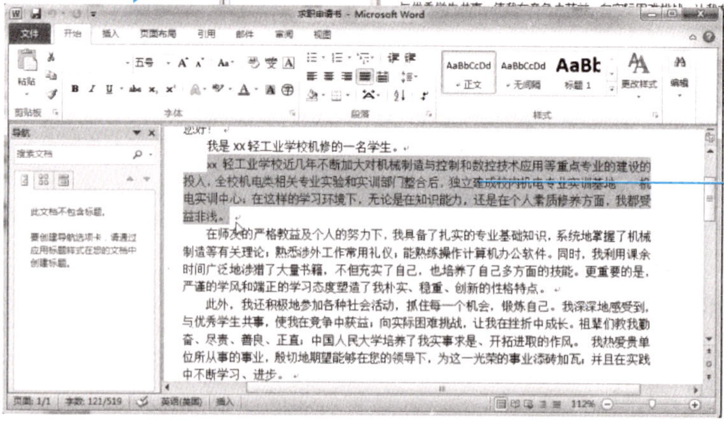

用户如果想要在文档中插入一段文字，只要将光标停留在需要插入的位置，然后输入文本就可以了。

9.2.3 文本的复制、粘贴和删除

1. 复制与粘贴

在Word文档中，如果是重复输入的内容，使用复制和粘贴功能就可以很简捷的输入内容。移动操作则可以调整文本的位置。

操作步骤

1 选择需要复制或移动的内容

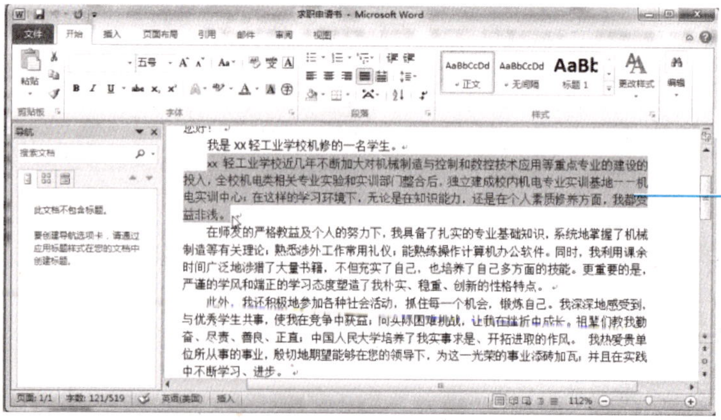

提示：

- 将光标定位到起始位置，按下Shift键，移动鼠标到终止位置，单击鼠标左键，起始位置到终点位置之间的文本被选定。
- 将光标定位到起点位置，使用“Shift+方向键”快捷键，可从光标处按方向进行扩展选定。
- 双击某个词语，该词语被选定。
- 在一段文本中单击鼠标左键三次，该段文本被选定。
- 按下Alt键，然后按住鼠标左键并拖动鼠标，在拖动出的矩形区域内文本被选定。
- 使用Ctrl+A快捷键，可选定文档的所有内容。

视野拓展

在微软最新版的Office Word 2010Beta中，我们熟悉的文字编辑器已经焕然一新。而传统的菜单栏和工具栏也有大幅改变，两者通过“丝带”接口把相关职能相同功能项放在容易找到的位置。

2 ✂为剪切图标，复制图标为复制图标，单击复制图标

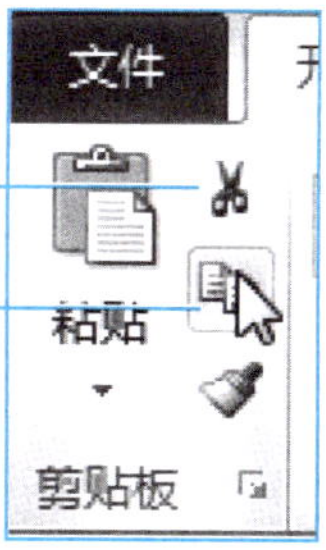

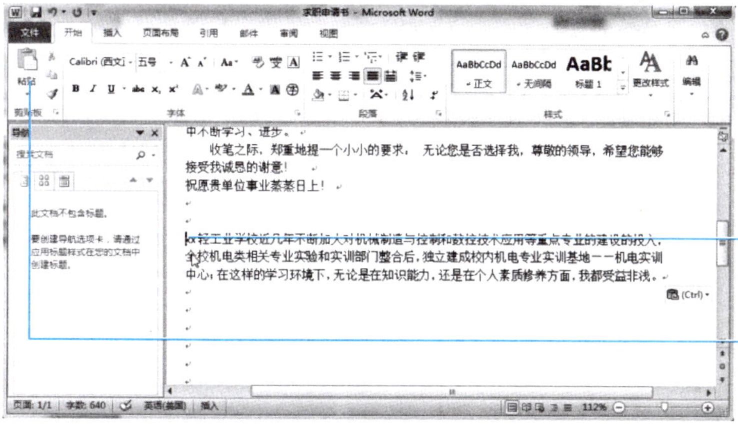

3 将光标放在要插入文本的位置

4 单击“粘贴”命令

提示：

- 只替换一次用户可以单击替换按钮。
- 如果文档中所有被查找的词都需要被替换，用户可以单击全部替换。
- 替换内容为将原有内容删除，换为需要替换的内容。
- “替换和查找”不仅可以替换文字和符号对象，还可以替换格式，包括字体、段落、制表位和样式等内容，只要单击“更多”按钮，然后在展开的列表中选择需要替换的形式即可。

2. 删除文本

在文本编辑过程中经常会遇到输入错误的情况，此时需要将错误部分删除，首先找到需要删除的文本，按Backspace键是删除光标左侧的文本，按Delete键为删除光标右侧的内容。如果需要删除一段内容，执行选择文本操作，然后按Backspace键或Delete键就可以了。

9.2.4 查找和替换文本

如果想要将文档中的某个字、词或一段内容替换为另一个字、词或一段内容，就可以通过“查找”、“替换”功能实现。

操作步骤

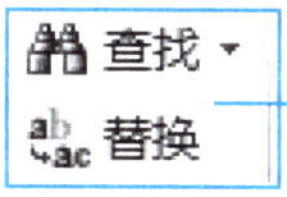

1 在“开始”选项卡下，功能区的右侧单击“查找”或“替换”按钮，打开“查找和替换”对话框。

2 切换“查找”或“替换”按钮

3 输入要查找和替换的内容。

4 单击“替换”、“全部替换”按钮，即可完成文本替换了

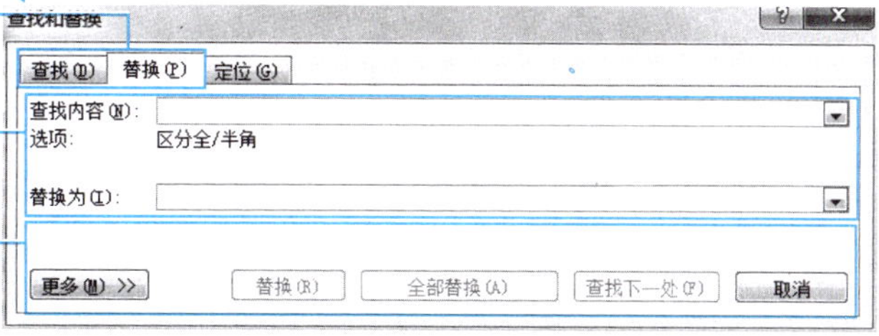

视野拓展

在Word中如果想画水平、垂直或“15°、30°、45°、75°”角的直线，只须在固定一个端点后，按住Shift键，上下拖动鼠标，将会出现上述几种直线选择，位置调整合适后松开Shift键即可。

9.3 排版申请书

在Word 2010中可以对文本格式、段落格式以及页面边框等内容进行设置。

9.3.1 设置文本格式

在Word 2010中输入的文字都默认为宋体五号字、英文和数字为Calibri格式。通常用户需要调整字体样式，下面就来介绍如何设置。

操作步骤

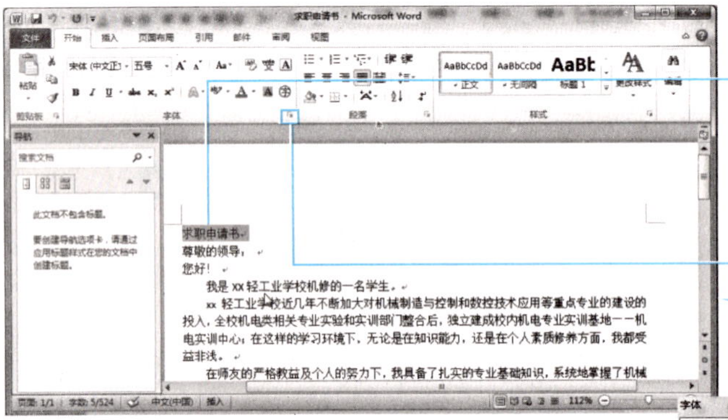

1 选择需要设置文字格式的文本

2 在“字体”组中单击对话框启动器按钮

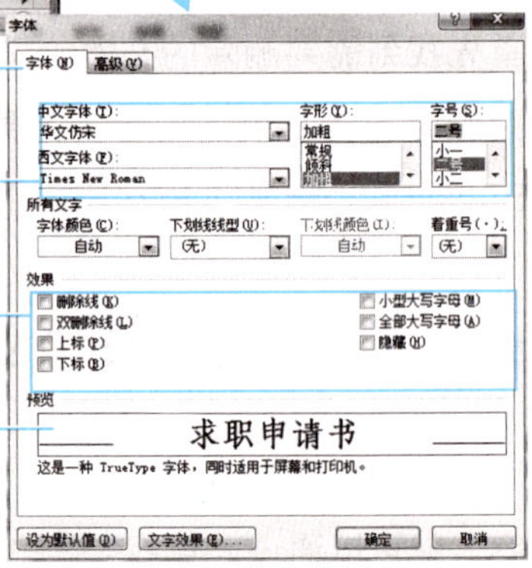

3 单击“字体”选项卡

4 这是文字格式

5 设置字体效果

6 预览设置效果

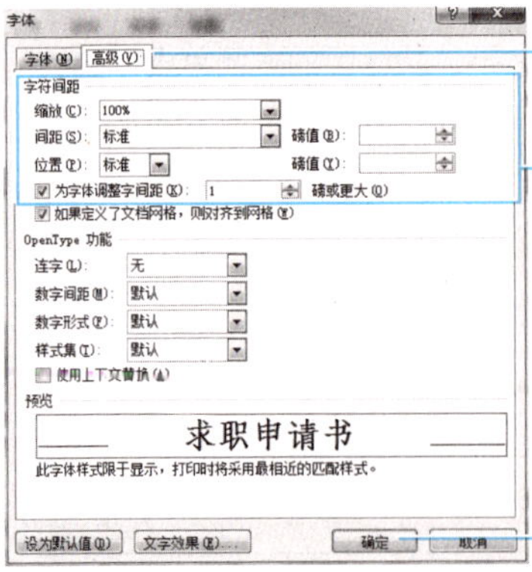

7 切换到“高级”选项卡

8 设置字符之间的距离

9 单击“确定”按钮，设置完成

提示：“字体”组中各按钮的含义与Windows 7附件中的写字板中的字体设置的按钮含义相同。

视野拓展

查找和替换功能也可以使用Ctrl+F打开。

9.3.2　设置段落格式

用户设置完字体格式后通常还要对段落格式进行调整，段落格式包括对齐方式、段落缩进、行间距和段间距等内容，用户可以在段落组中进行设置。下面就来介绍如何设置。

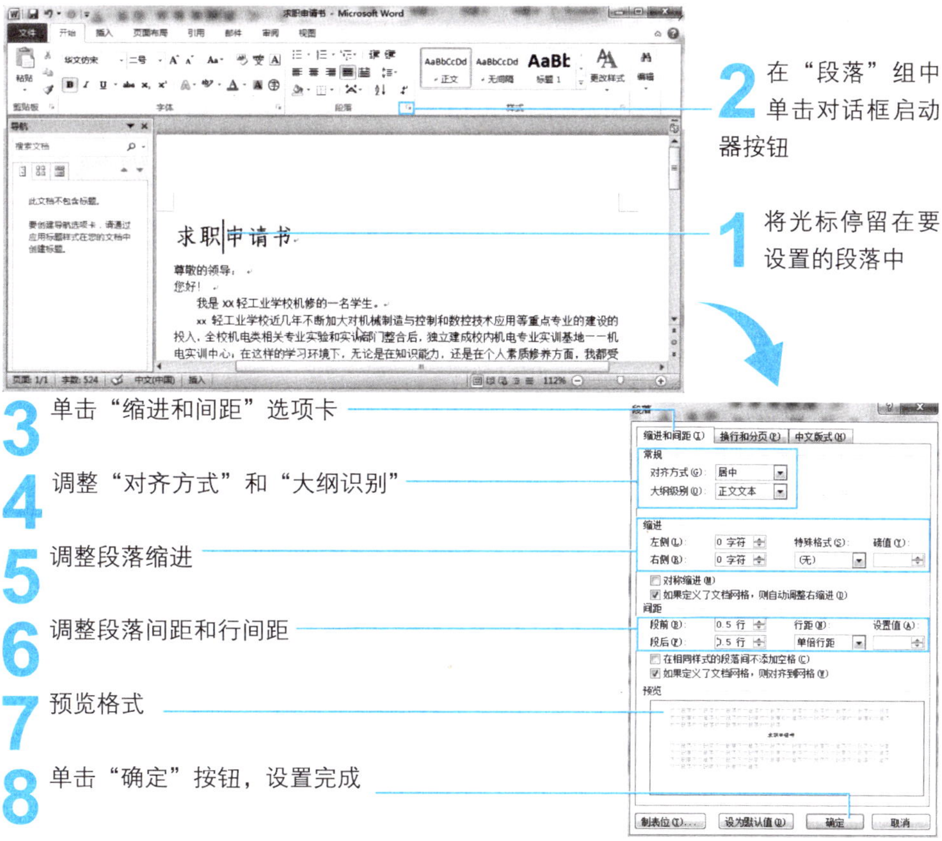

9.3.3　页面整体美化

段落设置完成之后，就要对页面整体进行一个美化操作，如添加页眉/页脚、页码等操作。下面就来了解一下吧。

1. 添加页眉/页脚

一般来说，每个文档都是需要添加页眉/页脚的，下面就以添加页眉为例介绍具体的操作步骤。

视野拓展

在Word中粘贴网页，只须在网页中复制内容，切换到Word中，单击“粘贴”按钮，网页中所有内容就会原样复制到Word中，这时在复制内容的右下角会出现一个“粘贴选项”按钮，单击按钮右侧的黑三角符号，弹出一个菜单，选择“仅保留文本”即可。

操作步骤

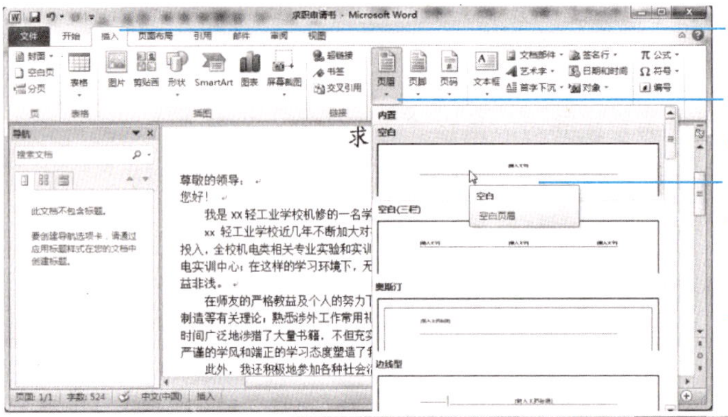

1 选择“插入”选项卡

2 选择“页眉”命令

3 选择需要添加的页眉形式

4 在这里输入页眉内容，输入完成后在文字编辑区域双击鼠标就自动退出页眉设置状态了

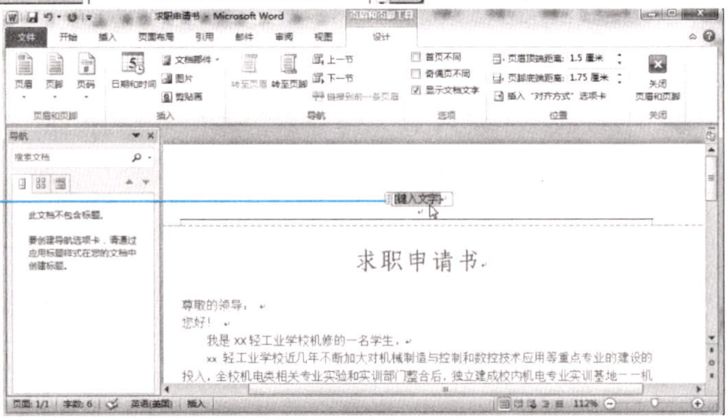

2. 插入页码

插入页码与插入页眉/页脚操作类似，用户同样可以在“插入”选项卡中找到。下面我们就来学习一下吧。

操作步骤

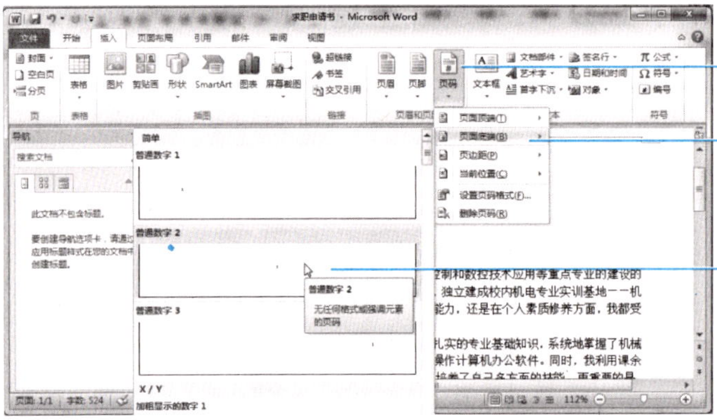

1 选择“页码”命令

2 选择“页面底端”命令

3 选择需要的页码格式插入到文档中

3. 设置页面格式

页面格式包括纸张大小、纸张方向、页边距等内容，下面就来了解一下如何设置吧。

视野拓展

用户可以在没有输入任何文字时就对字体、段落格式样式进行设置，这样在输入过程中Word就会默认这些格式，避免了用户后期修改的麻烦。

操作步骤

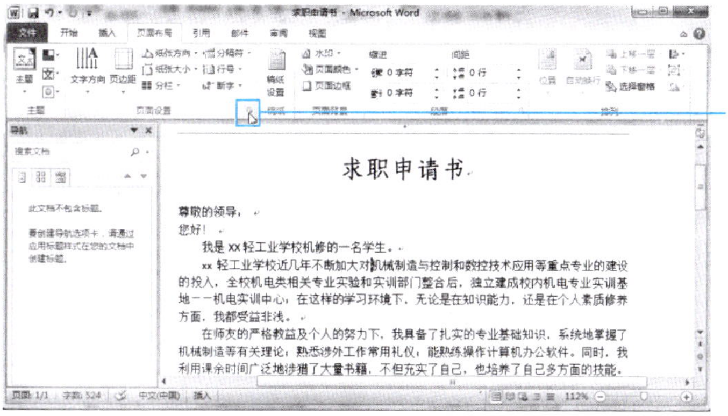

1 选择“页面布局”选项卡，在“页面设置”组中单击对话框启动器按钮

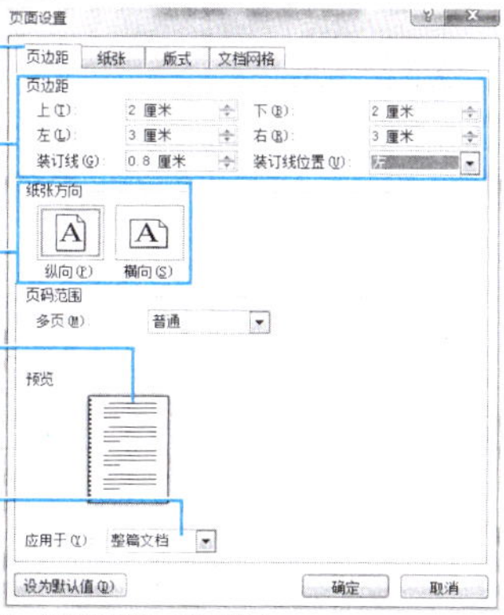

2 在弹出的对话框中选择“页边距”选项卡

3 调整文本到各边之间的距离，输入数值

4 选择纸张方向

5 预览效果

6 选择新页边距的使用范围

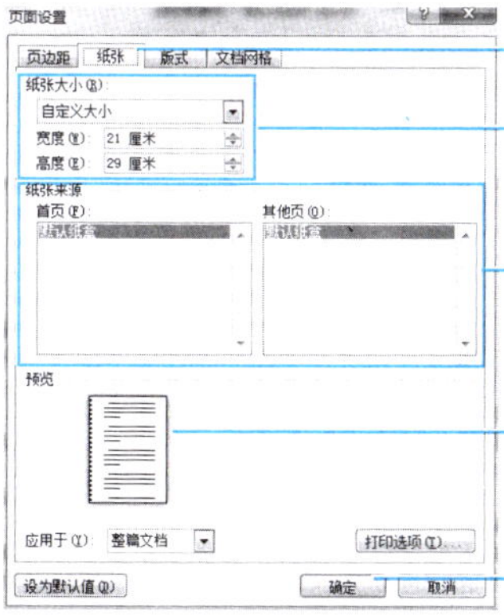

7 切换到“纸张”选项卡

8 自定义纸张大小

9 确定纸张来源

10 预览效果

11 单击“确定”按钮

9.4 图片插入

在Word文档中插入漂亮图片可以给阅读者带来强烈的视觉冲击。

9.4.1 插入图片

在Word 2010中用户可以根据需要插入各种样式的图片，这样不仅使得文档

视野拓展

在Word中需要加粗某一条或几条表格线时，双击表格线，Word 2010就会在窗口自动切换到“绘图格式”选项卡，用户在选项卡中可以更改线性、颜色、粗细等。比起之前的Word版本更加快捷。

内容更加丰富，有时还可以起到图片说明的目的。下面就来介绍如何插入图片。

操作步骤

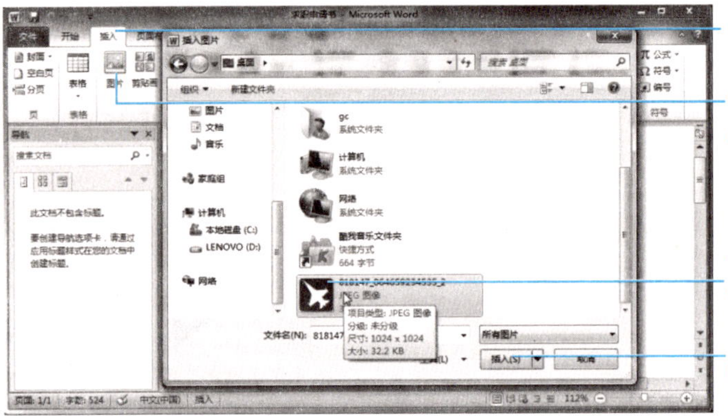

9.4.2 图形的绘制和编辑

在Word文档中用户可以自己在其中绘制图形，还可以对添加的图片进行简单的编辑。下面就来学习如何绘制图形和编辑图片吧。

1. 绘制图形

操作步骤

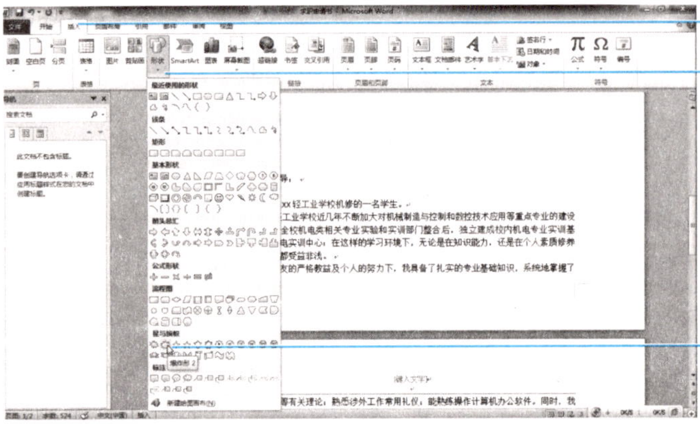

2. 编辑图片

在Word中添加的图片大小和样式往往不符合用户的要求，所以需要对图片进行编辑调整，最后达到满意的程度。

操作步骤

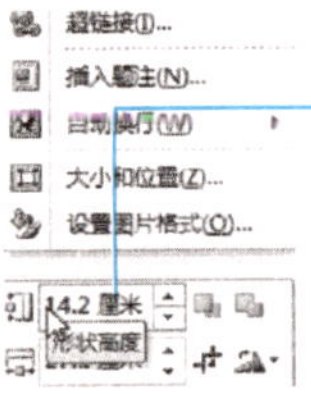

视野拓展

在Word中可以通过“文字方向”命令来改变文字的方向，但也可以用以下简捷的方法来做。选中要设置的文字内容，只要把字体设置成“@字体”就行，比如“@宋体”或“@黑体”，就可使这些文字逆时针旋转90度了。

2 选择“格式”选项卡，在排列组中单击“自动换行”按钮，在弹出的列表中选择“穿越型环绕”命令

3 拖动图片到合适的位置

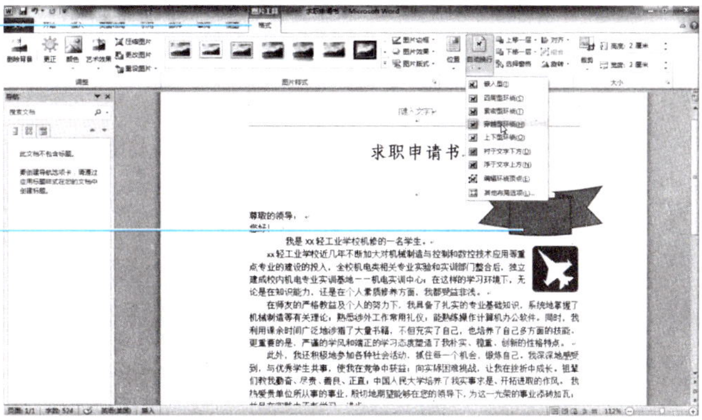

博学先生，原来Word中图片功能也这么强大啊！

呵呵，当然啦。用户可以根据个人需要随意调动图片位置哦！

9.5 添加艺术字

Word 2010还提供添加艺术字的功能，用户可以根据个人需要添加艺术字使得文档看上去更加漂亮，更能吸引人注意。

操作步骤

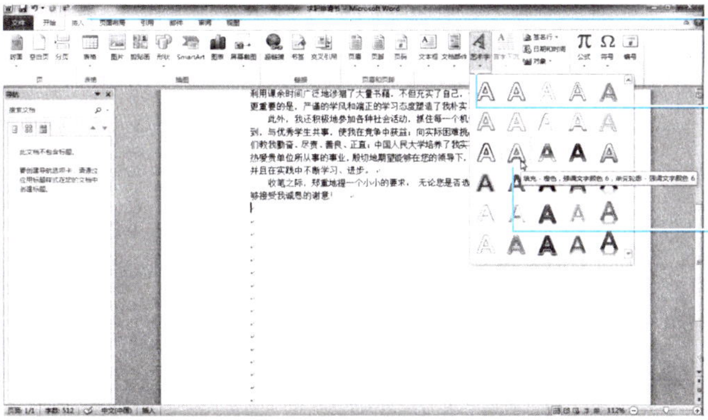

1 选择“插入”选项卡

2 单击“艺术字”按钮

3 在弹出的列表选择需要添加的艺术字形式

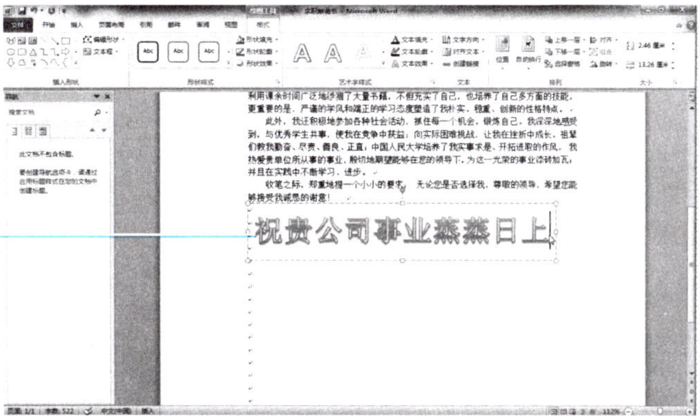

4 在文本框中输入文字

视野拓展

快捷键：切换到下一个窗口“Alt+Tab”；切换到上一个窗口“Alt+Shift+Tab”；关闭活动窗口“Ctrl+W”或“Ctrl+F4”；在将活动窗口最大化后还原其大小“Alt+F5”。

9.6 打印申请书

申请书制作完毕后，用户就可以将其打印出来了。

9.6.1 打印预览

通常用户在电脑屏幕上看到的效果与真实打印出来的效果有些偏差，打印预览帮助用户解决了这个问题。

操作步骤

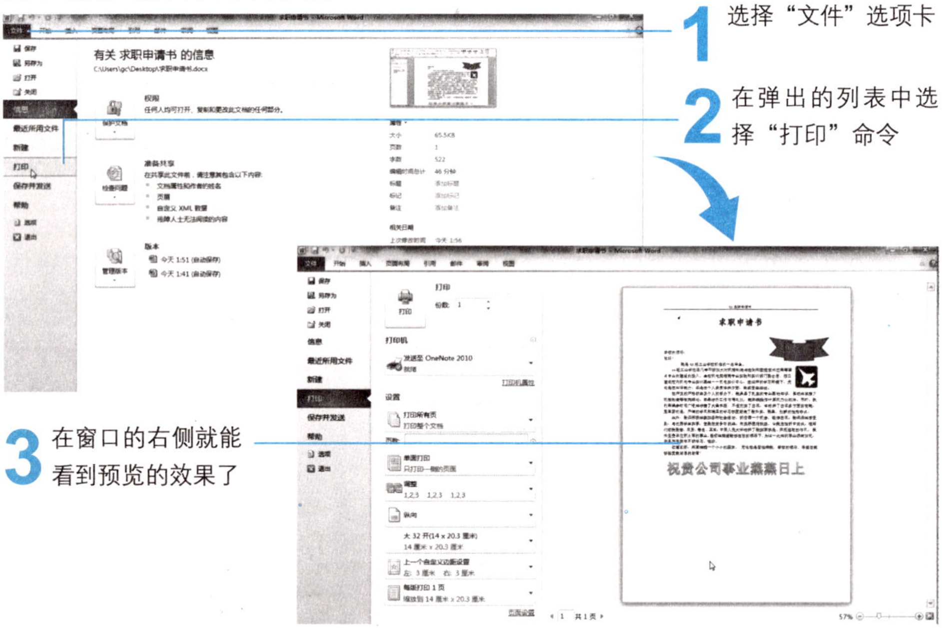

9.6.2 进行打印

如果用户对页面整体效果还算满意就可以对文档进行打印了。

操作步骤

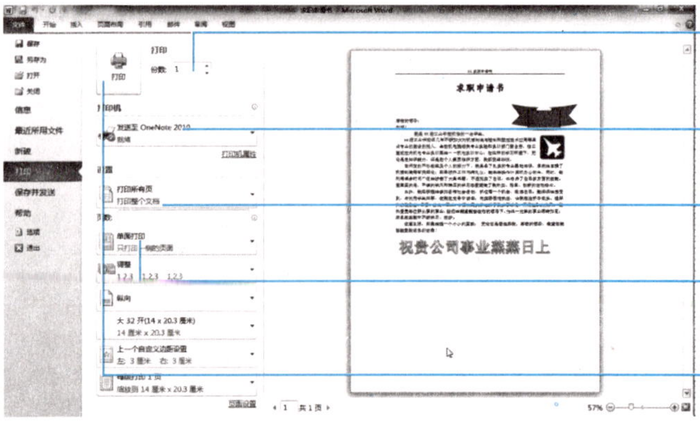

视野拓展

快捷键：创建新文件夹“ Alt+4”； 当有多个窗口打开时，切换到下一个窗口“Ctrl+F6”。

9.7 本章小结

本章通过制作“求职申请书”介绍了Word 2010的操作界面和一些基本操作，如设置文本格式、段落格式、页面整体美化、插入图片、添加艺术字等，用户通过这章的学习应该基本掌握Word的一般用法。

9.8 趁热打铁

现在让我们来做一些练习检验一下自己的学习吧。

9.8.1 选择题

1. 在Word文档中使用哪个（　　）快捷键可以复制文本。

A. Ctrl+C　　B. Shift+H

C. Ctrl+X　　D. Ctrl+V

2. 在Word文档中，使用（　　）功能可以快速修改指定字符。

A. 搜索　　B. 替换

C. 查找　　D. 移动

3. 在Word文档中，“开始”选项卡中的（　　）功能选项组可以分别设置字体、字号和字体颜色等信息。

A. 字体　　B. 段落

C. 编辑　　D. 样式

9.8.2 实践题

1. 在Word文档中制作一份通知，设置段落格式、文本样式、字体格式、插入图片和艺术字。

2. 在Word文档中制作一份个人简历，要求插入个人照片、使用艺术字。

视野拓展

Word 2010就是我们第一章所提到的办公自动化中最主要的一种软件。

读书笔记

第10章 Excel入门

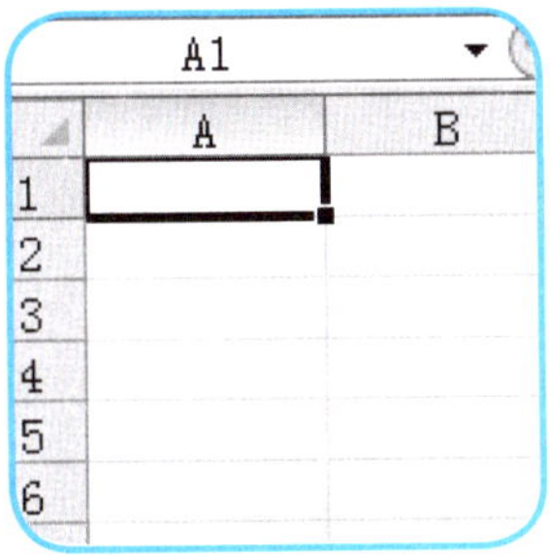

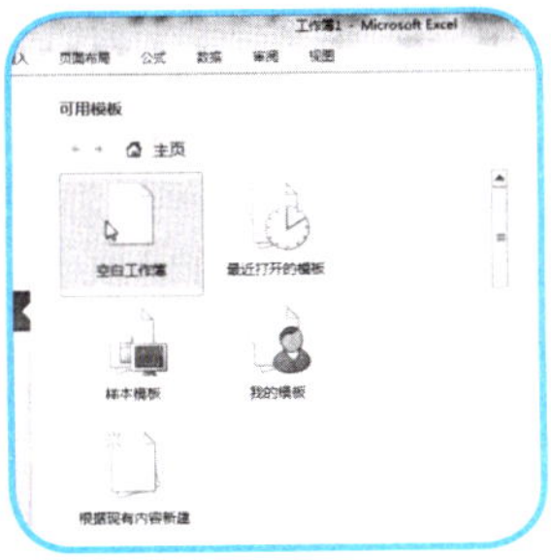

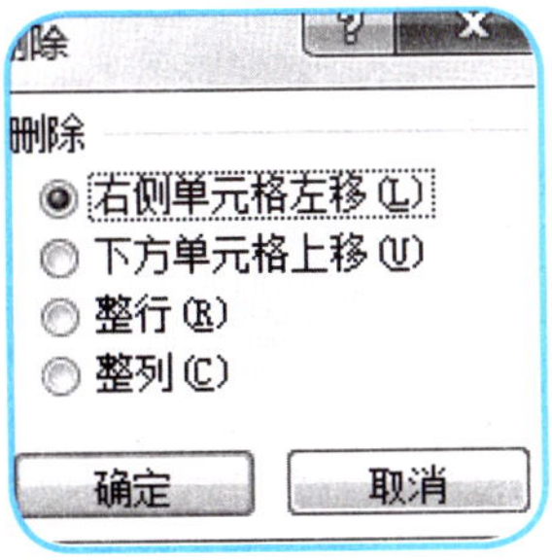

本章导读

Excel 2010也是Microsoft公司推出的一款电子办公软件，专门用于制作电子表格。它以工作簿、工作表和单元格作为操作对象，具有强大的数据分析处理功能，是当今电子办公中必不可少的工具。

本章学习目标

- 学会启动Excel 2010
- 学会工作簿的基本操作
- 学会工作表的基本操作
- 学会单元格的基本操作
- 学会使用Excel 2010处理数据

本章学习重点

- 掌握如何使用Excel 2010处理数据
- 掌握单元格的基本操作

10.1 Excel 2010 简介

本章主要是介绍一款表格编辑软件，它可以进行各种数据处理、统计分析和辅助决策操作，广泛地应用于管理、统计财经、金融等众多领域。

10.1.1 启动Excel 2010

与其他的应用程序一样，用户可以从“开始”菜单中启动Excel 2010程序，具体操作步骤如下。

操作步骤

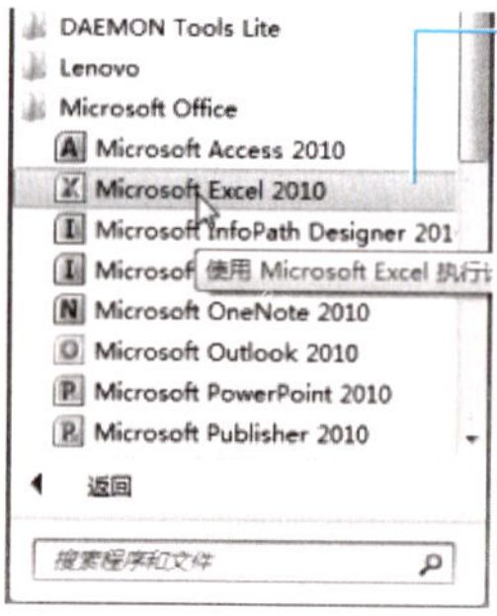

1 在“开始”菜单中选择“所有程序”→“Microsoft Office”→“Microsoft Excel 2010”命令

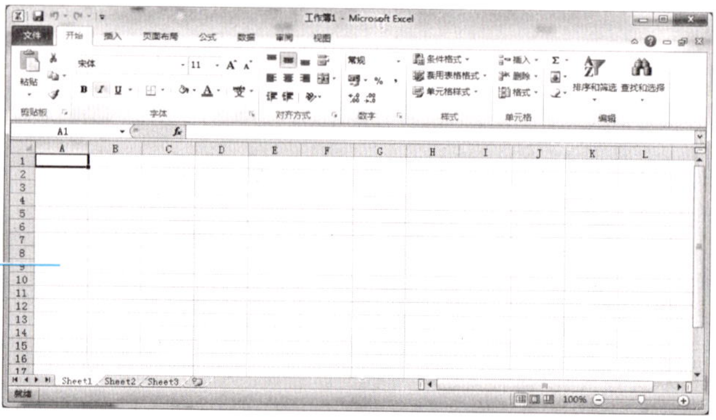

2 启动后的Excel 2010窗口

10.1.2 了解Excel 2010界面

Excel 2010与Word 2010一样有很多的按钮，现在让我们来大致了解一下Excel 2010的工作界面吧。

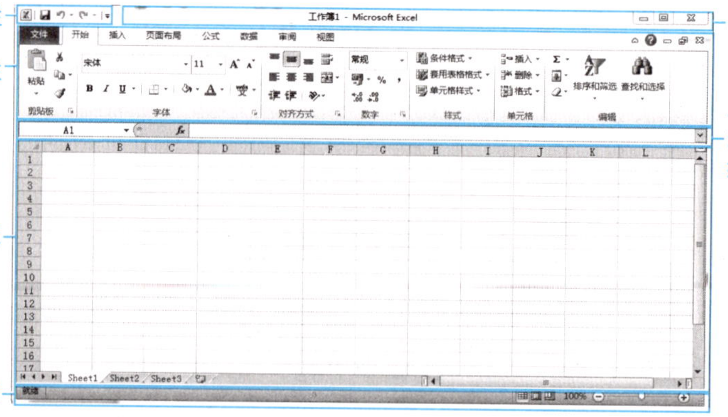

视野拓展

在Microsoft Office Excel 2010中尽管一些操作技巧和公式可能在Excel 97-2007等早期版本中不能直接使用，但依然能够为读者提供思路方面的借鉴。

- 快速访问工具栏：位于窗口左上角区域，用于显示常用的工具。默认情况下，工具栏中包含了“保存”、“撤销”、“恢复”3个快捷按钮，用户还可以根据需要进行添加。单击按钮即可实现相应功能。
- 标题栏：同窗口和对话框一样，Excel 2010的标题栏也是由标题和窗口控制按钮组成。标题显示的是工作簿的名称。
- 选项卡工具栏：Excel 2010的工具栏由多个选项卡组成，每个选项卡中包括了不同的工具。选项卡位于标题栏下方，由“开始”、“插入”、“页面布局”、“公式”等组成。单击各个选项卡即可切换到相应的选项卡上。
- 单元格名称框和编辑栏：名称框用于显示活动单元格坐标，如“A1”表示当前活动的单元格位于A列第1行。名称框右侧为编辑栏，编辑栏用于输入和修改工作表数据。在工作表中的某个单元格内输入数据时，编辑栏中也会显示相应的内容。
- 工作表区域：工作表是用户输入数据和表格操作的主要区域，一个工作簿可以包含多个工作表，单击工作表下方的工作表标签可以切换工作表。
- 状态栏：状态栏位于窗口的最下方，用于显示表格的工作状态信息。状态栏有视图按钮和缩放比例按钮。用鼠标拖动缩放比例滑块可以调节工作表的显示比例。

10.1.3 数据输入与保存

1. 输入数据

单个单元格的数据输入很简单，选中需要输入数据的单元格，即可直接输入数据。输入完成单击任意单元格即可确认输入。

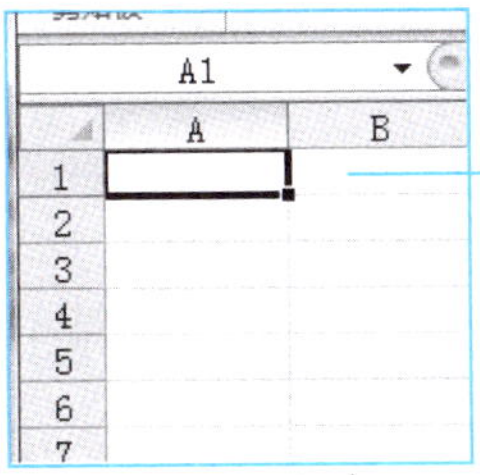

1 选中坐标为A1的单元格

操作步骤

视野拓展

Excel 2003的名称地址框是固定的，不够用来显示长名称。而Excel 2010则是可以左右活动的，有水平方向调整名称框的功能。用户可以通过左右拖曳名称框的分隔符（下凹圆点），来调整宽度，使其能够适应长名称。

提示：

- 按Enter键：确认输入且活动单元格向下移动一行。
- 按Tab键：确认输入且活动单元格向右移动一列。
- 按方向键：确认输入且活动单元格向相应的方向移动一个位置。

操作步骤

2 在单元格中输入数据

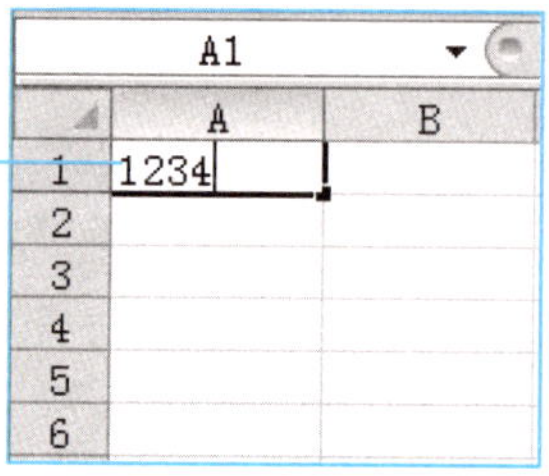

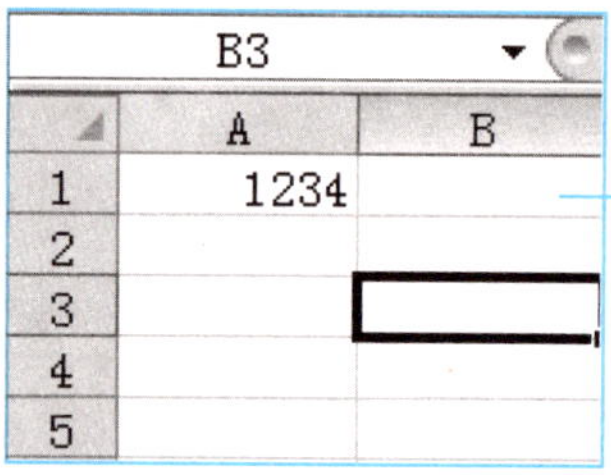

3 单击其他单元格，输入完成

2. 保存工作簿

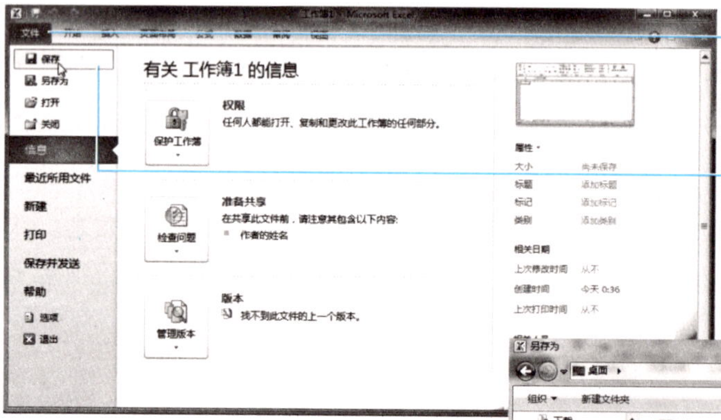

1 选择“文件”选项卡

2 选择“保存”命令

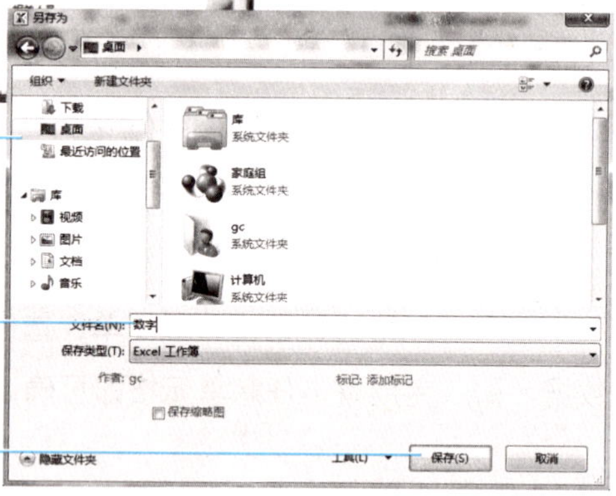

3 更改保存路径

4 更改文件名

5 单击“保存”按钮

10.1.4 退出Excel 2010

Excel 2010的退出与其他应用程序一样，可以在任务栏中关闭，也可以单击关闭按钮关闭。在第3章已经讲解过，在Excel 2010中也可以退出，下面就来介绍一下。

视野拓展

Excel 2010保存文档的快捷键为“Ctrl+S”。

操作步骤

1 选择“文件”选项卡

2 选择“退出”命令

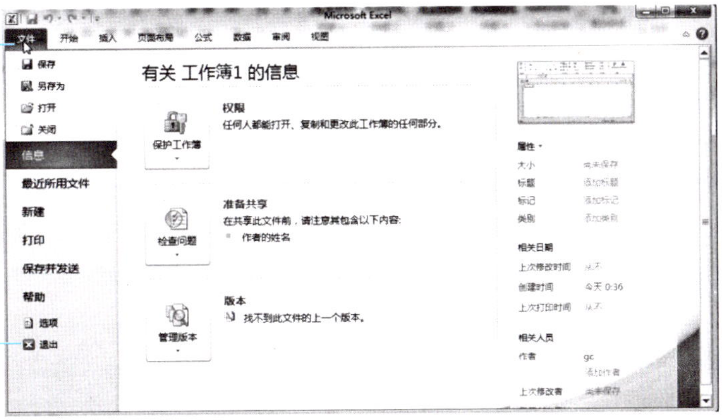

10.2 利用Excel 2010制作考试成绩表

前一节我们初步了解了Excel 2010，下面就开始以做考试成绩表为例进一步介绍Excel 2010。

10.2.1 工作簿的基本操作

在Excel中生成的文件就叫做工作簿，它的扩展名是.xlsx。也就是说，一个Excel文件就是一个工作簿。工作簿的新建、保存、关闭与打开是Excel最基本的操作。

1. 新建工作簿

通常情况下，在启动Excel 2010时，系统会自动新建一个名为“Book1”的工作簿。

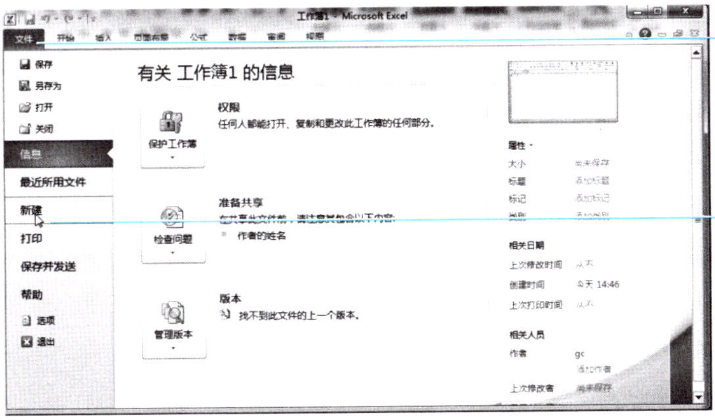

1 在“开始”菜单中启动Excel 2010，在窗口中选择“文件”选项卡

2 在“文件”选项卡下选择“新建”命令

操作步骤

视野拓展

Excel 2010退出文档的快捷键为“Alt+F4”，这个快捷键在前面也提到过，可以用来关闭各种当前窗口程序。

提示：在“开始”选项卡下，用户按Ctrl+N快捷键可以快速创建一个空白工作簿。

3 在“可用模板”中选择合适的模板，这里我们选择空白工作簿

4 用户浏览模板

5 单击“创建”按钮

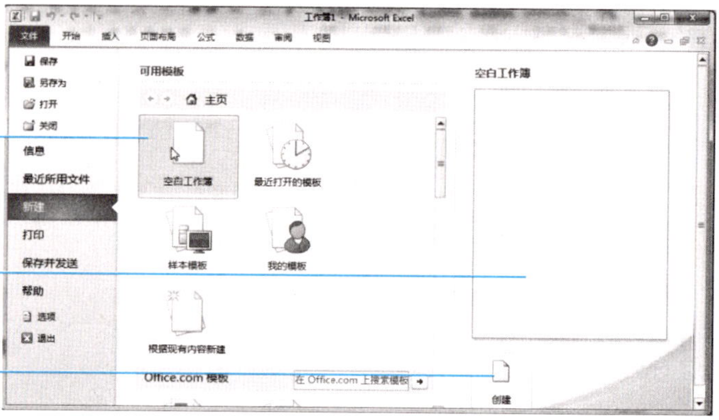

2. 保存工作簿

工作簿的保存与上一节介绍的数据保存一致，这里只介绍快捷的保存方法。

提示：在“开始”选项卡下，按Ctrl+S快捷键可以快速保存工作簿。

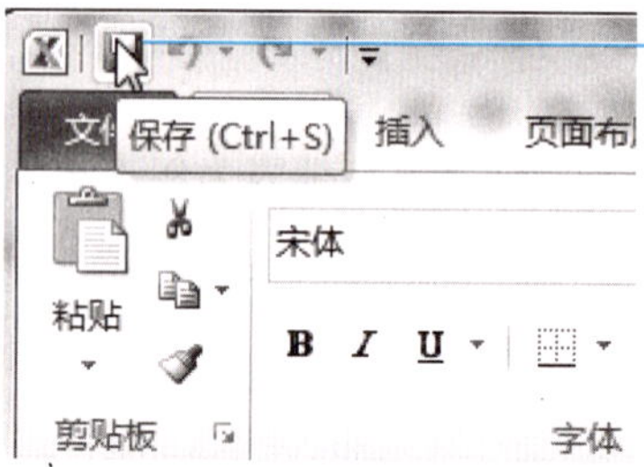

单击“快速访问工具栏”上的“保存”按钮就可以保存

3. 关闭工作簿

单击“标题栏”上“关闭”按钮下方的“关闭”按钮就可以关闭当前工作簿了

4. 打开工作簿

操作步骤

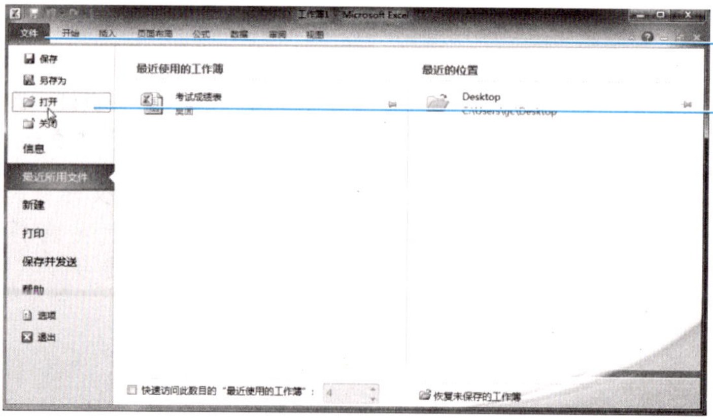

1 选择“文件”选项卡

2 选择“打开”命令

视野拓展

Excel 2010新建工作薄的快捷键为“Ctrl+N”。

3 找到需要打开文件的路径

4 单击“打开”按钮

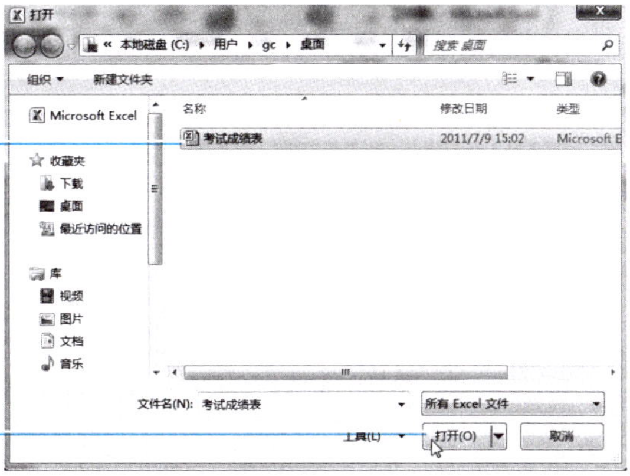

提示：在“文件”选项卡下，用户可以看到近期打开的Excel文档，根据需要双击文件也可以打开已有文档。

10.2.2 工作表的基本操作

工作表是由行和列所构成的一个表格，是数据处理的场所。工作表的基本操作主要包括添加工作表、重命名工作表和删除工作表。

1. 添加工作表

在默认情况下，一个工作簿中有3个可用工作表。下面就来了解一下如何添加工作表。

打开Excel 2010，单击在窗口的左下方的工作表标签栏右侧的“插入工作表”按钮，可以快速插入新的空白工作表

2. 重命名工作表

默认情况下，工作表名称为“Sheet1”、“Sheet2”等，为了便于区分和查询，可对工作表进行重命名操作，具体操作步骤如下：

操作步骤

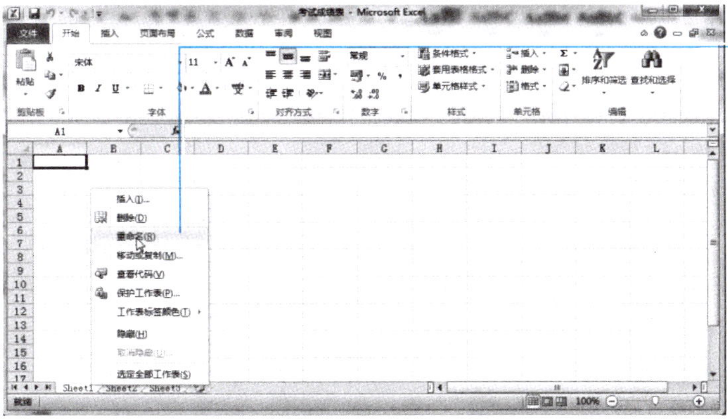

1 使用鼠标右键单击需要重命名的工作表标签，在弹出的快捷菜单中选择“重命名”命令

“Ctrl+W”为关闭当前工作簿快捷键。

2 输入新的工作表名称

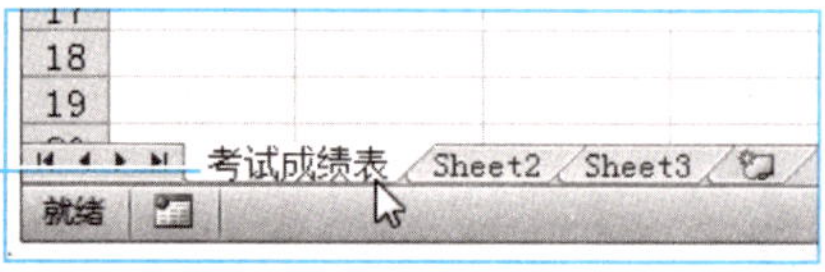

3. 切换工作表

一个工作簿中包含了多个工作表，在不同工作簿窗口中只能对一个工作表进行操作，如果需要对其他工作表进行操作就要切换。切换工作表的方法很简单，只需要单击相应的工作表标签就可以了。

单击需要操作的工作表标签即可

4. 删除工作表

工作簿中如果含有不需要使用的工作表，可以将其删除。删除工作表后，其右侧的工作表将成为当前工作表。

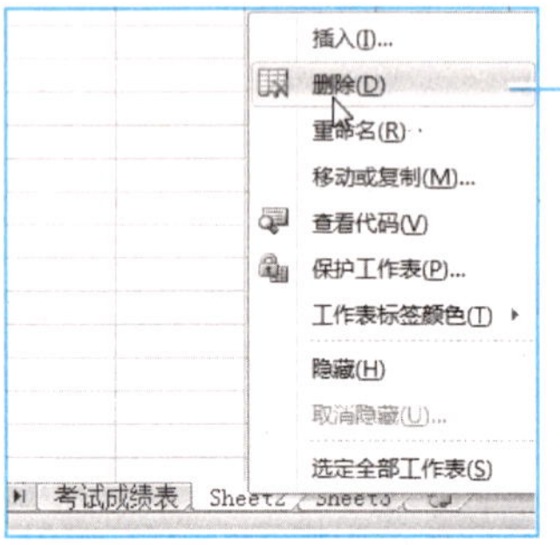

右键单击工作表标签，在弹出的快捷菜单中选择“删除”命令

10.2.3 单元格的基本操作

单元格是Excel工作簿中最小的组成单位。工作表编辑区中每一个长方形的小格就是一个单元格，每一个单元格都用其所在的单元格地址来标识。单元格的基本操作包括选择单元格、插入单元格、删除单元格、为单元格添加批注文字。

1. 选择单元格

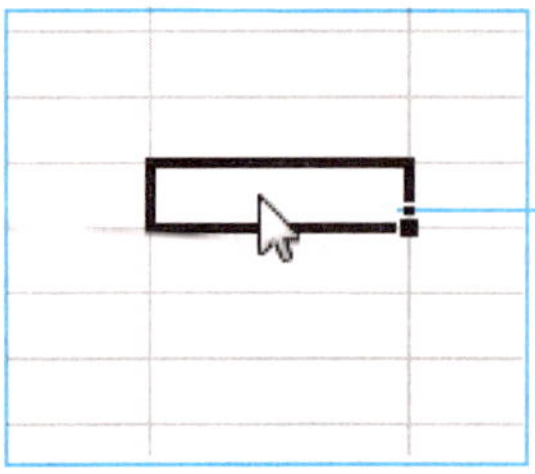

将鼠标移动到要选择的单元格，单击即可

提示： 移动键盘上的方向键也可以选择指定的单元格。

视野拓展

在Office Excel 2010中，您可以使用新用户界面快速创建、格式化和扩展Excel表格（在Excel2003中称为Excel列表）来组织工作表上的数据，以便更容易使用这些数据。

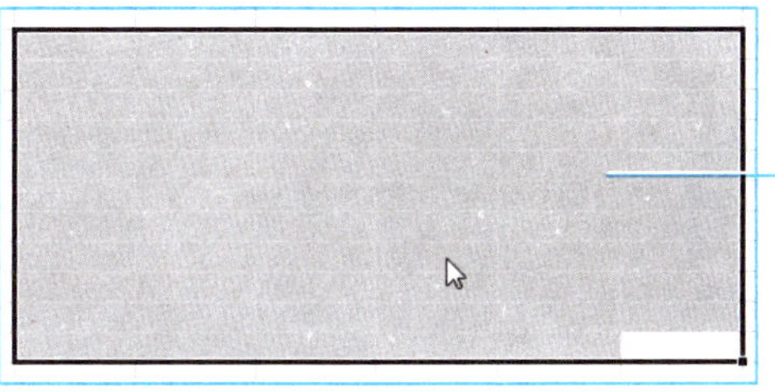

按住鼠标左键，拖动鼠标，在起点与终点之间的区域就是用户选中的多个单元格

2. 插入单元格

操作步骤

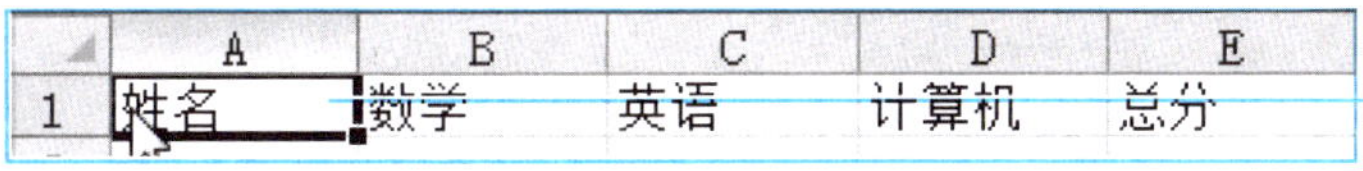

1 单击要插入单元格的位置

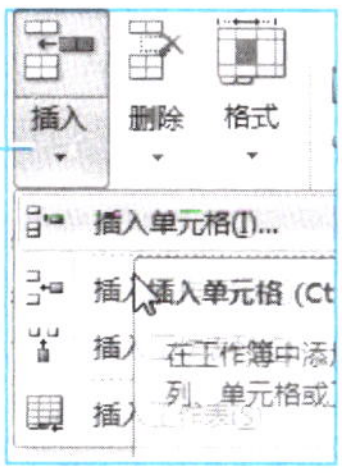

2 单击“开始”选项卡下“单元格”组中的“插入”按钮，在弹出的列表中选择“插入单元格”

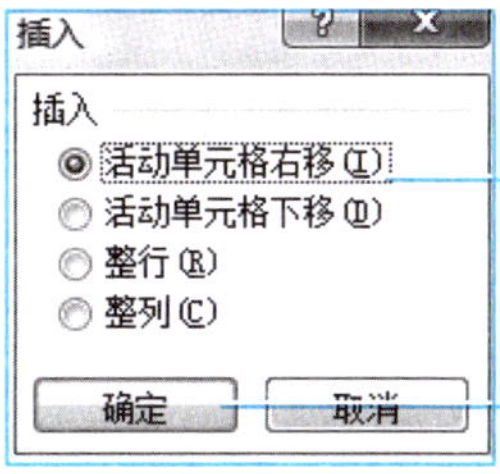

3 在弹出的“插入”对话框中选择一种插入方式

4 单击“确定”按钮

5 在指定位置插入了一个单元格，原单元格右移一格

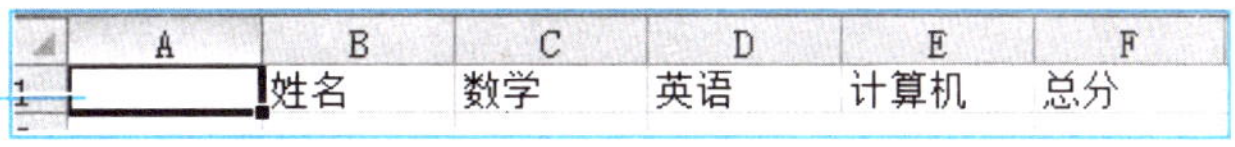

3. 删除单元格

操作步骤

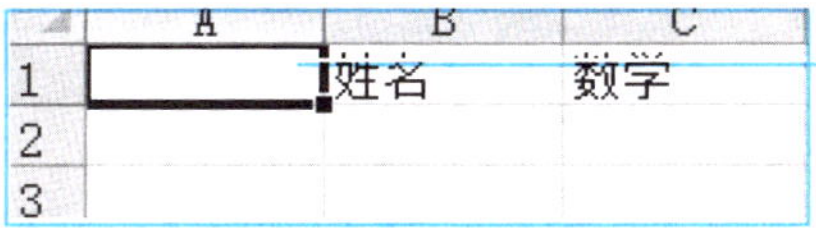

1 选需要删除的单元格

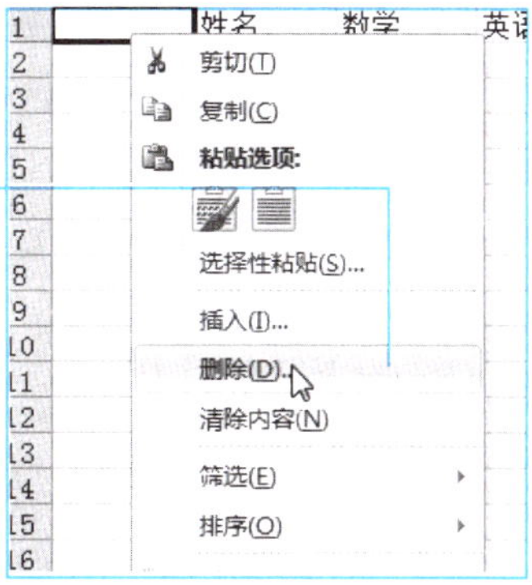

2 右键单击选择的单元格，在弹出的快捷菜单中选择“删除”命令

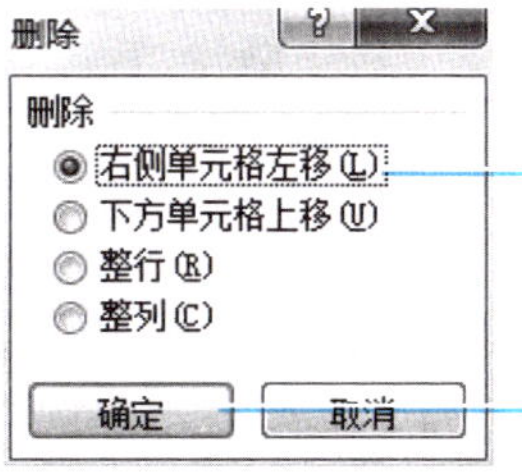

3 在弹出的“删除”对话框中选择一种删除方式。

4 单击确定按钮

视野拓展

在OfficeExcel2010中，可以打开或关闭表格标题行。如果显示表格标题，则当您在长表格中移动时，表格标题会替代工作表标题，从而使表格标题始终与表列中的数据出现在一起。

4. 插入批注

操作步骤

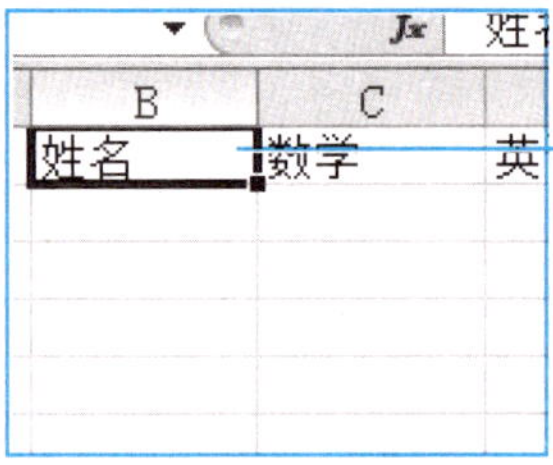

1 选择需要批注的单元格

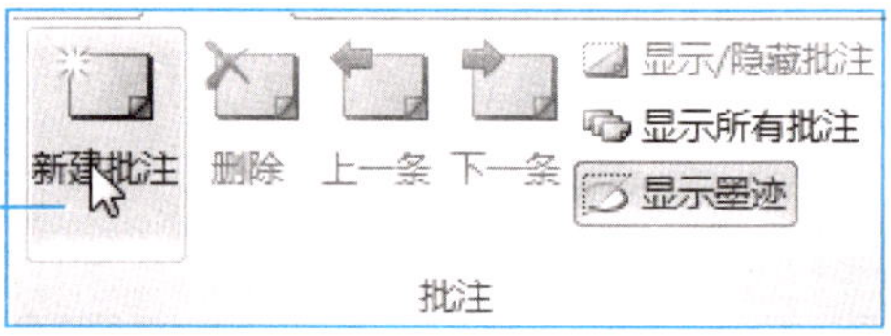

2 在“审阅”选项卡上的“批注”组中单击“新建批注”按钮

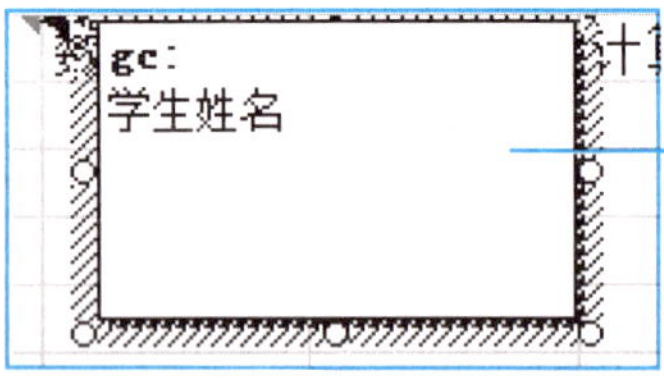

3 输入批注内容

4 单击其他任意单元格，完成批注的添加。添加批注的单元格右上角出现一个小红三角

10.3 成绩输入

前面我们已经了解了关于Excel的基本操作，下面就要对工作表输入内容了。

10.3.1 输入文本和数字

1. 输入文本

文本是指汉字、英文，或汉字、英文、数字组成的字符串。文本的输入比较简单，与前面的数据输入基本一致。

操作步骤

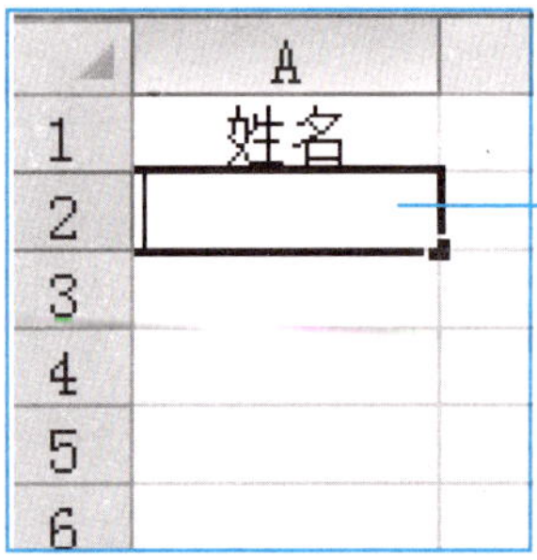

1 选择需要输入文本的单元格，直接输入文本，按回车键确认

视野拓展

Excel 2010单元格增加了许多，由03的256列，65536行，增加到16384列，1048576行，可以储存更多的信息。但是要注意如果需要把2010Excel数据粘贴到03Excel中去，尤其要注意要粘贴的数据是否在256列（即IV列）之外，如果是的话，则粘贴过去的内容系统会默认成IV列的内容。

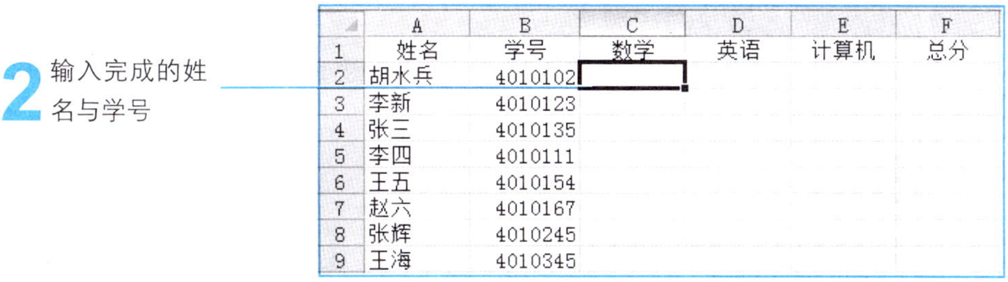

	A	B	C	D	E	F
1	姓名	学号	数学	英语	计算机	总分
2	胡水兵	4010102				
3	李新	4010123				
4	张三	4010135				
5	李四	4010111				
6	王五	4010154				
7	赵六	4010167				
8	张辉	4010245				
9	王海	4010345				

提示：

- 输入过程中，如果发现错误，可以使用Backspace键将错误字符删除
- 如果输入完成，需要修改，先单击需要修改的单元格，然后按Backspace或Del键可删除该单元格中内容。

2. 输入数值

在Excel中，数值型数据是使用最多的，也是最复杂的。下面就来分别了解各种数字类型是如何输入的吧。

- 输入负值

负值的输入有两种方法，下面逐一介绍。

操作步骤

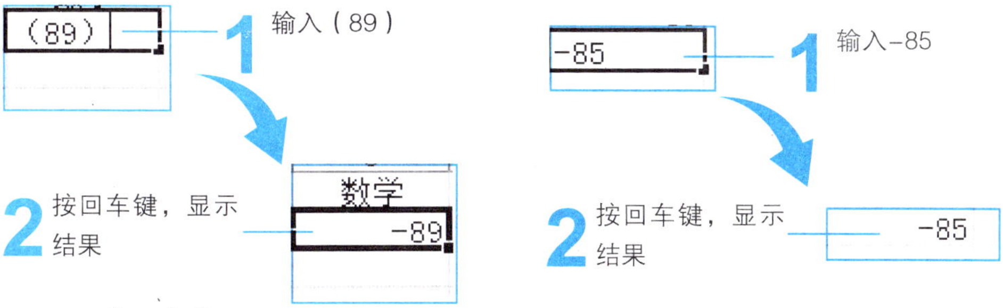

- 输入分数

在Excel中输入分数与在Word中输入分数稍微有所不同。下面我们就来看一下。

操作步骤

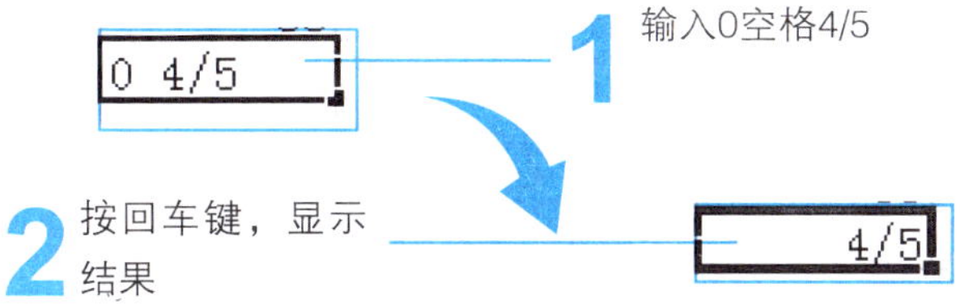

注意： 如果输入时在4/5之前不加0或空格，就会被Excel当成日期格式处理，显示的结果就为“4月5日”

- 输入小数

输入小数一般可以直接在指定的位置输入小数点即可。

操作步骤

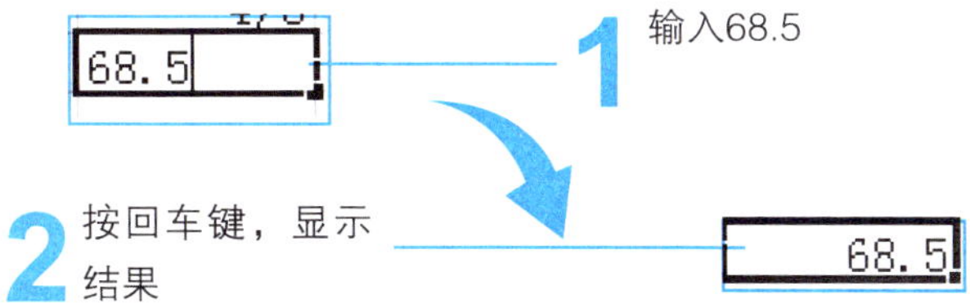

视野拓展

若您日常工作中要经常使用Excel，可以在启动Windows时启动它，设置方法：(1)启动“我的电脑”进入Windows目录，依照路径“Start Menu\Programs\启动”来打开“启动”文件夹；(2)打开Excel 所在的文件夹，用鼠标将Excel图标拖到“启动”文件夹，这时Excel的快捷方式就被复制到“启动”文件夹中，下次启动Windows就可快速启动Excel了。

- 输入开头为0的数字

在Excel中开头为0 的数字默认不显示，所以这里介绍一个简单方法。

操作步骤

10.3.2 输入时间和日期

Excel是将日期和时间视为数字处理的，它能够识别出大部分用普通方法输入的日期和时间格式。

1. 输入日期

用户可以多种格式输入一个日期，可以用“/”、“–”来分隔日期中的年、月、日部分。

操作步骤

2. 输入时间

在Excel中输入时间时，可以用（:）分开时间的时、分、秒。系统默认输入的时间是24小时的方式输入的。如果输入12小时制方式就要在输入的时间后面加上空格，然后输入“AM”或“PM”。

操作步骤

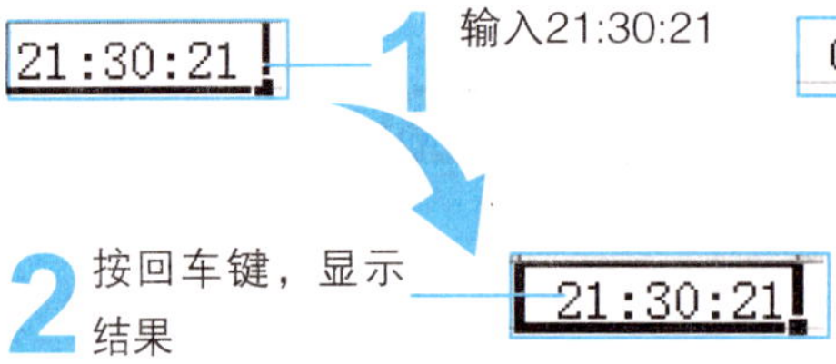

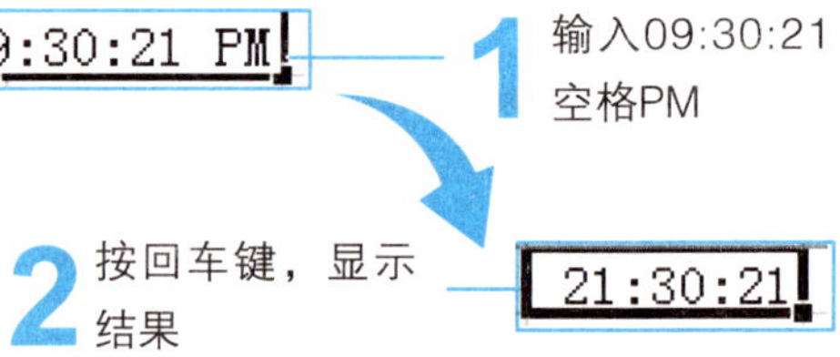

提示： 如果要在单元格中插入当前时间，可以使用“Ctrl+Shift+;”快捷键

10.3.3 设置数据有效性

Excel中的“有效性”设置主要用途是限定单元格输入内容，这个设置其应用是很广泛的，能够给用户带来很大帮助，提高工作效率和录入信息的准确性。

视野拓展

对于工具栏或屏幕区，您只需按组合键Shift+F1，然后用鼠标单击工具栏按钮或屏幕区，它就会弹出一个帮助窗口，上面会告诉该元素的详细帮助信息。

操作步骤

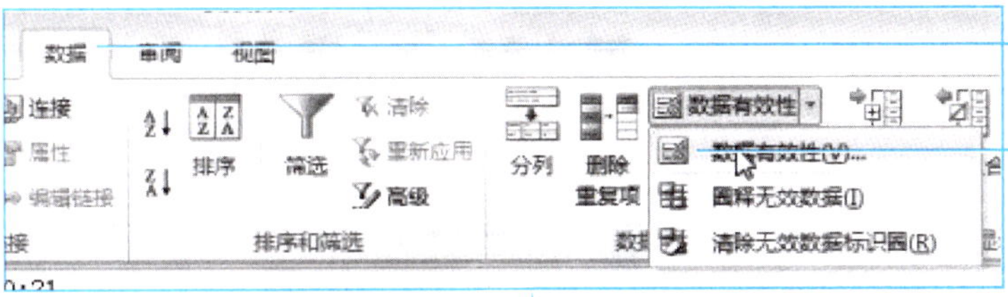

1 选择“数据”选项卡

2 在“数据工具”组中选择“数据有效性”命令

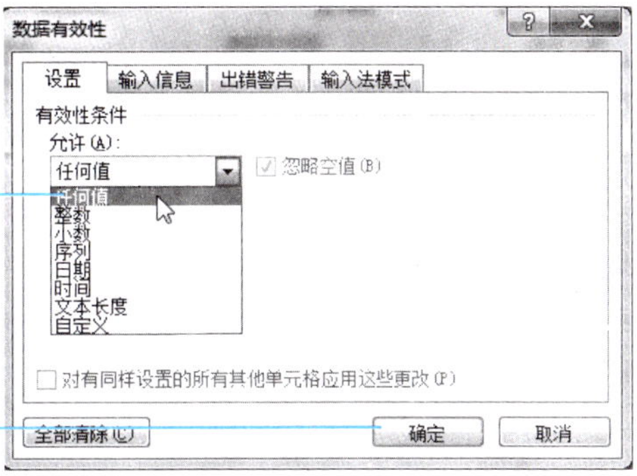

3 在弹出的“数据有效性”对话框中选择有效性条件

4 单击“确定”按钮

10.4 成绩编辑

当成绩输入完毕时，也会出现需要修改的情况，这就需要对单元格中的数据进行编辑。编辑工作表数据包括修改表格数据、移动表格数据、复制表格数据、查找和替换表格数据等。

10.4.1 修改表格数据

修改单元格数据的操作很简单，只需选中单元格，然后清除原有数据，再输入新数据即可。

操作步骤

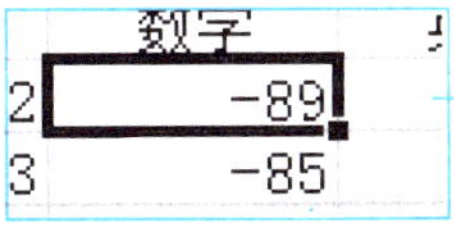

1 选择需要编辑的单元格

2 按Backspace键清除原有数据，输入新的数据

10.4.2 移动表格数据

在输入数据时经常会出现输入位置发生错误的情况，这时需要将输入的数据移动到正确的位置上。移动数据就是将数据从当前单元格移动到其他单元格中。

视野拓展

快速移动或复制单元格：先选定单元格，然后移动鼠标指针到单元格边框上，按下鼠标左键并拖动到新位置，然后释放按键即可移动。若要复制单元格，则在释放鼠标之前按下Ctrl即可。

操作步骤

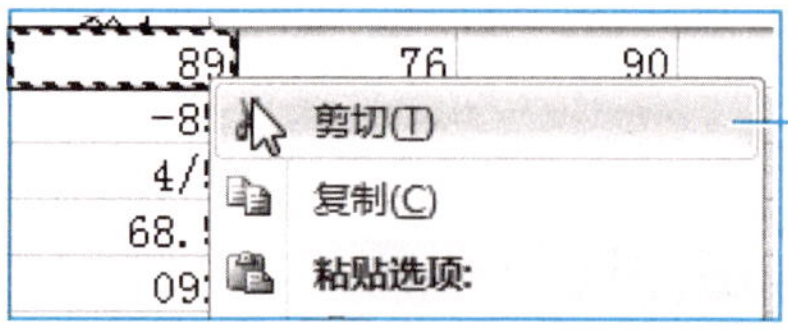

1 选择需要编辑的单元格，右键单击该单元格，在弹出的快捷菜单中选择“剪切”命令

2 选择目标单元格，右键单击该单元格，在弹出的菜单中选择“粘贴选项”中的第一个标识

提示：如果需要将一个数据移动到连续的单元格中，可以选中要移动的单元格区域。

10.4.3 复制表格数据

为了避免重复输入，使用复制功能可以大大缩减输入数据的工作量，具体操作如下：

1. 直接复制

操作步骤

1 选择需要复制的单元格

2 右键单击选择的单元格，在弹出的快捷菜单中选择“复制”命令

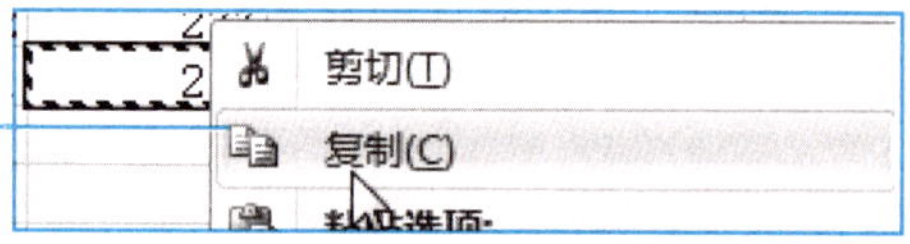

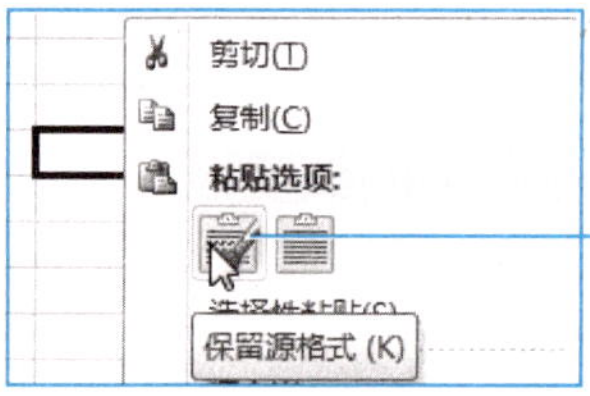

3 右键单击目标单元格，在弹出的子菜单中单击粘贴标识

2. 拖放式复制单元格数据

操作步骤

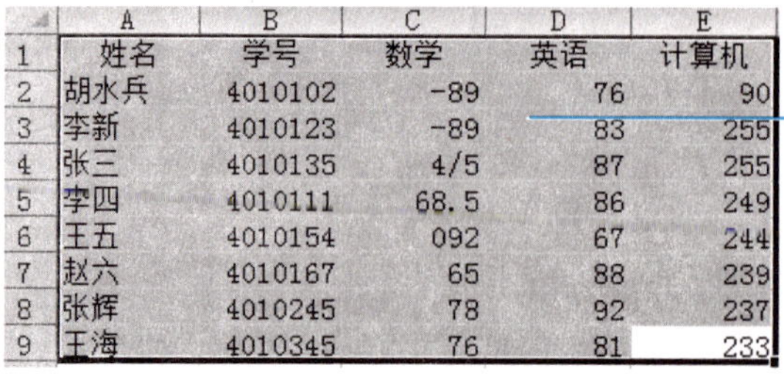

	A	B	C	D	E
1	姓名	学号	数学	英语	计算机
2	胡水兵	4010102	-89	76	90
3	李新	4010123	-89	83	255
4	张三	4010135	4/5	87	255
5	李四	4010111	68.5	86	249
6	王五	4010154	092	67	244
7	赵六	4010167	65	88	239
8	张辉	4010245	78	92	237
9	王海	4010345	76	81	233

1 选择需要复制的单元格

视野拓展

若选择“文件”菜单中“打印”命令来打印，会出现“打印”对话框让您选择，程序烦琐。若要跳过该对话框，您可以单击“常用”工具栏上的“打印”按钮或者按下Shift键并单击“打印预览”按钮，Excel将使用“选定工作表”选项打印。

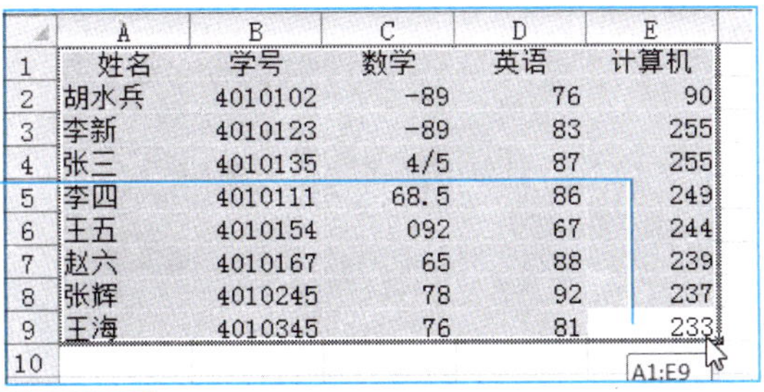

2 将鼠标指针指向所选单元格区域的粗边框上

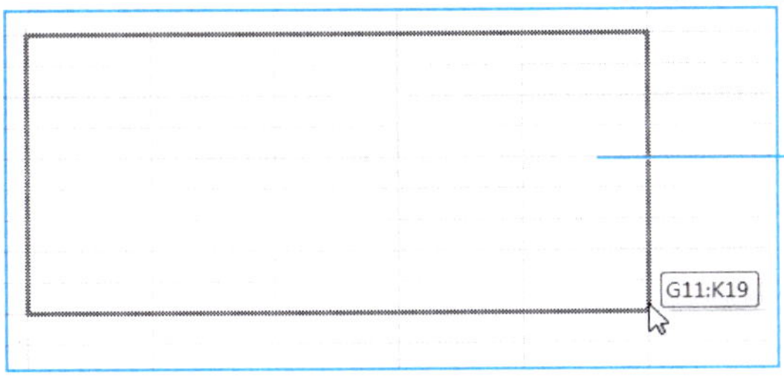

3 按住Ctrl键，同时按住鼠标左键，拖动鼠标，到达指定粘贴的指定位置后释放鼠标

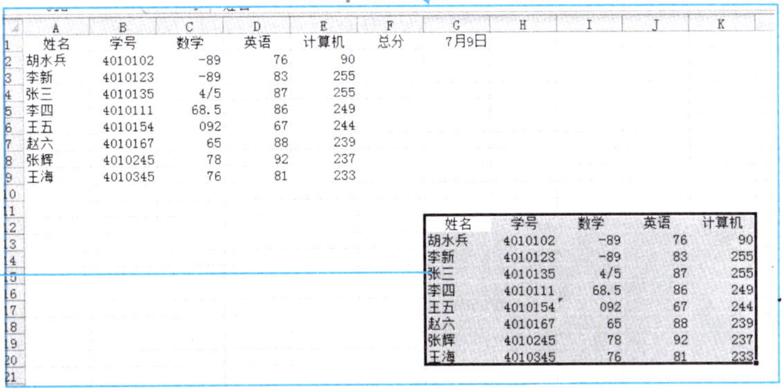

4 此时释放Ctrl键和鼠标左键，查看结果

3. 插入式复制单元格数据

操作步骤

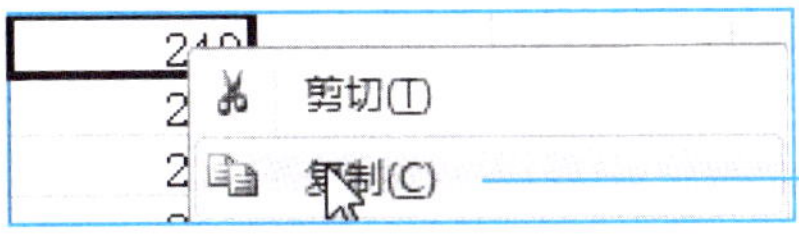

1 选择需要复制数据的单元格，单击鼠标右键，在弹出的快捷菜单中选择“复制”命令

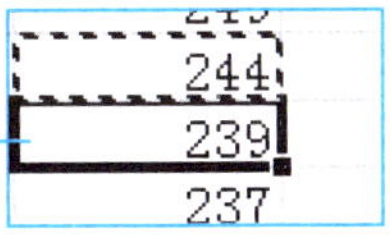

2 选择需要插入的单元格

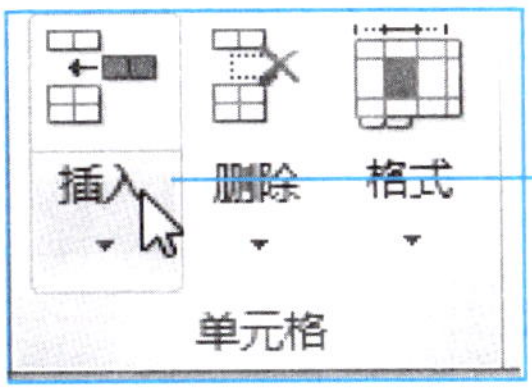

3 单击“开始”选项卡下的单元格组中“插入”按钮

视野拓展

按Ctrl+PageUp组合键可激活前一个工作表，按Ctrl+PageDown组合键可激活后一个工作表。您还可用鼠标去控制工作表底部的标签滚动按钮快速地移动工作表的名字，然后单击工作表进行切换。

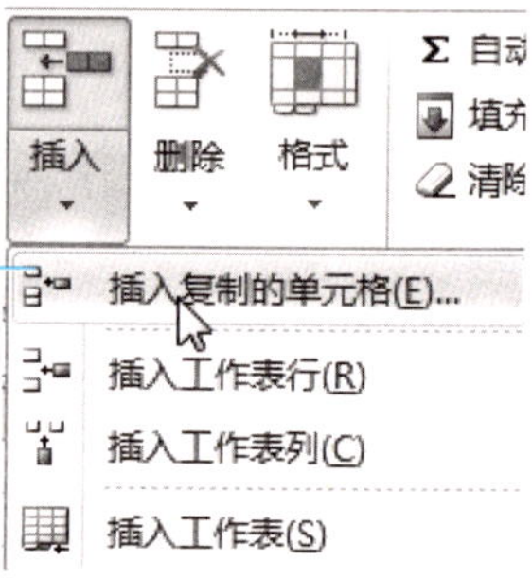

4 在弹出的列表中选择“插入复制的单元格”

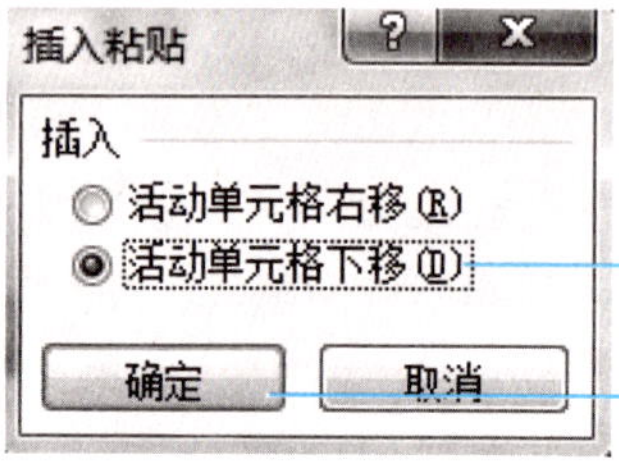

5 在弹出的“插入粘贴”对话框中选择活动单元格的移动方向

6 单击“确定”按钮

10.4.4 查找和替换数据

查找和替换是数据处理中非常有用的功能。可以帮助用户迅速找到需要查看的内容，并且如果需要替换，使用替换功能将原有数据换掉。下面就来了解其操作过程。

1. 查找数据

操作步骤

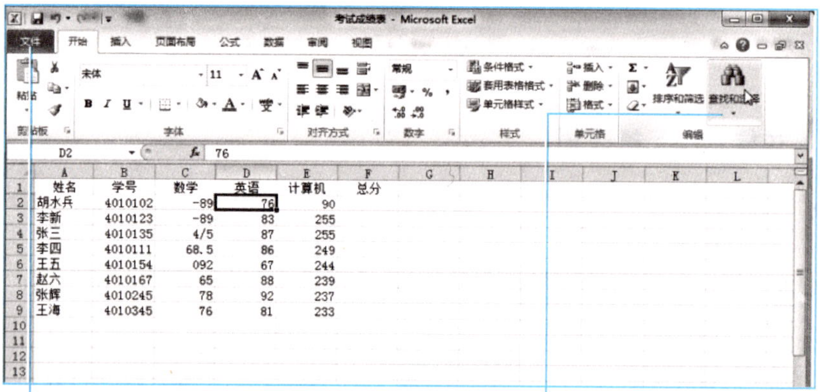

1 在窗口中选择“开始”选项卡

2 在“编辑”组中单击“查找和选择”按钮

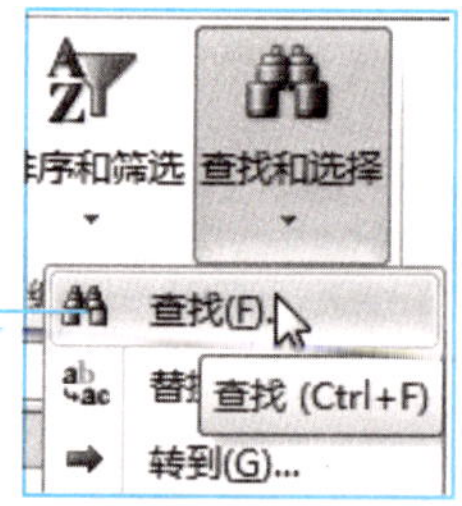

3 在弹出的列表中选择“查找”命令

视野拓展

对于较少工作簿切换，可单击工作簿所在窗口。要对多个窗口下的多个工作进行切换，用“窗口”菜单最方便。“窗口”菜单的底部列出了已打开了工作簿的名字，要直接切换到一个工作簿，从“窗口”菜单选择它的名字即可。

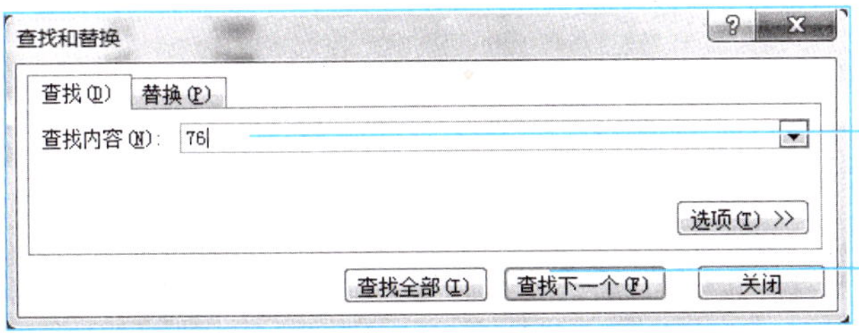

4 在文本框中输入需要查找的内容

5 单击“查找下一个”或“查找全部”查看结果

2. 替换数据

操作步骤

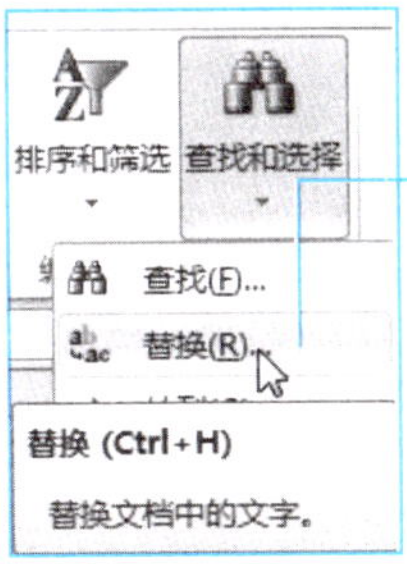

1 在窗口中选择“开始”选项卡，在编辑组中单击“查找和选择”按钮，在弹出的列表中选择“替换”命令

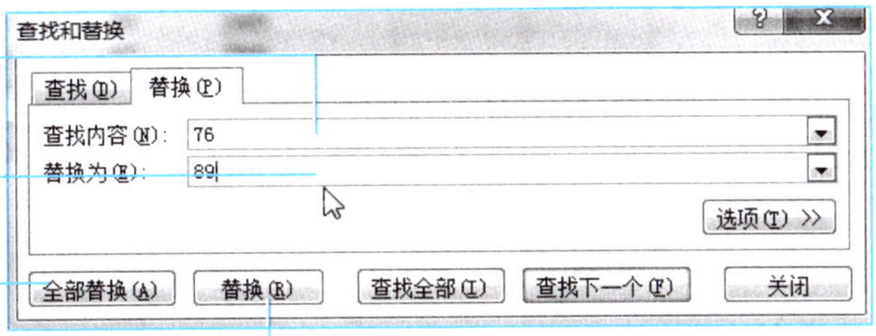

2 输入查找的内容

3 输入替换的内容

4 单击“全部替换”按钮，所有的查找76都被替换为89

5 “替换”只替换一次

10.5 利用公式算平均分

利用公式可以对单元中的数值进行加、减、乘、除、乘方等各种不同的运算。下面我们就以求成绩表中的总分和平均分为例，讲解如何简单的应用Excel进行运算。

10.5.1 公式的输入

对于简单的公式，我们可以直接在单元格中输入。

操作步骤

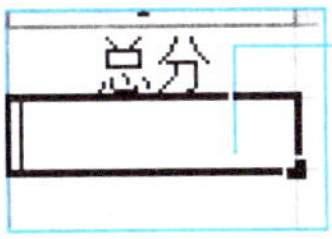

1 首先选择需要输入公式的单元格

视野拓展

“窗口”菜单最多能列出9个工作簿，若多于9个，“窗口”菜单则包含一个名为“多窗口”的命令，选用该命令，则出现一个按字母顺序列出所有已打开的工作簿名字的对话框，只需单击其中需要的名字即可。

2 因为需要求的是总分，所以将三科的分数加和就是总分，首先输入等号，将第一个人数学分数的坐标加上英语分数的坐标加上计算机分数的坐标

SUM =C2+D2 2

	A	B	C	D	E	F
1	姓名	学号	数学	英语	计算机	总分
2	胡水兵	4010102	89	76	90	=C2+D2+E2
3	李新	4010123	85	83	87	
4	张三	4010135	85	87	83	
5	李四	4010111	68	86	95	
6	王五	4010154	92	67	85	
7	赵六	4010167	65	88	86	
8	张辉	4010245	78	92	67	
9	王海	4010345	76	81	76	

	A	B	C	D	E	F
1	姓名	学号	数学	英语	计算机	总分
2	胡水兵	4010102	89	76	90	255
3	李新	4010123	85	83	87	

3 单击回车键，查看结果

10.5.2 公式的编辑

下面来介绍如何编辑公式。

操作步骤

F2 =C2+D2+E2

	A	B	C	D	E	F
1	姓名	学号	数学	英语	计算机	总分
2	胡水兵	4010102	89	76	90	255
3	李新	4010123	85	83	87	

1 单击含有公式的单元格

2 在编辑栏中进行修改，修改完毕后按回车键即可

10.5.3 公式的复制与移动

同单元格内容一样，单元格中的公式也可以移动或者复制到其他单元格中，从而提高工作效率。下面使用复制功能，将考试成绩表中其他人的总分计算出来。

操作步骤

	A	B	C	D	E	F
1	姓名	学号	数学	英语	计算机	总分
2	胡水兵	4010102	89	76	90	255
3	李新	4010123	85	83	87	
4	张三	4010135	85	87	83	
5	李四	4010111	68	86	95	
6	王五	4010154	92	67	85	
7	赵六	4010167	65	88	86	
8	张辉	4010245	78	92	67	
9	王海	4010345	76	81	76	

1 单击含有公式的单元格，将鼠标移动到黑框的右下角处，当鼠标指针变为十字花时向下拖动鼠标

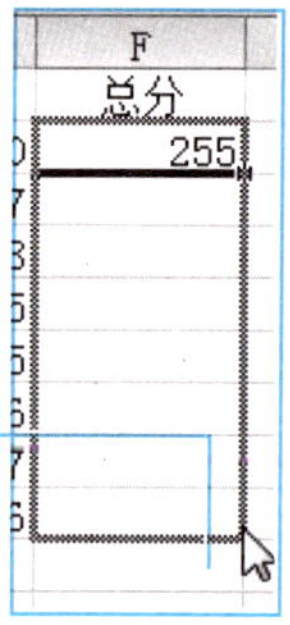

2 当到达最后一个同学的位置时，松开鼠标左键

视野拓展

查找和替换的快捷键为“Ctrl+F”，这个也是一个通用的快捷键，在Word和Windows7操作系统中也可以使用。

	A	B	C	D	E	F
1	姓名	学号	数学	英语	计算机	总分
2	胡水兵	4010102	89	76	90	255
3	李新	4010123	85	83	87	255
4	张三	4010135	85	87	83	255
5	李四	4010111	68	86	95	249
6	王五	4010154	92	67	85	244
7	赵六	4010167	65	88	86	239
8	张辉	4010245	78	92	67	237
9	王海	4010345	76	81	76	233

3 在总分一列中，就会看到其他同学的总分了

最后算出平均分

SUM =(F2+F3+F4+F5+F6+F7+F8+F9)/8

	A	B	C	D	E	F	G	H	I
1	姓名	学号	数学	英语	计算机	总分			
2	胡水兵	4010102	89	76	90	255			
3	李新	4010123	85	83	87	255			
4	张三	4010135	85	87	83	255			
5	李四	4010111	68	86	95	249			
6	王五	4010154	92	67	85	244			
7	赵六	4010167	65	86	88	239			
8	张辉	4010245	78	92	67	237			
9	王海	4010345	76	81	76	233			
10							=(F2+F3+F4+F5+F6+F7+F8+F9)/8		

1 选中需要得出平均分的单元格，在单元格中输入=[F2+F3+F4+F5+F6+F7+F8+F9)/8

操作步骤

博学先生，这样一来我们节省了好多计算的时间啊!

G15

	A	B	C	D	E	F	G
1	姓名	学号	数学	英语	计算机	总分	
2	胡水兵	4010102	89	76	90	255	
3	李新	4010123	85	83	87	255	
4	张三	4010135	85	87	83	255	
5	李四	4010111	68	86	95	249	
6	王五	4010154	92	67	85	244	
7	赵六	4010167	65	86	88	239	
8	张辉	4010245	78	92	67	237	
9	王海	4010345	76	81	76	233	
10							245.875

2 按回车键，查看结果

呵呵，当然啦。这只是简单的Excel公式计算的使用。

10.6 打印表格

我们的考试成绩表已经制作完成了，下面就要打印出来给大家看了。

10.6.1 打印预览

在打印工作表前最好能看到实际的打印效果，以免多次打印调整，浪费纸张。Excel提供打印预览功能，下面我们就来看看如何使用吧。

视野拓展

Excel可以处理Word表格中列出的数据，您可用以下方法快速插入Word表格：(1)打开Word表格所在的文件；(2)打开要处理Word表格的Excel文件，并调整好两窗口的位置，以便能看见表格和要插入表格的区域；(3)选中Word中的表格；(4)按住鼠标左键，将表格拖到Excel窗口中，松开鼠标左键将表格放在需要的位置即可。

操作步骤

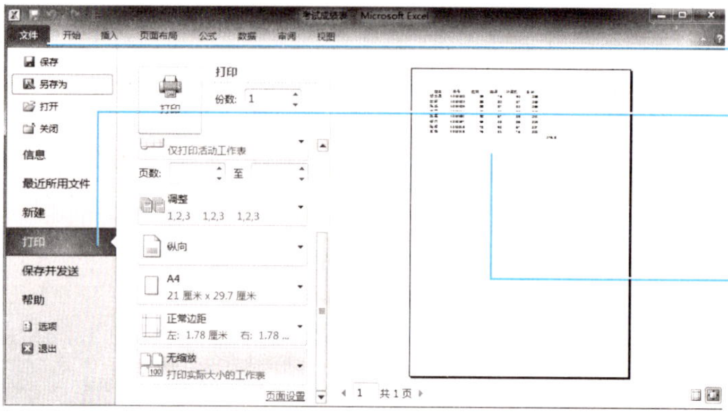

1 选择“文件”选项卡

2 选择“打印”命令

3 预览打印效果

10.6.2 打印工作表

预览完成后，我们就可以打印考试成绩表了。

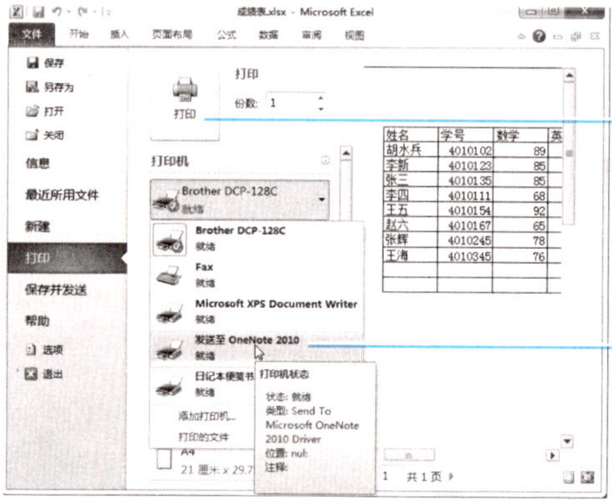

2 单击“打印”按钮

1 选择“打印机”命令

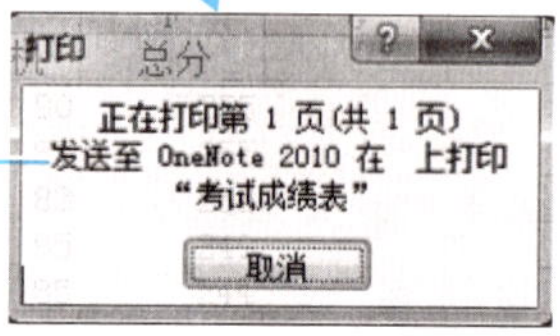

3 弹出对话框显示正在打印，用户耐心等待即可

10.7 本章小结

本章通过制作考试成绩表向读者介绍Excel的基本操作，如工作簿工作表格的基本操作、单元格等基本操作。通过考试成绩表的制作熟悉Excel的简单使用，可以制作一些简单的表格，方便工作和学习。

视野拓展

用超级链接在各个位置之间跳转十分方便，若您要切换到其他文件，只需用鼠标指向带有下划线的蓝色超级链接文件，然后单击鼠标即可跳转到超级链接所指向的子位置上去，看完后若要返回，只需单击“Web”工具栏上的“返回”按钮即可。

10.8 趁热打铁

现在让我们来做一些练习检验一下自己的学习吧。

10.8.1 选择题

1. 下列快捷键中，可以在启动的Excel 2010程序中，快速新建一个工作的是(　　)。

A. Ctrl+C　　B. Ctrl+V

C. Ctrl+N　　D. Ctrl+X

2. 输入公式时，需要首先输入(　　)符号作为公式的标记。

A. “+”　　B. “=”

C. “-”　　D. “?”

3. 在表格中输入汉字和英文的时候，默认的对齐方式是(　　)。

A. 左对齐　　B. 右对齐

C. 居中对齐　　D. 底端对齐

10.8.2 实践题

1. 在Excel 2010程序窗口制作一个简单的表格，将其保存到计算机中，然后通过保存文件打开该文件。

2. 使用Excel 2010统计本月的个人支出，然后求出总的支出。

视野拓展

Excel是办公室自动化中非常重要的一款软件。Excel中所提的函数其实是一些预定义的公式，它们使用一些称为参数的特定数值按特定的顺序或结构进行计算。Excel函数一共有11类，分别是数据库函数、日期与时间函数、工程函数、财务函数、信息函数、逻辑函数、查询和引用函数、数学和三角函数、统计函数、文本函数以及用户自定义函数。

读书笔记

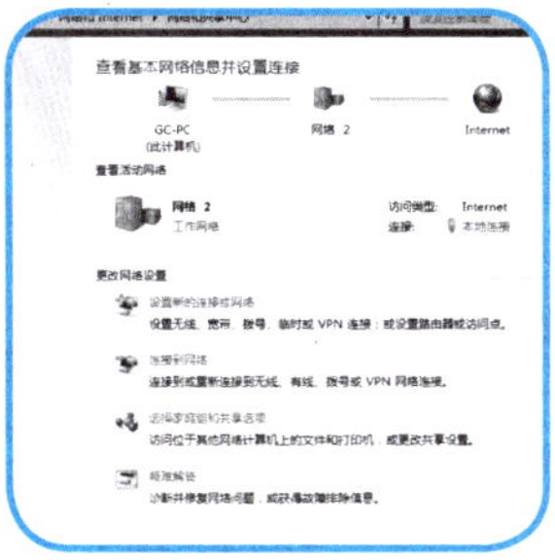

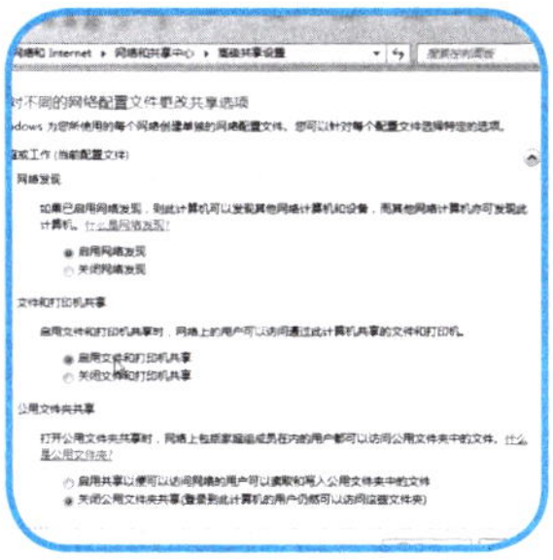

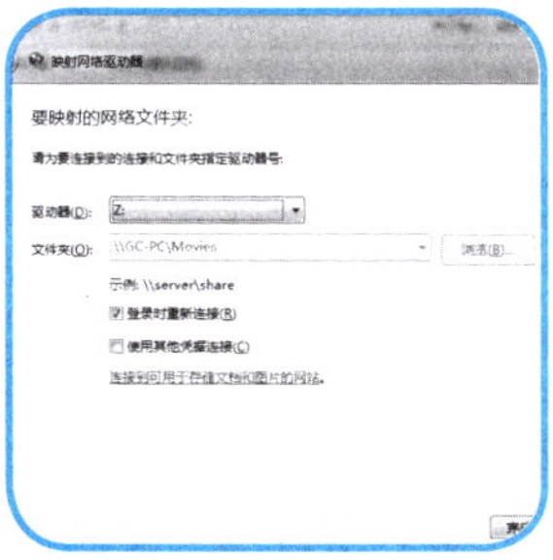

第 11 章

组建家庭局域网

本章导读

本章将介绍如何将多台计算机组成小型的家庭局域网，用户可以通过局域网分享打印机、图片、音乐、视频等资源，让用户体验网络带来的方便。

本章学习目标

- 了解什么是计算机网络
- 学会设置计算机名
- 学会组建家庭局域网
- 学会设置IP地址
- 学会设置共享资源
- 配置无线网络

本章学习重点

- 掌握配置Windows 7有线局域网的方法
- 能够通过局域从其他电脑调用资源

11.1 了解网络的基本知识

随着计算机的广泛应用，网络也成为了人们获取信息必不可少的工具。通过网络用户可以搜索资料、传输文件、浏览网站中的新闻、下载文件等。下面就来了解一下什么是计算机网络。

11.1.1 初识计算机网络

计算机网络，是指将地理位置不同的具有独立功能的多台计算机及其外部设备，通过通信线路连接起来，在网络操作系统，网络管理软件及网络通信协议的管理和协调下，实现资源共享和信息传递的计算机系统。

11.1.2 计算机网络的功能

计算机网络的功能主要表现在硬件资源共享、软件资源共享和用户间信息交换3个方面。

- 硬件资源共享。可以在全网范围内提供对处理资源、存储资源、输入输出资源等昂贵设备的共享，使用户节省投资，也便于集中管理和均衡分担负荷。
- 软件资源共享。允许互联网上的用户远程访问各类大型数据库，可以得到网络文件传送服务、远程管理服务和远程文件访问服务，从而避免软件研制上的重复劳动以及数据资源的重复存贮，也便于集中管理。
- 用户间信息交换。计算机网络为分布在各地的用户提供了强有力的通信手段。用户可以通过计算机网络传送电子邮件、发布新闻消息和进行电子商务活动。

11.1.3 计算机网络的组成

总的来说计算机网络的组成基本上包括：硬件系统、网络操作系统、传输介质（可以是有形的，也可以是无形的，如无线网络的传输介质就是空气）以及相应的应用软件4部分。

- 硬件系统是计算机网络的基础，硬件系统主要由计算机、通信设备、连接设备及辅助设备组成，通过这些设备形成一个计算机网络。
- 网络操作系统（NOS）是网络的心脏和灵魂，是向网络计算机提供服务的特殊的操作系统。它在计算机操作系统下工作，使计算机操作系统增加了网络操作所需要的能力。
- 网络传输介质是指在网络中传输信息的载体，常用的传输介质分为有线传输介质和无线传输介质两大类。 有线传输介质是指在两个通信设备之间实现的物理连接部分，

视野拓展

随着1946年世界上第一台电子计算机问世后的十多年时间内，由于价格很昂贵，电脑数量极少。早期所谓的计算机网络主要是为了解决这一矛盾而产生的，其形式是将一台计算机经过通信线路与若干台终端直接连接，我们也可以把这种方式看做为最简单的局域网雏形。

它能将信号从一方传输到另一方，有线传输介质主要有双绞线、同轴电缆和光纤。双绞线和同轴电缆传输电信号，光纤传输光信号。无线传输介质指我们周围的自由空间。我们利用无线电波在自由空间的传播可以实现多种无线通信。在自由空间传输的电磁波根据频谱可将其分为无线电波、微波、红外线、激光等，信息被加载在电磁波上进行传输。

- 应用软件主要是指用户通过应用软件与其他用户进行沟通、共享资源、查看信息等活动的辅助性软件，如IE8浏览器、聊天工具等。

博学先生，网络这么复杂啊？

呵呵，当然啦！但是不管网络有多么复杂，总归是人类创造出来的，而且极大地方便和丰富了人们的生活。

11.1.4 计算机网络的类型

按划分的标准不同，计算机网络的类型也有不同的分类形式。不管是哪种分类形式都只能反映网络的一部分特征，而且随着网络的发展，网络计算也得到了迅速的发展，网络的类型在不断更新。

- 根据网络的覆盖范围划分局域网、城域网、广域网、国际互联网 。
- 按网络的拓扑结构划分总线型网络、星形网络、环型网络、树状网络、混合型网络。
- 按传输介质划分有线网、无线网 。
- 按网络的使用性质划分公用网、专用网。

11.2 配置Windows 7有线局域网

常见的“LAN”就是指局域网，这是我们最常见、应用最广的一种网络。现在局域网随着整个计算机网络技术的发展和提高得到充分的应用和普及，几乎每个单位都有自己的局域网，有的甚至家庭中都有自己的小型局域网。很明显，所谓局域网，那就是在局部地区范围内的网络，它所覆盖的地区范围较小。局域网在计算机数量配置上没有太多的限制，少的可以只有两台，多的可达几百台。在企业局域网中，工作站的数量在几十到两百台次左右。在网络所涉及的地理距离上可以是几米至10千米以内。局域网一般位于一个建筑物或一个单位内，不存在寻径问题，不包括网络层的应用。下面我们就一起来研究一下吧。

视野拓展

1983年，ARPA和美国国防部通信局研制成功了用于异构网络的TCP/IP协议，美国加利福尼亚伯克莱分校把该协议作为其BSD UNIX的一部分，使得该协议得以在社会上流行起来，从而诞生了真正的Internet。

11.2.1 组建局域网方案

组建一个局域网，需要配置以下的硬件设备。

1. 网卡

又称网络配置器，安装在电脑机箱中，电脑与外界局域网的连接必须通过它与其他电脑进行数据传输。一般主机上都有集成网卡，也可安装独立网卡。

2. 集线器

集线器是组建局域网的常用设备，通过网线可将若干台电脑连接到集线器上，个人电脑的通信通过它就可实现。集线器的规格有4口、8口、16口等，根据局域网中的电脑数量可选择适当规格的集线器。

3. 网线

网线又称双绞线，由4对相互缠绕且相绝缘的导线组成，其两端各有一个水晶接头用于连接电脑和集线器，是连接局域网并进行数据传输的介质。

4. 交换机

交换机与集线器的外形很相似，功能也很相近，但交换机的传输速度比集线器要快，价格也更昂贵。

11.2.2 Windows网络和共享中心

网络和共享中心是Windows 7的一个功能组件，提供了有关网络的实时状态信息。通过“网络和共享中心”窗口用户可以查看网络连接设置、诊断网络故障和配置网络属性。

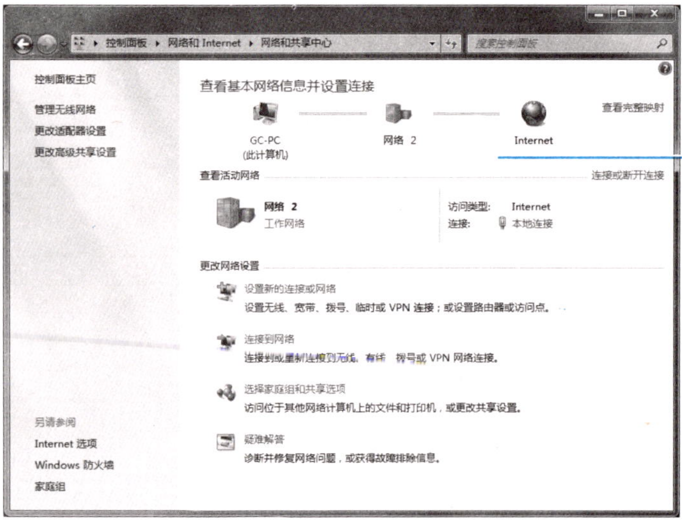

打开“控制面板”，在窗口中双击“网络和共享中心”图标

视野拓展

广域网（WAN），就是我们通常所说的Internet，它是一个遍及全世界的网络。局域网（LAN），相对于广域网（WAN）而言，主要是指在小范围内的计算机互联网络。这个“小范围”可以是一个家庭、一所学校、一家公司，或者是一个政府部门。BT中常常提到的公网、外网，即广域网（WAN）；BT中常常提到私网、内网，即局域网（LAN）。

11.2.3 设置计算机名和工作组

在局域网中，为了与其他计算机名字相区分，用户可以对计算机名和工作组进行重命名。具体步骤如下：

操作步骤

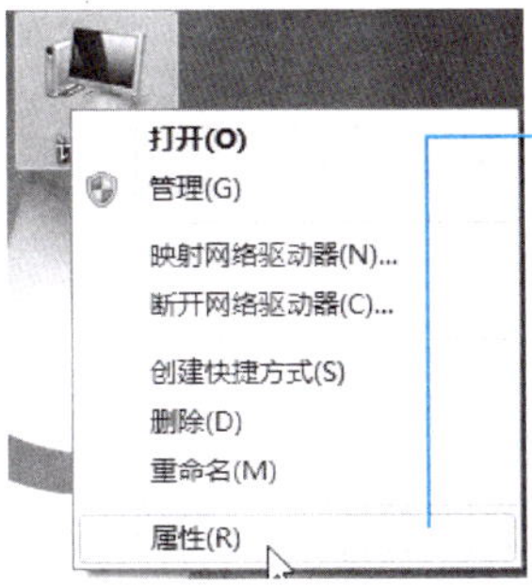

1 右键单击“计算机”图标，在弹出的快捷菜单中选择“属性”命令

2 单击“更改设置”连接

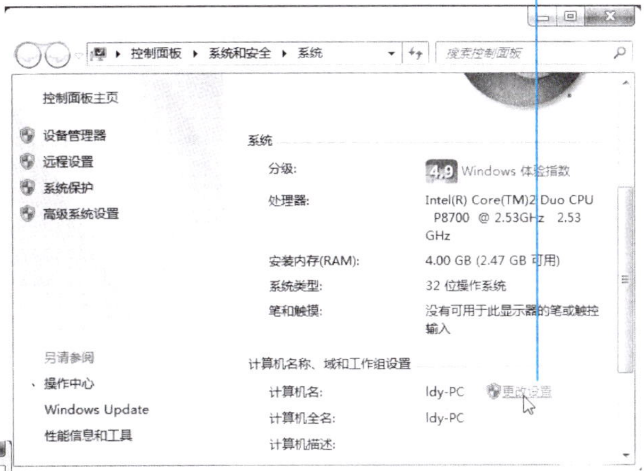

3 在弹出的“系统属性”对话框中单击“更改”按钮

4 在“计算机名”文本框中输入新的计算机名

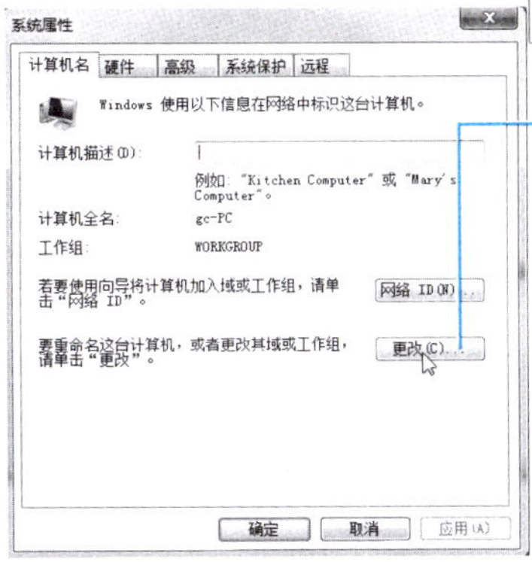

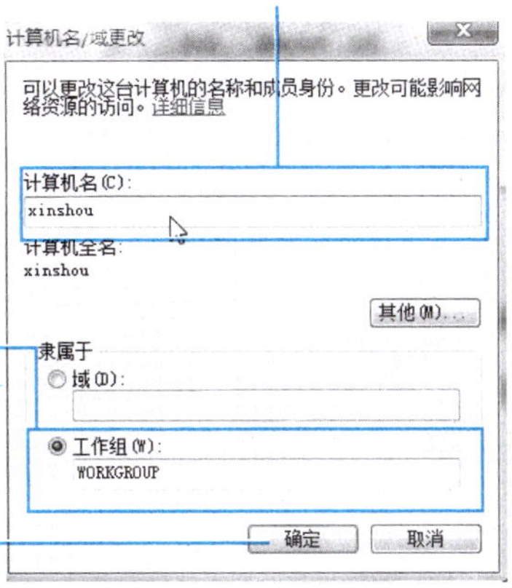

5 选中“工作组”前的单选按钮，在文本框中输入新的工作组名称

6 单击“确定”按钮

视野拓展

计算机局域网是把分布在数公里范围内的不同物理位置的计算机设备连在一起，在网络软件的支持下可以相互通讯和资源共享的网络系统。但有线网络在某些场合要受到布线的限制：布线、改线工程量大；线路容易损坏；网中的各节点不可移动。特别是当要把相离较远的节点联结起来时，敷设专用通讯线路布线施工难度之大，费用、耗时之多，实是令人生畏。

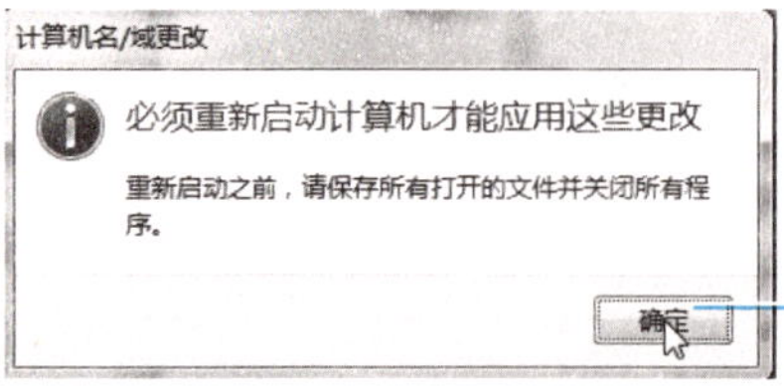

7 单击“确定”按钮，计算机重启

11.2.4 设置IP地址

在局域网中有了自己的IP地址，才能让局域网正常工作。具体操作步骤如下：

操作步骤

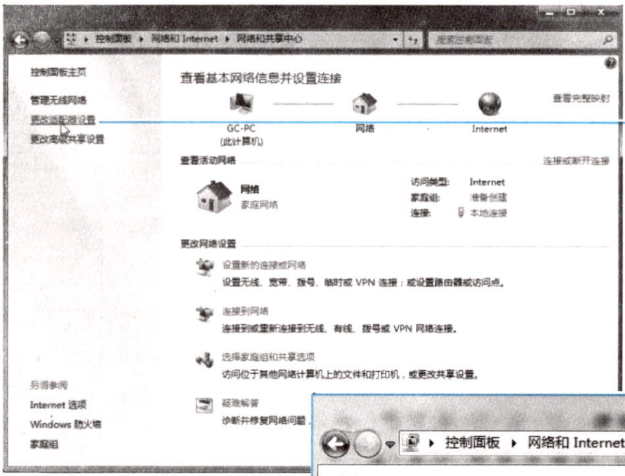

1 打开“网络和共享中心”窗口，单击窗口左侧的“更改适配器设置”

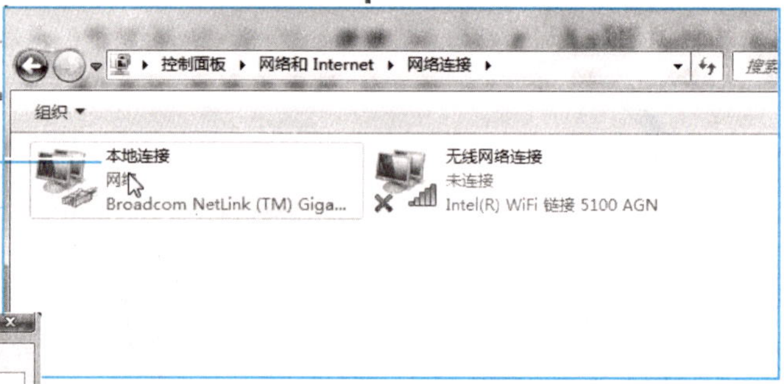

2 在弹出的窗口中双击“本地连接”图标

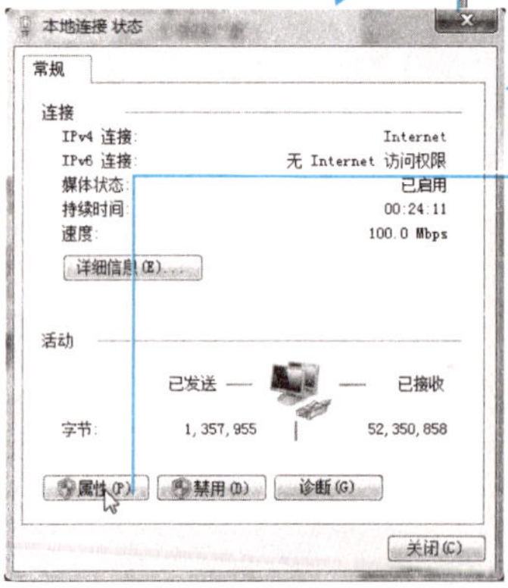

3 在弹出的“本地连接 状态”对话框中单击“属性”按钮

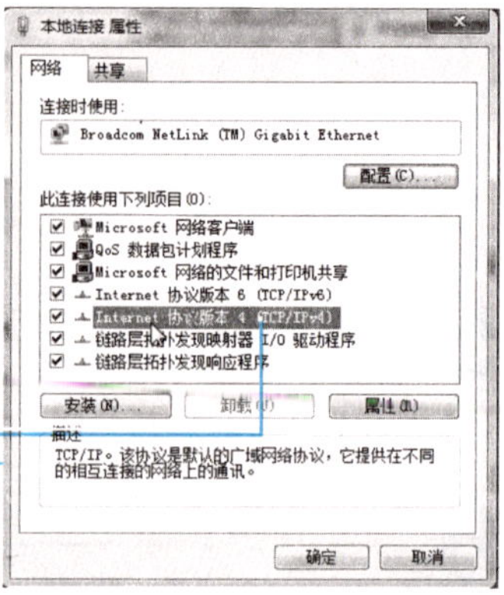

4 在“本地连接 属性”对话框中双击“此连接使用下列项目”中的“Internet 协议版本4(TCP/IPV4)”

视野拓展

WLAN就是解决有线网络以上问题而出现的。WLAN利用电磁波在空气中发送和接受数据，而无须线缆介质。WLAN的数据传输速率现在已经能够达到最高450Mbps，传输距离可远至20km以上。无线联网方式是对有线联网方式的一种补充和扩展，使网上的计算机具有可移动性，能快速、方便的解决以有线方式不易实现的网络联通问题。

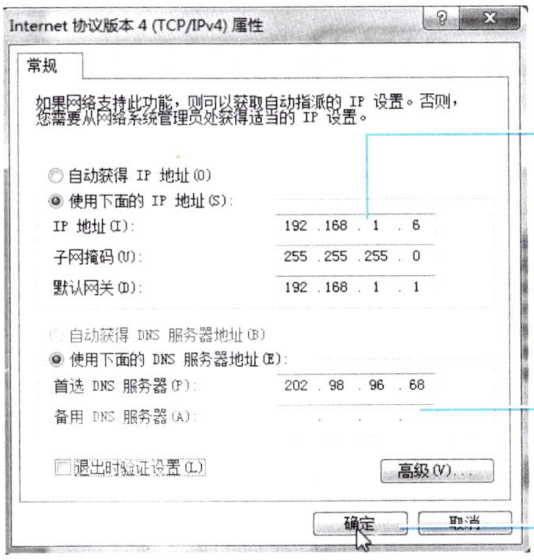

5 在弹出的“Internet 协议版本4(TCP/IPV4)属性”对话框中选中“使用下面的IP地址”，然后再输入IP地址

6 输入DNS服务地址

7 单击“确定”按钮

11.3 共享局域网络资源

配置好局域网的设备和IP地址后，就可以在局域网中共享电脑中的文件、文件夹、硬盘等设备了。

11.3.1 设置共享资源

1. 高级共享设置

要在局域网中共享网络资源，首先要进行共享设置。具体操作如下：

操作步骤

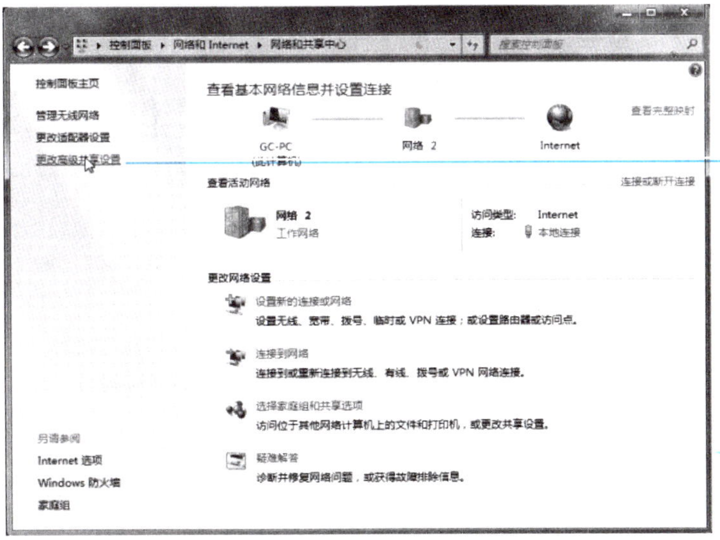

1 打开“网络和共享中心”窗口，单击窗口左侧的“更改高级共享设备”超链接

视野拓展

目前的局域网基本上都采用以广播为技术基础的以太网，任何两个节点之间的通信数据包，不仅为这两个节点的网卡所接收，也同时为处在同一以太网上的任何一个节点的网卡所截取。因此，黑客只要接入以太网上的任一节点进行侦听，就可以捕获发生在这个以太网上的所有数据包，这就是以太网所固有的安全隐患。

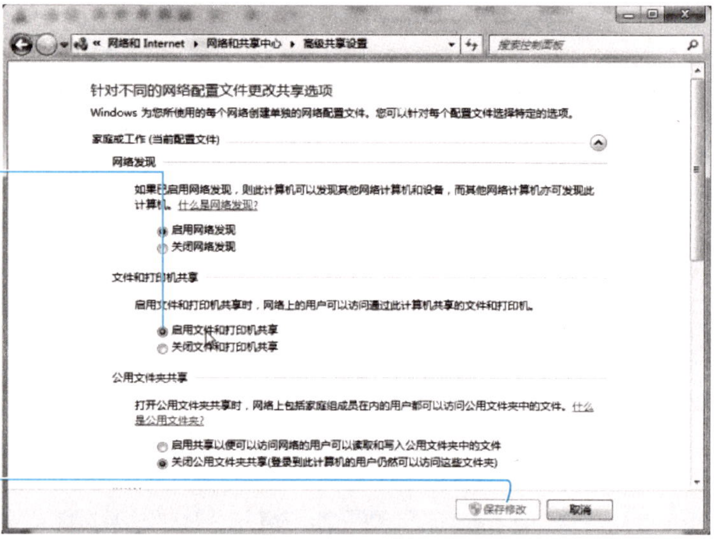

2 在弹出的窗口中的“文件和打印机共享”组中，选择“启动文件和打印机共享”单选按钮

3 单击“保存修改按钮”

2. 共享文件夹

启动文件和打印共享后，便可设置共享文件夹和共享磁盘中的文件能被局域网中其他用户访问了。具体操作如下：

- 共享文件夹

操作步骤

1 右键单击需要共享的文件夹在弹出的快捷菜单中选择“共享”子选项

2 在弹出的子菜单中选择“特定用户”命令

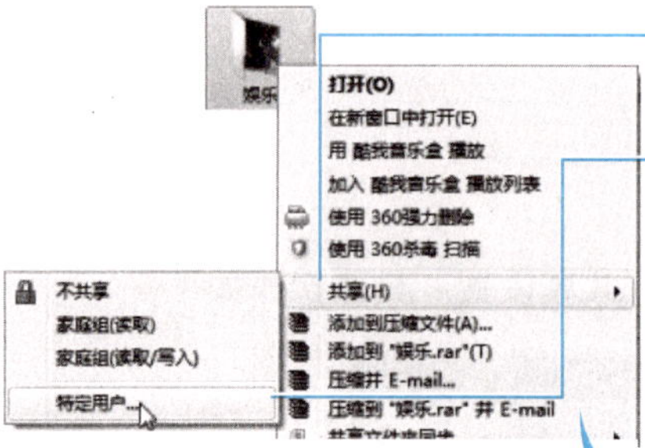

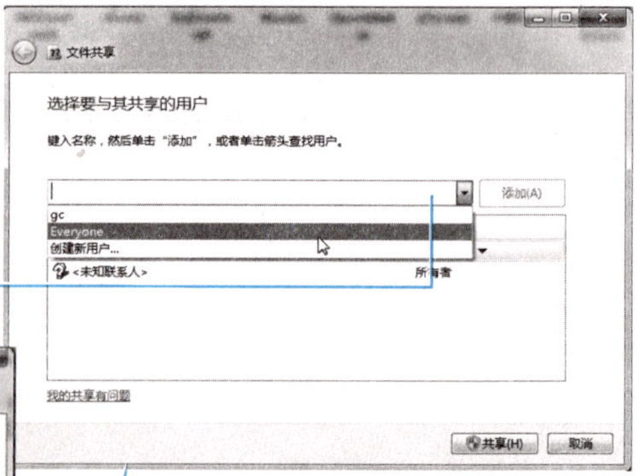

3 输入允许共享该文件的用户名称，再单击“添加”按钮

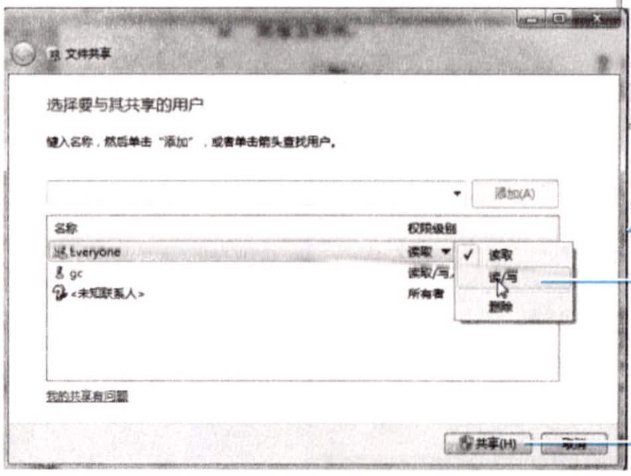

4 设置允许访问者的“权限级别”

5 单击“共享”按钮

视野拓展

因为无线局域网采用公共的电磁波作为载体，而电磁波能够穿越天花板、玻璃、楼层、砖、墙等物体，因此在一个无线局域网接入点(AccessPoint)的服务区域中，任何一个无线客户端都可以接收到此接入点的电磁波信号。这样，非授权的客户端也能接收到数据信号。也就是说，非授权用户在无线局域网中窃听或干扰信息就容易得多。

2. 设置共享磁盘

操作步骤

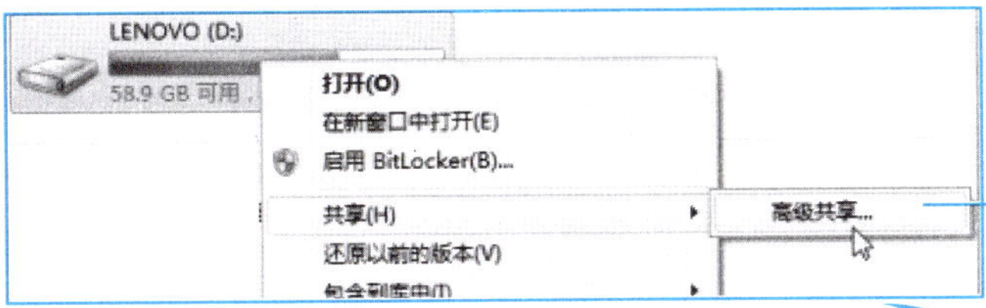

1 右键单击需要共享的磁盘，在弹出的快捷菜单中选择“共享”→“高级共享”命令

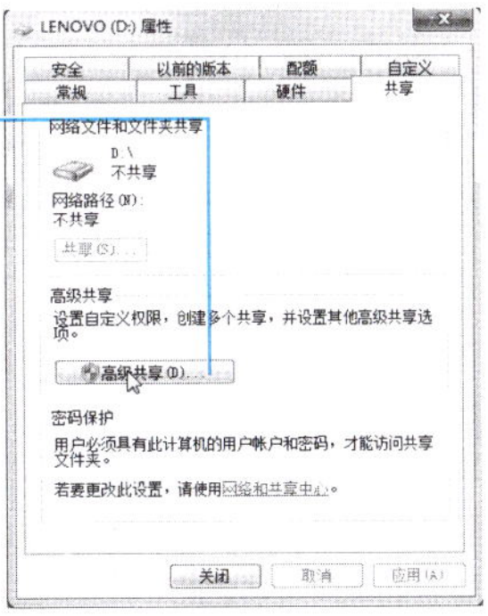

2 在弹出的对话框中单击“高级共享”按钮

3 勾选“共享此文件夹”

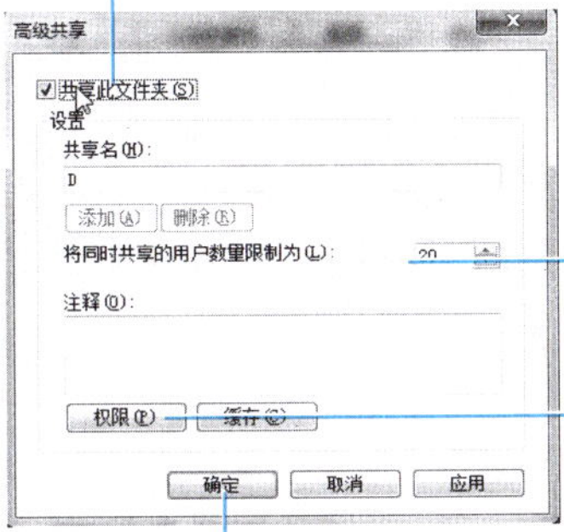

4 设置共享用户数量

5 单击“权限”按钮

6 设置共享用的使用权限

7 单击“确定”按钮

8 单击“确定”按钮

11.3.2 调用网络资源

局域网设置完成后，用户也可以从其他电脑中调用资源了。

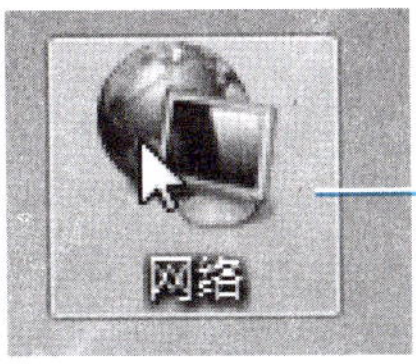

1 双击桌面上的“网络”图标

视野拓展

无线局域网总的发展方向是速度会越来越快(目前已见的是11Mbps的IEEE802.11b，54Mbps的IEEE802.11g与IEEE802.11a标准)，安全性会越来越高。当然无线局域网的各项技术均处在快速的发展过程当中，但54Mbps的无线局域网规范IEEE802.11g及IEEE802.1X将是近期整个无线局域网业的热点。

2 在“网络”窗口中会显示所有局域网中的用户，双击要调用的共享资源的计算机，然后找到需要的资源的路径，复制到自己的电脑上就可以了

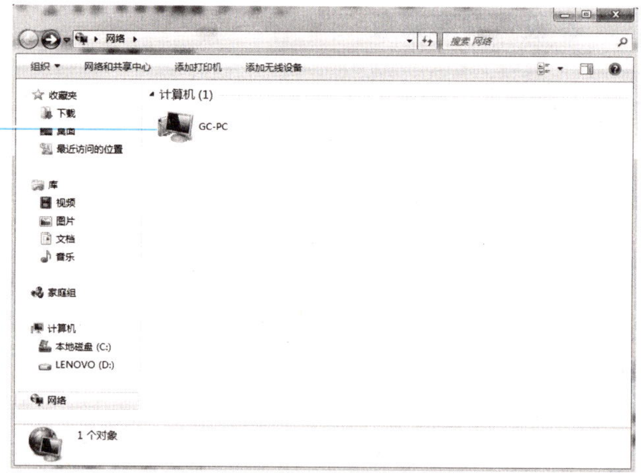

11.3.3 映射网络驱动器

有些经常使用的共享文件夹，每次通过“网络”窗口查找很麻烦，用户可以将它的快捷图标创建在自己的“计算机”窗口中，使用时可以像打开本地电脑磁盘分区一样。这种方法称为创建映射网络驱动器。具体操作如下：

操作步骤

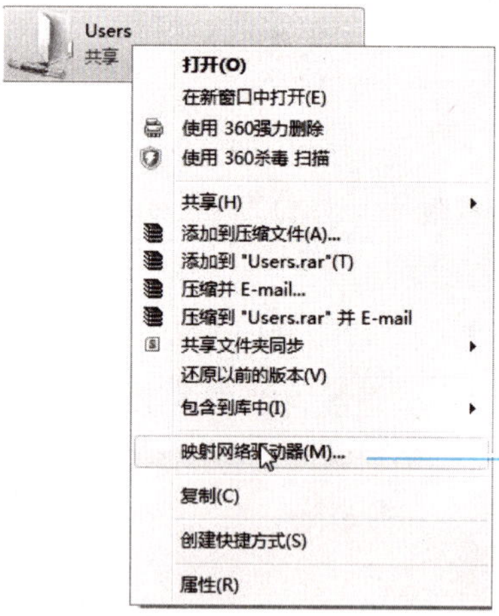

1 打开“网络”窗口，右击经常访问的文件夹，从弹出的快捷菜单中单击“映射网络驱动器”子选项

2 设置驱动器名称

3 单击“完成”按钮

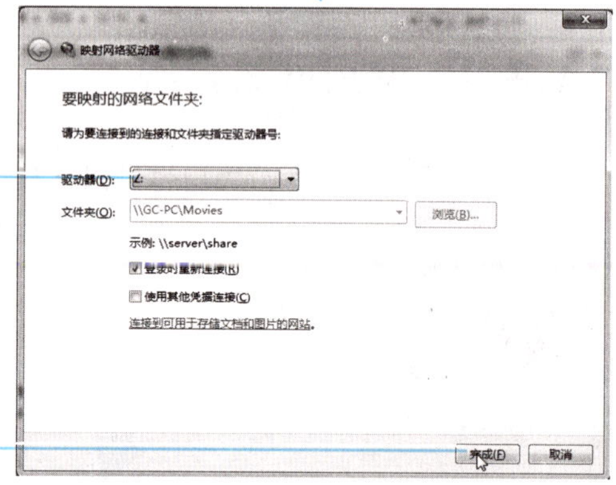

视野拓展

据权威调研机构CahnersIn-StatGroup预计，全球无线局域网市场将在2000年至2004年保持快速增长趋势，每年平均增长率高达25%。无线局域网市场的网卡、接入点设备及其他相关设备的总销售额也将在2000年轻松突破10亿美元大关，在2004年达到21.97亿美元。

11.4 配置Windows 7无线局域网

现在随着笔记本电脑的应用增加，无线局域网也得到了广泛的使用。下面我们就来介绍一些关于无线局域网的知识。

11.4.1 组建无线网络的硬件设备

无线局域网络（Wireless Local Area Networks； WLAN）是相当便利的数据传输系统，它利用射频（Radio Frequency； RF）技术，取代旧式的碍手碍脚的双绞铜线（Coaxial）所构成的局域网络，使得无线局域网络能利用简单的存取架构让用户透过它，达到信息随身化、便利走天下的理想境界。

- 无线网卡：无线网卡的作用和以太网中的网卡作用基本相同，它作为无线局域网的接口，能够实现无线局域网各客户机间的连接与通信。
- 无线AP：AP是Access Point的简称，无线AP就是无线局域网的接入点、无线网关，它的作用类似于有线网络中的集线器。
- 无线路由器：一台可以发射无线信号的路由器，当无线网络中各网络设备相距较远时，随着信号的减弱，传输速率会明显下降以致无法实现无线网络的正常通信，此时就要借助于无线天线对所接收或发送的信号进行增强。

11.4.2 组建无线局域网

当无线局域网的硬件设备都已经连接完成之后，就可以组建无线局域网了。首先选定一台计算机为主机，并将无线路由器有线的连接起来，然后根据无线路由器中的设置说明书进行设置。因为路由器的不同，所打开的IP地址也不同，所以这里不介绍如何设置无线路由器。路由器可以由用户很轻松地连接到无线局域网上。具体操作如下：

1. 连接无线网络

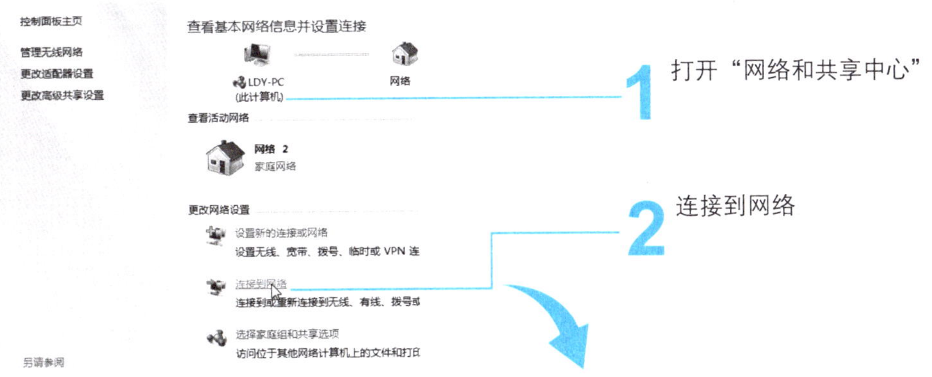

操作步骤

视野拓展

我国的INTERNET的发展以1987年通过中国学术网CANET向世界发出第一封E-mail为标志。经过几十年的发展，形成了四大主流网络体系，即：中科院的科学技术网CSTNET；国家教育部的教育和科研网CERNET；原邮电部的CHINANET和原电子部的金桥网CHINAGBN。

3 选择需要连接的无线网络

4 单击“连接”按钮

5 等待连接到局域网

2. 创建临时网络连接

有时用户没有无线路由，如何使两台电脑进行连接呢？下面我们就来介绍一下临时网络。

操作步骤

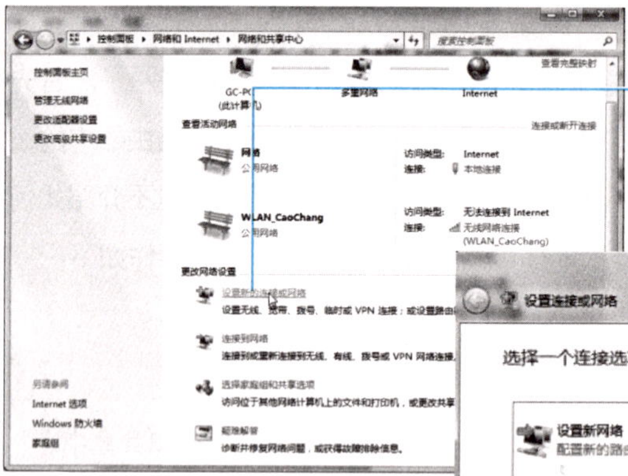

1 打开“网络和共享中心”，单击“新的设置和网络”超链接

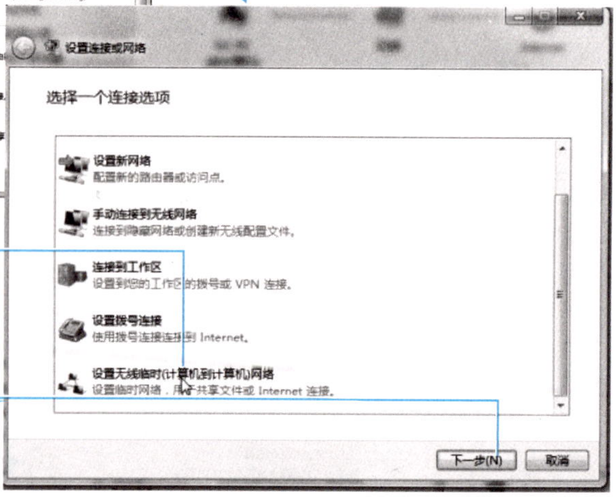

2 单击“设置无线临时（计算机到计算机）网络”

3 单击“下一步”按钮

视野拓展

中国目前有五家具有独立国际出入口线路的商用性Internet骨干单位，还有面向教育、科技、经贸等领域的非营利性Internet骨干单位。现在有600多家网络接入服务提供商（ISP），其中跨省经营的有140家。

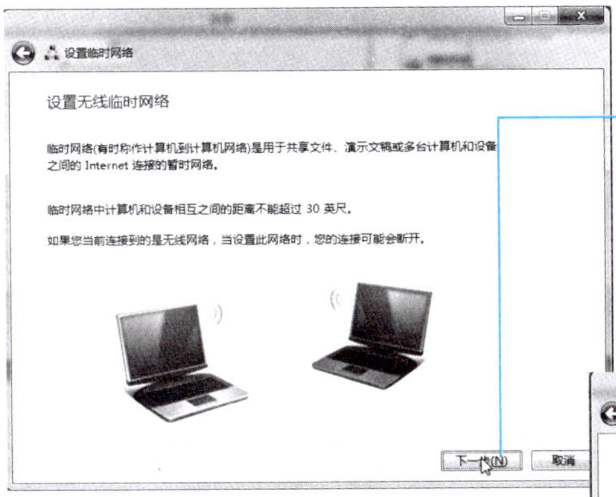

4 单击“下一步”按钮

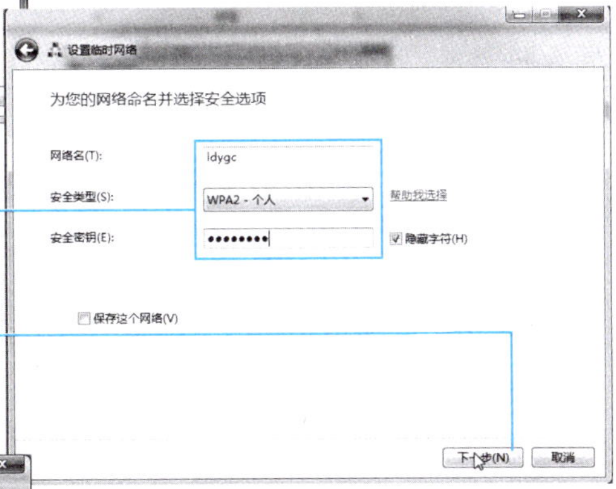

5 为网络输入网络和安全密钥

6 单击“下一步”按钮

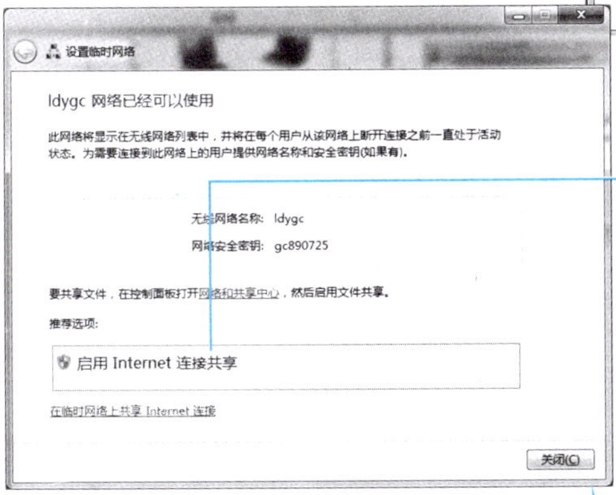

7 单击“启动Internet连接共享”按钮

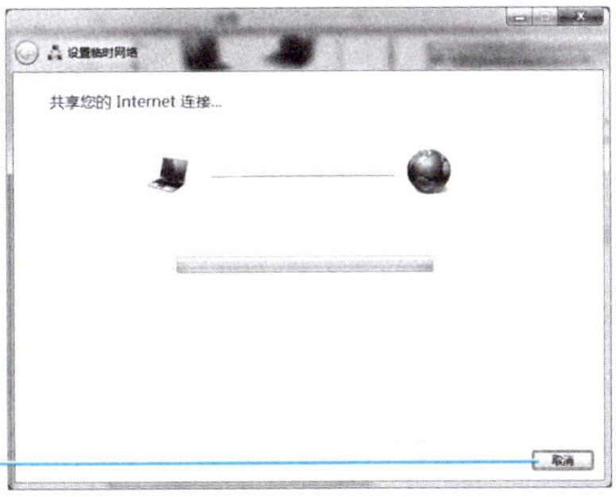

8 配置完成单击“关闭”按钮

在没有其他设备的情况下，两台电脑就可以通过临时网络传输文件。

博学先生，这个临时网络有什么用啊？

11.5 本章小结

本章主要讲解了如何创建家庭局域网和一些网络常识，读者可以通过组建家庭局域网方便快捷的从局域网内的计算机中获取资源，用户通过本章的学习应该能够自己动手组建一个家庭局域网。

视野拓展

临时网络一般要求计算机本身自带无线设备，例如蓝牙、红外线或无线模块等。

11.6 趁热打铁

现在让我们来做一些练习检验一下自己的学习吧。

11.6.1 选择题

1. 组建有线局域网不需要的硬件设备是（　　）。

A. 网卡　　B. 网线

C. 计算机　　D. 打印机

2. 设置驱动器的共享权限时，可以设置的权限（　　）。

A. 完全控制　　B. 更改

C. 读取　　D. 以上权限都可以

11.6.2 实践题

1. 动手组建一个家庭局域网。

2. 创建共享文件，并设置共享权限。

视野拓展

计算机网络是自造纸和印刷术发明以来，人类又一个信息存储与传播的伟大创造。人类的信息传播最早是言传身教，到龟壳石刻的高成本记载，到现在的计算机网络快速高容量的记载及快速传播。

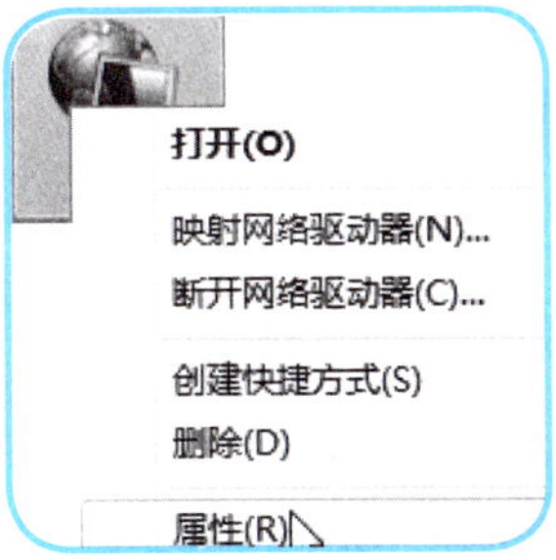

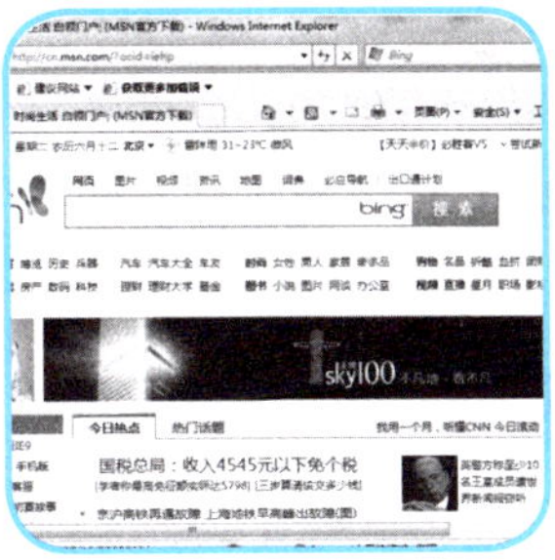

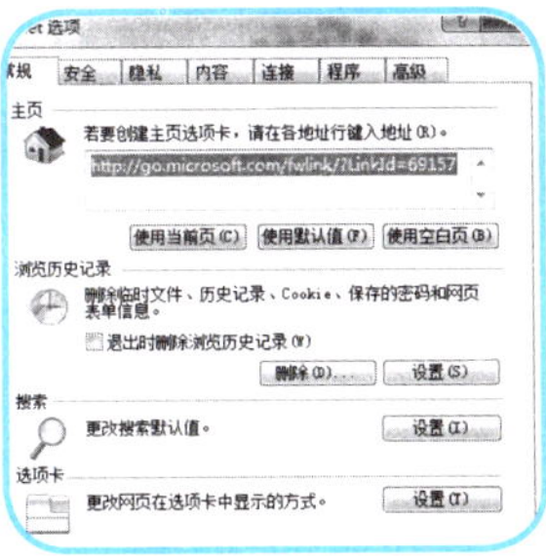

第12章 Internet网上冲浪

本章导读

互联网的出现宣告着信息时代的到来，人们在互联网中可以分享大量的信息，并可将得到的信息进行保存。本章将介绍如何登录网络，并从网络中获取资源，畅游网络世界。

本章学习目标

- 选择上网方式
- 学会使用IE8.0浏览网页
- 登录网页查看信息
- 下载网络资源
- 网络安全防范

本章学习重点

- 掌握连接因特网的方法
- 掌握查看网页的方法
- 下载网络资源

12.1 上网前的准备

本节主要介绍如何接入因特网，上网有哪些方式和一些网络术语。

12.1.1 选择上网方式

Internet的连接方式主要有ADSL、小区宽带、光纤接入、无线上网等，下面就来了解一下吧。

1. 拨号上网

PSTN（Published Switched Telephone Network，公用电话交换网）即“拨号接入”，就是指通过普通电话线上网。用户在上网的同时，不能接收电话。目前最高速率为56kbps，已经达到仙农定理确定的信道容量极限，虽然速率远远不能够满足宽带多媒体信息的传输需求，不过方便、普及、便宜的优点也很突出。

2. ISDN通话上网两不误

ISDN（Integrated Service Digital Network，综合业务数字网）就是俗称的一线通，它的主要特点就是在上网的同时用户可以任意接收电话，而且它的速度更快，普通Modem拨号需要等待1～5分钟后才能接入，实际速度为20～50kbps，ISDN则只需等待1～3秒钟就可以实现接入，实际速度可以达到100～128kbps。测试数据表明，双线上网速度并不能翻番，窄带ISDN也不能满足高质量的VOD等宽带应用，但是它的费用较电话接入要高。

用户使用ISDN需要专用的终端设备，主要由网络终端NT1和ISDN适配器组成。ISDN适配器和Modem一样又分为内置和外置两类，内置的一般称为ISDN内置卡或ISDN适配卡；外置的ISDN适配器则称之为TA。ISDN内置卡价格在300～400元左右，而TA则在1000元左右。另外它的月租费为普通电话月租费的1.5倍，费用收取按照网费＋通话费，一小时上网费用高时可为普通拨号上网的两倍。

3. ADSL一个人的宽带

ADSL（Asymmetrical Digital Subscriber Line非对称数字用户环路） 是一种能够通过普通电话线提供宽带数据业务的技术。ADSL支持上行速率640kbps～1Mbps，下行速率1Mbps～8Mbps，其有效的传输距离在3～5公里范围以内。在ADSL接入方案中，每个用户都有单独的一条线路与ADSL局端相连，数据传输带宽是由每一个用户独享的。相较前两种上网接入方式，ADSL无须拨号，始终在线，实际速度可以达到400～512kbps，快速了许多。

视野拓展

现在最流行的上网方式还是ADSL，而且ADSL还在不断的发展。

4. DDN主要面向单位

DDN是英文Digital Data Network的缩写。DDN的通信速率可根据用户需要在N×64kbps，N在1～32之间进行选择，当然租用费用也较高。用户租用DDN业务需要申请开户。DDN的收费一般采用包月制和计流量制，这与一般用户拨号上网的按时计费方式不同。DDN的租用费较贵，主要面向集团公司等需要综合运用的单位。DDN按照不同的速率带宽收费也不同。

5. Cable-modem依赖有线

Cable-Modem（线缆调制解调器）是近两年开始试用的一种超高Modem，它利用现成的有线电视CATV网进行数据传输，已是比较成熟的一种技术。随着有线电视网的发展壮大和人们生活质量的不断提高，通过Cable-Modem利用有线电视网访问Internet已成为越来越受业界关注的一种高速接入方式。

Cable－Modem连接方式可分为两种：即对称速率型和非对称速率型。前者数据上传速率和数据下载速率相同，都在500kbps～2Mbps之间；后者的数据上传速率在500kbps～10Mbps之间，数据下载速率为2Mbps～40Mbps。

由于采用共享结构，随着用户的增多，个人的接入速率会有所下降，安全保密性也欠佳。最关键的是广电系统没有自己的互联网出口，而且各地的有线网自成一体，没有联网形成整体，都是租用各地的电信、网通、联通的互联网出口。

6. PON光纤入户

PON（无源光网络）技术是一种点对多点的光纤传输和接入技术，下行采用广播方式，上行采用时分多址方式。PON包括ATM-PON（APON，即基于ATM的无源光网络）和Ethernet-PON（EPON，即基于以太网的无源光网络）两种。PON每个用户使用的带宽可以从64kbps～155Mbps灵活划分，一个OLT上所接的用户共享155Mbps带宽。

其中，LMDS无线通信是目前可用于社区宽带接入的一种无线接入技术。每个终端用户的带宽可达到25Mbps。但是，它的带宽总容量为600Mbps，每基站下的用户共享带宽，因此一个基站如果负载用户较多，那么每个用户所分到带宽就很小了。

7. LAN小区宽带

LAN方式接入是利用以太网技术，采用光缆＋双绞线的方式对社区进行综合布线。所以叫小区宽带，是目前在各接入宽带的小区中最多采用的方式。用户家里的电脑通过五类跳线接入墙上的五类模块就可以实现上网。

8. 无线上网

无线上网是近年来兴起的一种因特网接入方式，采用的是无线通信技术让电脑、手机等设备

视野拓展

如果用户在家中使用路由器上网，那么用户只需将路由器进行设置，以后上网就无须连接网络了。

接入Internet。它主要有两种方式，一种是通过手机开通上网功能，然后让电脑通过手机或无线网卡来实现无线上网，这种方式网速相对较慢；另一种方式是通过无线网络设备，以传统局域网为基础，以无线AP和无线网卡来构建无线上网方式。

12.1.2 连入因特网

在了解了常见的上网方式后我们就可以根据实际情况建立网络连接了。ADSL拨号上网是目前最为广泛的家庭上网方式。首先，用户在办理ADSL上网业务之后获得上网账号与密码。然后在计算机上建立网络连接。具体操作步骤如下：

操作步骤

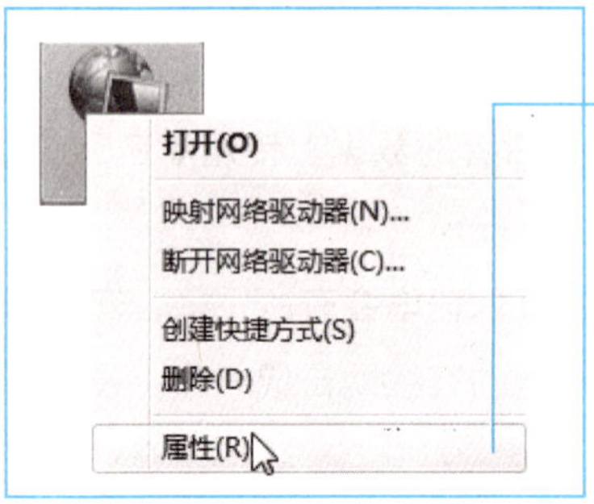

1 右键单击“网络”图标，在弹出的快捷菜单中选择“属性”命令

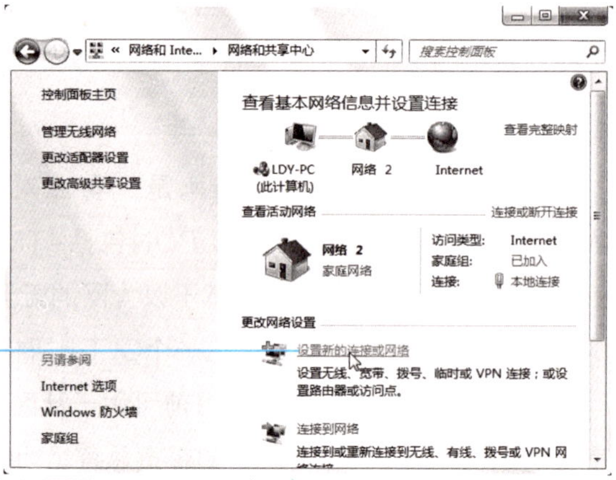

2 在弹出的“网络和共享中心”窗口单击“设置新的连接或网络”链接

3 在弹出的“设置连接或网络”窗口中单击“连接到Internet”选项

4 单击“下一步”按钮

视野拓展

网络语言是伴随着网络的发展而新兴的一种有别于传统平面媒介的语言形式。它以简洁生动的形式甫一诞生就得到了广大网友的偏爱，发展神速。

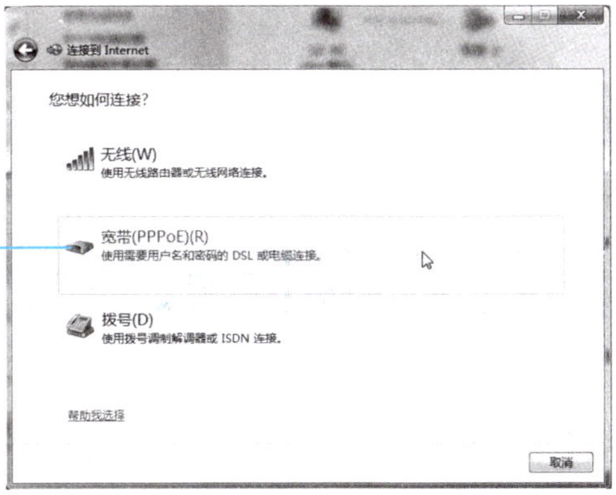

5 单击“宽带（PPPOE）”选项

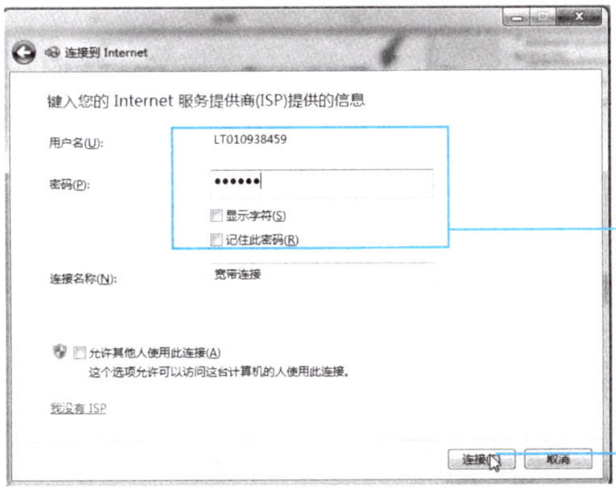

6 输入办理宽带业务时的网络运营商提供的用户名和密码

7 单击“连接”按钮

12.1.3 Internet中的常用术语

用户在上网的过程中经常会听到一些网络术语，如http、www、“域名”等，这些术语都有什么含义呢？下面在我们进入网络世界之前先了解一下这些网络术语吧。

- www：万维网，是World Wide Web的简称，是一种基于超文本技术的交互式信息查询工具，通过它可以在Internet上浏览、传输和编辑超文本格式的文件。
- 网页：是浏览Internet时浏览器显示出来的直观对象，它是存放在Web服务器上的文档，通过一些协议传送到各台发送请求的电脑上。
- HTTP协议：超文本传输的协议，是HyperText Transfer Protocol的简称，用户将Web服务器上的网页代码编译成通常的网页效果，是Internet上应用最为广泛的一种网络协议。
- TCP/IP协议：传输控制协议/因特网互联协议，是Transmission Control Protocol/Internet Protocol的简称。
- IP地址：是区分Internet 网络中各台电脑的有效凭证，相当于一个人的身份证号码。一个电脑可以拥有一个或多个IP地址，但一个IP地址不能同时分配给多台电脑，否则会出现网络通信错误。
- 域名：是Internet中利用一些形象直观、方便记忆的名称替代复制难记的IP地址的一种形式。域名系统采用层次结构，各层间用圆点“.”隔开。例如www.sina.com.cn.sina表示网站名，com表示商业机构，cn表示中国。

视野拓展

Internet Explorer最初是从早期一款商业性的专利网页浏览器Spyglass Mosaic衍生出来的产品。在1996年，微软透过给予季度费用和部分收入从Spyglass中取得了Spyglass Mosaic的授权。

- 网址：在Internet中，从一台电脑访问另一台电脑，必须知道对方的网址，它相当于显示生活中的门牌号。这里所说的网址包括两个概念，即IP地址和域名地址。
- E-mail：电子邮件，通过Internet给人写信，既方便又快捷，是Internet上常用的通信方式。

12.2 开始上网

前面我们已经了解如何在Windows 7操作系统下连接网络和一些网络术语，下面就让我们开始网络旅程吧。

12.2.1 启动Internet Explorer8.0

IE8.0是Windows 7操作系统自带的网页浏览器，也是当前最流行的一款专门浏览网络信息的程序。

1. 启动IE8.0

双击桌面的浏览器图标

在快速启动栏启动

2. IE8.0界面

标题栏 地址栏 搜索栏 窗口控制按钮

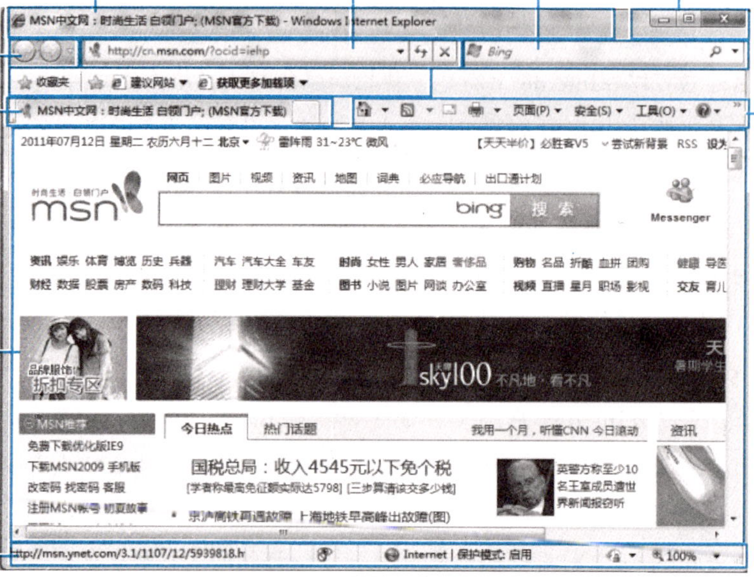

前进/后退按钮 选项卡栏 命令栏 网页浏览区 状态栏

- 标题栏：标题栏位于IE浏览器窗口的最上方，用于显示打开网页的名称。
- 地址栏：地址栏用于输入网站的网址，打开网页时显示当前网页的地址。

视野拓展

常规快捷键：打开或关闭全屏模式 F11；移动选择网页上的地址栏、“刷新”按钮、搜索框和项目 Tab；查找页面上的字词或短语 Ctrl+F；在新窗口中打开当前网页 Ctrl+N；打印页面 Ctrl+P；选择页面上的所有项目 Ctrl+A；放大 Ctrl+加号；缩小 Ctrl+减号；缩放到 100% Ctrl+0。

- 搜索栏：在搜索栏文本框中输入搜索内容，单击回车键可以搜索用户需要的信息。
- 窗口控制按钮：和其他窗口一样，IE浏览器窗口右上角也有“最小户”按钮、“最大化/恢复”按钮和“关闭”按钮，用于对应网页窗口执行相应操作。
- 选项卡栏：IE8.0支持在同一浏览器窗口中打开多个网页，每打开一个网页对应增加一个选项卡标签，单击相应标签可在打开的网页之间进行切换。
- 网页浏览区：网页浏览区是浏览网页的主要区域，用显示当前网页的内容，包括文字、图片和视频等各种信息。
- 状态栏：用于显示网页下载进度和当前网页的相关信息，以及网页筛选状态和显示百分比等。
- 前进/后退按钮：通过前进/后退按钮可以快速地在浏览过的网页间切换。单击“后退”按钮可以返回到前一个访问的网页，单击“前进”按钮将返回到单击“后退”按钮之前的网页中。
- 命令栏：提供一些常用的工具按钮，如按钮 为主页按钮，单击该按钮可以快速打开设置的主页。按钮 为“源”按钮，单击该按钮可提供更新的网站内容。

12.2.2 从主页出发

主页就是打开浏览器时显示的起始页面，Windows 7操作系统中的IE8.0起始主页为http://cn.msn.com/?ocid=iehp。这是一个综合型的网站，里面包括很多链接，下面让我们从这个主页开始浏览网页吧。

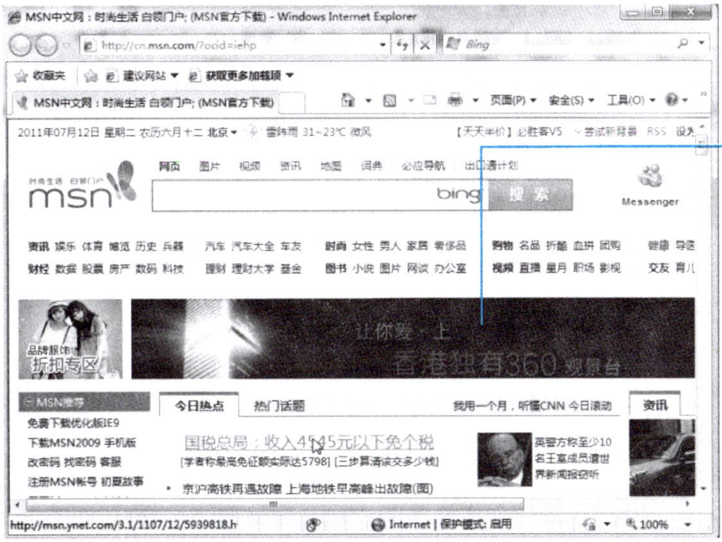

操作步骤

1 打开IE8.0浏览器，在弹出的主页中选择一个自己感兴趣的内容，当鼠标指针变为 时，单击链接

视野拓展

用户经常登录的网站在计算机中是有记录的，如果用户不清楚记录，有时在没有连接网络的时候也可以脱机登录。

注意：超链接一定是文字形式，还有可能是图片等其他形式。同样不是所有的文字都是超链接。当鼠标指针变化成 ☝ 时，才表明用户将要单击的是超链接。

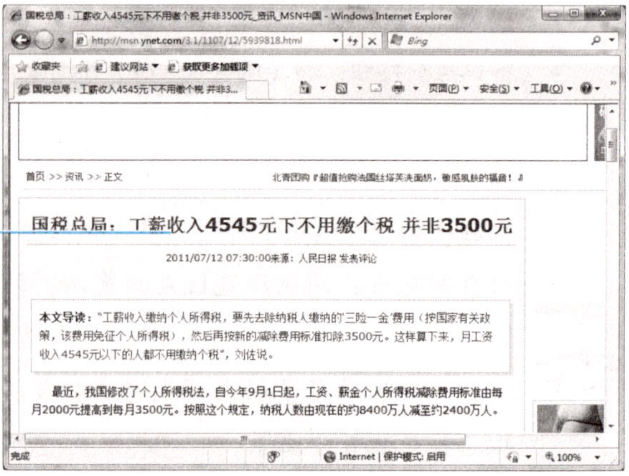

2 这时将会弹出另一个网页窗口，对应着前一窗口链接标题的内容

12.2.3 在地址栏输入想去的网址

前面提到的主页一般都是设置成用户经常登录的网页，但是用户需要在地址栏输入域名才能够链接到想要去的网页。下面就以登录网易主页为例介绍。

操作步骤

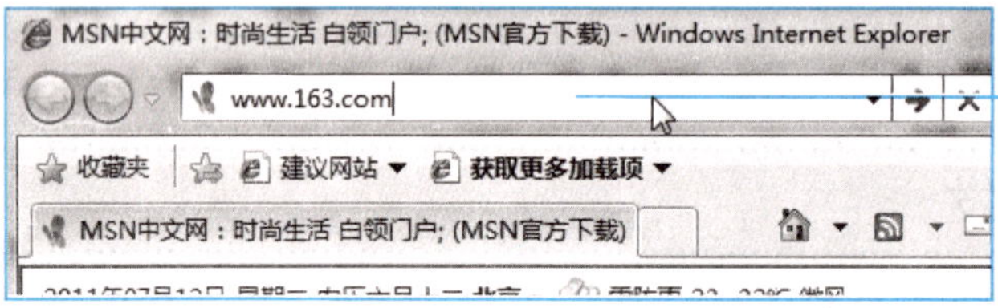

1 在地址栏中输入网易的域名，按回车键

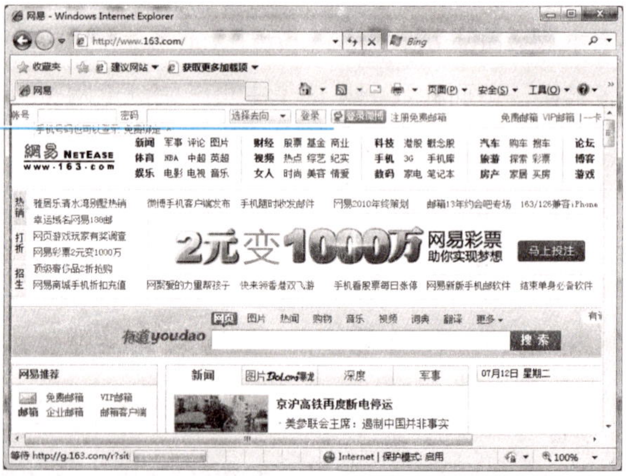

2 网页跳转到网易主页上了

提示：对于刚开始接触网络的用户来说，很少知道一些自己感兴趣的网页的地址。这里可以在搜索栏中输入需要搜索的内容，IE8.0就会给出相关内容的网页列表，用户可以根据需要选择。

12.3 浏览网页

前面只初步介绍了如何浏览网页，本节主要介绍如何使用IE 8.0浏览网页。

视野拓展

有时我们会碰到网页中的某个图片没有成功下载的情况，对此我们可在该图上单击右键，然后选择“显示图片”，就可单独重新下载此图，而不必重新输入URL将整个网页再下载一次。

12.3.1 使用后退和前进按钮

在用户浏览网页时后退和前进按钮可以帮助用户快速浏览网页。具体操作如下：

操作步骤

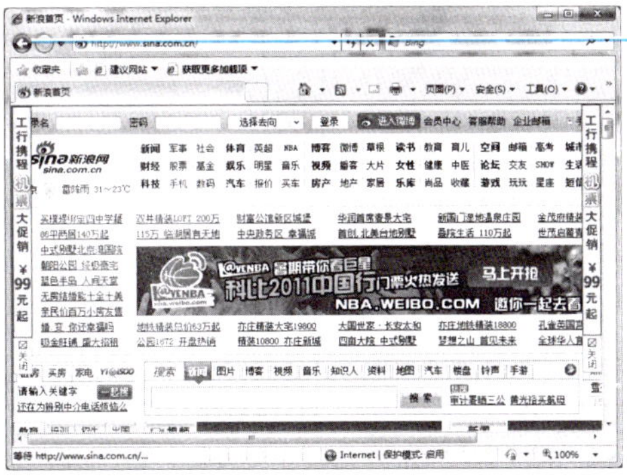

1 用在IE浏览器中单击“返回”按钮就可以返回前一个浏览的网页

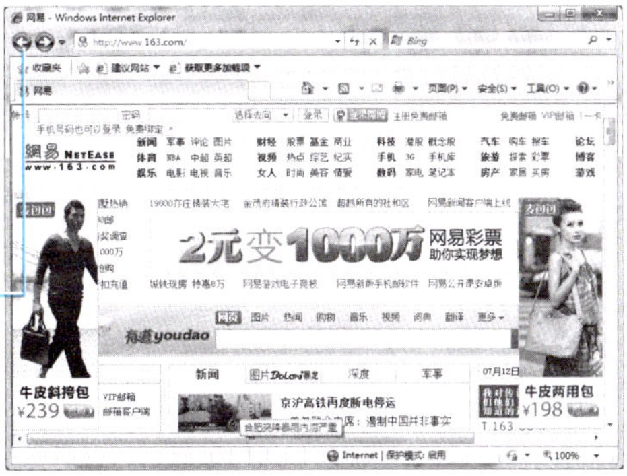

2 单击“前进”按钮就会回到之前的新浪网主页了

提示： 如果用户想返回前一网页，用户可以在IE浏览器窗口下按Backspace键

12.3.2 使用收藏夹

当用户遇到比较感兴趣的网页或者要经常打开的网页时，用户可以将网页保存到收藏夹中以备需要的时候浏览。具体操作步骤如下：

操作步骤

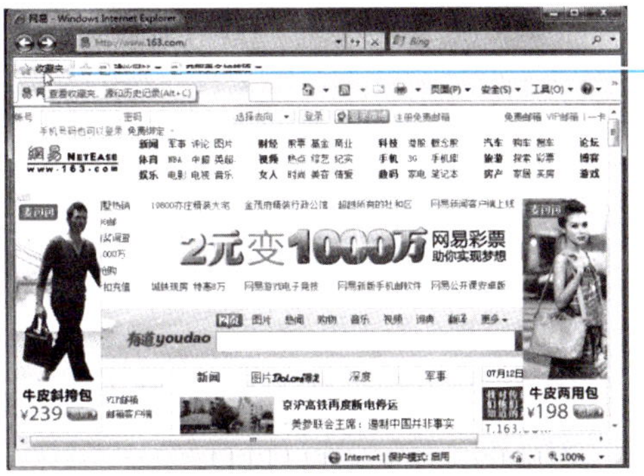

1 单击“收藏夹”按钮

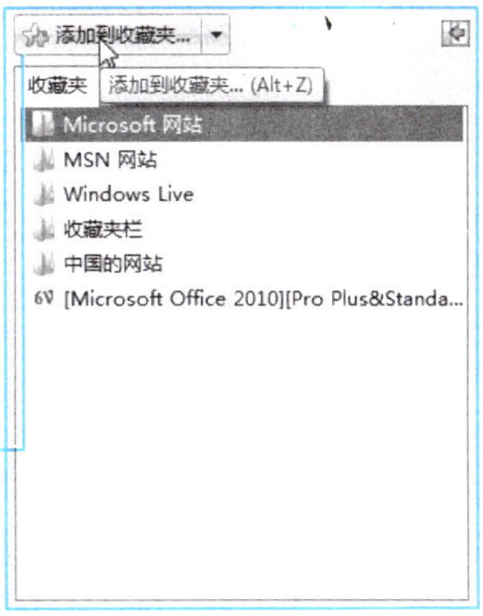

2 在弹出窗格中单击“添加到收藏夹”按钮

视野拓展

为方便浏览，在IE中您可以用“查看”菜单中的“文字大小”选项随意调节字体的大小，但下次激活后字体又恢复原状。每次调节自然很麻烦，而且也会因此耽误不少时间，能不能永久改变呢？打开“工具”菜单下的“Internet选项”，点“字体”钮，你会发现不仅可以改字型的大小，还可改变字体，设置完成后，点一下“确定”。

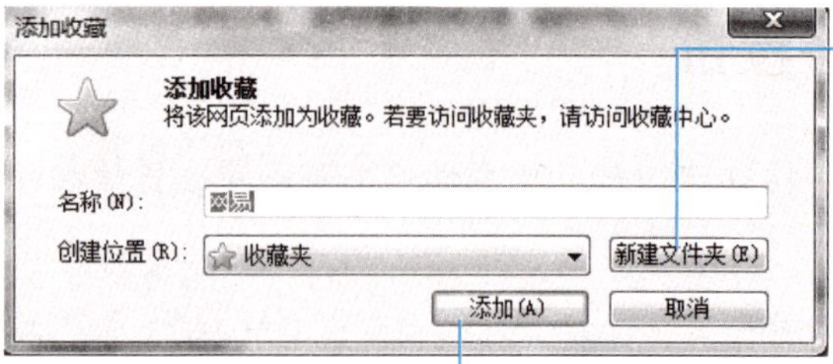

3 单击“新建文件夹”按钮

4 输入文件夹名称

6 单击“添加”按钮

5 单击“创建”按钮

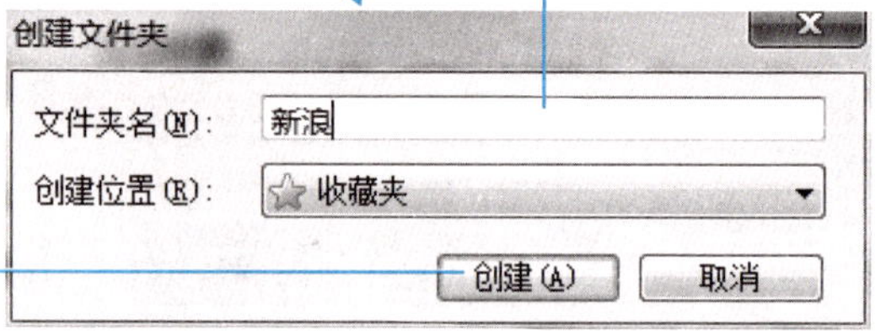

提示：用户在收藏时也可不新建文件夹直接添加，新建文件夹可以将同类网站整理到一起便于查找。

12.3.3 通过历史记录浏览网页

使用IE浏览器浏览网页后，IE浏览器会自动记录最近一段时间内浏览过的网页地址，用户可以通过历史记录快速查找曾经浏览过的网页。具体操作如下：

打开IE8.0收藏夹，选择“历史记录”选项卡，用户就可以查看浏览过的网页了

12.3.4 自定义主页

默认主页是IE浏览器后显示的主页。系统默认的主页是微软公司的网站。如果用户经常浏览的网站不是默认主页，则可以更改为自己满意的主页。具体操作方法如下：

操作步骤

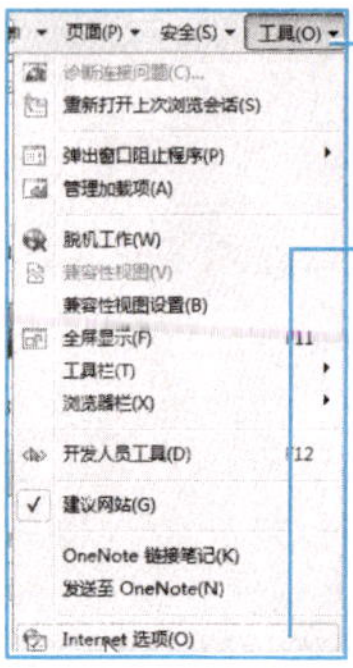

1 选择命令栏中的“工具”命令

2 在弹出的菜单中选择“Internet选项”命令

视野拓展

IE可以如同资源管理器一样快速地完成文件管理的功能。只需在地址输入栏中输入驱动器号或者具体的文件地址，然后按回车键，你将会发现IE浏览器发生了很大的变化，首先是显示窗口中显示的是该分区中的内容，其次是浏览器的工具条变得与资源管理器的工具条极为相似。

3 在弹出的“Internet选项”对话框中选择“常规”选项卡，在“主页”文本框中输入需要的网址

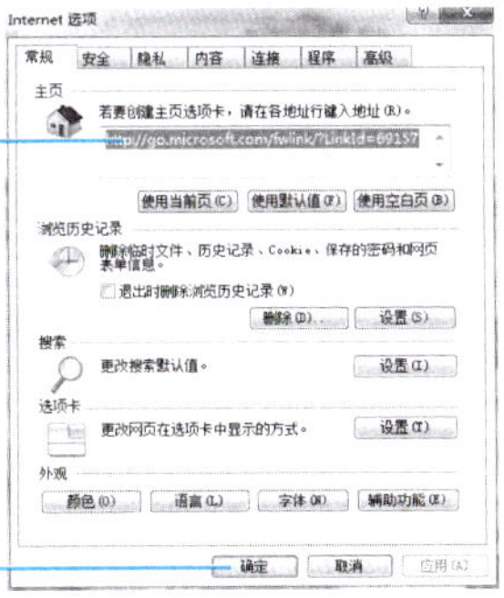

4 单击“确定”按钮

提示：

- 单击“使用当前页”按钮是设置用当前浏览的网页为主页。
- 单击“使用默认值”就是使用IE浏览器的默认主页，这里就是MSN主页。
- 单击“使用空白页”按钮是当打开IE浏览器时，显示的主页为无主页，用户需要自行输入网址浏览网页。

12.3.5 实现多标签浏览

在老版本的IE浏览器中，当用户打开一个新的链接时，就会弹出一个新的IE窗口。IE8.0浏览器可以实现多标签浏览，通过如下设置可以实现。

操作步骤

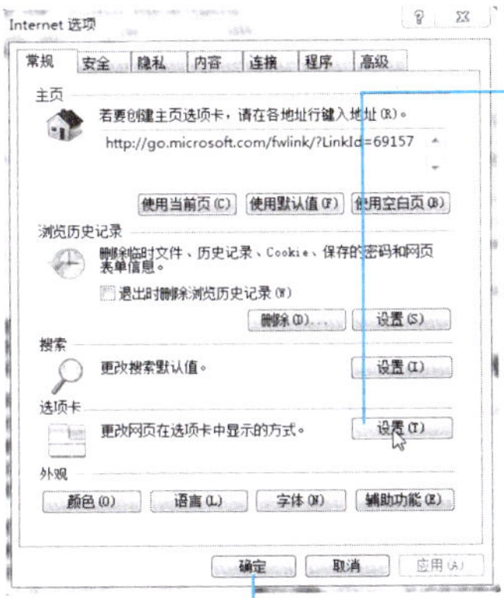

1 单击“常规”选项卡框中的“设置”按钮

2 勾选“启用选项卡式浏览”

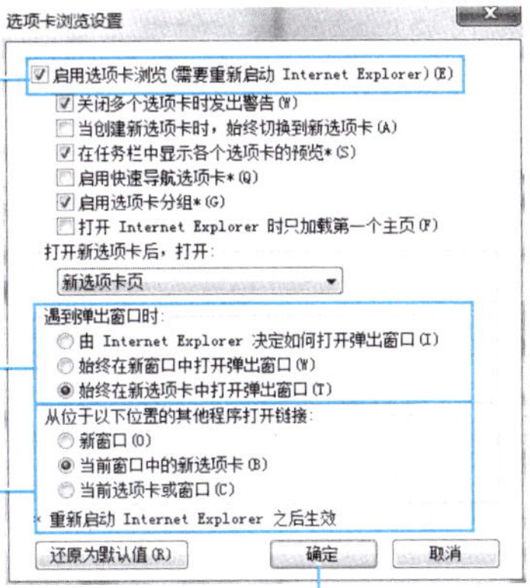

3 选中“始终在新选项卡中打开弹出窗口”单选按钮

4 选中“当前窗口中的新选项卡”单选按钮

5 单击“确定”按钮

6 单击“确定”按钮

7 打开多个链接时，就会在浏览器看到多个标签了

提示：

- 用户在没有关闭标签时，可以单击标签切换浏览过的网页。
- 如果用户需要关闭标签，只要双击需要关闭的标签即可。

12.3.6 巧用搜索引擎

搜索引擎其实是一个专门提供信息“检索”服务的网站，它会将因特网上的所有信息进行归类，帮助用户在众多信息中找到自己需要的信息。目前最大的搜索引擎是百度和谷歌。下面我们就以使用百度搜索引擎来解释如何使用搜索引擎。

视野拓展

互联网发展早期，以雅虎为代表的网站分类目录查询非常流行。网站分类目录由人工整理维护，精选互联网上的优秀网站，并简要描述，分类放置到不同目录下。用户查询时，通过一层层的点击来查找自己想找的网站。

操作步骤

1 在IE浏览器地址栏中输入www.baidu.com，打开百度首页。

2 在页面中的文本框输入搜索关键字，如输入“微软”，单击文本框右侧“百度一下”按钮

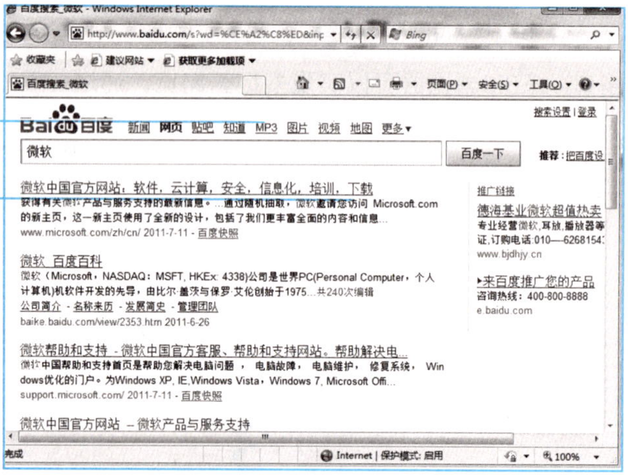

百度还提供信息分类，用户可以单击文本框上方的超链接，根据需要搜索

3 这时网页就会弹出关于搜索信息的列表，用户可以根据需要单击信息超链接打开网页

提示： 用户在使用搜索引擎时，如果搜索的内容较长或者是相关内容，可以输入多个关键字。例如搜索内容为“微软操作系统”，用户可以在文本框中输入“微软”空格，“操作系统”。

12.4 保存网络资源

对于网页中的文字和图片，我们可以通过复制或者另存为的方式保存，但是对于电影、MP3、软件的安装程序等文件，则需要通过下载的方式进行保存。本节将对下载网络资源进行介绍。

12.4.1 使用IE浏览器下载

Internet中可供下载的资源都是以超链接的形式提供在网页上，使用IE浏览器可以直接下载。下面我们就以下载飞信安装程序为例介绍如何使用IE浏览器下载网络资源。

视野拓展

HTTP和FTP是两种网络传输协议的缩写，FTP是File Transportation Protocol（文件传输协议）的缩写，而HTTP则是Hyper Text Transportation Protocol（超文本传输协议）的缩写，它们是计算机之间交换数据的方式，也是两种最经典的文件下载方式。

操作步骤

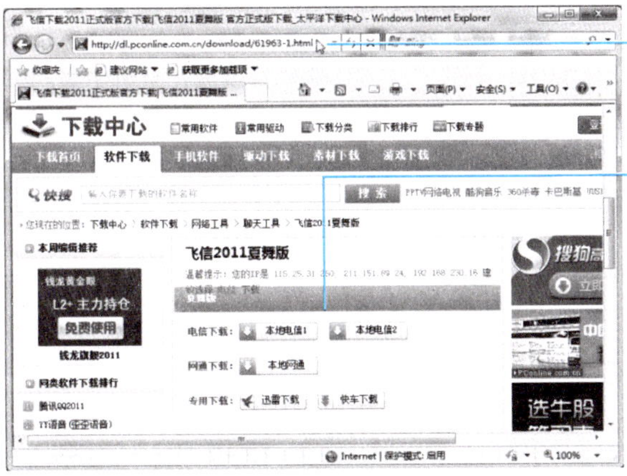

1 首先找到需要下载程序的网页

2 单击下载的超链接

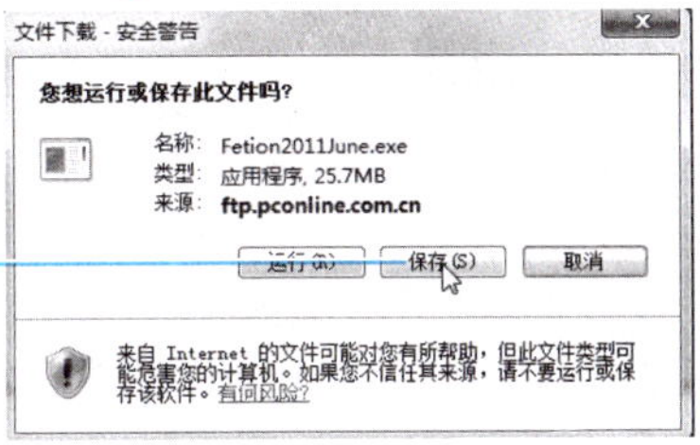

3 在弹出的对话框中单击“保存”按钮

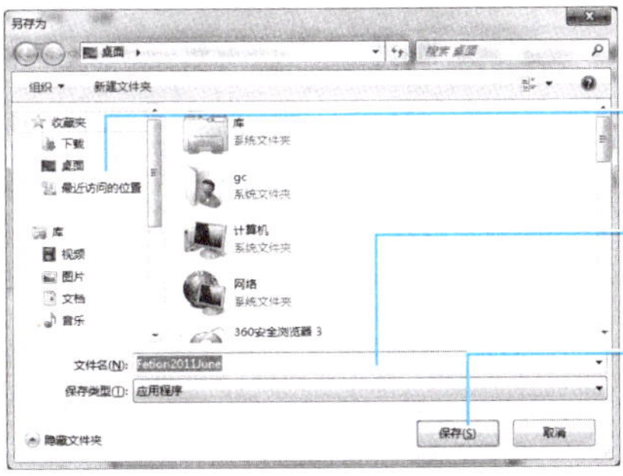

4 更改保存路径

5 更改文件名称

6 单击“保存”按钮

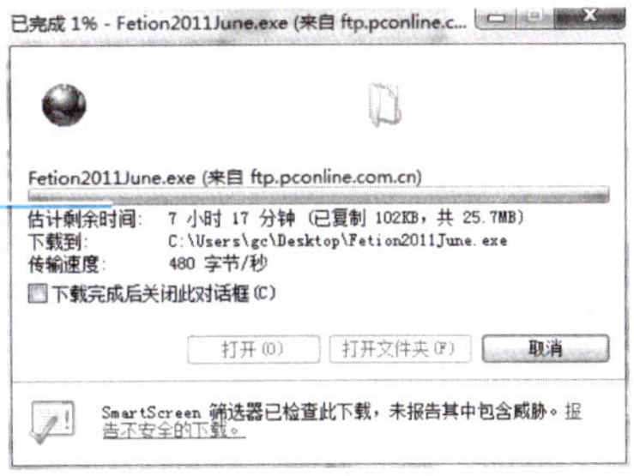

7 在弹出的“已完成”对话框中显示文件下载速度和进度，下载完成后关闭对话框即可

12.4.2 使用软件下载

使用IE自动的下载功能在网络下载资源的速度比较慢，想要享受更快地下载速度，可使用专用下载软件，如迅雷、网际快车等。现在最常用的下载工具为迅雷，我们就以使用迅雷为例介绍如何使用下载软件下载资源。

操作步骤

1 安装好“迅雷”软件后，双击左面“迅雷”图标启动程序。

视野拓展

FTP下载方式最古老，在没有WWW的日子里，FTP就已经广为使用了。HTTP出现得较晚，但现在也应用得相当广泛。其实，如果你仅仅是为了下载而下载，那么你完全没必要把它们分得那么清，这两种使用的下载方式、下载工具几乎是一模一样的。 在进行FTP或者HTTP下载之前你必须获得有效的资源链接或者服务器地址。

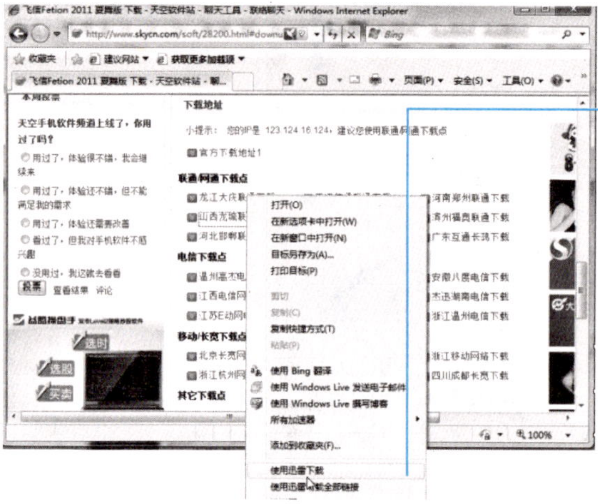

2 找到需要下载的软件的超链接，右键单击超链接，在弹出的快捷菜单中选择“使用迅雷下载”命令

3 更改保存路径

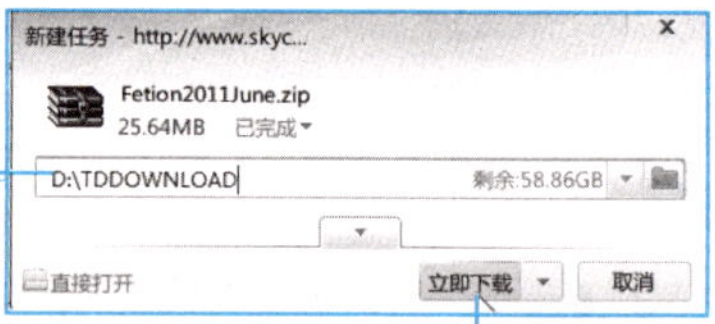

4 单击“立即下载”按钮

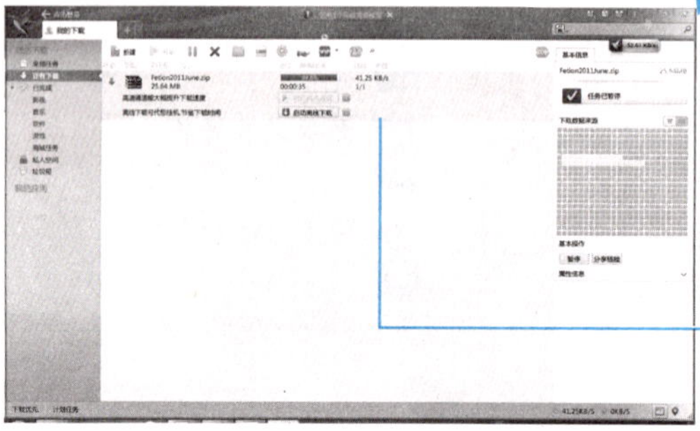

5 迅雷开始现在文件，在界面中显示现在进度和速度等相关信息，下载完成后打开保存文件的目录即可看到下载文件

12.5 值得关注的网络安全问题

网络不仅给人们提供方便，同时也带来了烦恼。网络安全问题就已经成为了目前网络世界一个十分让人关注的问题。例如网络病毒、网络隐私问题等。

12.5.1 网络安全防范技巧

Windows 7操作系统中没有安全中心，取而代之的是操作中心。操作中心可以跟踪监控系统安全防护组件的运行状态。下面我们就来看看Windows 7操作系统如何保护网络安全。

操作步骤

1 单击任务栏系统提示区中的■图标

视野拓展

迅雷使用的多资源超线程技术基于网格原理，能够将网络上存在的服务器和计算机资源进行有效的整合，构成独特的迅雷网络，通过迅雷网络各种数据文件能够以最快的速度进行传递。 多资源超线程技术还具有互联网下载负载均衡功能，在不降低用户体验的前提下，迅雷网络可以对服务器资源进行均衡，有效降低了服务器负载。

2 打开提示信息界面，单击提示信息内容

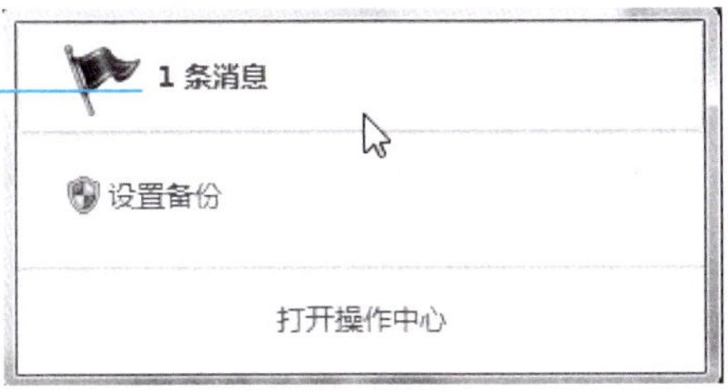

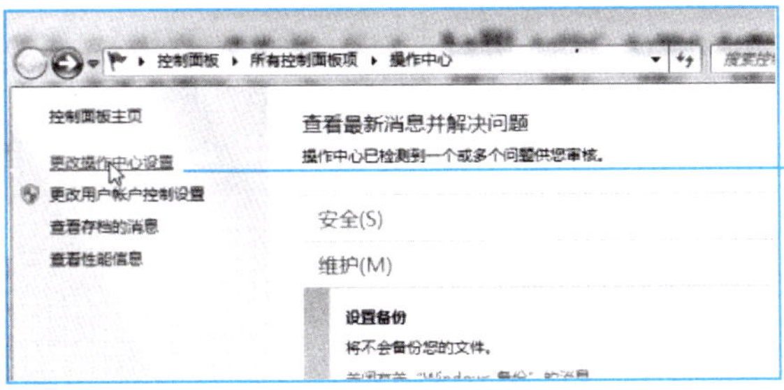

3 单击“更改操作中心设置”超链接

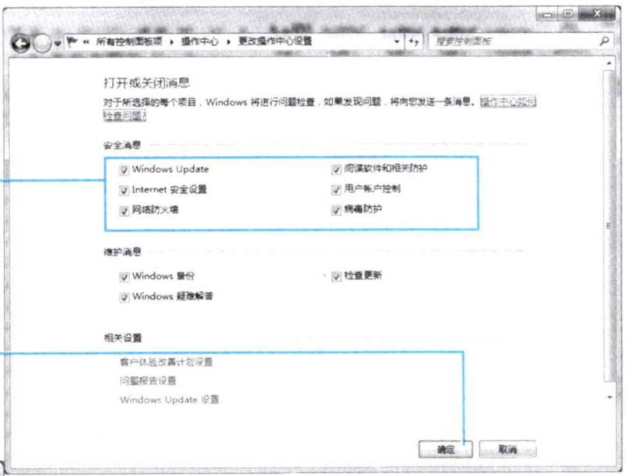

4 在弹出的窗口中的“安全信息”复选框中选择需要防护的内容

5 单击“确定”按钮

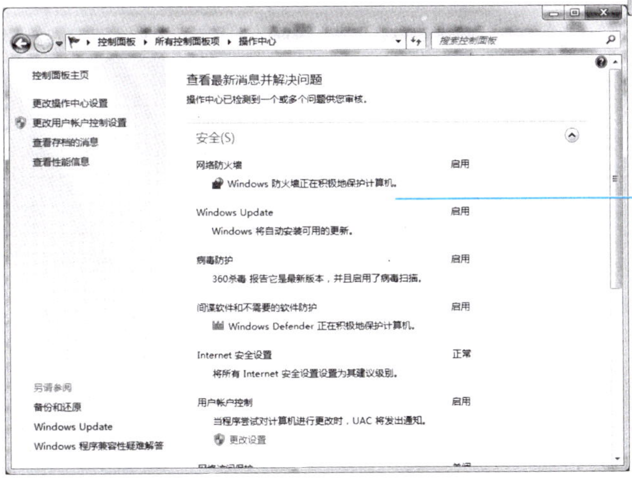

6 在安全中心窗口中，用户可以看到“网络防火墙”等防护开启

12.5.2 如何清除IE浏览器记录

IE浏览可以保存用户查看过的网页信息，前面介绍过查看网页历史记录，如果查看的内容中包含个人隐私，用户不想让其他使用电脑的人查看，就可以清除浏览器记录。具体操作如下：

视野拓展

迅雷下载的缺点就是比较占内存，一般你只要将迅雷配置中的“磁盘缓存”设置得越大（自然也就更好地保护了磁盘），那么内存就会占得更大；还有就是广告太多了。

操作步骤

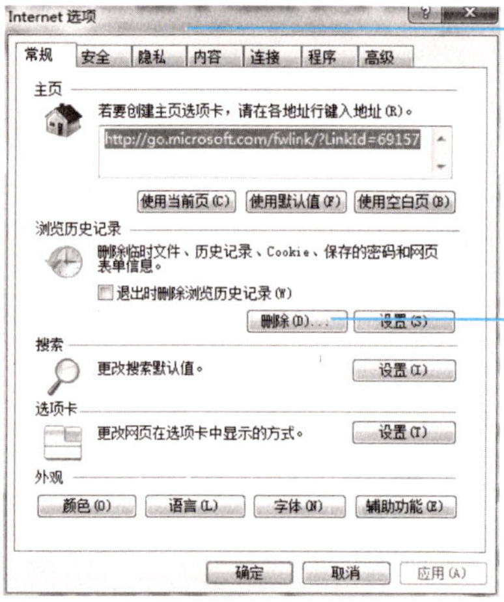

1 打开“Internet选项”窗口

2 在“浏览历史记录”组中，单击“删除”按钮就可以清除浏览过的网页记录了

12.5.3 如何修复IE浏览器

在使用IE浏览器时常常会遇到一些网站将浏览器的主页篡改，如何修复IE浏览器呢？使用专用的修复软件可以修复，这个在后面会讲到。这里只介绍如何使用IE浏览器本身，将IE浏览器恢复到初始状态。具体操作如下：

操作步骤

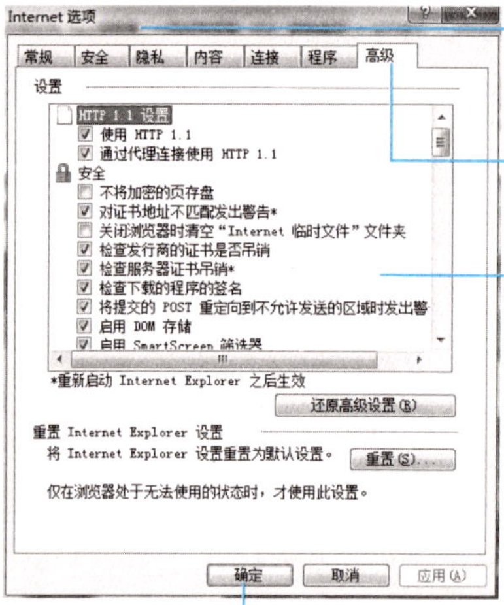

1 打开“Internet选项”对话框

2 选择“高级”选项卡

3 在“重置Internet Explorer”设置组中，单击“重置”按钮

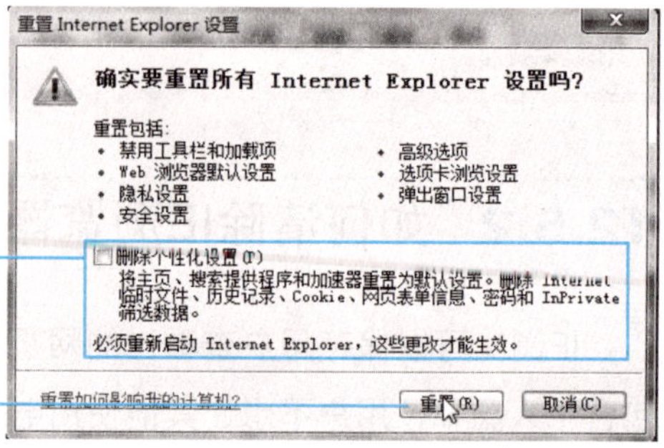

5 单击“确定”按钮

用户如果要彻底清除所有设置，勾选“删除个性化设置”

4 单击“重置”按钮

视野拓展

国内各大门户网站及IT资讯站都有下载频道。另外还有一些专业下载站如：华军软件园 、天空软件站 、太平洋下载中心、绿色下载吧 等。

12.6 本章小结

本章简单介绍了目前最常用的上网方法和如何使用ADSL连接互联网的操作方法，接着详细介绍了IE8.0浏览器的使用方法和技巧，帮助用户了解如何在网络上查看网页获取有用的消息和资源。通过本章的学习，用户应该可以尽情享受网络带来的方便。

12.7 趁热打铁

现在让我们来做一些练习检验一下自己的学习吧。

12.7.1 选择题

1. 如果用户收藏一个网站，最好的方法是（　　）。

A. 添加到IE收藏夹中　　B. 另存该网页

C. 设置为默认主页　　D. 牢记网站地址

2. 下列下载工具中，不需要通过网络获取安装程序的是（　　）。

A. 迅雷下载　　B. 网际快车

C. IE下载　　D. 电驴下载

3.下面关于网页，说法正确的是（　　）。

A. 用户可以将整个网页保存到电脑中　　B. 网页只用于浏览

C. 用户可以保存网页中的文字信息　　D. 用户可以任意更改主页

12.7.2 实践题

1. 熟悉ADSL拨号连接的操作步骤。
2. 使用百度查找歌曲下载。
3. 使用迅雷下载工具下载软件。

视野拓展

无毒是每个软件站都必须做到的，现在的软件站一般是有收费和免费的软件，一般收费的软件叫共享软件，一种是绿色的软件，就是免安装的软件。

读书笔记

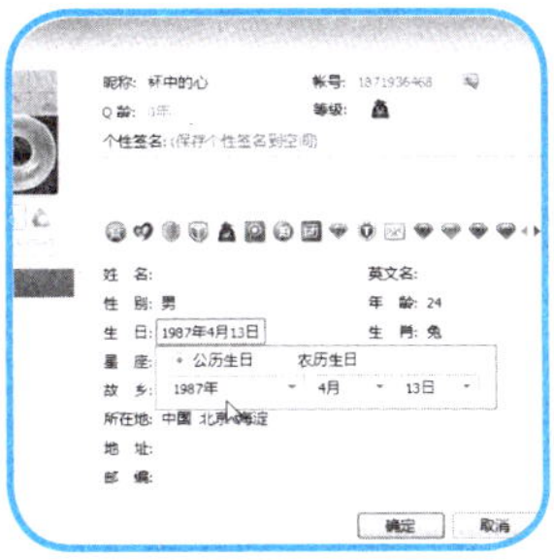

第13章 网络聊天

本章导读

网络上除了提供大量的网络信息资源，也为大家提供了交流的平台。本章主要介绍网络聊天中常用到的三款软件QQ、飞信、MSN，用户可以根据自己的需要来选择一款适合自己的聊天工具。

本章学习目标

- 学会使用QQ聊天
- 学会使用飞信聊天
- 学会使用MSN聊天
- 学会使用聊天工具添加好友
- 学会使用飞信发送短信

本章学习重点

- 掌握QQ聊天的方法
- 掌握飞信聊天中短信接收和发送
- 掌握使用MSN交流信息的法

13.1 QQ聊天

QQ是深圳市腾讯计算机系统有限公司开发的一款基于Internet的即时通信（IM）软件。腾讯QQ支持在线聊天、视频电话、点对点断点续传文件、共享文件、网络硬盘、自定义面板、QQ邮箱等多种功能，并可与移动通讯终端等多种通讯方式相连。1999年2月，腾讯正式推出第一个即时通信软件——“腾讯QQ”，QQ在线用户由1999年的2人到现在已经发展到上亿用户了，在线人数超过一亿，是目前使用最广泛的聊天软件之一。下面我们就来具体了解一下如何使用QQ吧。

13.1.1 注册QQ账号

要想登录QQ进行聊天，就需要有一个QQ号码。如果没有就需要在QQ上注册一个QQ账号，然后记下账号以备下次使用。具体操作如下。

操作步骤

1 双击左面QQ图标，打开QQ应用程序

2 单击QQ2011对话框中“注册账号”对话框

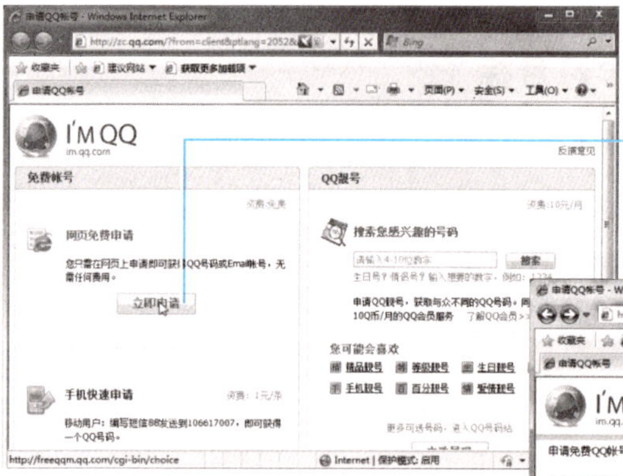

3 在弹出的网页中单“立即申请”超链接

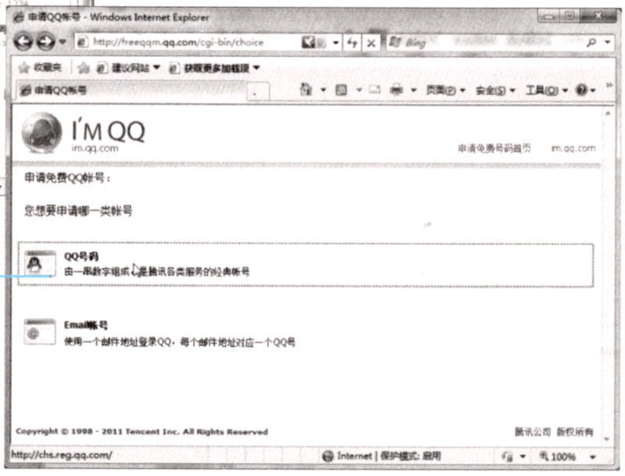

4 单击“QQ号码”超链接

视野拓展

QQ以前是模仿ICQ来的，ICQ是国际的一个聊天工具，是I seek you（我寻找你）的意思，OICQ模仿它在ICQ前加了一个字母O，意为opening I seek you，意思是“开放的ICQ”。

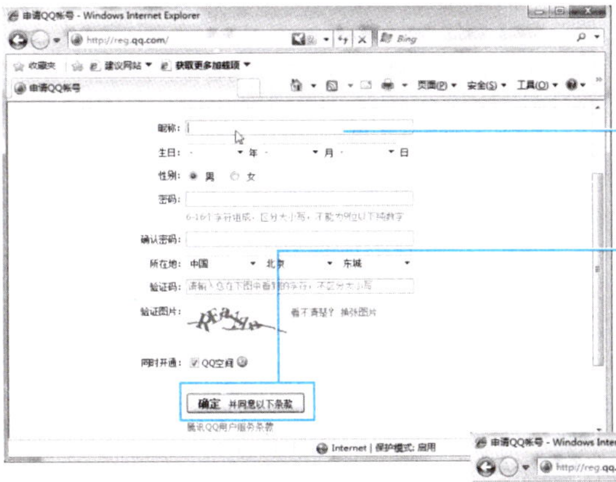

5 按网页提示填写申请信息，用户一定要记下填写的密码，登录时使用

6 填写完毕单击“确定并同意以下条款”

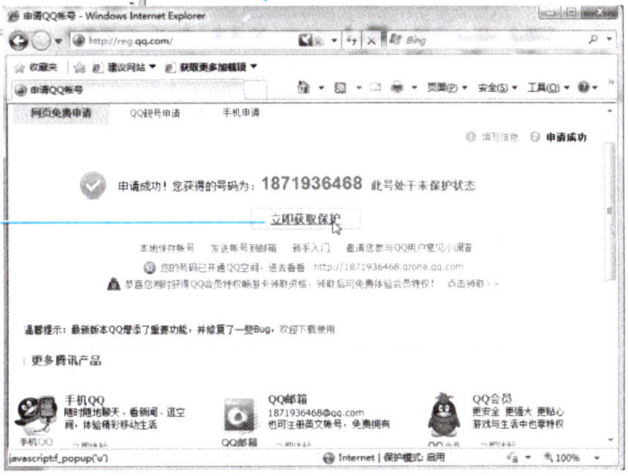

7 在弹出窗口会提示申请成功并显示申请到的QQ账号，记下QQ账号，如果用户需要密码保护可以单击“立即获取保护”超链接

13.1.2 初次使用

前面用户已经注册了自己的QQ账号，下面我们就要登录QQ、添加好友了。

操作步骤

1 在QQ对话框中的文本框中分别输入申请的账号和密码

2 单击“登录”按钮

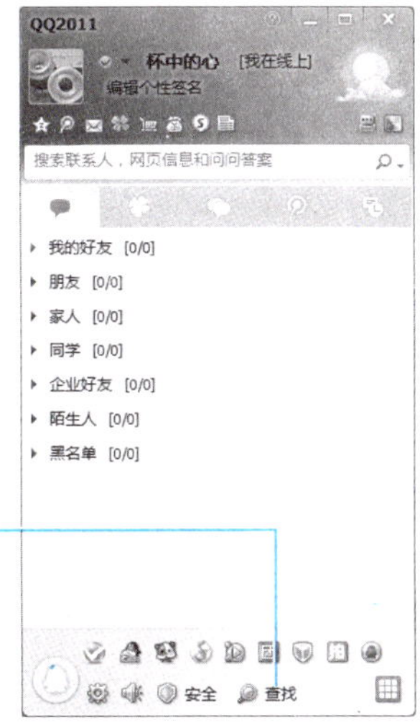

3 单击“查找”按钮

视野拓展

用户如果感觉每次登录QQ都输入一次账号和密码比较麻烦，可以在登录界面中的“自动登录”勾选。当用户下次需要登录QQ时只需要双击QQ图标，就可以自动登录QQ了。

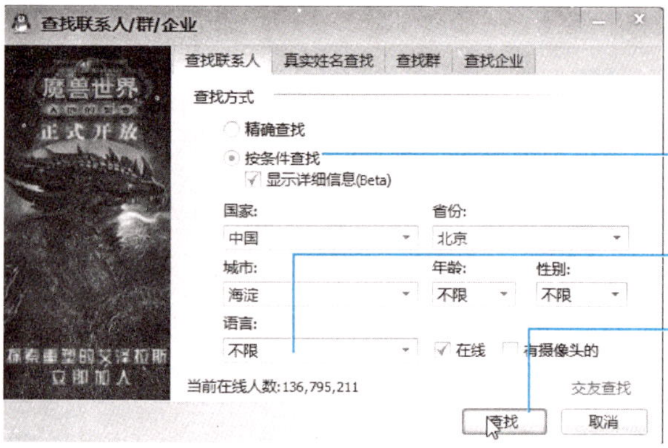

4 单击“查找联系人/群/企业”窗口中的“查找联系”选项卡，单击“查找方式”中的“按条件查找”单选按钮

5 填写查找的条件

6 单击查找按钮

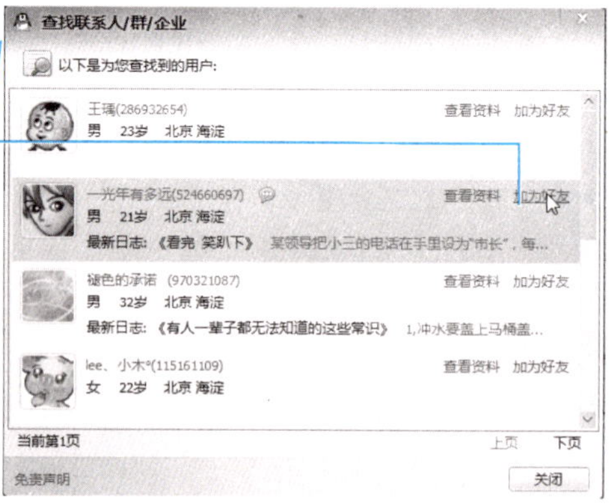

7 在弹出的列表中选择要添加的好友，单击好友右侧的“加为好友”超链接

8 在弹出的“添加好友”对话框中的文本框中输入验证信息

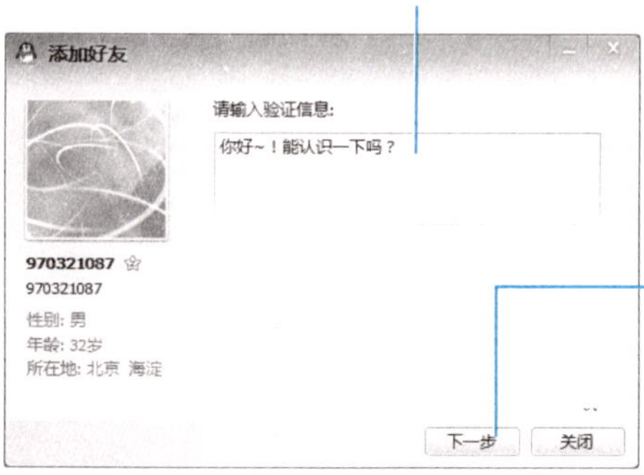

9 单击“下一步”按钮

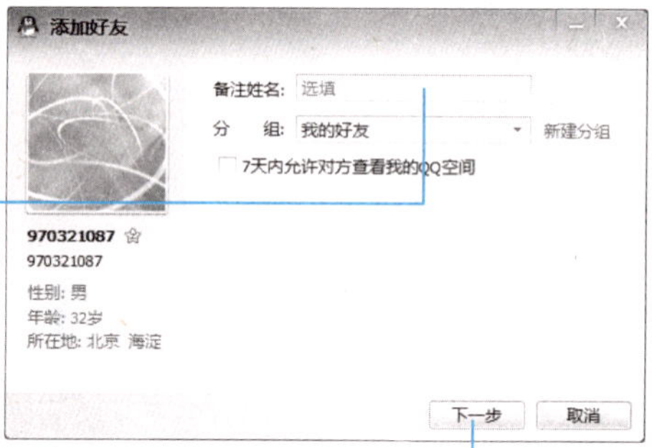

10 创建分组和填写备注信息

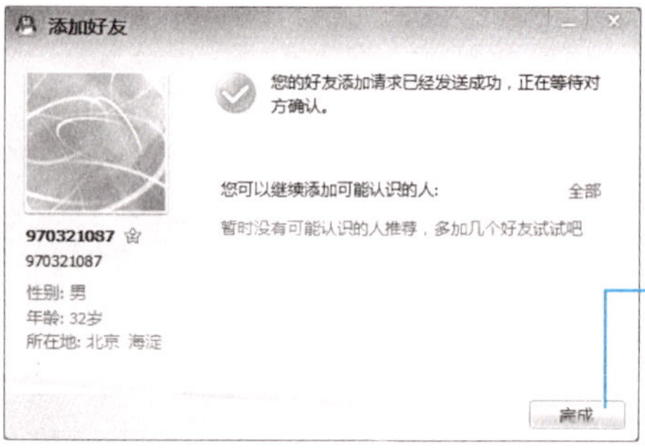

11 单击“下一步”按钮

12 单击“完成”按钮

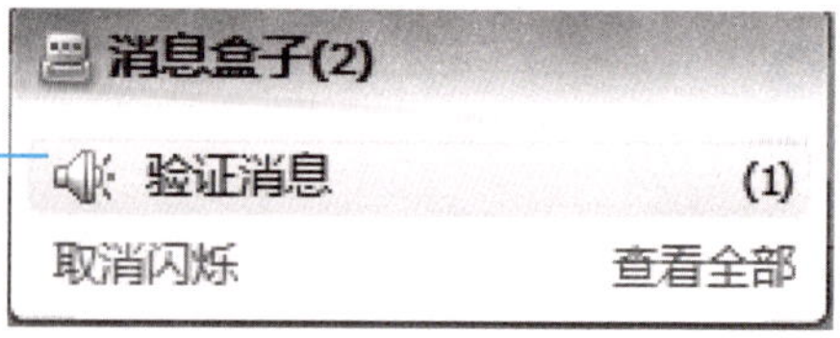

13 如果对方接受请求，将会在“消息盒子”中提示，单击“验证消息”

视野拓展

当用户登录到QQ看见默认界面的时候，QQ中只有好友、陌生人、黑名单三个组，用户需要自己来创建分组，将好友分类。

14 单击“完成”按钮

提示：如果用户想加为好友，可以精确查找，输入朋友的QQ号码，查找，加为好友即可。

13.1.3 修改个人资料

一般来说,用户在申请QQ账号时填写的资料不够全面，用户需要将资料完善，下面我们就来介绍如何修改个人资料。

操作步骤

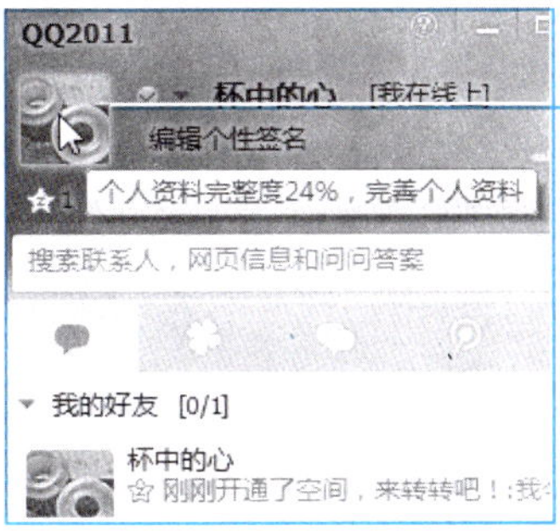

1 单击“QQ界面”头像标志

2 在弹出的窗口中用户可以根据自己的情况填写资料

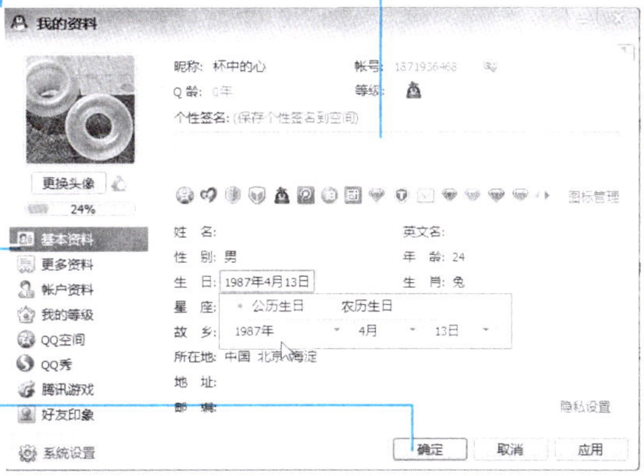

3 单击“更多资料”选项可以进一步完善个人资料

4 资料完善完毕，单击“确定”按钮

13.1.4 给自己一个个性签名

QQ作为一款网络通讯软件其主要的功能就是用来交友，有一个好的个性签名是会添加你的吸引力的。同样用户的好友也可以通过个性签名了解用户的状态。下面我们就来学习一下如何修改个性签名吧。

视野拓展

QQ号码为腾讯QQ的账号，全部由数字组成，QQ号码在用户注册时由系统随机选择。1999年免费注册的QQ账号为5位数，目前已用到的QQ号码长度已经达到10位数。 可以通过手机注册10位数的QQ号。

操作步骤

1 单击QQ界面上方的“编辑个性签名”

2 随即将会变为文本框，在文本框中输入个性签名，单击空白处，添加完成

13.1.5 打字聊天

QQ主要的功能就是打字聊天，下面我们就来看看如何聊天吧。

操作步骤

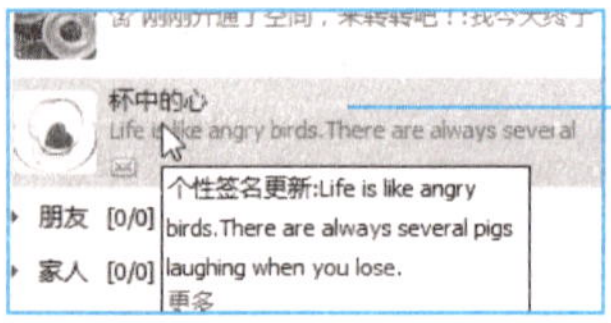

1 双击准备聊天的好友头像

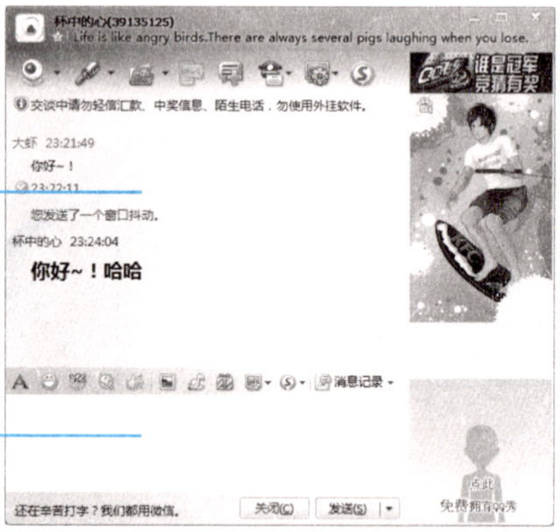

3 显示双方的聊天内容

2 在文本框中输入要说的话

13.1.6 视频聊天

腾讯QQ提供了视频聊天功能，使用该功能用户可与好友进行面对面的交流。具体方法如下。

操作步骤

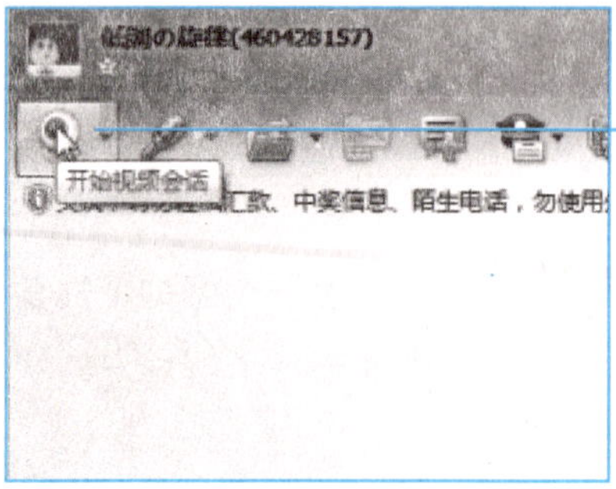

1 单击聊天窗口左上方的摄像头图标

视野拓展

QQ空间（Qzone）是腾讯公司于2005年开发出来的一个个性空间，具有博客(blog)的功能，自问世以来受到众多人士的喜爱。在QQ空间上可以书写日记，上传自己的图片，听音乐，写小说，给好友留言，还可以玩游戏。用户可以通过多种方式展现自己。

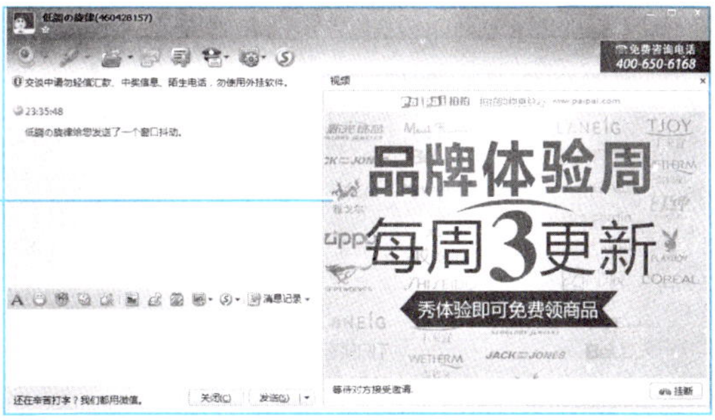

2 等待对方接受视频请求

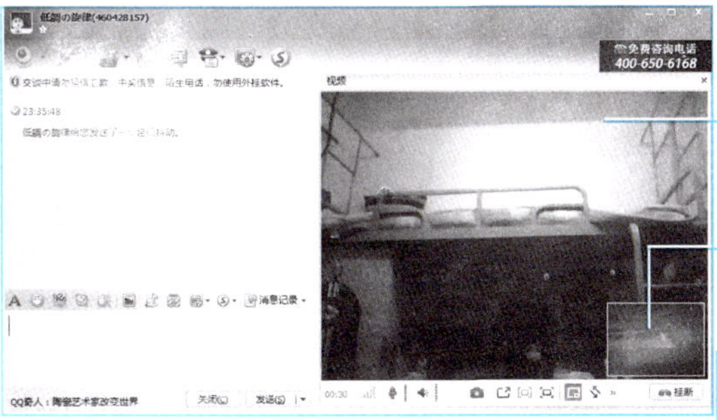

3 发送请求成功，对方接视频请求，可以看到对方的影像

4 如果自己有摄像头，这个窗口将会显示自己的影像

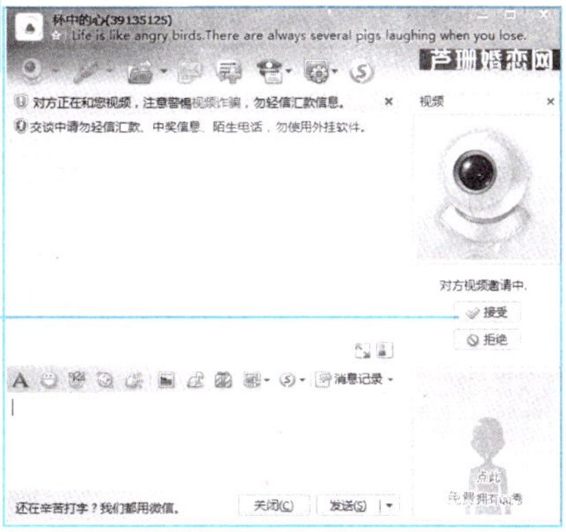

好友向用户发送视频请求，如果用户单击“接受”按钮开始视频，单击“拒绝”按钮，不接受视频请求

13.1.7 语音聊天

除了视频聊天和打字聊天以外，QQ还为我们提供了语音聊天功能，具体操作如下。

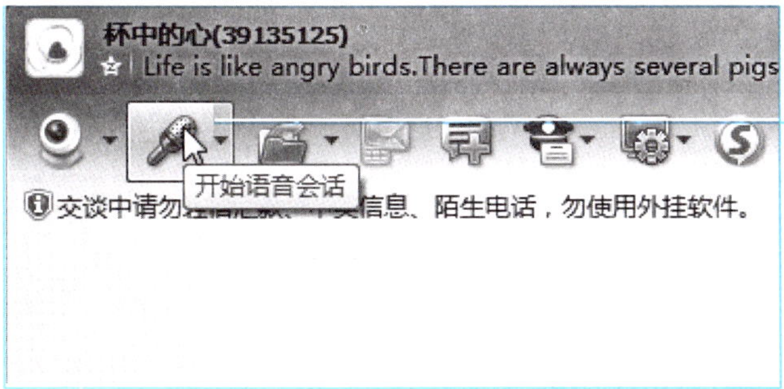

操作步骤

1 单击聊天窗口左上角的麦克风图标

视野拓展

QQ现在已经具备了多人语音的功能，这一功能已经远远超过电话的意义，用户可以使用QQ多人语音聊天的功能召开会议等需要集体性的工作，节省了大量的时间和财力。

哈哈，语音聊天和视频聊天都好方便啊~!

是的，语音聊天就像电话一样，视频聊天犹如可视电话一样。

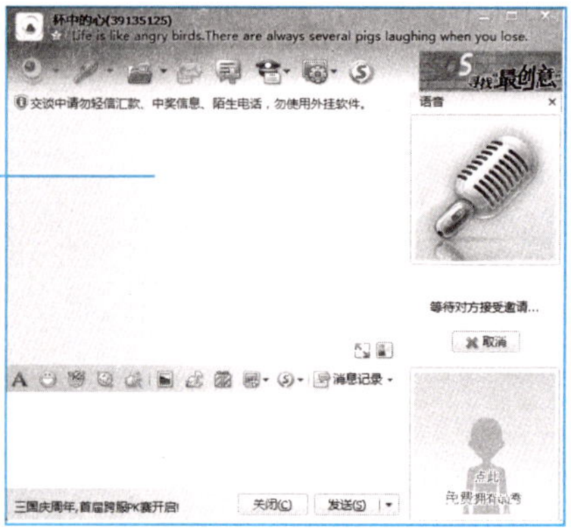

2 发送语音聊天请求，等待对方接受

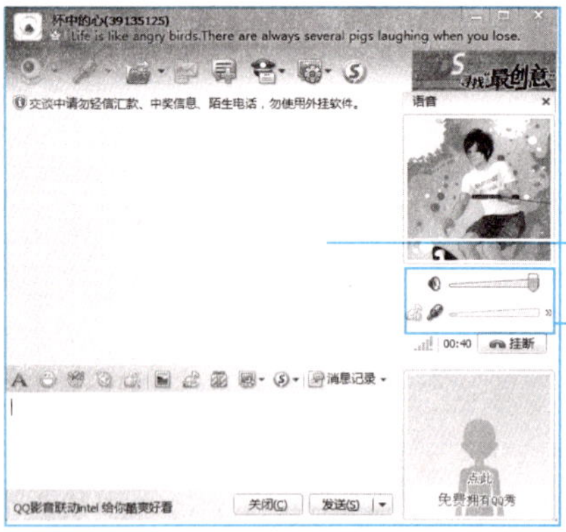

3 对方接受请求，开始聊天

小喇叭标识用来调节音量，麦克风标识用来调整麦克风音量

13.1.8 给好友传送文件

随着QQ功能的不断完善，传送文件也成为QQ的一项主要功能之一。具体操作如下。

操作步骤

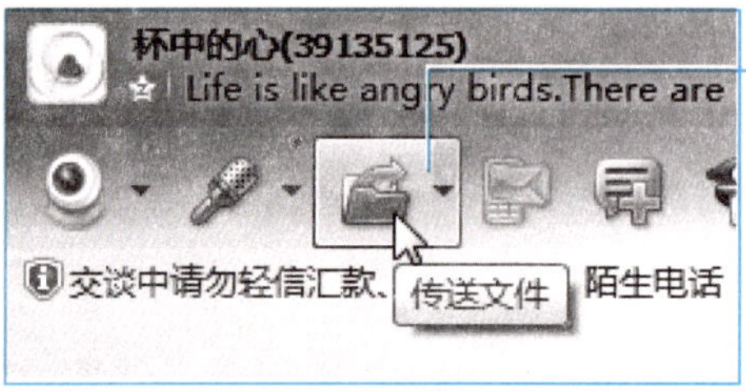

1 单击QQ聊天窗口左上角的文件夹图标

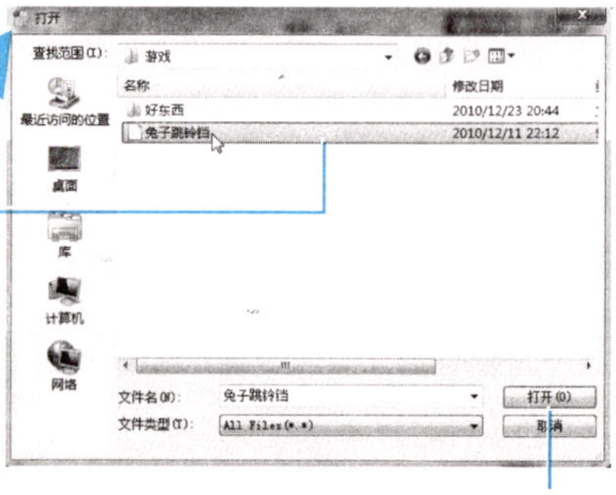

2 找到需要传送的文件路径，选择文件

3 单击“打开”按钮

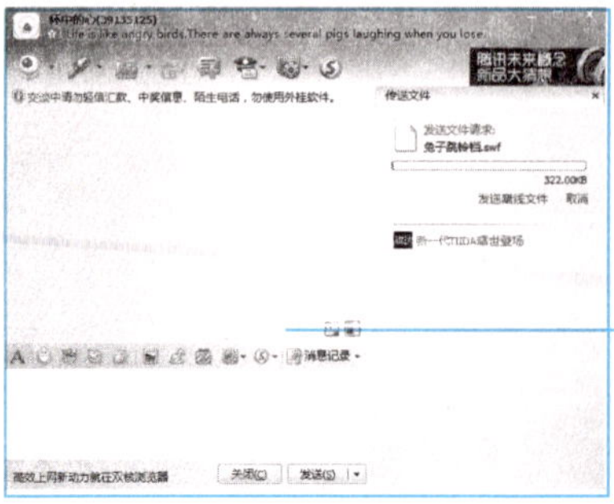

4 等待对方接受请求

视野拓展

用户QQ有广大的用户作为基础，现在QQ已经有了自己的游戏对战平台、搜索引擎、网络电视平台、音乐平台等。这些功能都已经完全超出了一个聊天软件所具备的功能，所以强烈推荐用户不要只用QQ来聊天。

5 对方接受请求开始传送文件

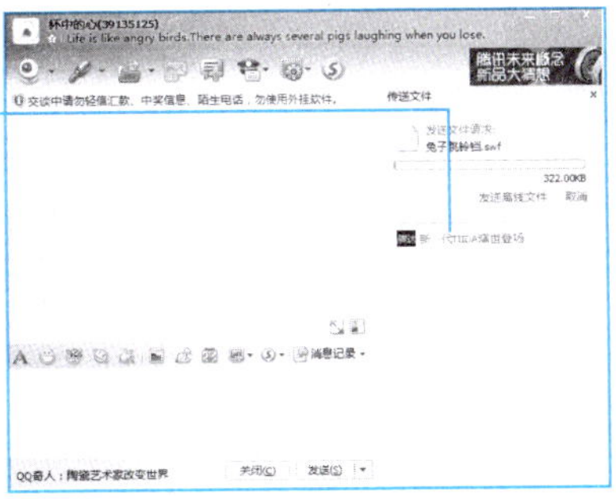

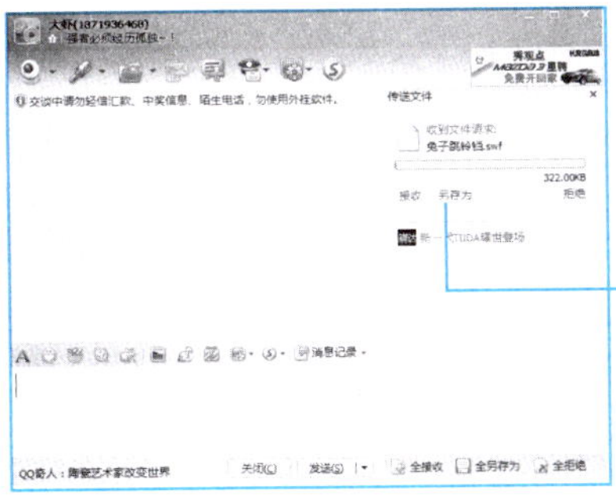

当用户接收到发送文件请求时用户可以直接接收，也可以单击“另存为”超链接，选择保存路径，然后接收文件

13.2 MSN聊天

MSN全称Microsoft Service Network（微软网络服务），是微软公司推出的即时消息软件，可以与亲人、朋友、工作伙伴进行文字聊天、语音对话、视频会议等即时交流，还可以通过此软件来查看联系人是否联机。微软MSN移动互联网服务提供包括手机MSN（即时通讯Messenger）、必应移动搜索、手机SNS（全球最大Windows Live在线社区）、中文资讯、手机娱乐和手机折扣等创新移动服务，满足了用户在移动互联网时代的沟通、社交、出行、娱乐等诸多需求，在国内拥有大量的用户群。

13.2.1 注册与登录MSN

在Windows 7操作系统中，默认是没有安装MSN的，用户需要去网络中搜索下载，安装后才可以使用。MSN与QQ一样，也需要注册账号才可以使用，下面我们就来了解一下MSN账号的注册与登录MSN吧。

1. 注册MSN账号

1 单击“开始”菜单→“所有程序”→“WindowsLive”→“WindowsLiveMessenger”打开MSN程序

操作步骤

视野拓展

2005年5月，微软宣布和上海联和投资有限公司共同成立合资公司，由此将MSN正式带入中国，并实现了门户网站与即时通讯工具的无缝融合。通过MSN Messenger 即时通讯标签服务，用户即可方便快捷地进入MSN社区、购物、图铃下载、汽车等频道，享受整合后的精彩在线生活。

2 在弹出的MSN对话框中单击“注册”超链接

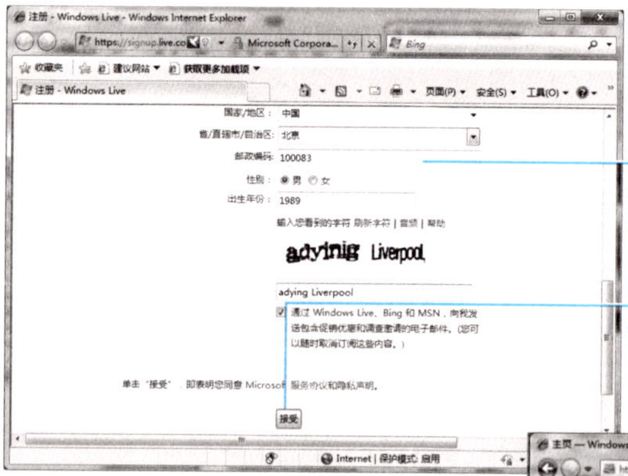

3 在弹出的网页窗口中按要求填写注册信息

4 单击“接受”超链接

5 注册成功登录MSN

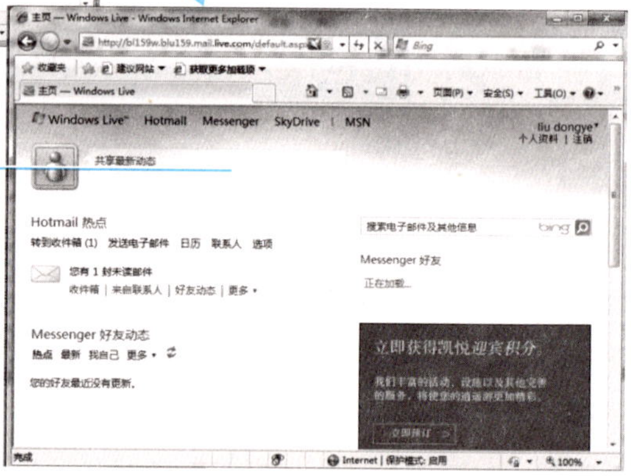

2. 登录MSN

操作步骤

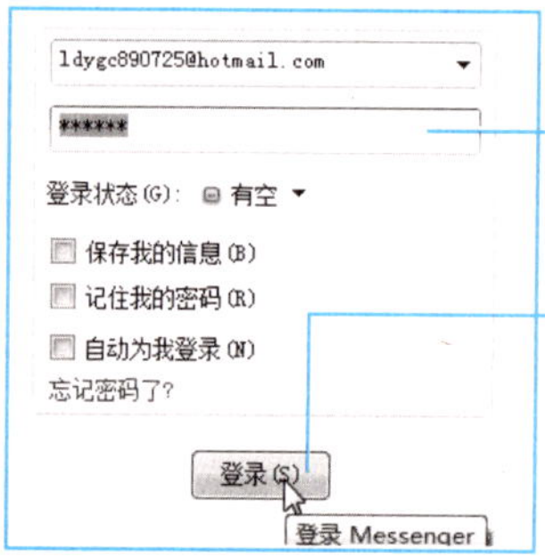

1 在MSN登录界面输入注册时的账号和密码

2 单击“登录”按钮

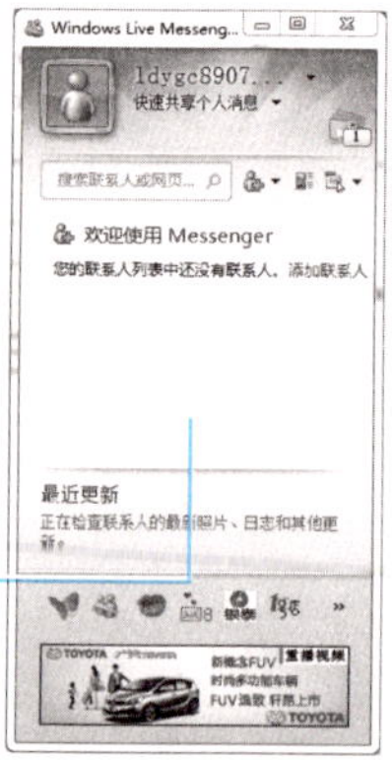

3 登录成功后的MSN

视野拓展

MSN始终致力于发掘用户的潜能，帮助他们与所关心的人及信息紧密相连——无论是基于手机、PDA等移动智能终端，又或是应用PC、家庭媒体中心及其他信息家电，用户均可自在遨游于网络世界，畅享全天候、全方位的互动与沟通。

13.2.2 初次设置

因为MSN在注册账号时资料已经填写完整，所以MSN比QQ节省了修改资料的过程，用初次登录MSN只需要添加好友、修改头像即可。具体操作如下。

1. 修改头像

操作步骤

1 单击MSN的头像标识

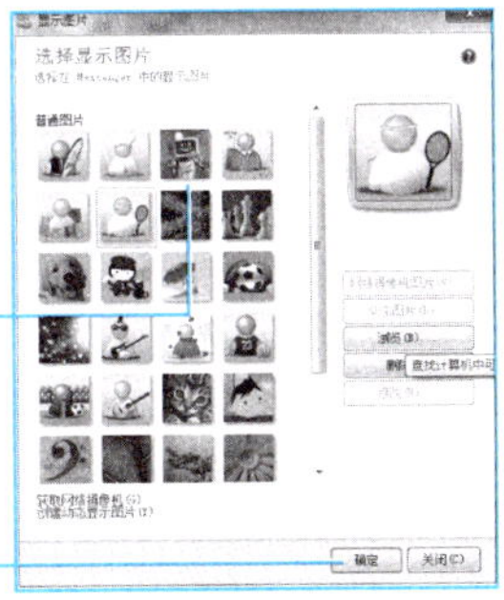

2 在提供的默认头像中选择一个用户喜欢的头像

3 单击“确定”按钮

提示： 如果用户对MSN中提供的默认头像不满意，可以单击窗口右侧的“添加”按钮，然后在用户电脑中找到用户满意的头像即可。

2. 添加好友

操作步骤

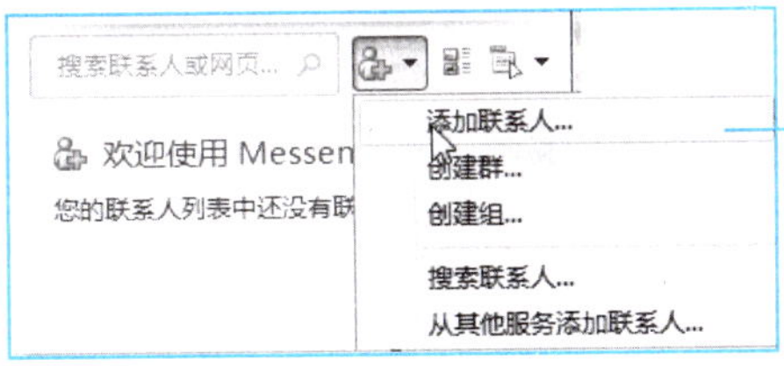

1 单击MSN窗口中的图标，在弹出的菜单中选择“添加联系人”命令

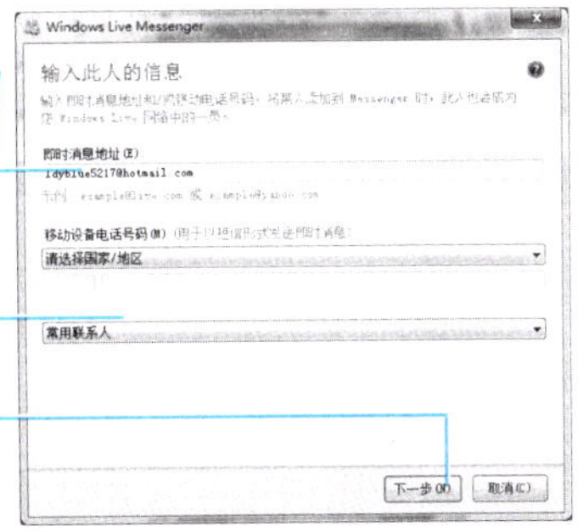

2 在“即时消息地址”文本框中输入联系人的MSN地址

3 选择分组

4 单击“下一步”按钮

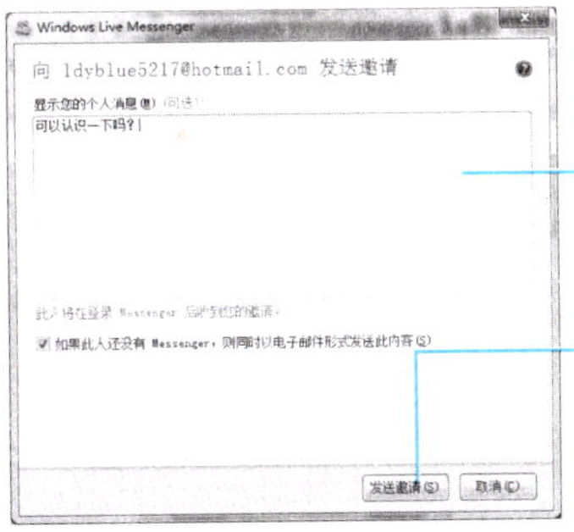

5 填写添加请求

6 单击“发送请求”按钮

视野拓展

在 Messenger 主窗口中，右键单击要阻止的人的名字，然后单击“阻止”。被阻止的联系人并不知道已被阻止，只是显示为脱机状态。

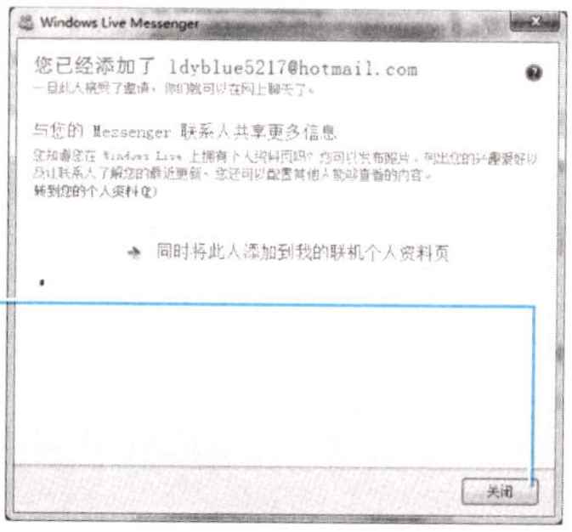

7 添加成功单击“关闭”按钮

13.2.3 开始聊天

用户添加好友结束后就可以与好友聊天了。

操作步骤

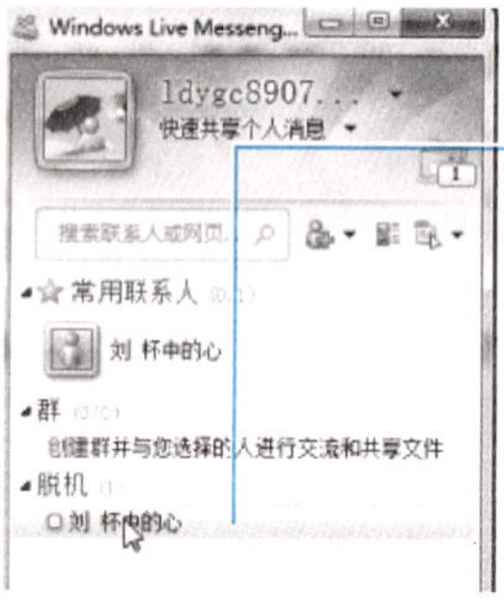

1 双击好友开启聊天窗口

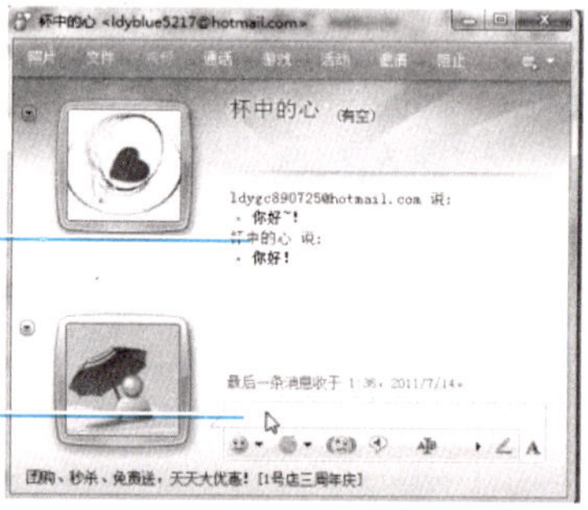

显示聊天内容

2 在文本框中输入内容，单击回车键发送

13.2.4 语音聊天与视频聊天

在MSN中也提供语音聊天与视频聊天，操作方法与QQ类似，这里简单介绍一下。

1. 语音聊天

操作步骤

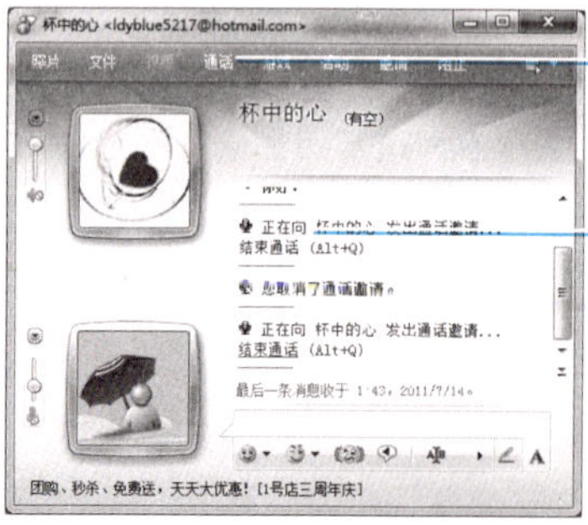

1 在聊天窗口上端单击“通话”按钮

2 等待好友接受

视野拓展

（1）在主窗口中的“操作”菜单上，单击“开始视频会议”，选择一个MSN联系人，然后单击“确定”。

3 好友接受请求开始语音聊天

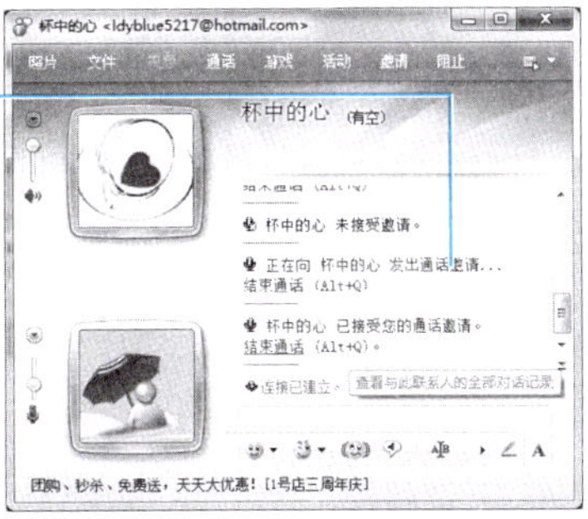

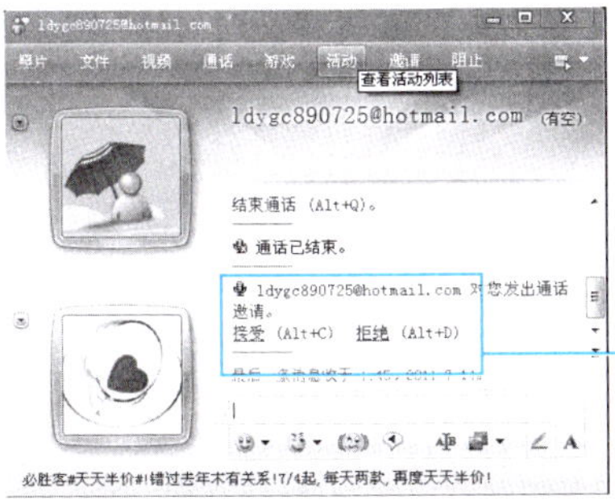

当有好友发送语音请求时，如果用户接受，则开始语音聊天，拒绝，则是拒绝聊天

2. 视频聊天

操作步骤

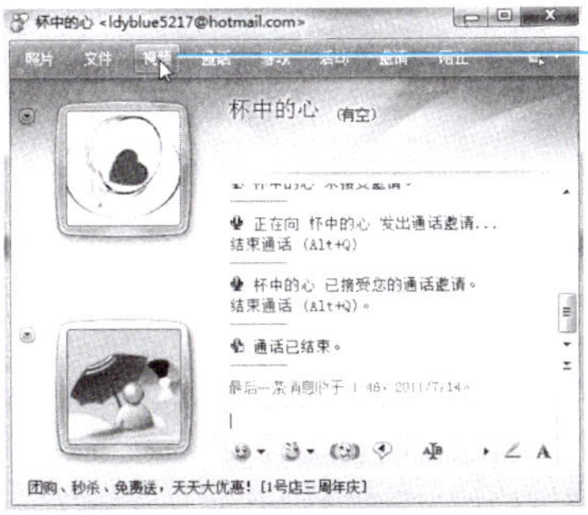

1 在聊天窗口单击“视频”按钮

2 等待好友接受请求

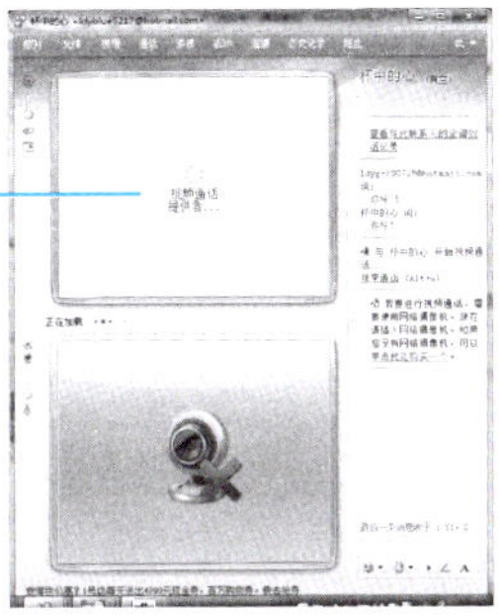

3 好友接受请求，进入视频聊天

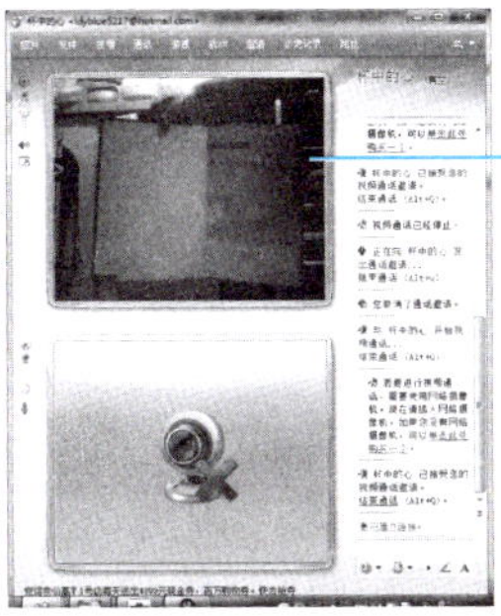

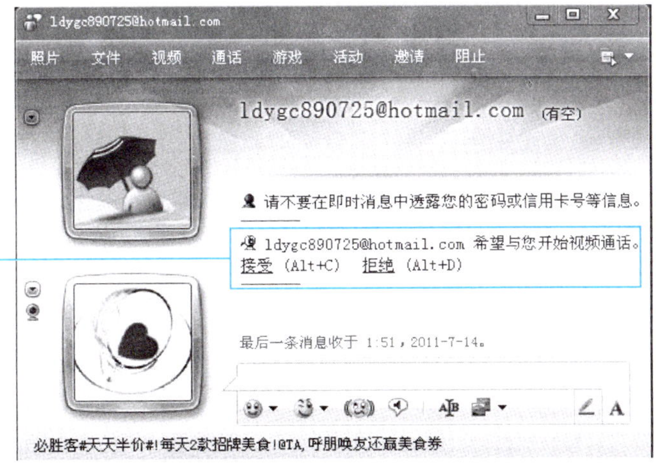

当有好友发送视频请求时，如果用户接受，则开始视频聊天，拒绝，则是拒绝聊天

视野拓展

（2）或者，右键单击某个联系人，单击“开始视频会议”，选择希望邀请参加会议的人的名字，然后单击“确定”。一旦其他人接受了邀请，就将在各自的计算机上自动启动音频和视频，但双方必须都安装了网络摄像机和头戴式耳机。

13.2.5 文件传输

MSN也具备了文件传输的功能，让我们来体验一下吧。

操作步骤

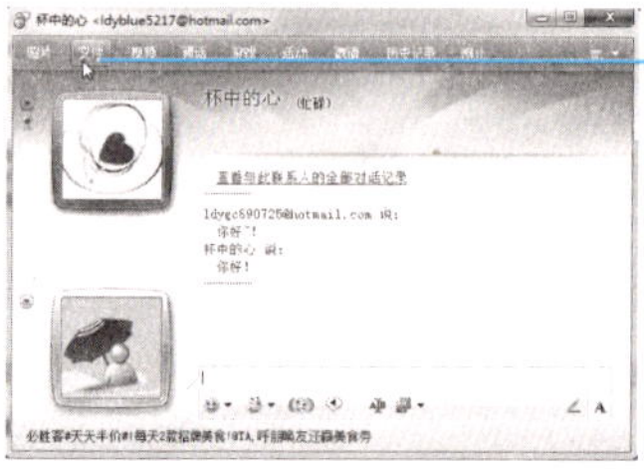

1 单击聊天窗口上方的“文件”选项

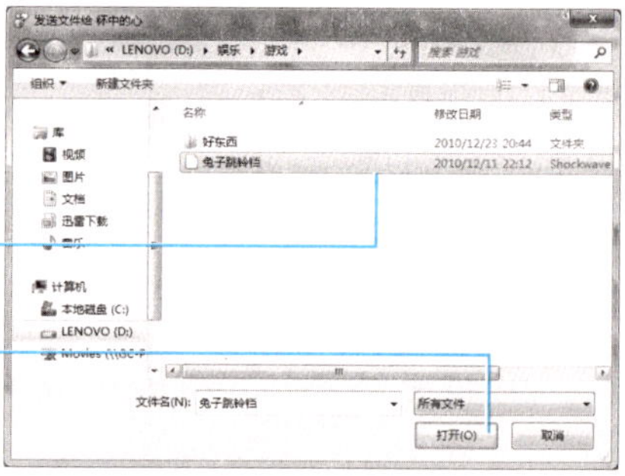

2 找到要发送的文件的路径，选择文件

3 单击“打开”按钮

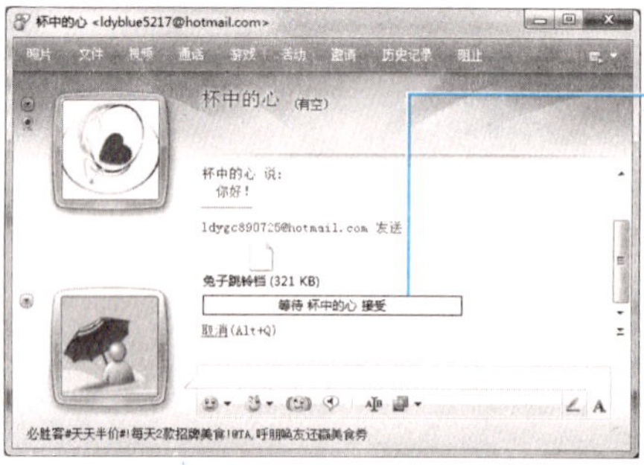

4 等待好友接受请求

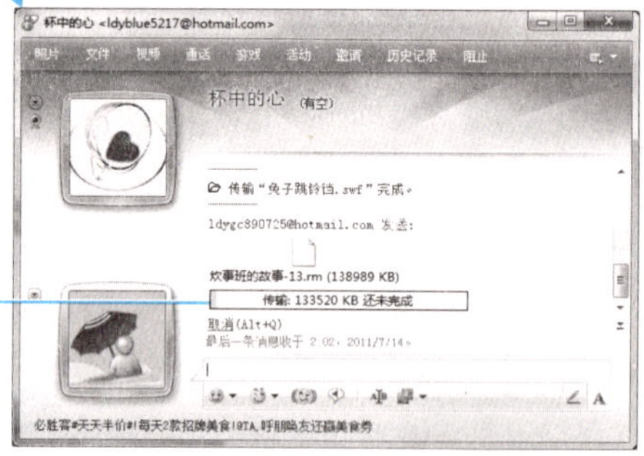

5 正在发送文件

13.3 飞信聊天

飞信是中国移动的综合通信服务，融合了语音（IVR）、GPRS、短信等多种通信方式，覆盖三种不同形态（完全实时的语音服务、准实时的文字和小数据量通信服务、非实时的通信服务）的客户通信需求，实现互联网和移动网间的无缝通信服务。

13.3.1 注册飞信与登录

飞信与前面介绍的两款聊天软件不太一样，飞信只对中国移动的用户开通，

视野拓展

通过手机MSN，可以享受到Live提供的免费服务，不仅提供即时聊天服务，还为您提供了hotmail，Spaces，门户资讯等一系列精彩的互联网服务。最新版手机MSN更将全面同步PC功能，支持本地搜索，随时随地同步你的生活!

用户的注册账号就是用户的手机号。如果不是中国移动用户也可以通过邮箱来申请飞信账号。下面我们就来了解一下如何注册与登录飞信吧。

1. 注册飞信账号

首先用户需要先在飞信安装程序，安装结束后才可以使用。

操作步骤

1 双击飞信桌面图标，启动飞信程序

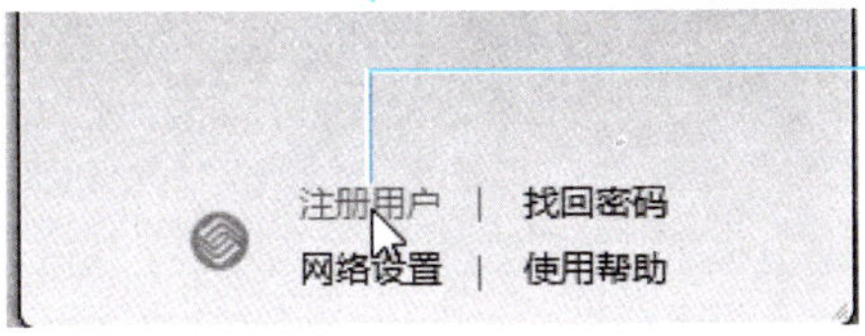

2 单击“注册用户”超链接

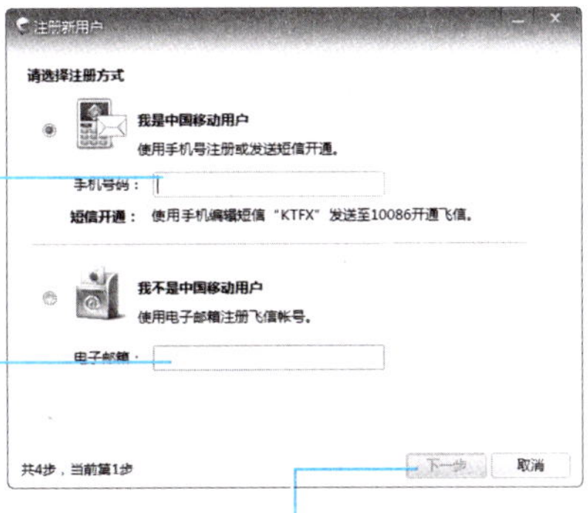

3 输入移动用户手机号

4 如果不是中国移动用户，选择“我不是中国移动用户”的单选按钮输入电子邮箱

5 单击“下一步”按钮

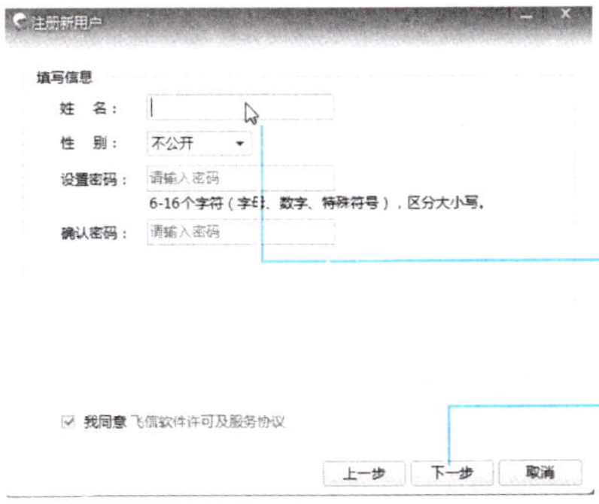

6 填写用户信息

7 单击“下一步”按钮

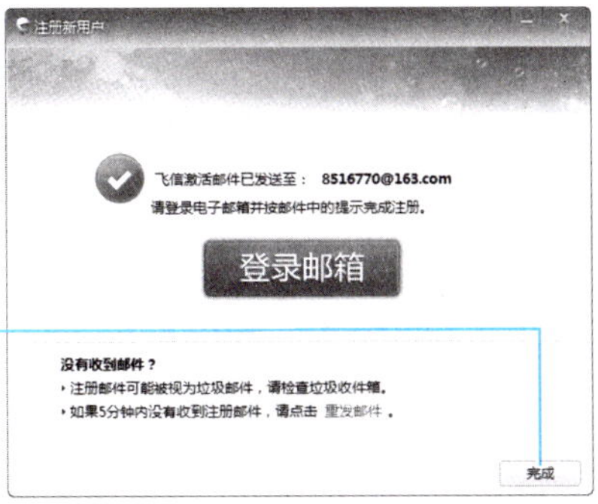

8 注册完成单击“完成”按钮

视野拓展

MSN 插件：流行最为广泛的MSN插件有两个MSNShell、MSN伴侣、MsgPlus Live。MSN Shell是一款国人编写的MSN插件，拥有许多方便中国用户使用的功能。其特点是能够支持用户，用JScript这样的脚本语言，编写自己的功能插件。

2. 登录飞信

操作步骤

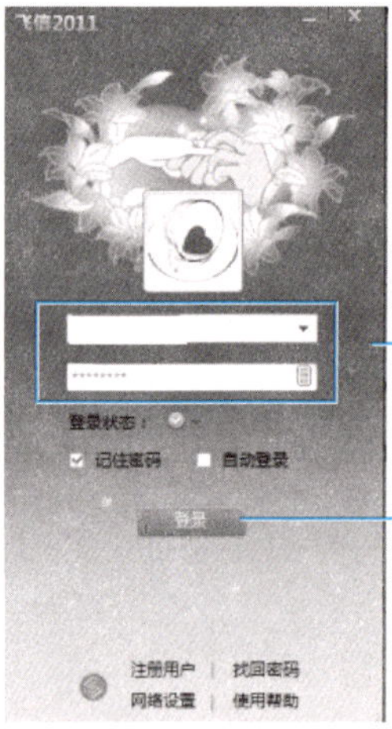

1 输入用户账号或手机号

2 单击“登录”按钮

13.3.2 修改个人资料和签名状态

飞信也可以修改个人资料和签名状态，这些基本上都是聊天软件必备的功能。让我们了解一下飞信是如何修改个人资料和签名状态的吧。

操作步骤

1 单击“飞信”窗口顶端的头像图标

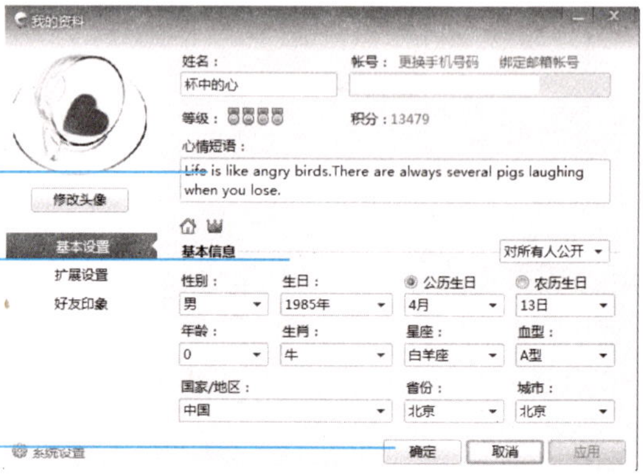

3 在文本框中输入个人签名状态

2 在弹出的窗口中修改个人资料

4 单击“确定”按钮

13.3.3 开始聊天

飞信的聊天功能也和前两款聊天工具相差不多，这里简单介绍一下。

视野拓展

飞信除具备聊天软件的基本功能外，还可以通过PC、手机、WAP等多种终端登录，实现PC和手机间的无缝即时互通，保证用户能够实现永不离线的状态；同时，飞信所提供的好友手机短信免费发、语音群聊超低资费、手机电脑文件互传等更多强大功能，令用户在使用过程中产生更加完美的产品体验。

操作步骤

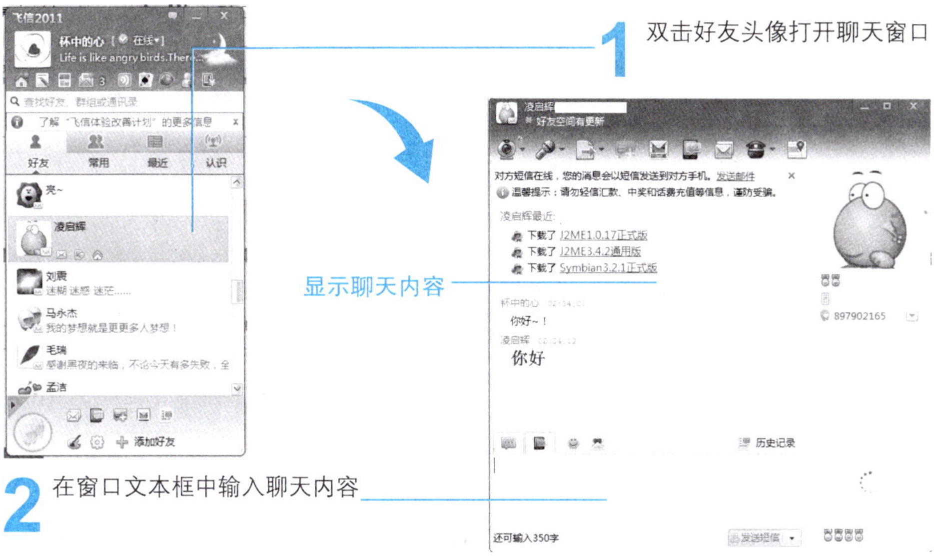

13.3.4 语音聊天与视频聊天

飞信的语音聊天功能在飞信2011中也得到了改进，在老版飞信中，语音聊天是使用移动用户电话进行的。飞信2011将语音聊天和视频聊天改进为与其他聊天工具相类似的方式。具体操作如下。

1. 语音聊天

操作步骤

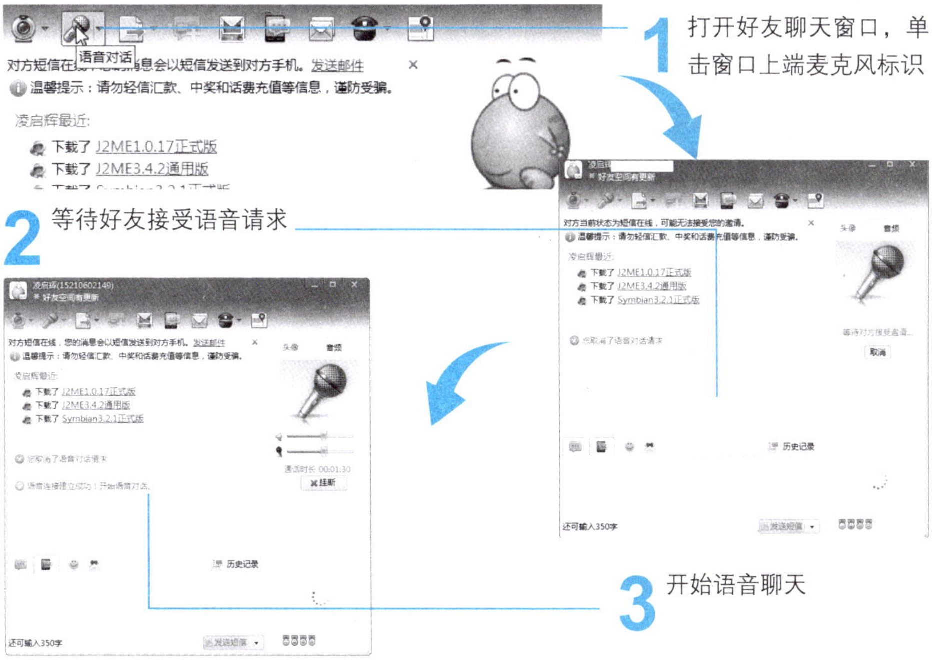

免费文字聊天、移动速配。PC对PC语音视频聊天免费，PC对手机语音视频聊天双向收费，手机对手机语音视频聊天也是双向收费。将实现与腾讯QQ的互通，可以查找QQ的用户添加好友，和合并移动 QQ(并不是把QQ跟飞信合成一个软件，而是飞信跟QQ增加了一个业务，这个业务也要钱，开通后就可以飞信跟QQ的用户互相聊天)。

2. 视频聊天

操作步骤

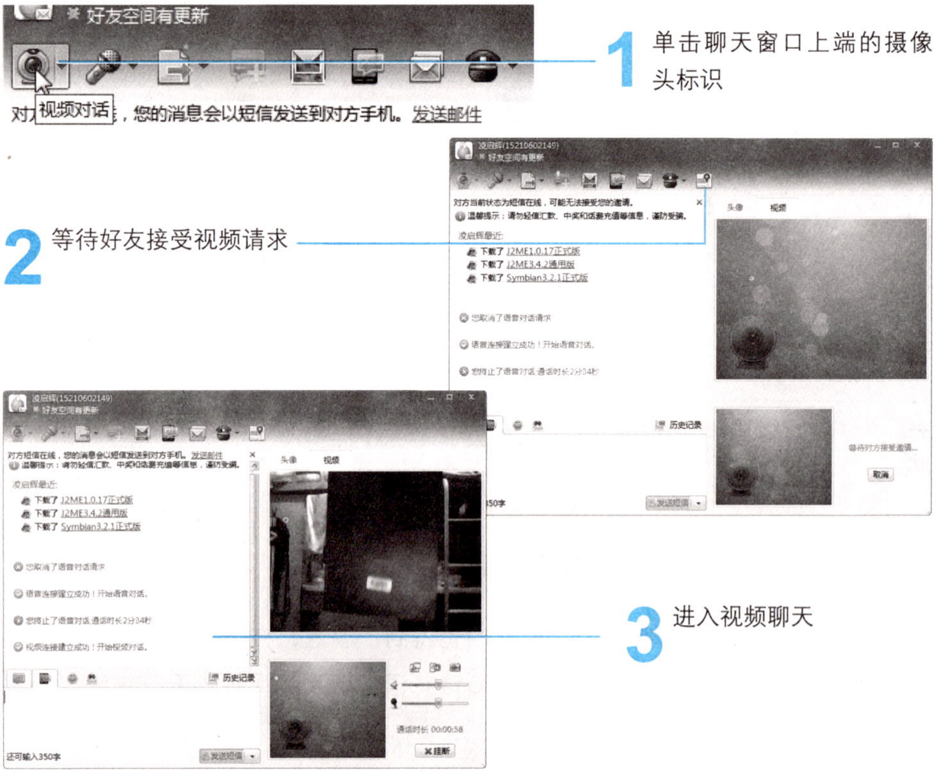

13.3.5 飞信收发短信

飞信之所以流行，最主要的一个原因就是移动用户可以通过飞信与好友短信联系，实现了好友24小时通讯。下面我们就来了解一下如何使用飞信收发短信吧。

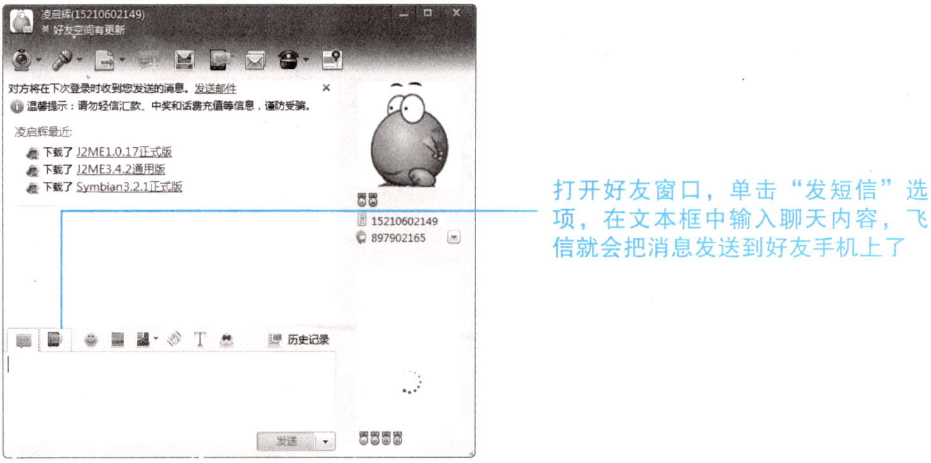

提示： 如果飞信用户没有在线，选择“发短信”选项左侧的“发消息”选项，也会将消息以短信的形式发送到好友手机中，保证了消息的按时到达。

视野拓展

只有被用户授权为好友时，对方才可与自己通话和发短信，不用手机号码只留飞信号码，安全方便。但飞信可以和手机一样，向移动手机发送短信，只需向对方手机发出好友邀请，即使对方并非添加也可发送短信。

13.3.6 文件传输

飞信的文件传输功能也与前两款聊天工具类似，下面让我们大家简单了解一下吧。

操作步骤

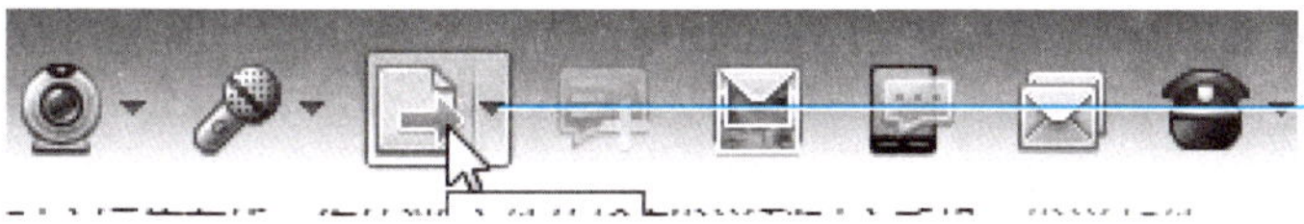

1 单击好友窗口上端的文件传输图标

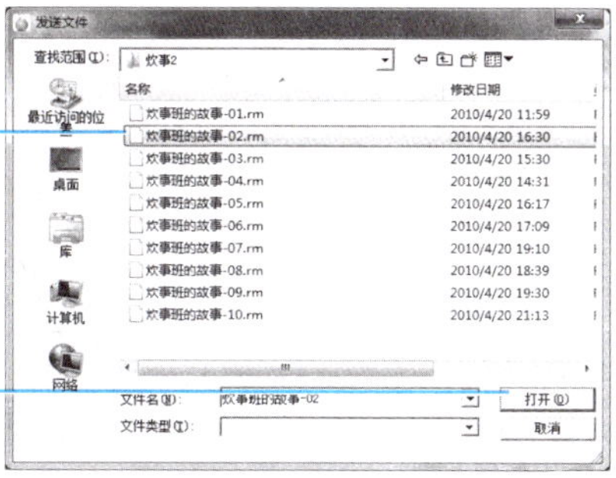

2 找到需要传输的文件路径，选择文件

3 单击“打开”按钮

4 好友接受请求开始传输

提示： 以上介绍的三款聊天工具都可以传输文件，同样用户也可以在“计算机”中找到文件，对文件进行拖动操作，将文件拖动到好友聊天窗口之中，松开鼠标左键，也可以传输文件。

注意： 在用户传输文件的过程中，有时会出现安全问题，无法发送文件。用户可以将要传输的文件做成压缩包的形式发送，这样就不会无法发送了。

13.4 本章小结

本章主要介绍了现在最流行的三款聊天软件，其中QQ是最常使用的，它们都具备了文字聊天、视频聊天、语音聊天、传输文件的功能。用户学会了使用这些聊天工具，可以更方便的在网络中交友或联系朋友。

视野拓展

融合语音（IVR）、短信、GPRS等多种通信方式，覆盖完全实时的语音服务、准实时的文字和小数据量通信服务及非实时的通信服务，实现短信、在线消息、语音聊天、彩铃、网上营业厅、文件共享等多种通信业务和服务。

13.5 趁热打铁

现在让我们来做一些练习检验一下自己的学习吧。

13.5.1 选择题

1. 下面不能使用飞信聊天工具实现的功能是（　　）。

A. 发送短信　　B. 视频聊天

C. 语音聊天　　D. 多人视频聊天

2. 与腾讯QQ相比，MSN不能实现的是（　　）。

A. 文字聊天　　B. 视频聊天

C. 传送文件　　D. 多人语音聊天

13.5.2 实践题

1. 申请一个QQ号，并添加好友进行聊天。

2. 使用飞信给好友发送祝福短信。

视野拓展

飞信具有建立群的功能，用户可以使用飞信建立一个群，方便大家联系。例如你是一个单位的领导，有通知需要通知同事，每次给每个人发一条短信会比较麻烦，可以使用飞信群来解决这个问题，即节省时间又节省短信资费。

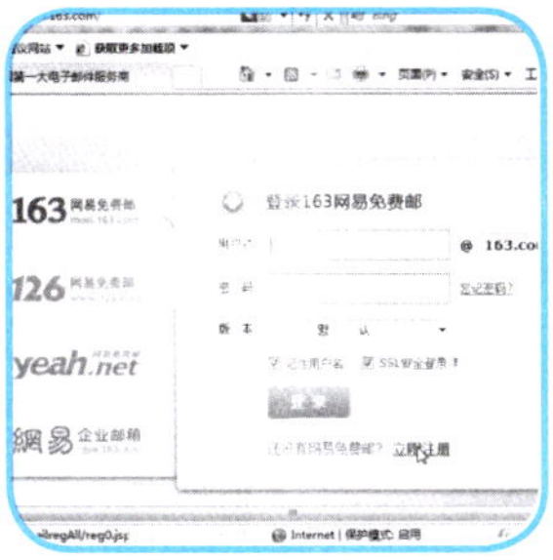

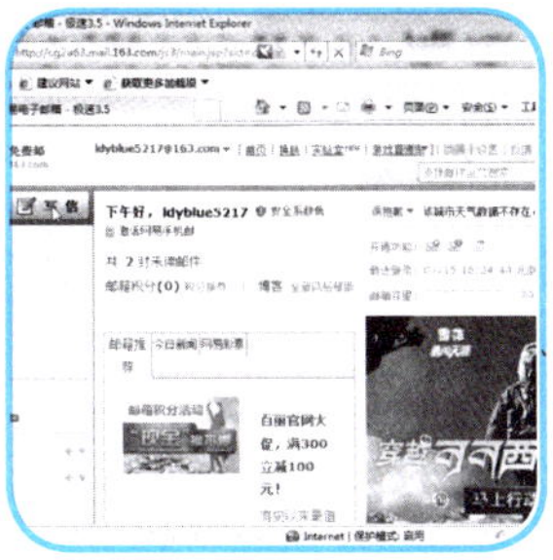

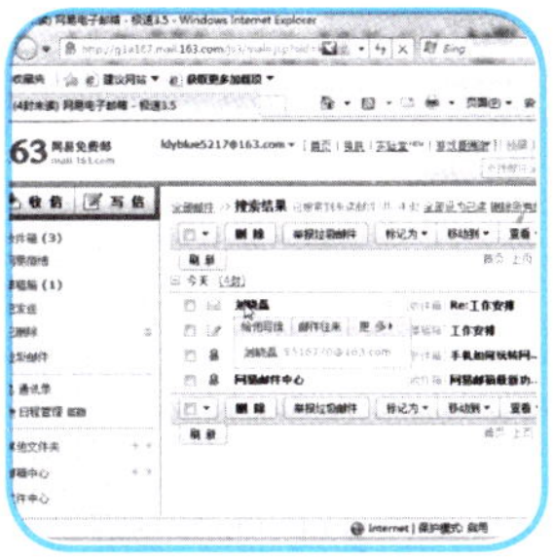

第 14 章

电子邮件

本章导读

由于因特网的使用，电子邮件已经成为人们日常工作交流过程中不可缺少的方式之一，它不仅可以传递文字和信息，还可以添加音频、视频、图片等附件。本章主要介绍电子邮箱的种类和如何使用电子邮箱收发电子邮件。

本章学习目标

- 了解电子邮箱的种类
- 学会申请电子邮箱
- 学会使用电子邮箱收发邮件

本章学习重点

- 使用电子邮箱收发邮件
- 使用电子邮箱发送附件

14.1 申请电子邮箱

电子邮件又称E-mail，是一种使用电子手段进行信息交换的通讯方式。在互联网中，使用电子邮件可以与世界各地的朋友进行交流。电子邮箱是人们发送电子邮件的平台，下面我们就来了解一下电子邮箱的种类和如何申请一个电子邮箱。

14.1.1 电子邮箱的种类

首先我们要了解什么是电子邮件和电子邮箱，电子邮件的地址格式是什么样的，现在国内最流行的电子邮箱是哪种。

1. 什么是电子邮件

电子邮件（electronic mail，简称E-mail,标志：@,也被大家昵称为“伊妹儿”）又称电子信箱、电子邮政，它是一种用电子手段提供信息交换的通信方式，是Internet应用最广的服务。通过网络的电子邮件系统，用户可以用非常低廉的价格（不管发送到哪里，都只需负担电话费和网费即可），以非常快速的方式（几秒钟之内可以发送到世界上任何你指定的目的地），与世界上任何一个角落的网络用户联系，这些电子邮件可以是文字、图像、声音等各种方式。同时，用户可以得到大量免费的新闻、专题邮件，并实现轻松的信息搜索。

2. 电子邮件的地址格式

电子邮件的地址格式就像我们每个人手中使用的手机一样，每个使用电子邮件的用户都拥有一个独一无二的电子邮箱地址，它的格式为“登录名@邮箱类型.域名”，下面我们来解释一下它的含义吧。

- 登录名：用户在申请邮箱的时候的账户名称，对待同一个邮件接收服务器，这个账号是唯一的。
- @：是分隔符，是连接用户名与电子邮箱服务器域名的连接符，在英文中是“at”的意思，表示“在”的意思。
- 域名：是用户信箱的邮件接收服务器域名，用以标志其所在位置。

3. 电子邮箱的种类

电子邮箱简单来讲就是两类：收费的和免费的，面向公众的和面向内部的。国内用户较多的邮箱有网易邮箱、新浪邮箱、雅虎邮箱、搜狐邮箱和QQ邮箱，这些邮箱都存在免费邮箱。以网易为例，XXX@163.com则为免费邮箱，XXX@vip163.com则为收费邮箱。至于说面向公众的就

视野拓展

（1）1971年秋季，雷汤姆林森对已有的传输文件程序以及信息程序进行研究，研制出一套新程序，它可通过电脑网络发送和接收信息，再也没有了以前的种种限制。

像雅虎，163的所有网民都可以申请，面向特定人群的就像公司自己用的，外面人是申请不来的，如：IBM自己员工用的XXX@ibm.com。

14.1.2 申请电子邮箱

使用电子邮箱收发信息前需要申请一个电子邮箱。下面以申请网易免费电子邮箱为例介绍如何申请电子邮箱。

操作步骤

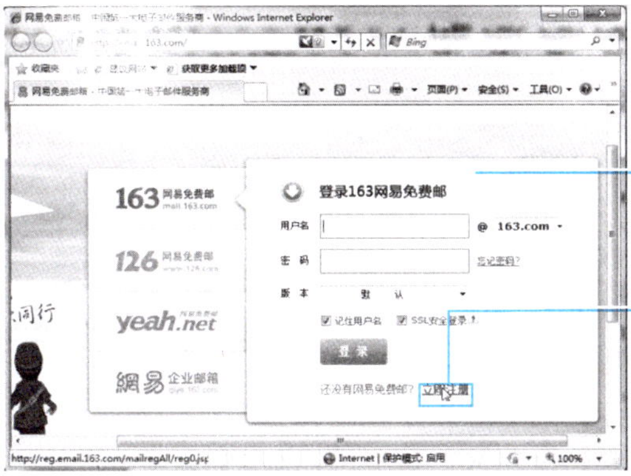

1 打开网易163邮箱的登录页面

2 单击页面中“立即注册”超链接

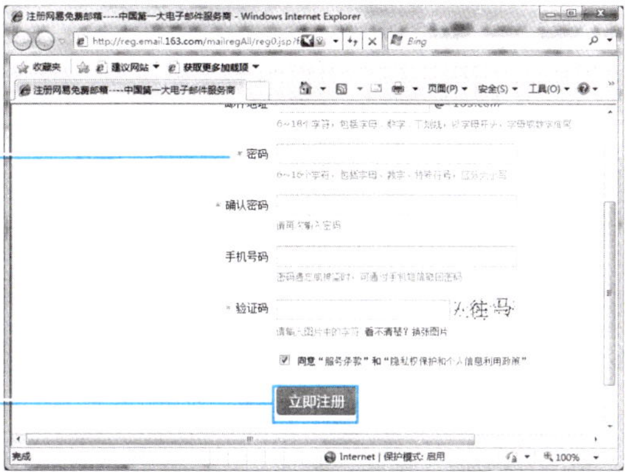

3 按照提示填写申请信息，在申请过程中用户一定要记下用户名和密码

4 单击“立即注册”超链接

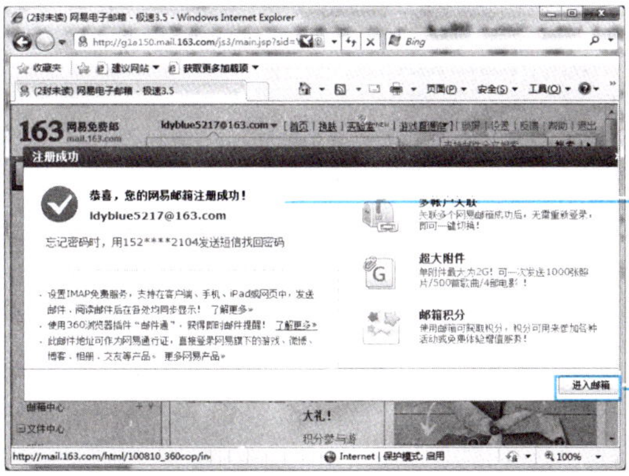

5 用户信息如果填写无误，就会顺利注册邮箱，注册成功网页会给出提示

6 单击“进入邮箱”超链接，就可以进入邮箱了

视野拓展

（2）为了让人们都拥有易识别的电子邮箱地址，汤姆林森决定采用@符号，符号前面加用户名，后面加用户邮箱所在的地址。电子邮件由此诞生。

14.2 来封E-mail

前面我们已经拥有了一个网易邮箱了，下面就来看看如何在网站中使用邮箱发送邮件吧。

14.2.1 登录网站邮箱

想要发邮件用户首先就要登录邮箱，下面将常用的免费邮箱登录网站地址介绍给大家。

- 网易163或126：http：//mail.163或126.com
- 新浪：http：//mail.sina.com.cn
- 搜狐：http：//mail.sohu.com
- 雅虎： http://mail.cn.yahoo.com
- 腾讯：http://mail.qq.com/

各种电子邮箱登录的过程大同小异，这里就以登录网易163邮箱为例介绍如何登录邮箱。

操作步骤

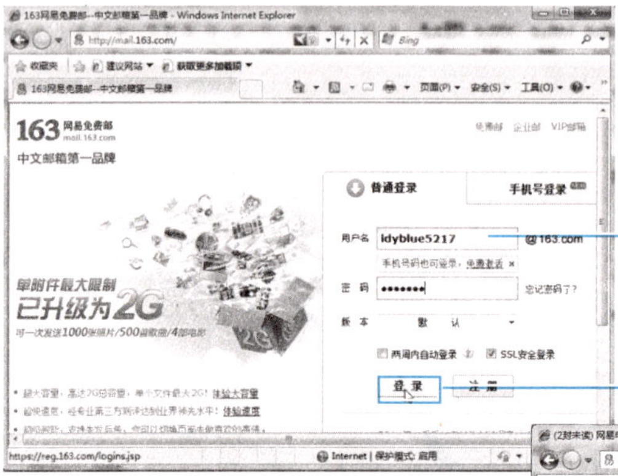

1 打开网易邮箱登录网页，在用户名和密码文本栏中输入用户名和密码

2 输入结束后单击“登录”超链接

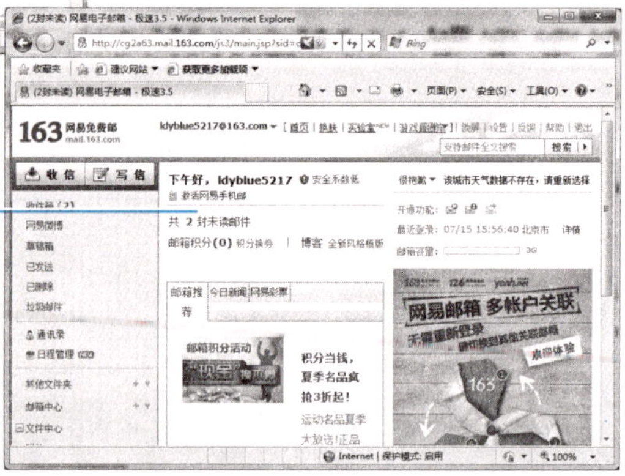

3 进入电子邮箱

提示：如果用户使用的是私人电脑，保证自己的邮箱信息不会泄露，用户可以在登录界面设置自动登录，避免每次登录输入账号和密码的麻烦。

视野拓展

163邮箱还提供了定时发送的功能，用户可以根据需要，将已经写好的邮件设置发送时间，避免用户忘记。

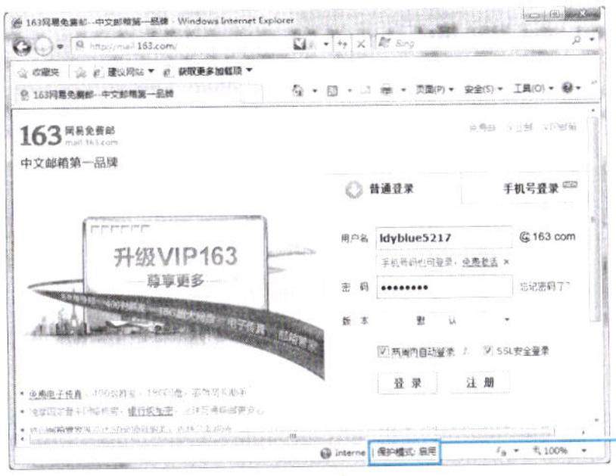

在“两周内自动登录”前勾选

14.2.2 撰写邮件并添加附件

登录邮箱后就可以发送邮件了，具体操作如下。

操作步骤

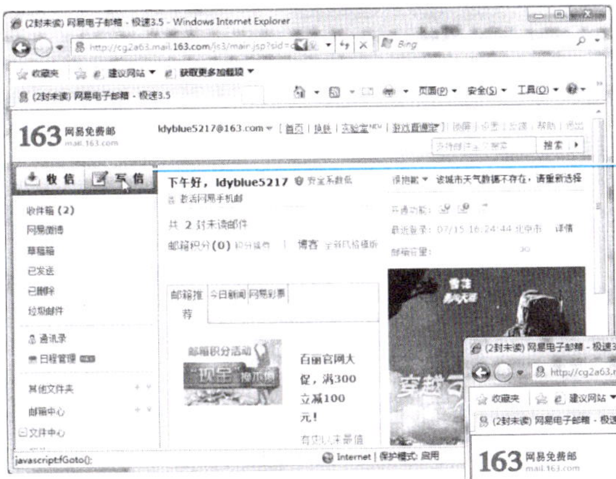

1 登录邮箱后，在窗口的左上角单击“写信”超链接

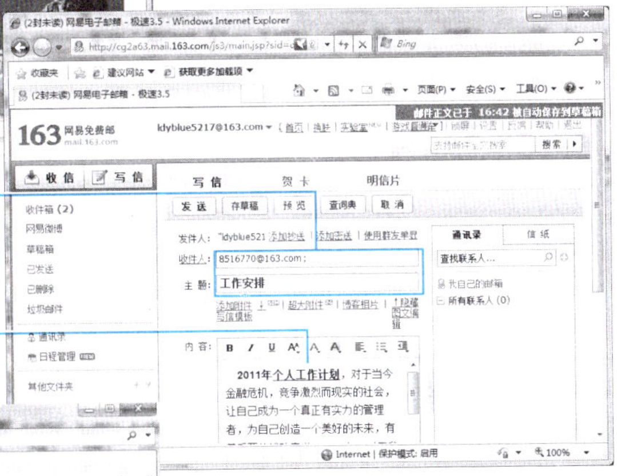

2 填写收件人的邮箱地址和邮件主题

3 在“内容”栏中输入用户信件的内容

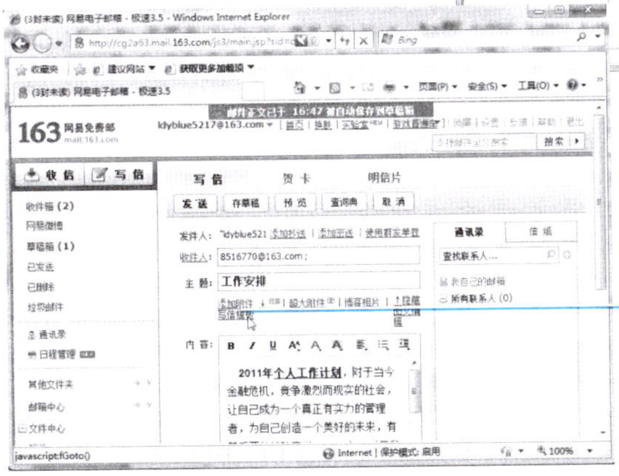

4 单击“添加附件”超链接

视野拓展

现在的电子邮箱也具有了群发邮件的功能，用户可以使用该功能群发邮件，避免了重复操作。

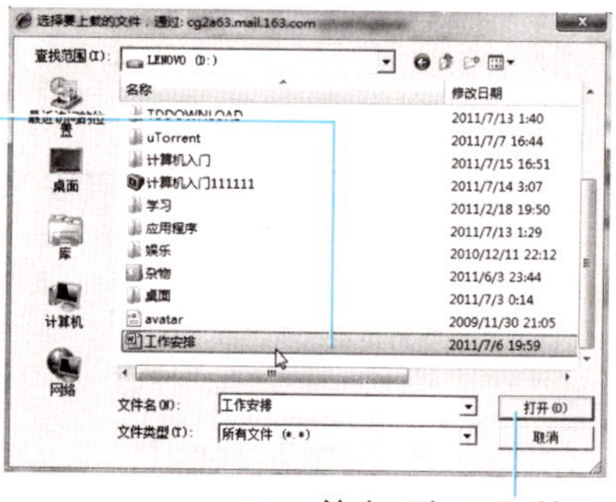

5 找到附件路径，选择文件

6 单击“打开”按钮

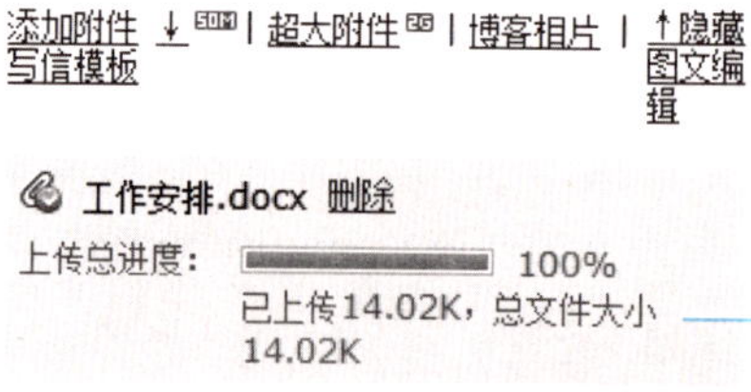

7 这是将会显示附件上传的速度，当显示100%时，上传完毕

提示： 邮箱中“添加附件”功能能够容纳的附件大小为50M，当超过50M时，用户就要使用“超大附件”添加了。

14.2.3 发送邮件等待回复

用户邮件撰写完毕，就可以发送邮件了。

操作步骤

1 单击“发送”超链接，邮件发送

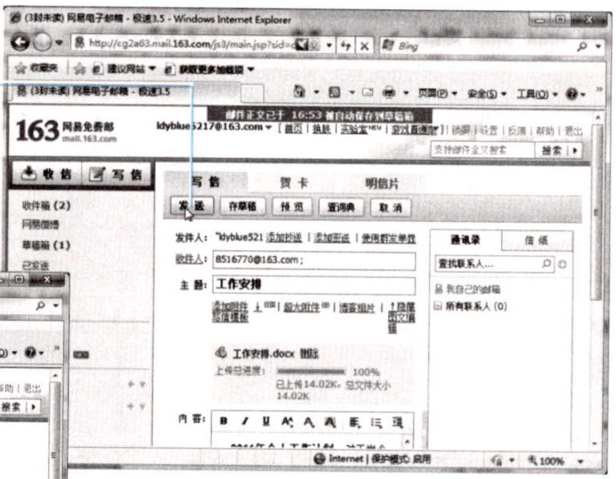

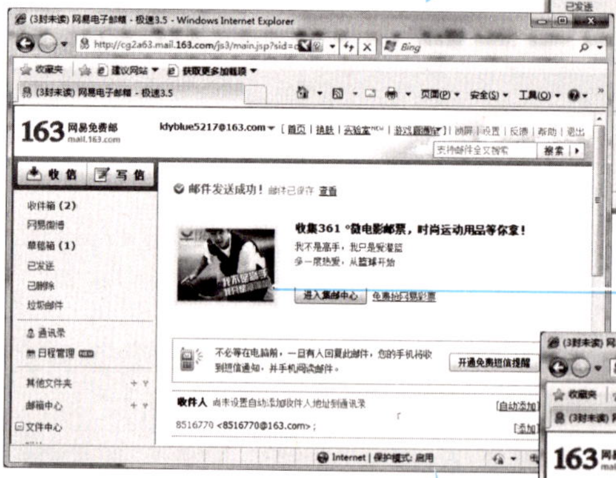

2 发送成功

3 单击邮箱界面左侧的“已发送”用户就可以看到用户发送过的邮件

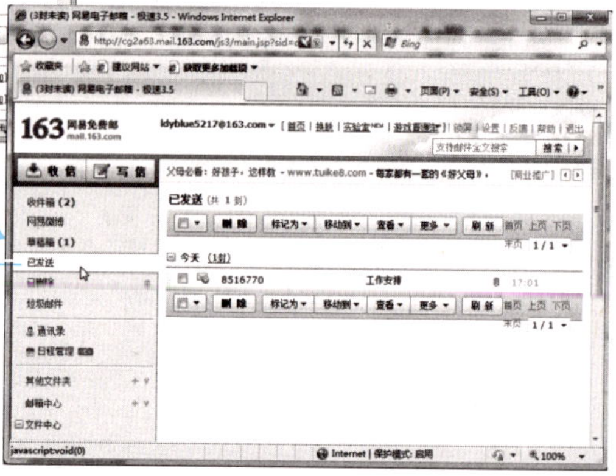

视野拓展

直接投送：若对方是非邮箱用户，可以将信件直接送到对方的传真机、电传机、打印机或分组交换网的计算机上。

14.2.4 接收邮件并回复

用户邮件发送完毕后就可以等待接受回复了，下面我们就来看看如何查看接收来的邮件和回复邮件吧。

操作步骤

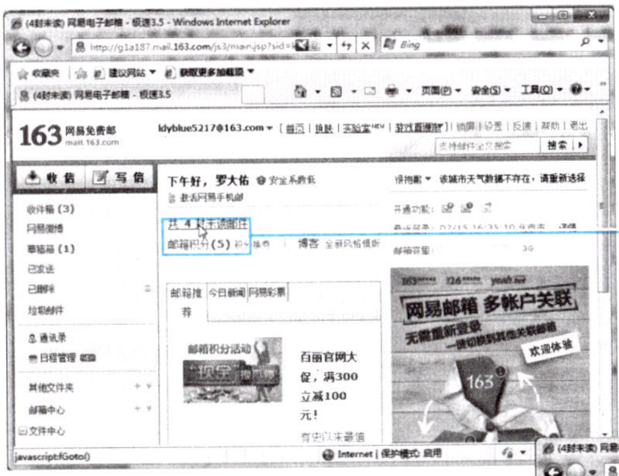

1 打开邮箱，在邮箱窗口界面中，用户会看到“共4封未读邮件”的连接，该链接显示用户未读邮件数，单击超链接

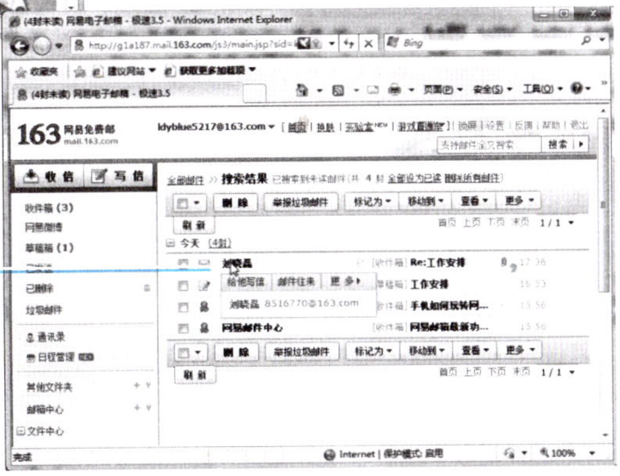

2 查看未读邮件，单击邮件超链接，查看邮件

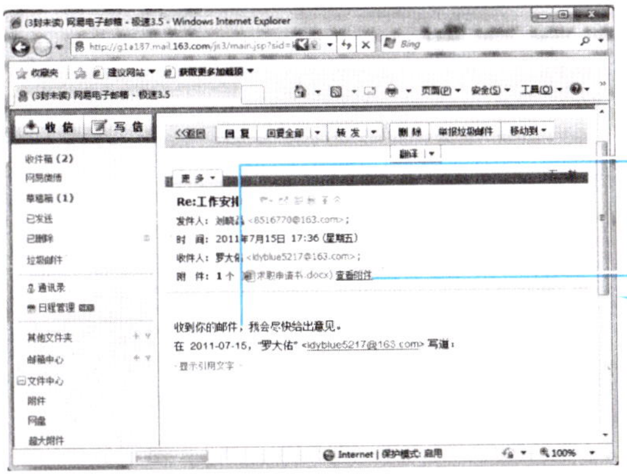

3 查看邮件内容

4 单击“查看附件”超链接，打开附件

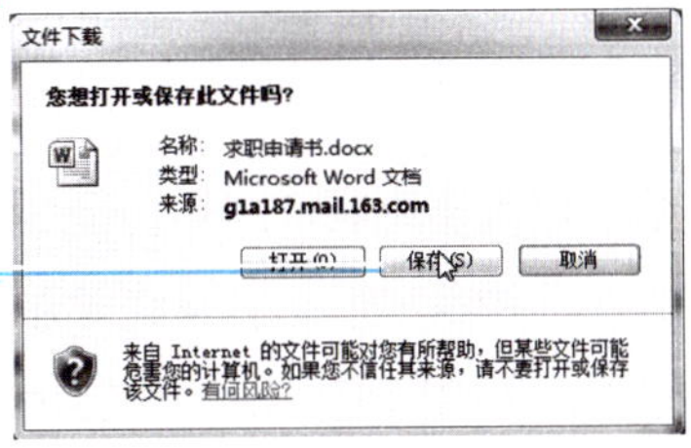

5 在弹出的“文件下载”窗口中单击“保存”按钮

视野拓展

如果是经常和国外的客户联系，建议使用国外的电子邮箱。比如Gmail, Hotmail, MSN mail, Yahoo mail等。

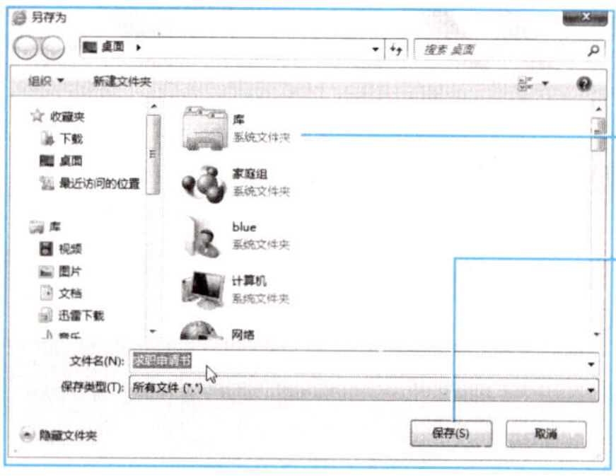

6 更改附件保存路径

7 单击“保存”按钮，下载附件

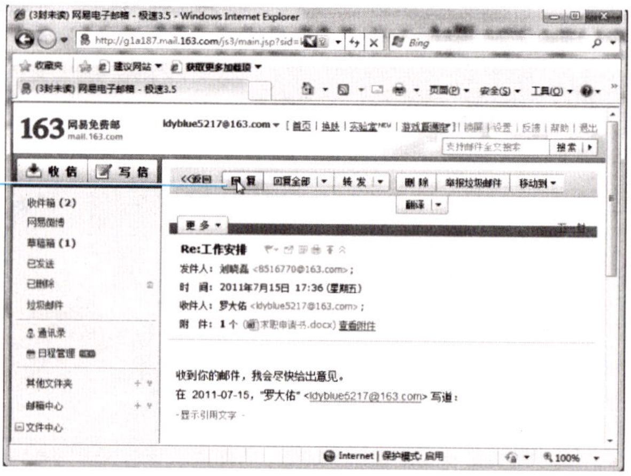

8 附件查看完毕，回复邮件，单击“回复”按钮

9 填写回复内容

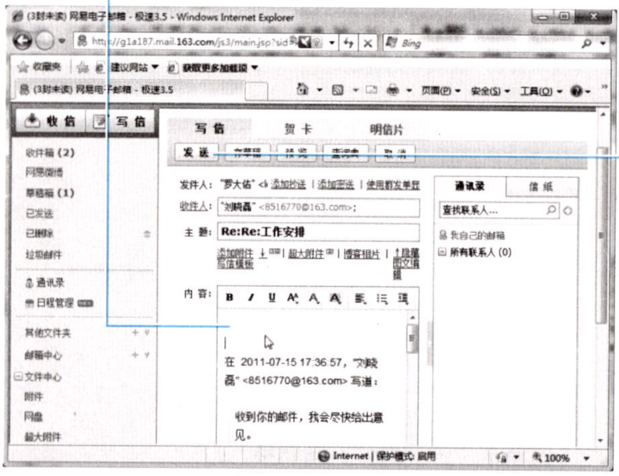

10 单击“发送”超链接

14.3 本章小结

本章主要介绍了如何使用电子邮箱，通过学习，用户可以在网络上申请一个网站电子邮箱，给好友发送电子邮件，并添加附件。网络邮箱可以方便快捷地将你的邮件送达到好友信箱中，与现实中的信件比起来，传输速度更快，内容也会更加丰富。

视野拓展

现在QQ也具备了邮箱功能，用户只要拥有一个QQ账号就相当于拥有了一个电子邮箱，邮箱的地址为“用户账号@qq.com”。

14.4 趁热打铁

现在让我们来做一些练习检验一下自己的学习吧。

14.4.1 选择题

1. 在网易电子邮箱中，用户如果想找到自己发送过的邮件，可以单击（ ）超链接。

A. 收件箱　　B. 已发送

C. 写信　　D. 草稿箱

2. 下面不属于邮箱名称组成部分的是（ ）。

A. 域名　　B. @

C. 登录名　　D. 邮箱地址

14.4.2 实践题

1. 申请一个新浪邮箱。

2. 使用邮箱收发邮件并添加附件。

视野拓展

选择电子邮件一般从“信息安全，反垃圾邮件，防杀病毒，邮箱容量，稳定性，收发速度，能否长期使用，邮箱的功能，使用是否方便，多种收发方式等综合考虑。每个人可以根据自己的需求不同，选择最适合自己的邮箱。

读书笔记

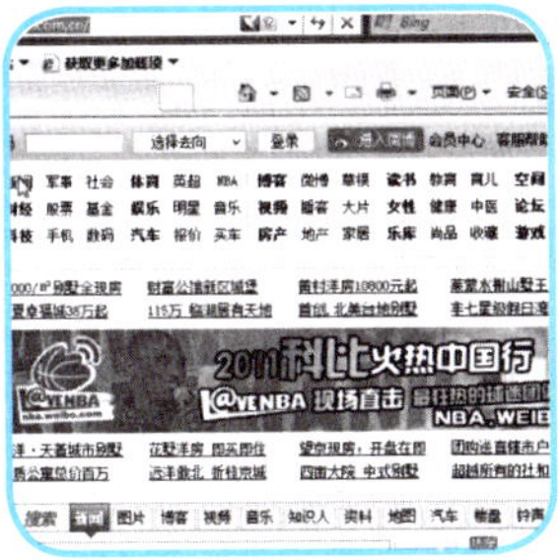

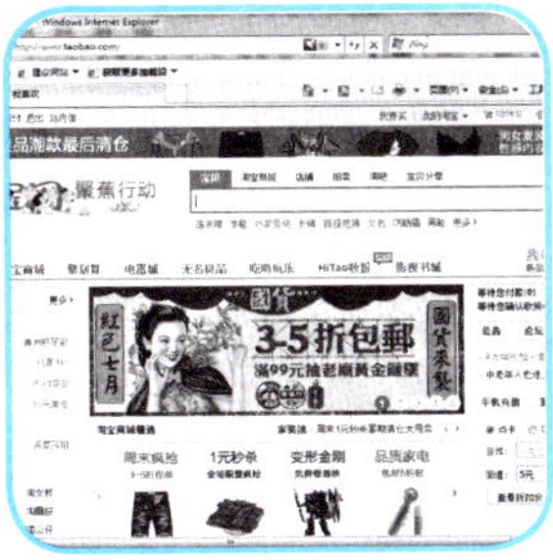

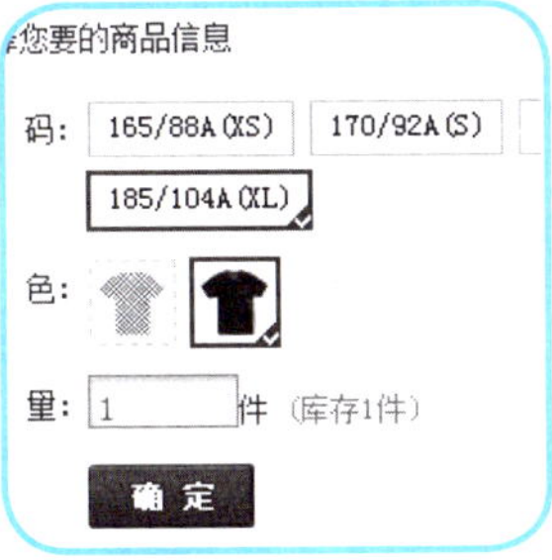

第 15 章 网上生活

本章导读

网络的出现不仅方便了人们的工作，同样也使人们业余休闲时间的娱乐得到丰富。本章主要介绍如何在网上看新闻、购物、找工作、玩微博等。

本章学习目标

- 学会网上看新闻
- 学会网上购物
- 学会网上投简历
- 学会使用人人网个人主页
- 学会使用新浪微博

本章学习重点

- 在网络关注新闻大事
- 网上挑选商品
- 掌握人人网发布日志、上传照片
- 掌握使用微博分享好友微博

15.1 网上娱乐

人们在日常的工作生活中为了避免劳累，用户可以在业余时间在网上看新闻、听音乐、看视频。这样劳逸结合使人们工作更有效率。

15.1.1 去网上看新闻

由于网络的高度发达，使得新闻的传播不再只是电视、电台与报纸的专利。网络也成为人们日常生活中获取新闻的主要途径之一。下面我们就来看看如何在网上看新闻吧。

操作步骤

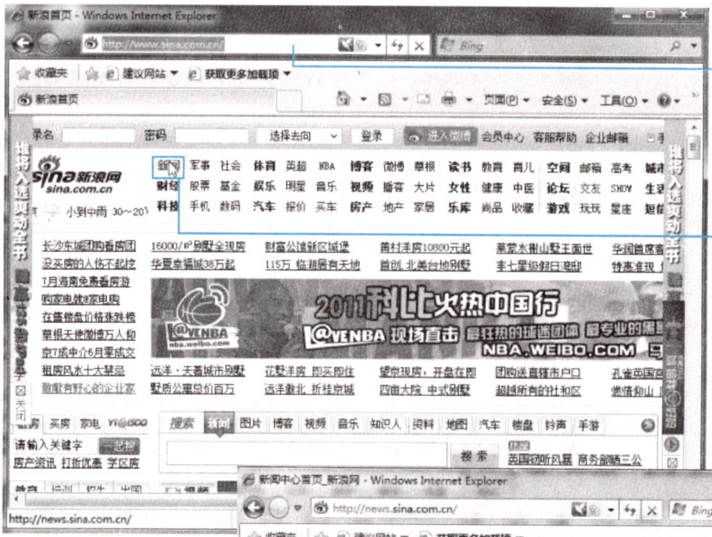

1 在IE浏览器的地址栏中输入www.sina.com.cn按回车键进入新浪网主页

2 在新浪网主页单击新闻超链接

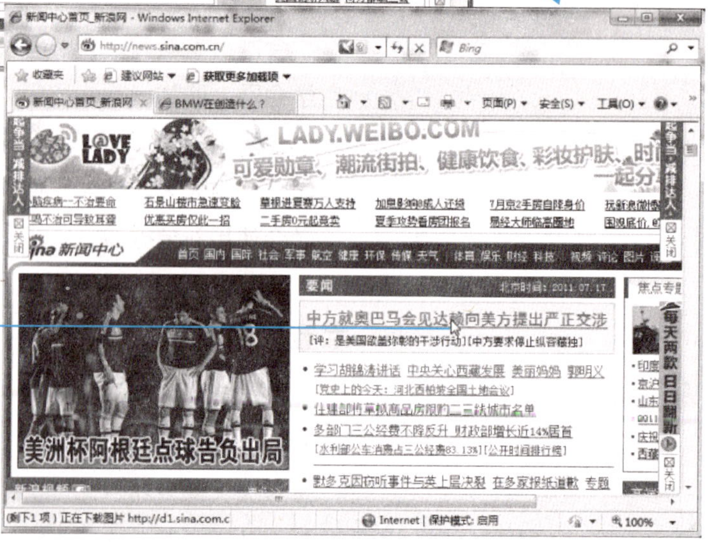

3 在新闻页面中用户选择自己关心的新闻消息，单击超链接即可

视野拓展

下面我们来推荐一些新闻网站：网易新闻网news.163.com、中国新闻网www.chinanews.com.cn、新华网www.xinhuanet.com、环球时报新闻网www.huanqiu.com。

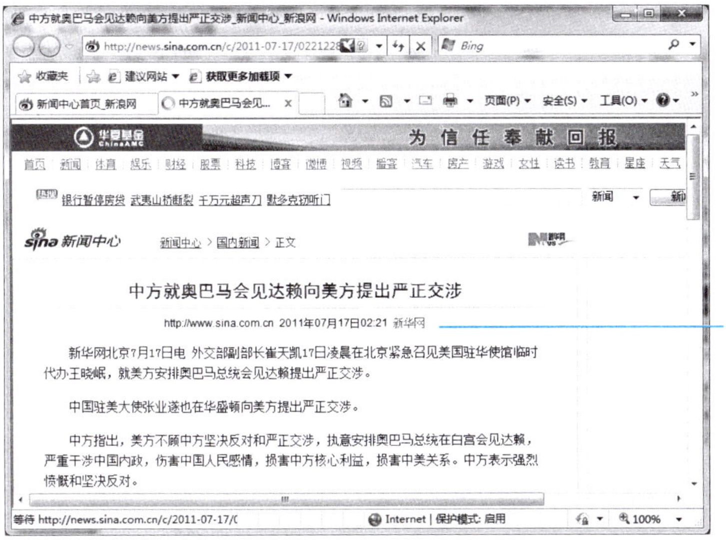

4 用户阅读新闻内容

提示： 在登录新浪主页时可以看到各个板块，其中包括财经、体育、娱乐、教育等板块，用户可以根据需要选择自己关心的板块查看。

15.1.2 找首喜欢的歌

网络是媒体信息最快的传播渠道，不同流派、不同风格的音乐都可以在网络中搜索并试听。网络存在着许多专业的音乐网站，例如九天音乐网、骑士音乐网、一听音乐网等。用户可以通过这些音乐网来在线听音乐。下面我们就以九天音乐网为例介绍如何在线听音乐。

操作步骤

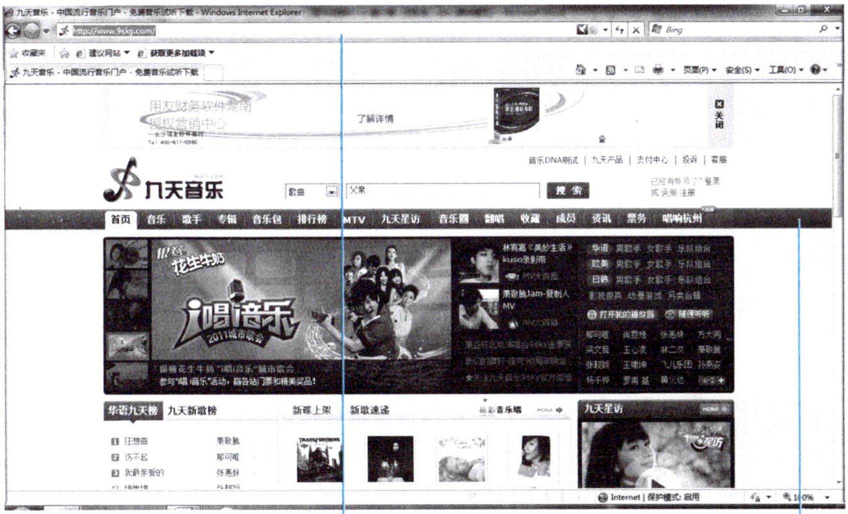

1 在IE浏览器中输入www.9sky.com打开九天音乐网主页

2 在导航栏中选择需要试听的类别，例如“专辑”

视野拓展

在音乐网站上都会有排行榜，如“本周排行”、“本月排行”、“下载排行”等。用户可以根据排行榜的情况掌握音乐流行的方向。

3 选择用户喜欢的音乐专辑类型

4 选择“整碟播放”超链接

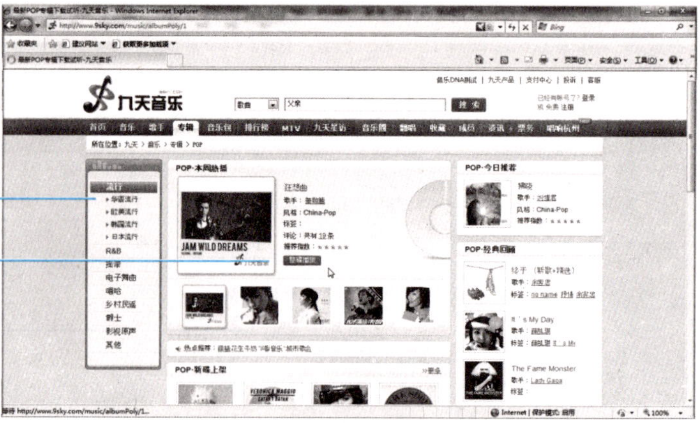

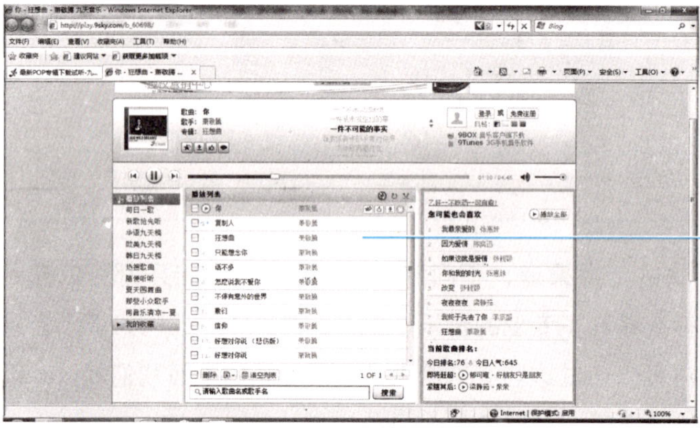

5 开始播放“专辑”

提示： 用户如果有自己喜欢的歌曲，可以在音乐网站的主页搜索栏中输入歌曲名称或者输入歌手名称，搜索歌曲播放，也很方便。

15.1.3 在网上看电影

随着网络的发展，越来越多的网民喜欢网上看电影、电视剧以及一些有趣的视频。本小节就以现在最流行的优酷网为例来介绍如何在网上观看视频。

操作步骤

1 在IE浏览器中输入www.youku.com打开优酷网主页

2 在导航栏中选择用户观看视频的类别

或在搜索栏中直接输入用户喜欢的电影或电视剧名称

视野拓展

网上看电影已经不再新奇，用户还可以下载网络电视软件，使用网络电视软件可以观看各种频道，包括一些国外频道，内容丰富。

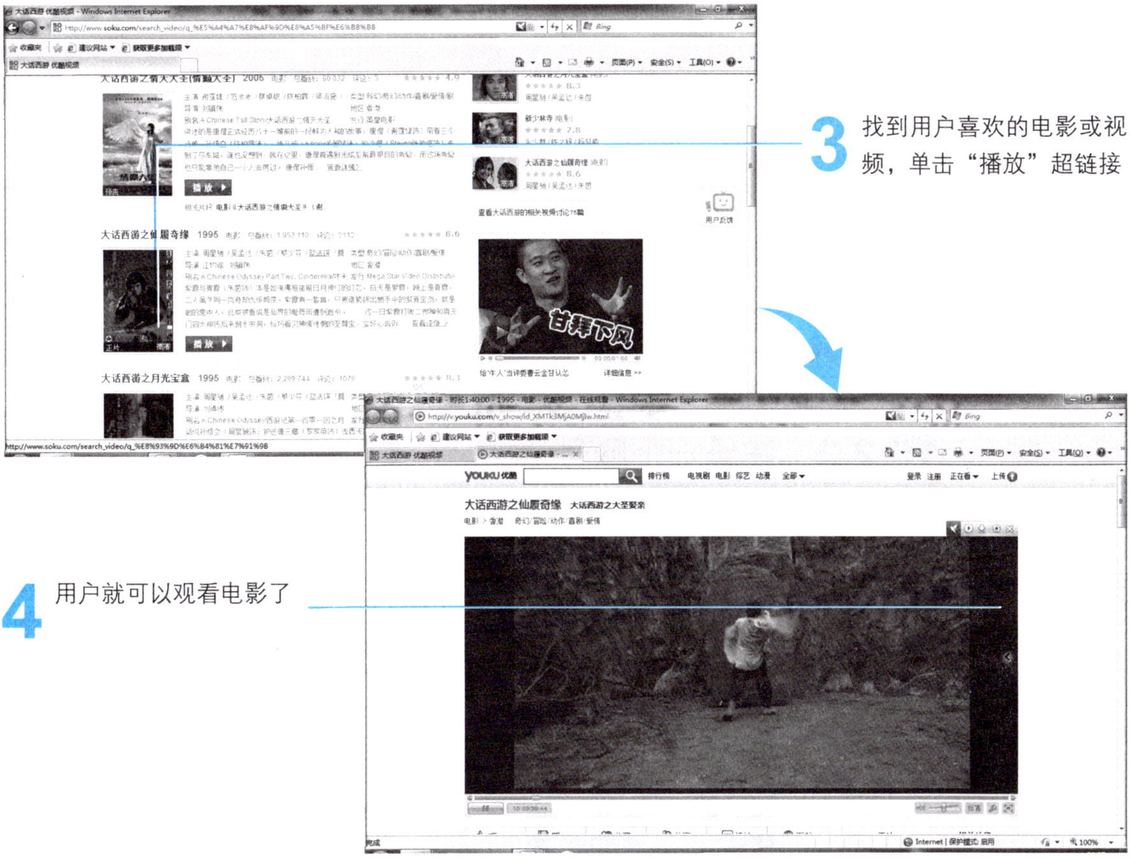

3 找到用户喜欢的电影或视频，单击“播放”超链接

4 用户就可以观看电影了

15.2 网上购物

网上购物，就是通过互联网检索商品信息，并通过电子订购单发出购物请求，然后填上私人支票账号或信用卡的号码，厂商通过邮购的方式发货，或是通过快递公司送货上门。国内的网上购物，一般付款方式是款到发货（直接银行转账，在线汇款），担保交易（淘宝支付宝，百度百付宝）。

15.2.1 主要的购物网站

网上购物网站很多，其中主要有淘宝网、当当网、京东网等。下面将常用的购物网站提供给读者。

- 综合性购物网站

淘宝网：www.taobao.com

拍拍网：http://www.paipai.com/sale/

视野拓展

用户如果想要网上购物，必须在银行办理网上银行业务。网上银行业务不光可以帮助用户方便网上购物，同样也可以帮助用户理财，随时关注个人账户情况，方便快捷。

- 书籍购买网站

当当网：http://book.dangdang.com/

- 电子商品购买网站

京东网：www.360buy.com

- 服装网站

凡客诚品：http://www.vancl.com

- 网上鞋城

乐淘网：http://www.letao.com

注意： 介绍的这些网站大部分都已经发展为综合性购物网站，但是用户可以有倾向性地选择相应的网站。

15.2.2 注册一个账号

在用户购买商品前也需要注册一个购物账号，下面我们就以现在最流行的购物网站，淘宝网为例介绍如何注册购物账号。

操作步骤

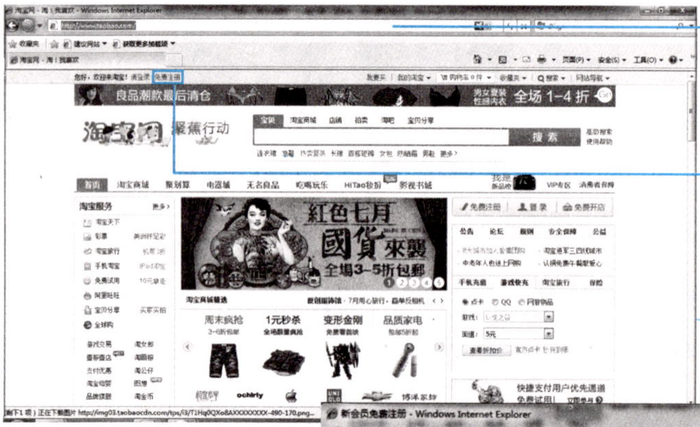

1 在IE浏览器中输入 www.taobao.com 打开淘宝网主页

2 单击网页窗口中单击“免费注册”超链接

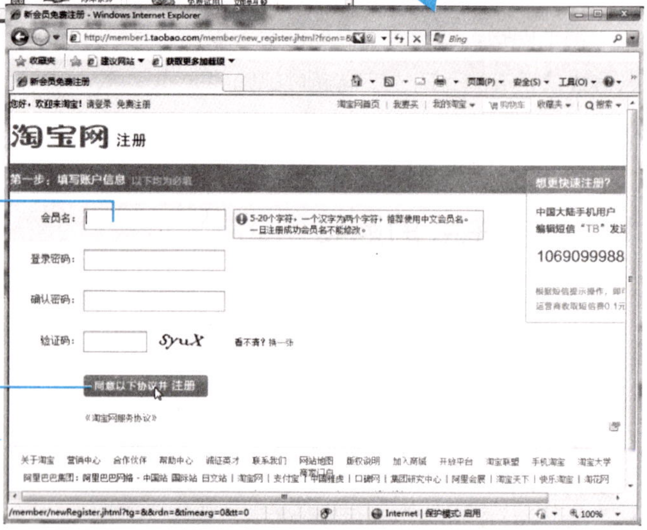

3 填写用户注册信息

4 填写完成，单击“同意以下协议并注册”超链接

视野拓展

在网上购物的时候，用户需要仔细查看图片，并且关注该卖家的信誉度等情况，避免上当。

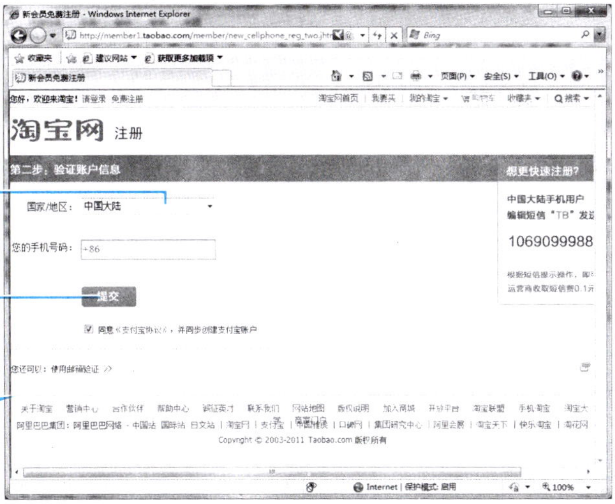

5 选择“国家/地区”、输入用户手机号，注册支付宝账号

6 单击“提交”按钮

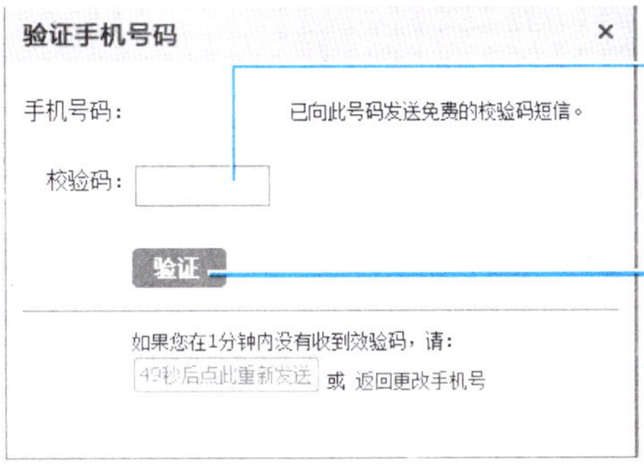

7 在文本框中输入手机接收到的验证码

8 单击“验证”超链接

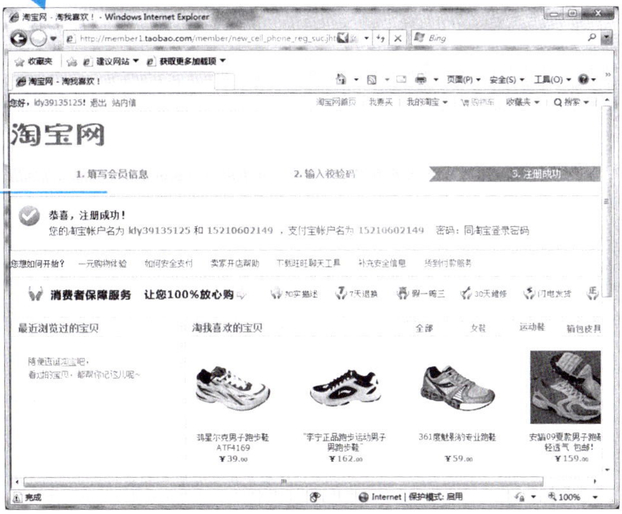

9 注册成功，用户记录下账号和密码以及支付宝账号与密码

15.2.3 挑选商品

我们注册账号后就可以登录网站，挑选自己需要的商品了。

视野拓展

用户购物时一般都需要使用第三方担保的付款方式，现在主要的代理有“支付宝”、“财付通”、“块钱”、“百付宝”。这些第三方支付平台都提升了用户在网上购物的安全度。

操作步骤

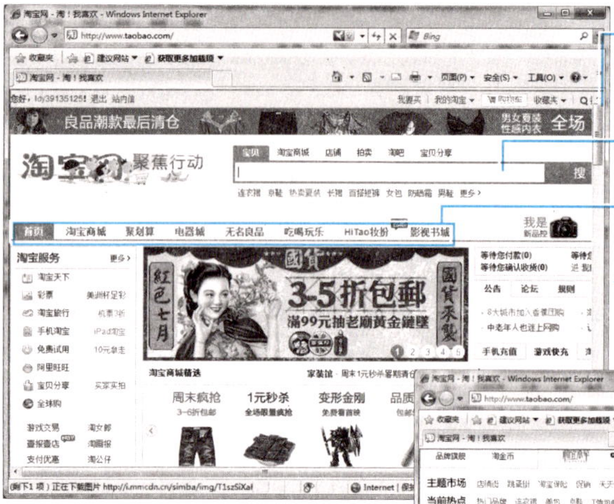

1 在淘宝网主页搜索栏输入用户需要的商品名称

2 拉动滚动条，在网页窗口下方看到宝贝类目

或在导航栏中选择用户需要的商品类型，挑选商品

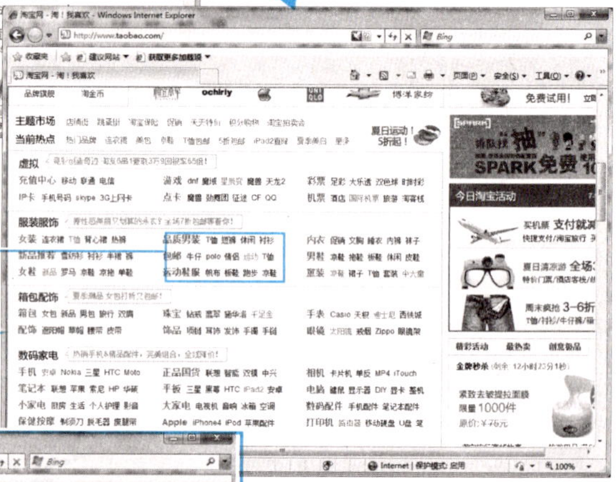

3 在“宝贝类目”列表中单击“服装服饰/品质男装/T恤”超链接

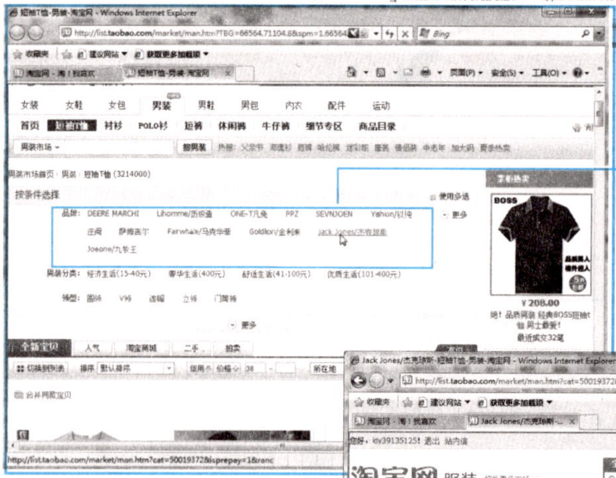

4 选择商品品牌

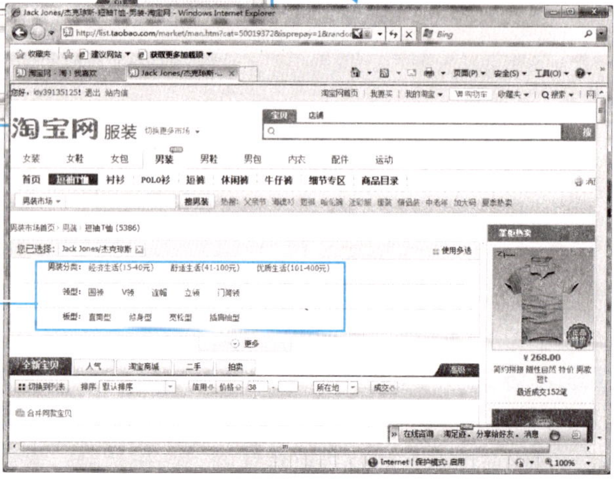

5 选择商品分类

视野拓展

当用户在淘宝上购物感觉受骗，但是卖家迟迟不肯退货时，在淘宝中有维权选项，用户只需要将和卖家的聊天记录、实物照片等情况发送到网上，就可以实现维权了。

6 拉动滚动条，查看商品

7 选择用户中意的商品

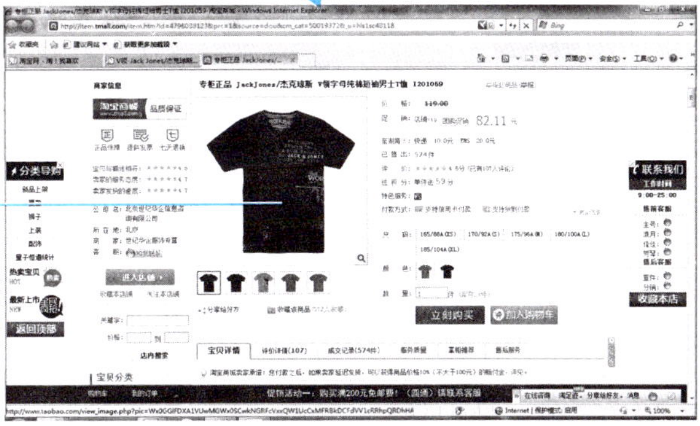

8 查看商品详情

15.2.4 付款

用户挑选完中意的商品，当决定买下商品的时候就要对商品付款了。这是一个大家十分关注的过程。下面就来了解如何付款吧。

操作步骤

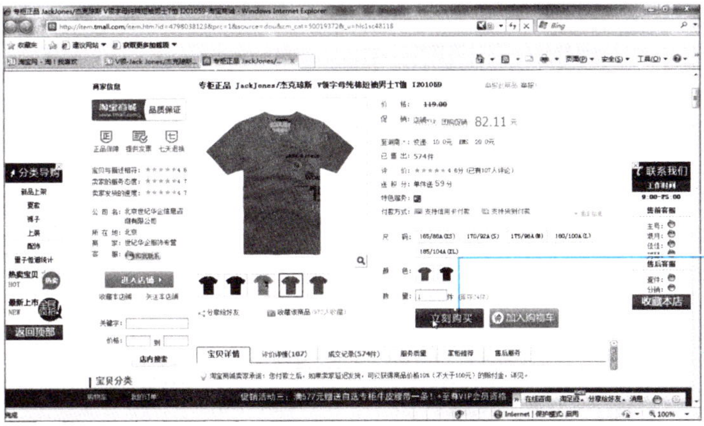

1 单击“立刻购买”超链接

视野拓展

阿里旺旺，一种即时通讯软件供网上注册的用户之间通讯，阿里旺旺是淘宝网官方推荐的沟通工具。淘宝网同时支持用户以网站聊天室的形式通讯，淘宝网交易认可淘宝旺旺交易聊天内容保存为电子证据。目前仍没有案例可以援引说明淘宝旺旺或网站聊天室的内容在诉讼程序中是否适用。

注意：

- 用户一定要注意，登录的网页是淘宝网页，如果单击其他链接进入淘宝页面有可能是诈骗网站使用与支付宝类似页面或域名欺骗账户汇款
- 用户挑选商品时一定要挑选信誉度高的卖家，这样的卖家有一定的诚信保证

2 选择用户合适的产品信息

3 单击“确定”超链接

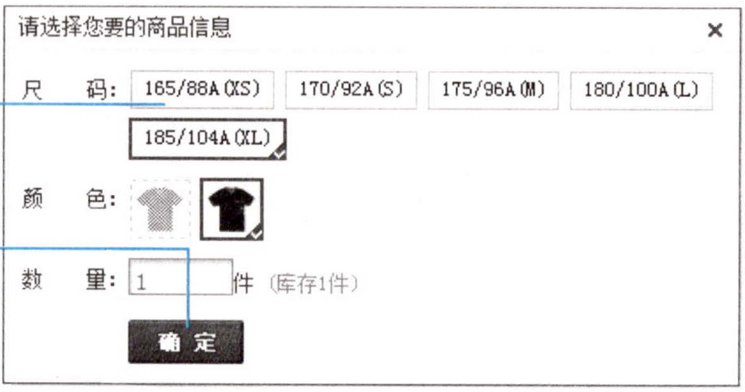

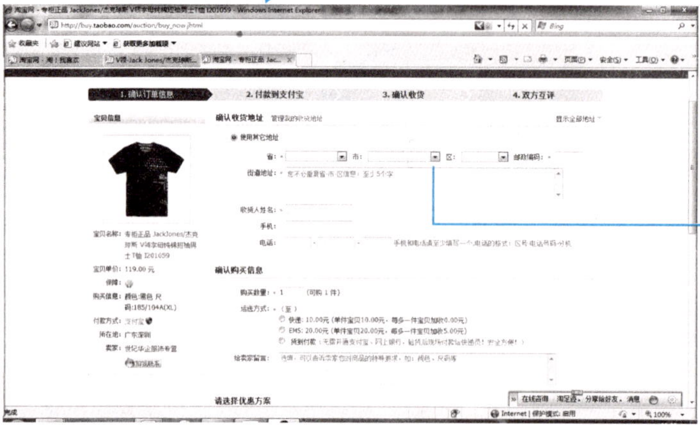

4 填写收货地址、购买件数等信息

5 单击“确认无误 购买”超链接

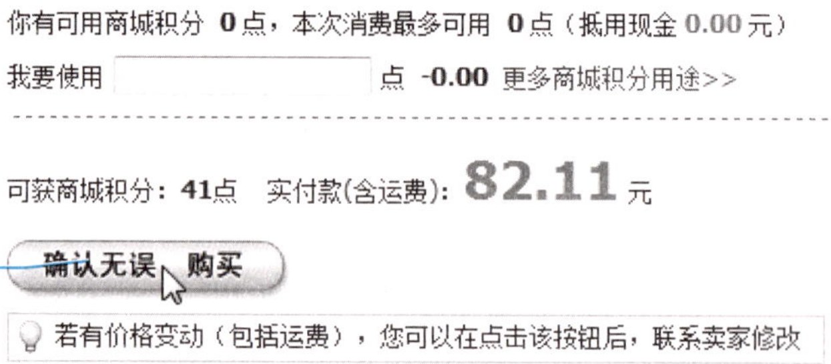

6 淘宝会自动转到用户淘宝账号链接的支付宝账号，登录网上银行给支付宝充值

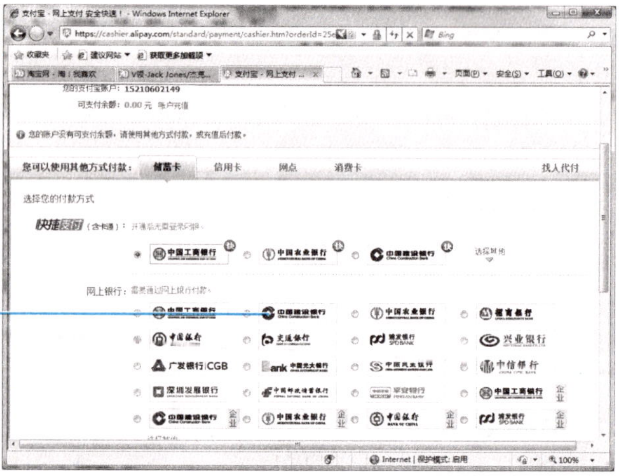

提示：用户如果对淘宝宝贝不清楚，可以单击屏幕右下方的阿里巴巴与买家交流协商，讨价还价

视野拓展

现在的网上求职已经很普遍，但是安全度还有待提高。在网上求职时，有些单位需要用户缴纳抵押金才可以上岗，往往这样的单位都有可能是欺骗网民的，所以当用户网上求职时，遇到这样的情况就需要仔细考虑了。

单击图标与卖家联系

15.3 上网找工作

网络不仅可以购物、娱乐，同样也可以帮助人们求职，通过网络求职，使得求职更加方便，也为企业与人才之间架起了一个方便的沟通桥梁。下面我们就来了解一下如何网上找工作吧。

15.3.1 主要的网络求职网站

在网上求职之前，我们先来了解一些主要的求职网站吧。

- 前程无忧网：http://www.51job.com/
- 智联招聘：http://www.zhaopin.com/
- 中华英才网：http://www.chinahr.com/index.htm?prj=751031

15.3.2 注册网站登录账号

网上找工作也一样，也需要注册网站登录账号，然后根据网站提示填写个人简历。下面就来了解一下这个过程吧。

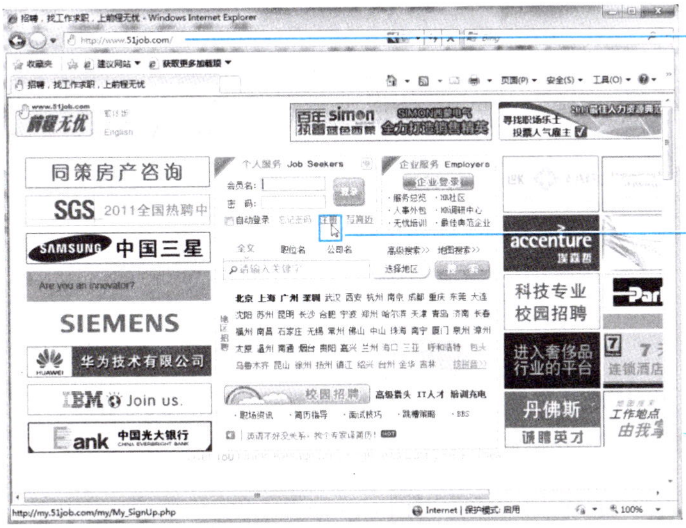

1 打开IE浏览器，输入www.51job.com登录前程无忧网

2 单击“注册”超链接

操作步骤

视野拓展

PPLive是一款用于互联网上大规模视频直播的共享软件。本软件使用网状模型，有效解决了当前网络视频点播服务的带宽和负载有限问题，实现用户越多播放越流畅的特性，整体服务质量大大提高！

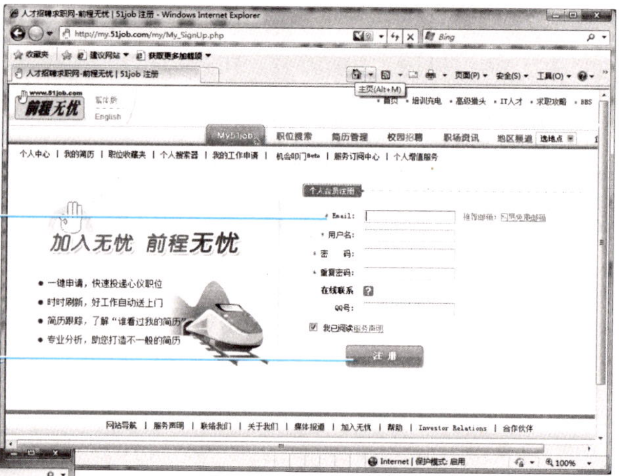

3 填写注册信息，记下注册的账号与密码

4 单击“注册”超链接

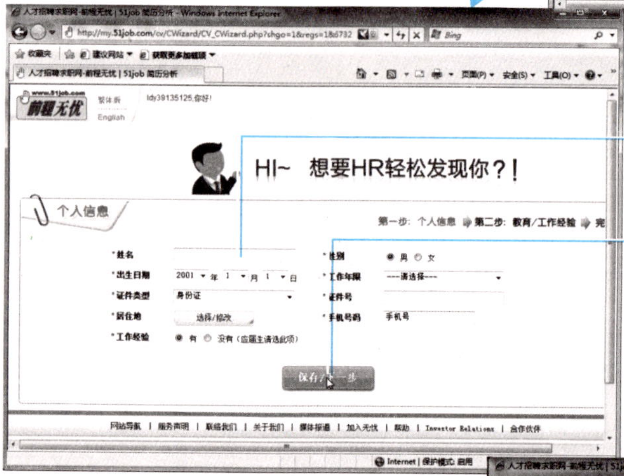

5 填写个人信息

6 单击“保存/下一步”超链接

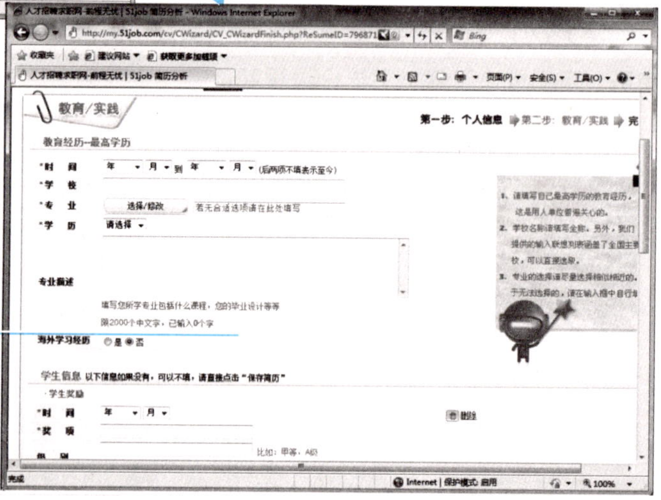

7 填写个人简历

如果提供的简历信息栏不够可以单击“继续添加”超链接

8 填写完毕单击“保存简历”超链接

视野拓展

（1）ppStream是一套完整的基于P2P技术的流媒体超大规模应用解决方案，包括流媒体编码、发布、广播、播放和超大规模用户直播。

9 根据网站提示，填写用户专业特长的关键词

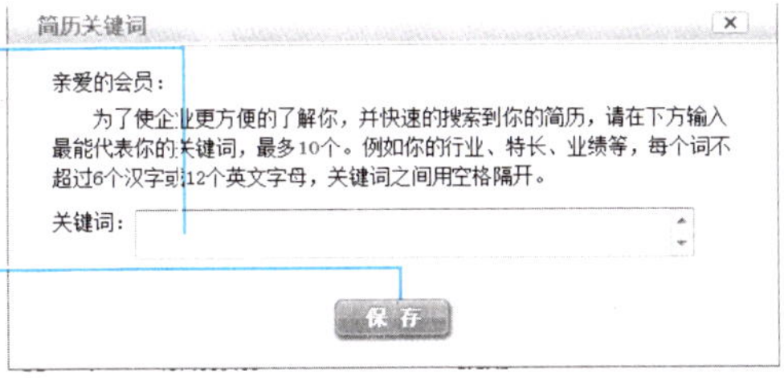

10 单击“保存”超链接

11 简历填写完毕，单击“保存简历”超链接

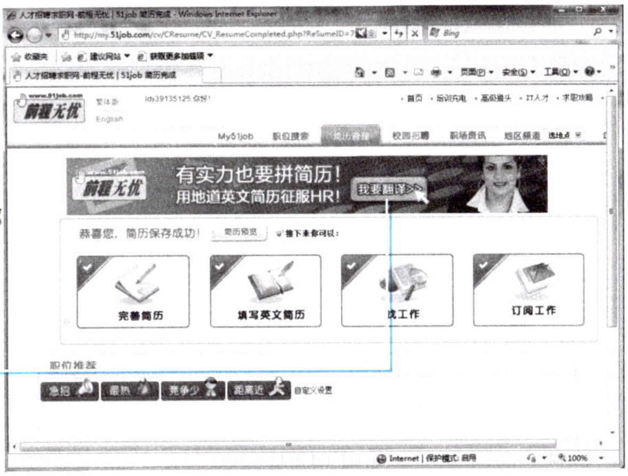

12 简历制作成功

15.3.3 在线投简历

简历制作完毕，用户就可以根据需要，在求职网站上寻找符合要求的工作，然后投递简历了。具体操作如下：

操作步骤

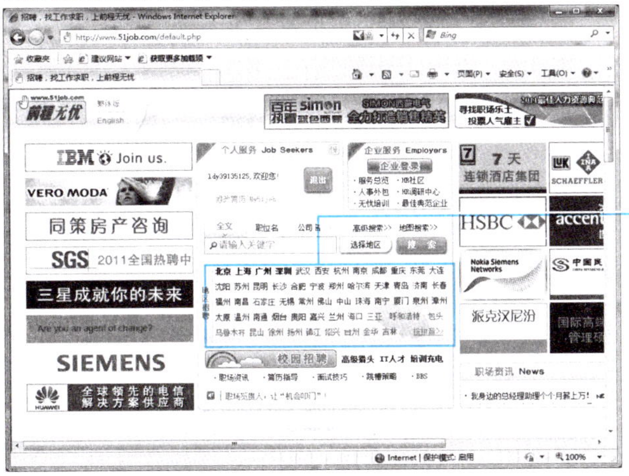

1 用户可以在搜索栏中搜索需要的工作类型关键词，如果对工作地点有要求，则单击地区招聘中的地名超链接，这里我们以选择“地区招聘”中的超链接为例介绍

（2）能够为宽带用户提供稳定和流畅的视频直播节目。与传统的流媒体相比，ppStream采用了P2P-Streaming技术，具有用户越多播放越稳定，支持数万人同时在线的大规模访问等特点。

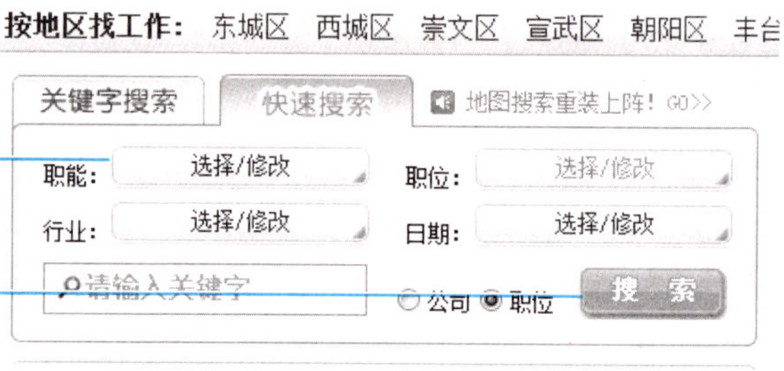

2 填写搜索条件

3 填写完毕单击“搜索”超链接

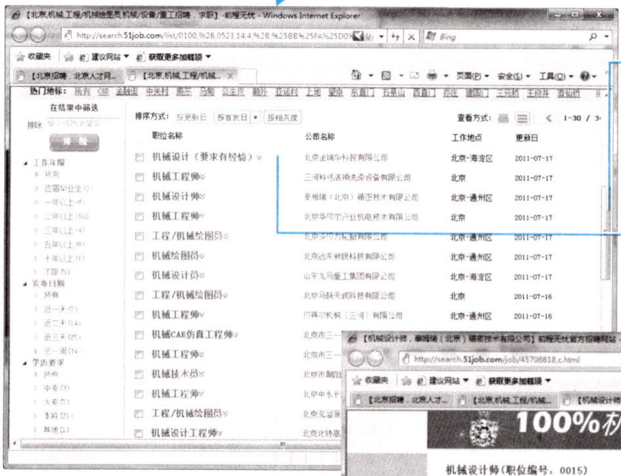

4 拉动滚动条查看求职信息

5 遇到满意的工作，单击超链接

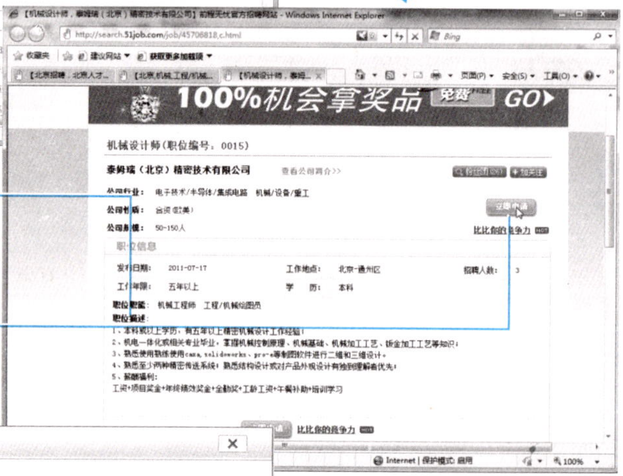

6 查看职位描述

7 单击“立即申请”超链接

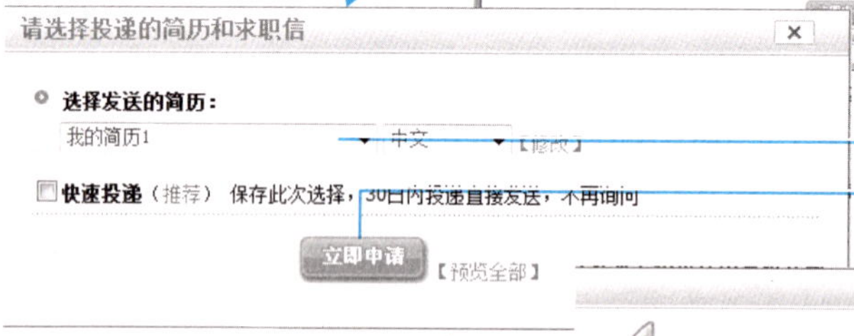

8 选择用户简历

9 单击“立即申请”超链接

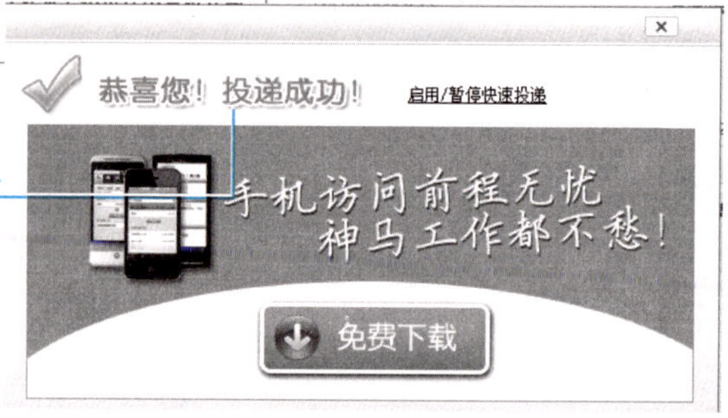

10 简历投递成功，用户等待企业联系

提示： 用户在制作简历时可以根据需要多制作几份，如果要求英文简历的企业，用户就要投递英文简历。同样也可以根据企业招聘的侧重点不同，制作不同简历投递

视野拓展

网络上还有很多网络游戏，现在比较知名的网络游戏有“魔兽世界”、“征途”、“梦幻西游”等，这些游戏都需要用户投入金钱，所以用户千万不要沉迷于网络游戏。

15.4 来个人人主页

随着网络的发达，实时通讯已经满足不了人们之间的相互了解愿望，网络个人主页的出现让人们有了展现自我和获取他人信息与资源的平台。用户可以通过个人主页与好友进行互动，增加人们的社交途径。

15.4.1 人人网个人主页

人人网是为整个中国互联网用户提供服务的SNS社交网站，给不同身份的人提供了一个互动交流平台，提高用户之间的交流效率，通过提供发布日志、保存相册、音乐视频等站内外资源分享等功能搭建了一个功能丰富高效的用户交流互动平台。下面让我们来了解一下人人网个人主页吧。

人人网个人主页主要功能就是与好友分享个人状态、发表日志、保存图片、主页音乐、分享与查看视频，随着人人网的发展，还开发了各种应用，如人人派对、人人农场、幸福厨房等应用。下面我们来了解一下人人网主页的作用。

- 一个图文并茂的“人人网个人主页”可以充分地向其他人展示自己的才华。让其他人知道你的长处。可以说你的“个人主页”就是你最好的简历。
- 制作自己的“人人网个人主页”，用于展示自己的个性，将自己喜欢的东西放在“个人主页”上，让大家都可以来欣赏。
- 制作你的“人人网个人主页”，用于结识新的朋友。对于好的“个人主页”，将会有很多人访问你的主页，和访问者交流会大大扩大你的生活空间。
- 制作你的“人人网个人主页”，用于记忆你的家庭生活。例如：①可以把你的“个人主页”制作成图文并茂的生活日记。②可以把你的“个人主页”设计成你小孩成长的纪录。③可以在你的“人人网个人主页”放上你新婚仪式的照片给大家分享。总的来说个人主页就是一个展示自己的网上平台。
- 通过个人主页提供商的在线平台注册一个账号，然后系统就会为你自动生成一个与账号相对应的个人主页，在这个个人主页上，可以发布文章、上传图片，自建网站栏目，自定义主页的外观。
- 人人网应用可以丰富人们的业余生活，它不仅提供给人们一些游戏，还提供给人们相互了解的机会。例如血型分析、星座分析、性格色彩分析等。

15.4.2 登录主页

既然人人网个人主页可以给人们带来这么多好处，那么就让我们来了解如何进入人人网个人主页吧。

视野拓展

人人网刚建立的时候一个最重要的特点是限制具有特定大学IP地址或者大学电子邮箱的用户注册，这样就保证了注册用户绝大多数都是在校大学生。用户注册之后可以粘贴自己的照片，撰写日志，签写留言等。该网站鼓励大学生用户实名注册，上传真实照片，让大学生在网络上体验到现实生活的乐趣。

1.注册人人登录账号

操作步骤

1 在IE浏览器地址栏中输入www.renren.com登录人人网登录页面

2 在登录网页窗口中单击“立即注册”超链接

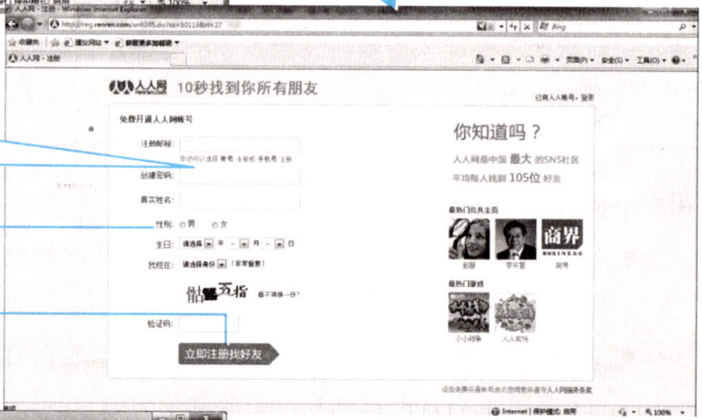

由于邮箱的推广，现在注册个人主页的网站账户名一般都是邮箱地址

3 填写注册信息

4 单击“立即注册查找好友”超链接

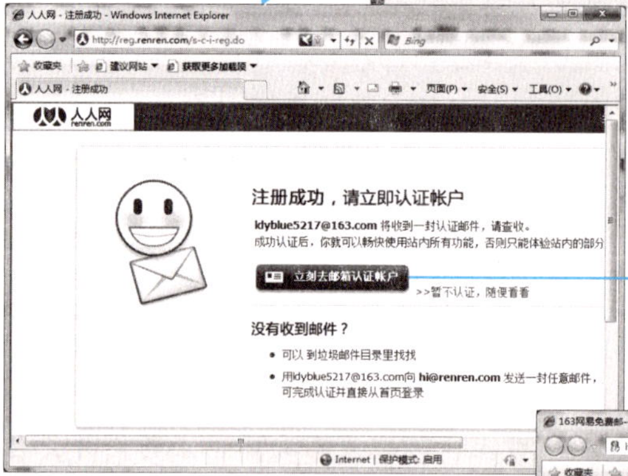

5 网页提示注册成功，用单击“立刻去邮箱认证账户”超链接

6 登录邮箱

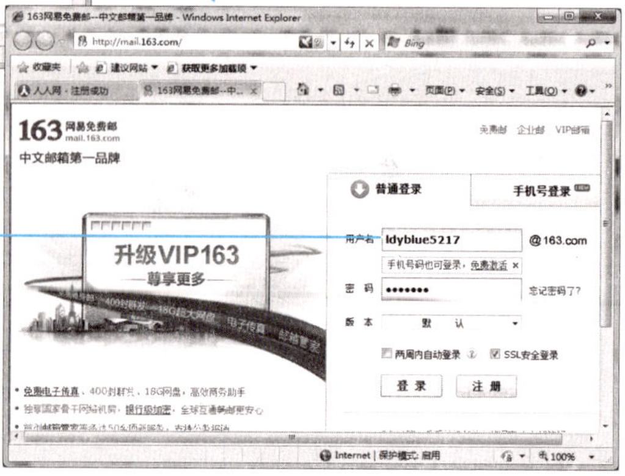

视野拓展

人人网非常重视对用户隐私权的保护，承诺不会在未获得用户许可的情况下擅自将用户的个人资料信息出租或出售给任何第三方，但以下情况除外：您同意让第三方共享资料；您同意公开你的个人资料，享受为您提供的产品和服务；本站需要听从法庭传票、法律命令或遵循法律程序；本站发现您违反了本站服务条款或本站其他使用规定。

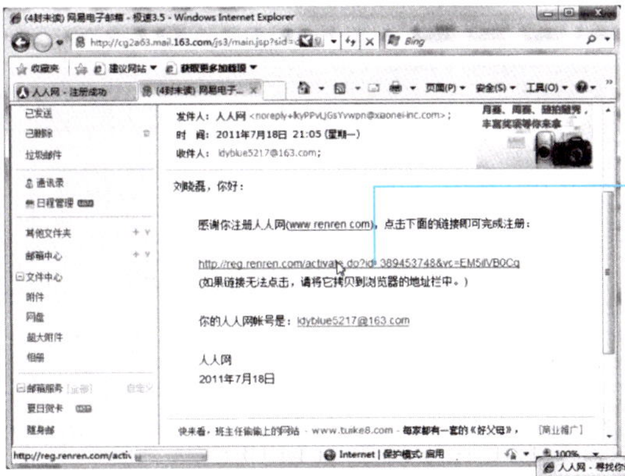

7 单击认证链接

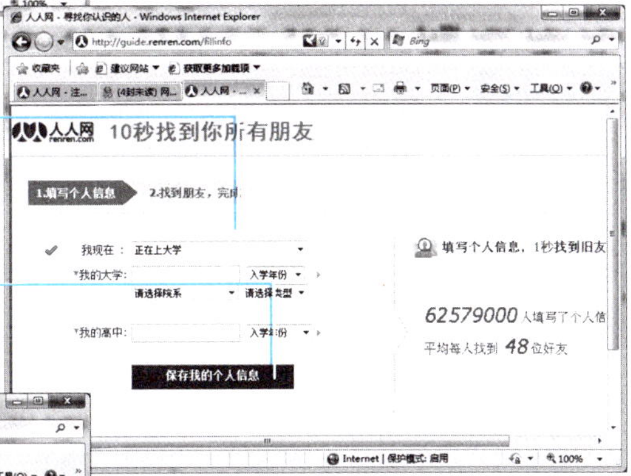

8 认证成功，填写个人信息，以便人人网帮你自动查找可能认识的好友

9 单击“保存我的个人信息”超链接

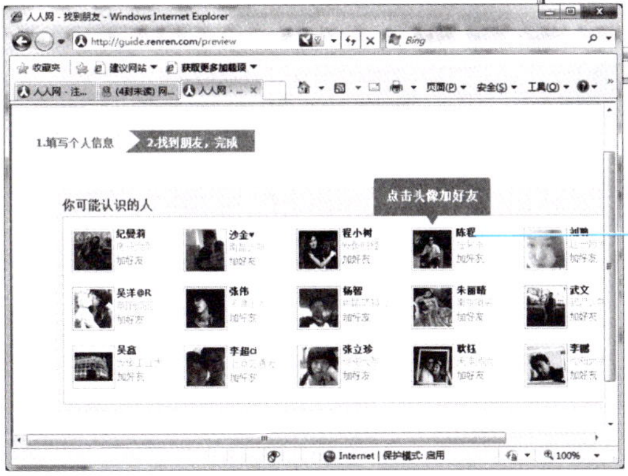

10 人人网将会提供用户可能认识的人，用户可以单击头像添加，注册完成

2.登录人人个人主页

操作步骤

1 在账号和密码文本框中输入注册的账号和密码

2 单击“登录”超链接

视野拓展

人人网从2010年3月10日开始推出用户成长体系，只要每天登录人人网，或者写写状态，传下照片即可轻松获取积分，积分增加，等级会不断提升，随着等级的提升将有机会得到人人网提供的各种奖励，以及使用相关特权。

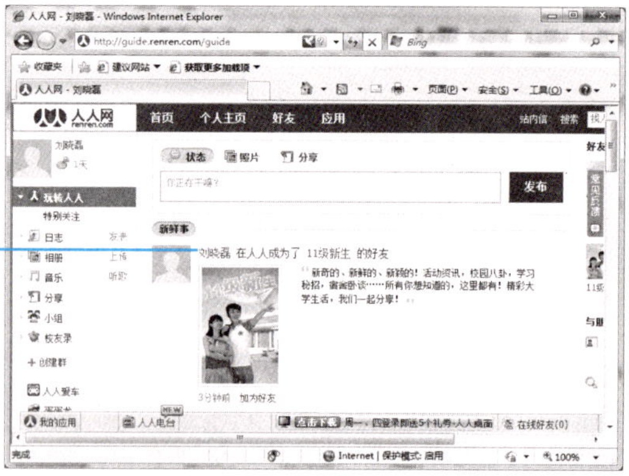

3 登录成功

15.4.3 装扮主页

人人网个人主页作为一个展现个人个性的平台，装扮个人主页是最好不过的一个办法。下面我们就来看看如何装扮个人主页吧。

1.添加头像照片

操作步骤

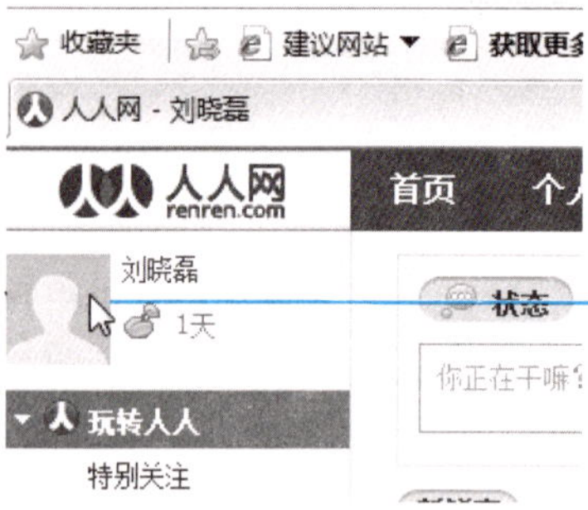

1 单击人人网个人主页左上侧的头像

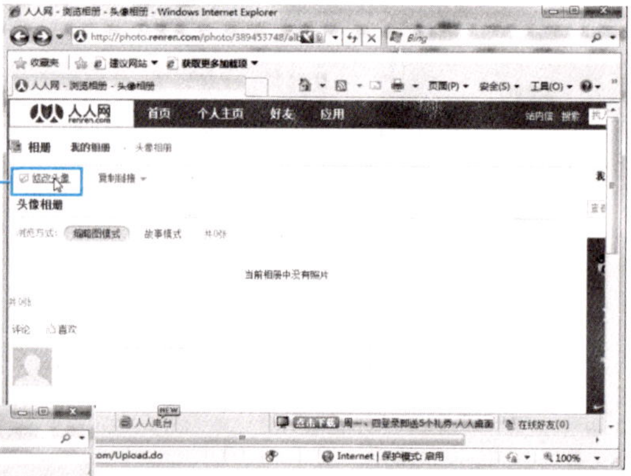

2 单击窗口左上侧的“修改头像”超链接

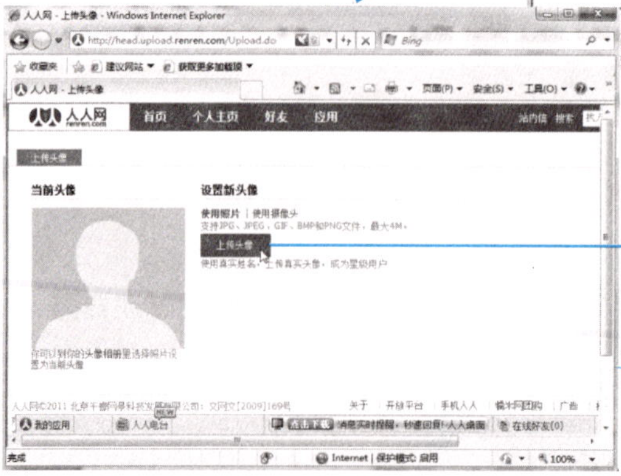

3 单击“上传头像超链接”

视野拓展

随着智能手机的发展，人人网页推出了智能手机的客户端。现在IPHONE的IOS操作系统、安卓操作系统都已经有了人人网的客户端，使用智能手机的用户可以随时登录人人网，了解好友动态了。

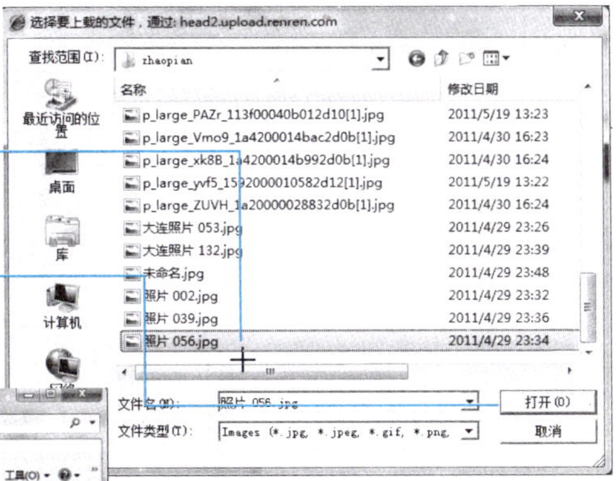

4 选择喜爱的个人头像照片

5 单击“打开”按钮

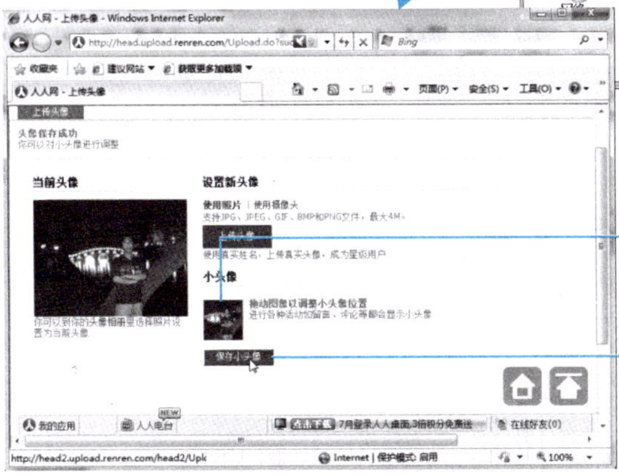

6 鼠标拖动小头像，调整照片位置

7 单击“保存小头像”超链接，头像添加成功

2.更改主页皮肤

人人网个人主页默认皮肤为人人网背景的蓝白皮肤，不能显示用户的个性，下面我们来介绍一下如何设置皮肤。

操作步骤

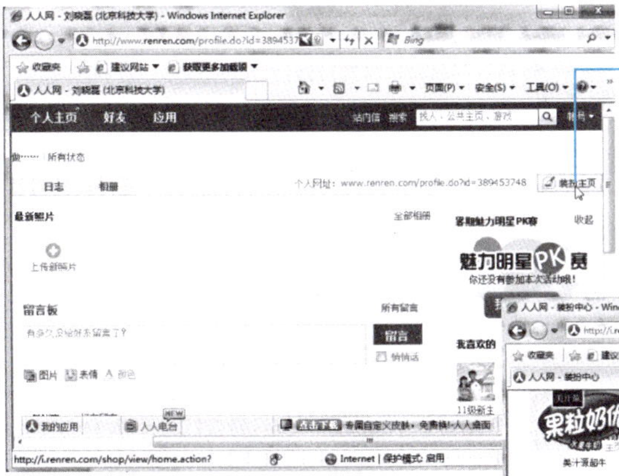

1 单击人人页面的“个人主页”超链接，在窗口右上侧单击“装扮主页”超链接

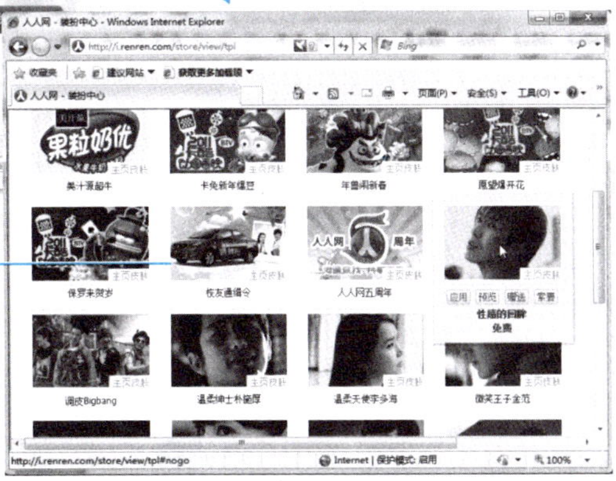

2 在弹出的窗口单击“全部”超链接，查看人人网提供全部皮肤，单击“价格”超链接，选择用户喜爱的免费皮肤，将鼠标移至皮肤，单击“应用”超链接

视野拓展

现在的智能手机也大部分都附带了GPS定位系统，用户可以使用这个功能通过手机人人网客户端将用户的实时位置发送到人人网上，让好友了解到你的丰富生活。

哈哈，装扮的主页好漂亮啊！

是的，呵呵。主页装扮充分地显示个性哦！

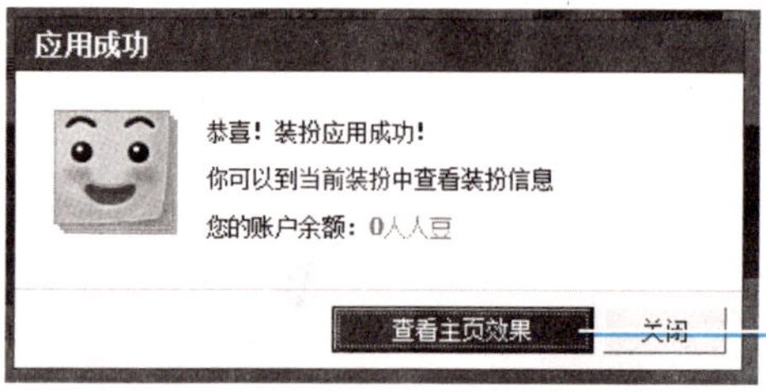

3 装扮成功，单击“查看主页效果”超链接

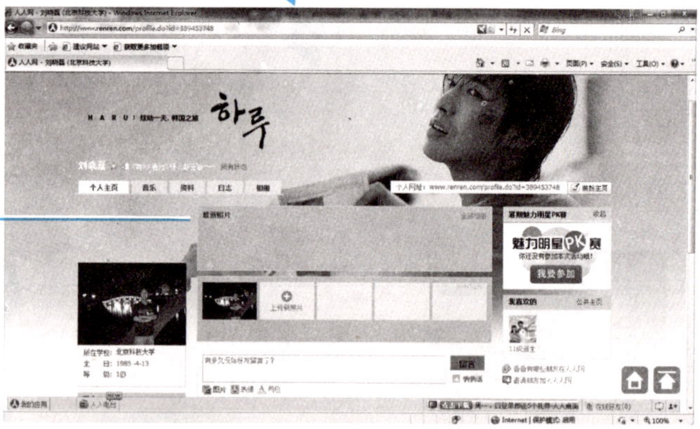

4 查看个人主页

15.4.4 发表日志、上传照片和更改个人状态

下面我们就可以发表日志、上传照片和更改个人状态了。

1.发表日志

操作步骤

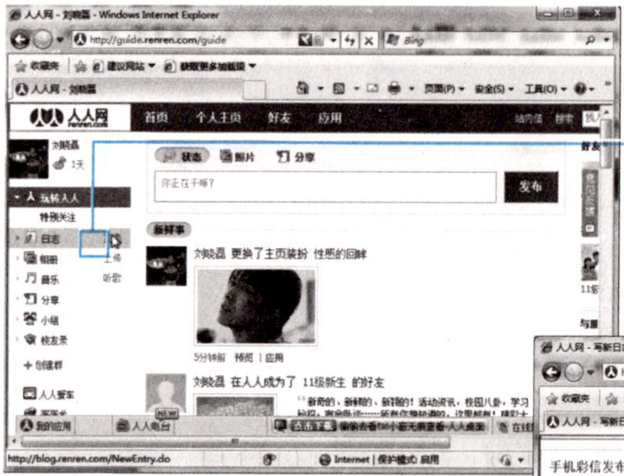

1 打开人人网个人首页，单击“日志 发表”超链接

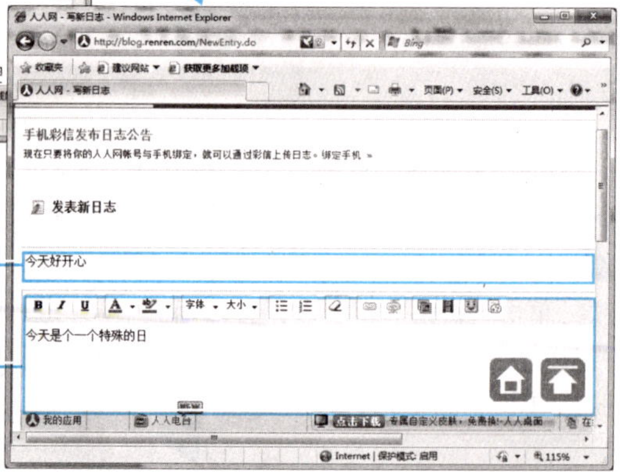

2 在文本框中输入日志标题

3 输入日志内容

视野拓展

现在人人网又开放了“情侣空间”的功能，用户可以在“情侣空间”中秀甜蜜了。

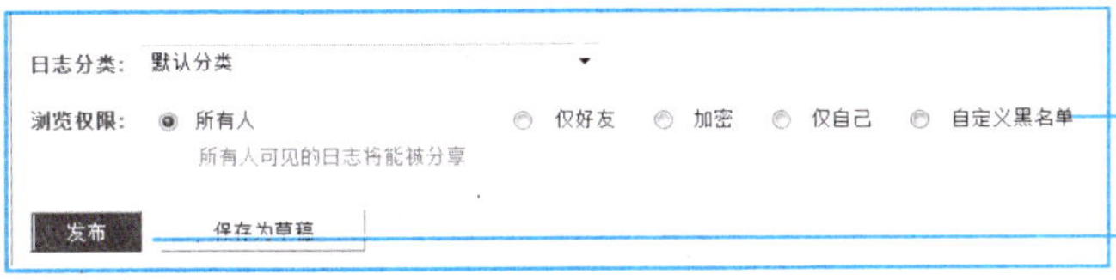

4 更改浏览权限

5 单击“发布”超链接

2.上传图片

操作步骤

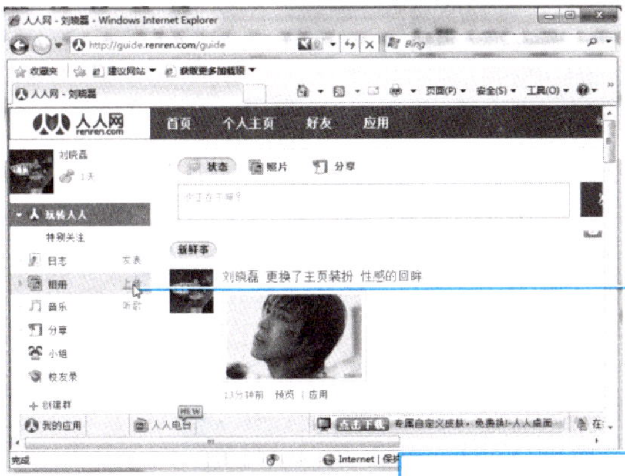

1 打开人人网个人首页，单击“照片 上传”超链接

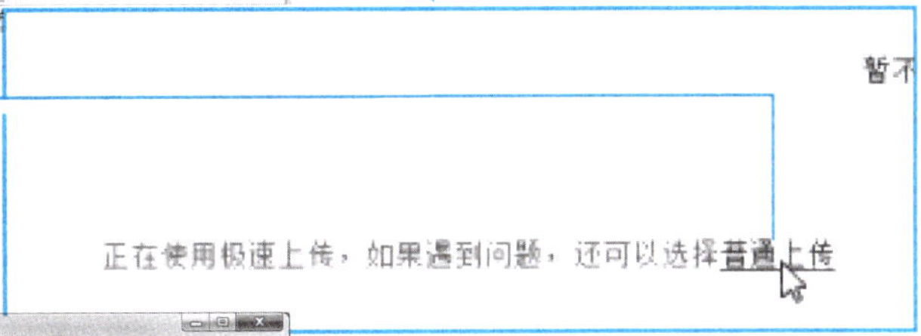

2 单击窗口下方的“普通上传”超链接

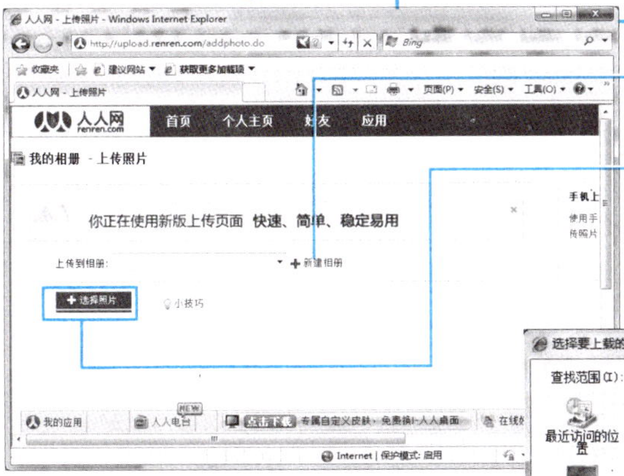

3 单击“新建相册”超链接，建立相册

4 单击“选择照片”超链接

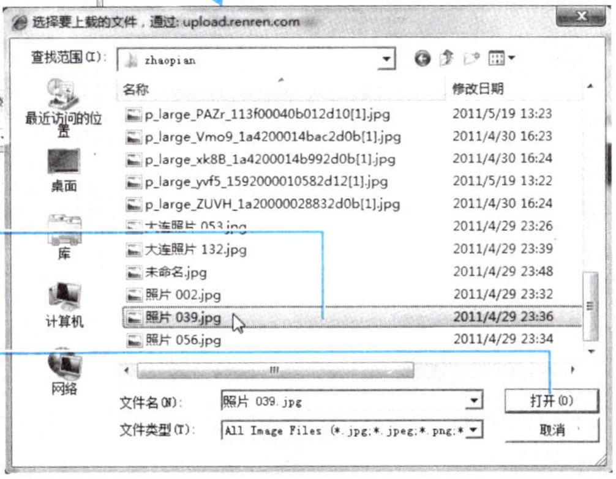

5 选择用户想要上传的照片

6 单击“打开”按钮

视野拓展

论坛也是一种网络流行的讨论平台，用户可以根据自己的喜好、行业来选择论坛。现在最流行的国内论坛为“天涯论坛”，在“天涯论坛”中分为各个板块，用户根据个人需要进入。

7 单击“继续添加”超链接，重复添加，直到用户需要上传的照片添加完成为止

8 单击“开始上传”超链接，上传照片

9 上传进度

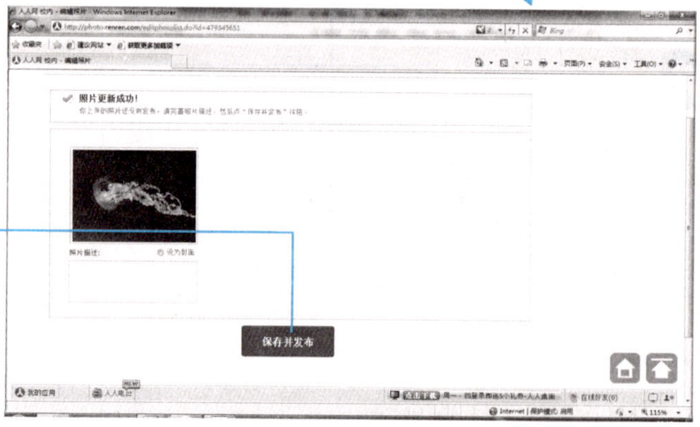

10 单击“保存发布”超链接

提示：人人网还提供工具上传照片，用户可以下载上传照片工具，按提示上传照片，更加快捷。

3.更改个人状态

操作步骤

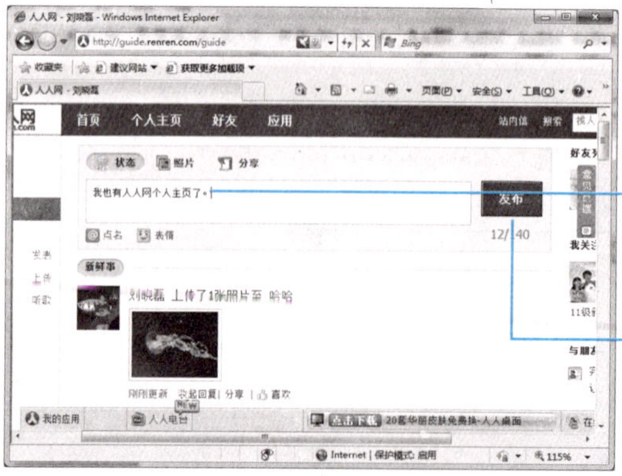

1 登录人人网，在首页中输入个人状态

2 单击“发布”超链接，发布成功

视野拓展

相对于强调版面布置的博客来说，微博的内容组成只是由简单的新浪微博只言片语组成，从这个角度来说，对用户的技术要求门槛很低，而且在语言的编排组织上，没有博客那么高。

15.5 玩玩新浪微博

新浪微博是一个由新浪网推出，提供微型博客服务的类Twitter网站。用户可以通过网页、WAP页面、手机短信/彩信发布消息或上传图片。可以把微博理解为“微型博客”或者“一句话博客”。可以将自己看到的、听到的、想到的事情写成一句话，或发一张图片，通过电脑或者手机随时随地分享给朋友。朋友可以第一时间看到你发表的信息，随时和你一起分享、讨论。你还可以关注你的朋友，即时看到朋友们发布的信息。

15.5.1 注册与登录新浪微博

微博是近几年开始流行，它是一个基于用户信息分享、传播及获取平台。下面让我们来看看如何注册与登录新浪微博。

1.注册新浪微博

操作步骤

1 打开IE浏览器，在浏览器地址栏中输入weibo.com打开新浪微博主页

2 单击“立即注册微博”超链接

3 填写注册信息

4 单击“立即注册”

视野拓展

微博客草根性更强，且广泛分布在桌面、浏览器、移动终端等多个平台上，有多种商业模式并存，或形成多个垂直细分领域的可能，但无论哪种商业模式，都离不开用户体验的特性和基本功能。

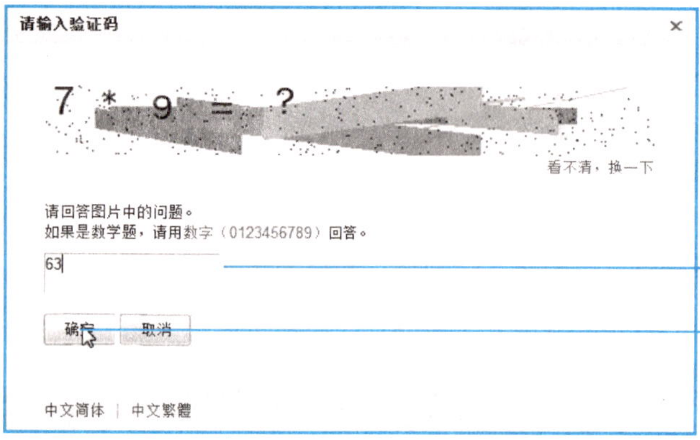

5 输入验证码

6 单击“确定”超链接

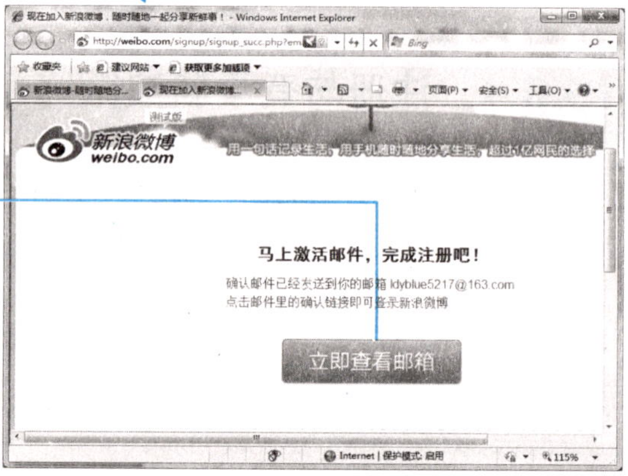

7 注册成功，单击“立即查看邮箱”登录邮箱激活

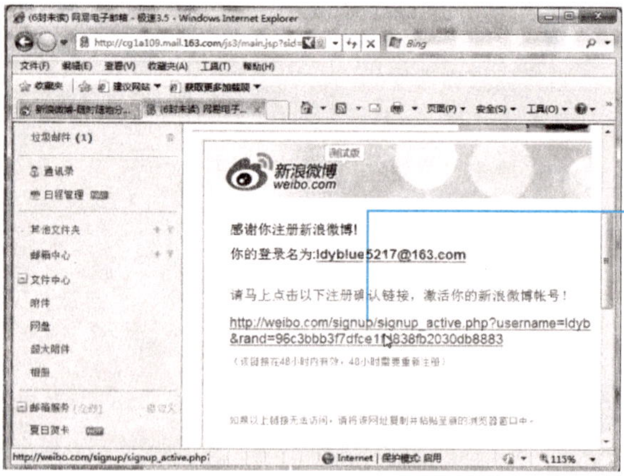

8 单击链接

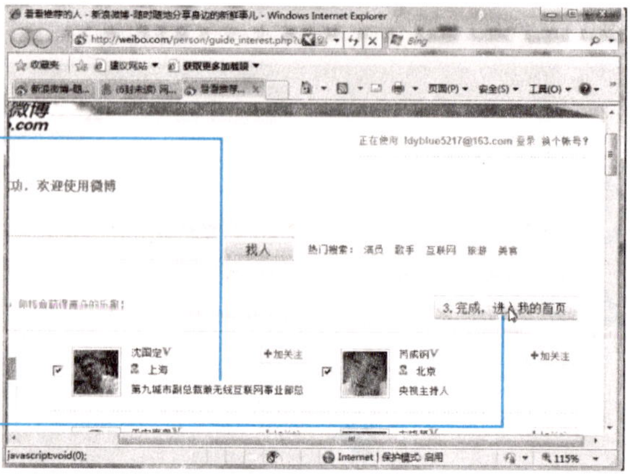

9 选择关注的微博

10 完成注册

视野拓展

（1）“在微博客上，140字的限制将平民和莎士比亚拉到了同一水平线上。”的确，微博客的出现，让每一个“小我”都有了展示自己的舞台，引领了大量用户原创内容的爆发式增长。

2.登录微博

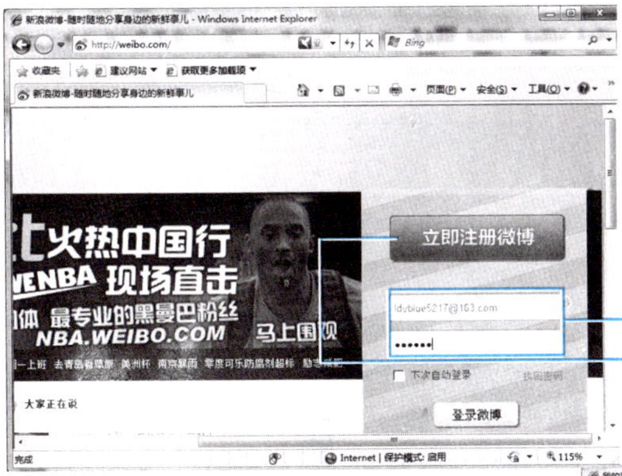

1 打开新浪微博登录页面，输入账号与密码

2 单击“立即注册微博”超链接

操作步骤

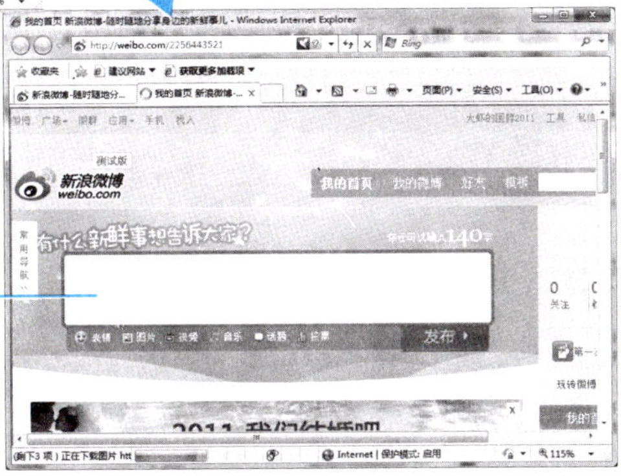

3 查看微博首页

15.5.2 发布微博

我们拥有了新浪微博，首先就要学会如何发布微博。具体操作如下：

操作步骤

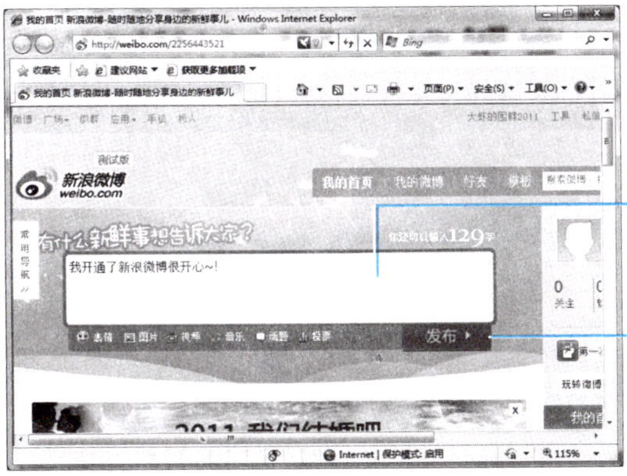

1 在首页的文本框中输入微博内容

2 单击“发布”超链接

15.5.3 分享与转发好友微博

分享与转发微博已经成为微博传递消息的主要方式，下面我们就来了解一下如何分享与转发好友微博吧。

视野拓展

（2）正如Twitter所认为的，Twitter为世界带来了一个“人人都能发声，人人都可能被关注的时代”。

操作步骤

1 当用户浏览到感兴趣的微博时，就可以单击信息下方的“转发”超链接

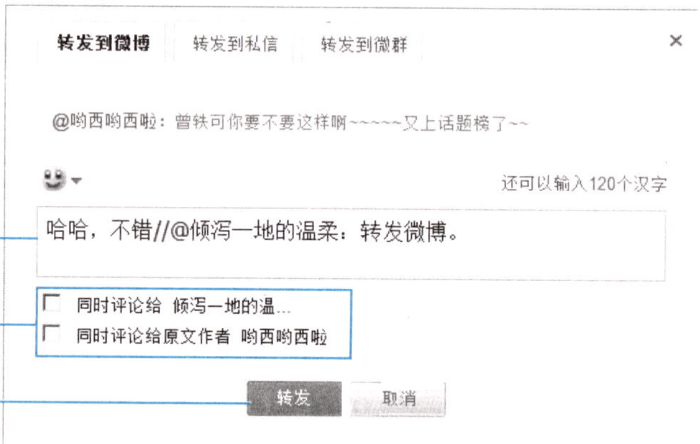

2 添加评论

3 选择是否评论文给原文作者或被转发者

4 单击“转发”超链接

15.5.4 装饰微博主页

微博也是一个显示个性的平台，下面我们就来看看如何装饰微博页面吧。

操作步骤

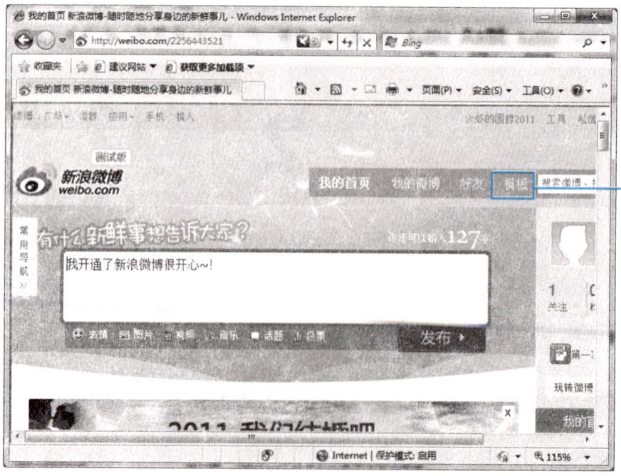

1 登录微博个人首页，单击“模板”超链接

视野拓展

各微博网站基本都有自己的WAP版，用户可以通过登陆WAP或通过安装客户端连接到WAP版。这种形式只要手机能上网就能连接到微博，可以更新也可以浏览、回复和评论，所需费用就是浏览过程中用的流量费。

2 选择自己喜欢的主页背景

3 单击“保存超链接”

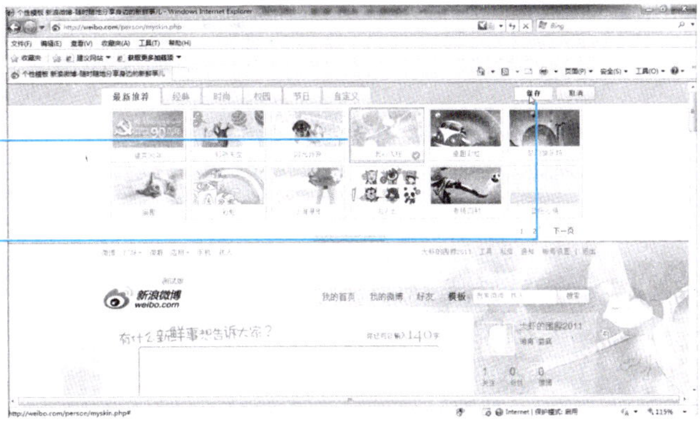

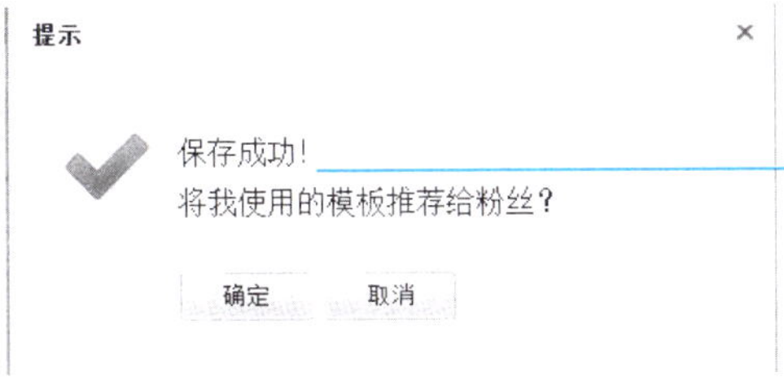

4 保存成功，用户可以选择是否分享到微博上

15.6 本章小结

本章主要介绍了如何使用网络使我们的生活更加丰富多彩，其中包括网上娱乐、网上购物、上网找工作、使用人人网和微博。其中网上购物使人们足不出户就可以买到自己心爱的商品，上网找工作给人们的就业提供了一个很好的平台，人人网和新浪微博给予人们展现自我和交流的渠道。

15.7 趁热打铁

下面我们来做些练习检验一下自己的学习吧。

15.7.1 选择题

1.下列操作中，可以在网络中实现的是（　　）。

A. 在线听音乐　　B. 在线看视频

C. 在线听广播　　D. 以上都可以

视野拓展

现在各个移动运营商都已经开通了流量套餐，网络生活已经遍布到了人们生活中的各个领域了。

2. 下列操作中不可以在人人网页面操作的是（　　）。

A. 发表日志　　B. 上传照片

C. 更改个人状态　　D. 观看视频

3. 下列网站不属于购物网站的是（　　）。

A. www.taobao.com

B. www.360buy.com

C. www.vancl.com

D. www.sina.com.cn

15.7.2 实践题

1. 登录www.360buy.com挑选自己喜欢的电子商品。

2. 登录智联招聘寻找工作。

3. 申请并登录新浪微博，发表微博。

4. 登录人人发表日志。

视野拓展

由于智能手机的发展，网络已经不再是电脑的天下了。如果电脑已经满足不了用户对网络的需求，那么有一部好的智能手机也是一个好的选择。

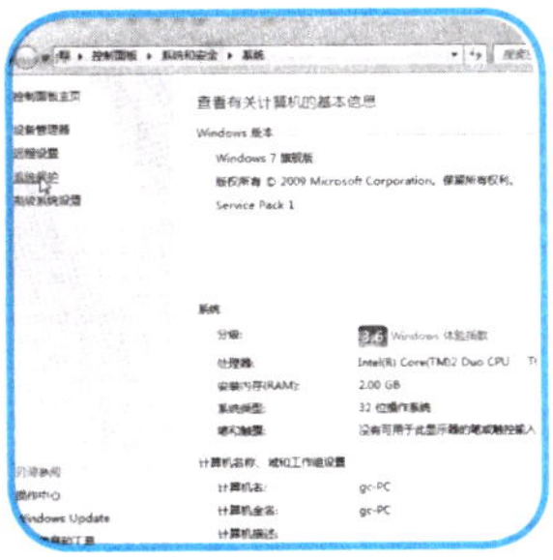

第 16 章

Windows 7电脑安全防范与优化管理

本章导读

网络病毒已经成为困扰网络安全的最大问题，如何防范电脑病毒的侵袭呢？长时间不去维护的电脑系统会使开机速度降低，甚至无法使用。本章主要介绍如何清除电脑中的病毒和电脑优化与维护的方法。

本章学习目标

- 认识什么是电脑病毒
- 学会使用360杀毒软件
- 学会扫描电脑病毒
- 学会清除电脑病毒
- 学会设置系统密码
- 学会设置自带防火墙
- 学会使用“自动更新”修复系统漏洞
- 学会备份与还原数据
- 优化开机速度
- 清理电脑垃圾

本章学习重点

- 熟练掌握使用360查杀病毒
- 掌握系统备份与还原
- 掌握如何清理电脑垃圾

16.1 电脑病毒防范

电脑病毒防范对于现在电脑越来越重要，本节主要介绍什么是电脑病毒与电脑病毒的简单防范等，使得用户对电脑病毒与防范有一个初步的了解。

16.1.1 什么是电脑病毒

电脑病毒，即计算机病毒，它是一种人为制造的（有意识或无意识地）破坏计算机系统运行和破坏计算机文件的一种程序。计算机病毒是指编制者在计算机程序中插入的破坏性计算机功能或者毁坏数据以影响计算机使用，并能自我复制的一组计算机指令或者程序代码，像细菌一样，计算机病毒扩散性很强，又难以根除。它们能把自身附着在各种类型的文件上如exe 、rar等，有时会替换正常的系统文件。当文件被复制或从一个用户传递到另一个用户时，它们就随同文件一起蔓延开来。

1. 电脑病毒的特征

计算机病毒还有如下特征：

- 寄生性

计算机病毒寄生在其他程序之中，当执行这个程序时，病毒就起破坏作用，而在未启动这个程序之前，是不易被人发觉的。

- 传染性

计算机病毒不但本身具有破坏性，且具有传染性，一旦病毒被复制或产生变种，其传播速度之快令人难以预防。传染性是病毒的基本特征。在生物界，病毒通过传染从一个生物体扩散到另一个生物体。在适当的条件下，它可得到大量繁殖，并使被感染的生物体表现出病症甚至死亡。同样，计算机病毒也会通过各种渠道从已被感染的计算机扩散到未被感染的计算机，在某些情况下造成被感染的计算机工作失常甚至瘫痪。与生物病毒不同的是，计算机病毒是一段人为编制的计算机程序代码，这段程序代码一旦进入计算机并得以执行，它就会搜寻其他符合其传染条件的程序或存储介质，确定目标后再将自身代码插入其中，达到自我繁殖的目的。只要一台计算机染毒，如不及时处理，那么病毒会在这台机子上迅速扩散，计算机病毒可通过各种可能的渠道，如软盘、计算机网络去传染其他的计算机。当在一台机器上发现了病毒时，往往曾在这台计算机上用过的软盘已感染上了病毒，而与这台机器相联网的其他计算机也许也被该病毒染上了。是否具有传染性是判别一个程序是否为计算机病毒的最重要条件。 病毒程序通过修改磁盘扇区信息或文件内容并把自身嵌入到其中以达到病毒的传染和扩散。被嵌入的程序叫做宿主程序。

视野拓展

现在网络病毒的传播形式已经不仅仅局限于网络，用户经常使用的移动设备也已经成为了网络病毒的目标，如U盘病毒、手机病毒等。

- 潜伏性

有些病毒像定时炸弹一样，让它什么时间发作是预先设计好的。比如黑色星期五病毒，不到预定时间一点都觉察不出来，等到条件具备的时候一下子就爆炸开来，对系统进行破坏。一个编制精巧的计算机病毒程序，进入系统之后一般不会马上发作，因此病毒可以静静地躲在磁盘或磁带里待上几天，甚至几年，一旦时机成熟，得到运行机会，就又要四处繁殖、扩散，继续为害。潜伏性的第二种表现是指，计算机病毒的内部往往有一种触发机制，不满足触发条件时，计算机病毒除了传染外不做什么破坏。触发条件一旦得到满足，有的在屏幕上显示信息、图形或特殊标识，有的则执行破坏系统的操作，如格式化磁盘、删除磁盘文件、对数据文件做加密、封锁键盘以及使系统死锁等。

- 隐蔽性

计算机病毒具有很强的隐蔽性，有的可以通过病毒软件检查出来，有的根本就查不出来，有的时隐时现、变化无常，这类病毒处理起来通常很困难。

- 破坏性

计算机中毒后，可能会导致正常的程序无法运行，把计算机内的文件删除或受到不同程度的损坏 。通常表现为：增加文件、删除文件、改动文件、移动文件。

- 可触发性

病毒因某个事件或数值的出现，诱使病毒实施感染或进行攻击的特性称为可触发性。为了隐蔽自己，病毒必须潜伏，少做动作。如果完全不动，一直潜伏的话，病毒既不能感染也不能进行破坏，便失去了杀伤力。病毒既要隐蔽又要维持杀伤力，它必须具有可触发性。病毒的触发机制就是用来控制感染和破坏动作的频率。病毒具有预定的触发条件，这些条件可能是时间、日期、文件类型或某些特定数据等。病毒运行时，触发机制检查预定条件是否满足，如果满足，启动感染或破坏动作，使病毒进行感染或攻击；如果不满足，使病毒继续潜伏。

2. 电脑病毒分类

- 按病毒存在的媒体

根据病毒存在的媒体，病毒可以划分为网络病毒，文件病毒，引导型病毒。网络病毒通过计算机网络传播感染网络中的可执行文件，文件病毒感染计算机中的文件（如：com，exe，doc等），引导型病毒感染启动扇区（boot）和硬盘的系统引导扇区（mbr），还有这三种情况的混合型，例如：多型病毒（文件和引导型）感染文件和引导扇区两种目标，这样的病毒通常都具有复杂的算法，它们使用非常规的办法侵入系统，同时使用了加密和变形算法。

- 按病毒传染的方法

根据病毒传染的方法可分为驻留型病毒和非驻留型病毒，驻留型病毒感染计算机后，把自

视野拓展

木马病毒虽然不能够删除和损坏计算机中的文件，但是它可以记录下许多用户的登录账号和密码，尤其是使用网上银行的用户更要多加防范木马病毒了。

身的内存驻留部分放在内存（ram）中，这一部分程序挂接系统调用并合并到操作系统中去，它处于激活状态，一直到关机或重新启动。非驻留型病毒在得到机会激活时并不感染计算机内存，一些病毒在内存中留有小部分，但是并不通过这一部分进行传染，这类病毒也被划分为非驻留型病毒。

- *按病毒破坏的能力*

（1）无害型：除了传染时减少磁盘的可用空间外，对系统没有其他影响。

（2）无危险型：这类病毒仅仅是减少内存、显示图像、发出声音及同类音响。

（3）危险型：这类病毒在计算机系统操作中造成严重的错误。

（4）非常危险型：这类病毒删除程序、破坏数据、清除系统内存区和操作系统中重要的信息。这些病毒对系统造成的危害，并不是本身的算法中存在危险的调用，而是当它们传染时会引起无法预料的和灾难性的破坏。由病毒引起其他的程序产生的错误也会破坏文件和扇区，这些病毒也按照它们引起的破坏能力划分。一些现在的无害型病毒也可能会对新版的DOS、Windows和其他操作系统造成破坏。例如：在早期的病毒中，有一个“Denzuk”病毒在360K磁盘上很好的工作，不会造成任何破坏，但是在后来的高密度软盘上却能引起大量的数据丢失。

- *按病毒的算法*

（1）伴随型病毒：这一类病毒并不改变文件本身，它们根据算法产生EXE文件的伴随体，具有同样的名字和不同的扩展名，例如：XCOPY.EXE的伴随体是XCOPY-COM。病毒把自身写入COM文件并不改变EXE文件，当DOS加载文件时，伴随体优先被执行到，再由伴随体加载执行原来的EXE文件。

（2）“蠕虫”型病毒：通过计算机网络传播，不改变文件和资料信息，利用网络从一台机器的内存传播到其他机器的内存，计算网络地址，将自身的病毒通过网络发送。有时它们在系统存在，一般除了内存不占用其他资源。

（3）寄生型病毒：除了伴随和“蠕虫”型，其他病毒均可称为寄生型病毒，它们依附在系统的引导扇区或文件中，通过系统的功能进行传播，按其算法不同可分为：练习型病毒，病毒自身包含错误，不能进行很好的传播，例如一些病毒在调试阶段。

（4）诡秘型病毒：它们一般不直接修改DOS中断和扇区数据，而是通过设备技术和文件缓冲区等DOS内部修改，不易看到资源，使用比较高级的技术。利用DOS空闲的数据区进行工作。

（5）变型病毒（又称幽灵病毒）：这一类病毒使用一个复杂的算法，使自己每传播一份都具有不同的内容和长度。它们一般的作法是一段混有无关指令的解码算法和被变化过的病毒体组成。

视野拓展

其实定期更换计算的操作系统也是防范病毒的一种方法，虽然现在的杀毒软件众多，但是都是在病毒出现之后才会出现防范措施。如果用户计算机感染了新型病毒，杀毒软件就可能无能为力了。

16.1.2 电脑病毒的防范

电脑病毒危害如此严重，那么让我们来看看如何防治电脑病毒吧。

1. 杀毒软件防范

杀毒软件已经成为防范病毒的主要方法之一，现在市场上最流行的杀毒软件有360杀毒软件、瑞星杀毒软件、金山杀毒软件、江民杀毒软件、卡巴斯基杀毒软件等。

2. 推荐使用的搜索引擎

如果你想打开陌生网页，可以在看谷歌的搜索引擎中输入其首页地址，可以在一定程度上防止中病毒或木马。谷歌有检测网站首页是否有挂马的功能。

3. 在线杀毒

如果认为电脑中病毒了且目前安装的杀毒软件查不出来，可以用百度的在线杀毒系统，而且全免费。详细地址 http://shadu.baidu.com/freetools/index.jsp。

4. 打满应该有的补丁

用360安全卫士，当下载且完成安装后，在常用基本状态下会自动评估目前系统的安全性。如果你的系统不安全，会自动提示修复。请点修复打满补丁这个程序是自动完成。只需要点全部然后修复即可完成。

5. 禁止打开一些不良网站

尽管目前的杀毒软件和木马扫描软件越来越好，但是很多新型病毒在一定时间内杀毒软件等并未发现。所以为了上网安全，最好不要去搜索一些不健康的词以便链接到病毒页面。

16.2 使用360杀毒

在电脑病毒防范的过程中，杀毒软件起到了很重要的作用。它可以方便快捷扫描病毒和清除病毒，下面我们就来介绍一款杀毒软件，安全卫士360。

16.2.1 病毒扫描

在清除病毒之前首先要对电脑硬盘进行扫描，用户可以指定硬盘分区、文件夹或单个文件进行扫描。用户安装完360杀毒之后就可以对计算机进行病毒扫描了。具体操作如下：

视野拓展

360杀毒小组和微软的客户支持部门紧密合作，已经正式通过了微软的Windows7徽标验证，这意味着360杀毒完全支持Windows 7操作系统，为您在Windows 7下的全新体验提供安全护航。

操作步骤

1 在“开始”菜单中选择“所有程序”→“360杀毒”文件夹→“360杀毒”命令，打开杀毒程序

2 选择扫描方式，我们就以最常用的“全盘扫描”为例

3 单击“全盘扫描”按钮

4 “360杀毒”开始扫描所有硬盘分区

16.2.2 病毒清理

病毒扫描结束，下面开始清除病毒。

操作步骤

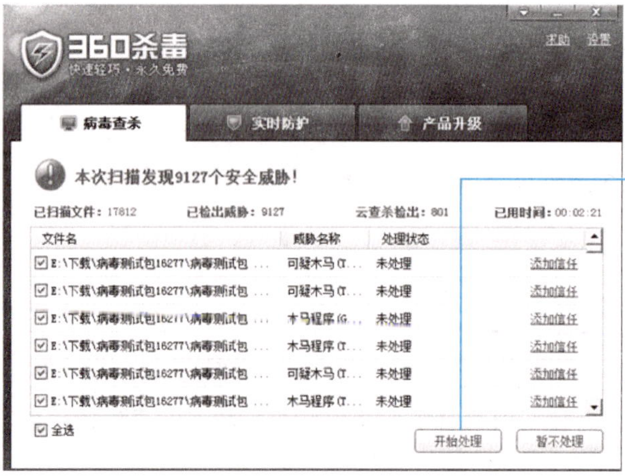

1 扫描结束单击“开始处理”按钮

视野拓展

360杀毒不光可以防范网络病毒，同样可以防范移动设备中的病毒。

2 病毒文件删除成功，关闭窗口

提示： 如果扫描电脑中没有病毒会显示如下窗口。

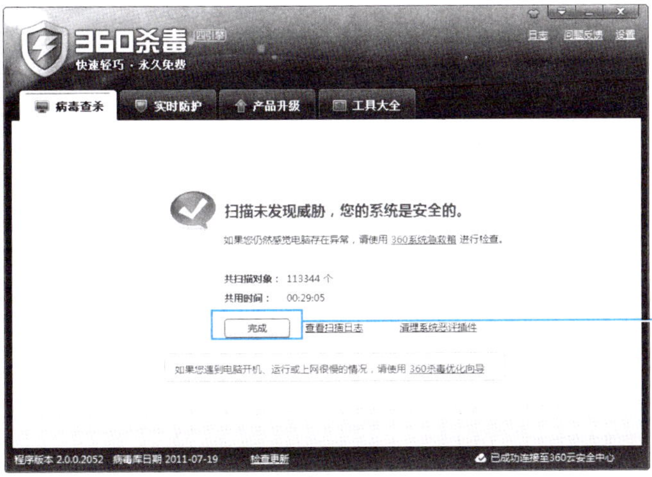

扫描结束，未发现病毒，单击“完成”按钮

16.3 系统安全基本设置

除了使用杀毒软件保护系统安全外，Windows 7操作系统也为我们提供了保护系统安全的方法。下面就来了解一下吧。

16.3.1 设置系统密码

对系统设置密码，用户可以防止他人登录电脑，查看电脑中资料与信息。具体操作如下：

视野拓展

用户设置系统密码主要就是防范他人打开用户计算机查看和拷贝资料，这个功能对于笔记本电脑来说是十分必要的。

操作步骤

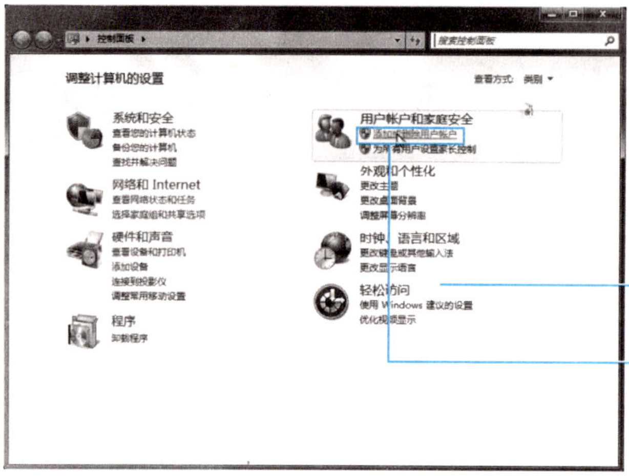

1 在“开始”菜单的固定程序列表中单击“控制面板”选项，打开控制面板

2 在“控制面板”中单击“用户安全和家庭安全”类别下的“添加和删除用户”超链接

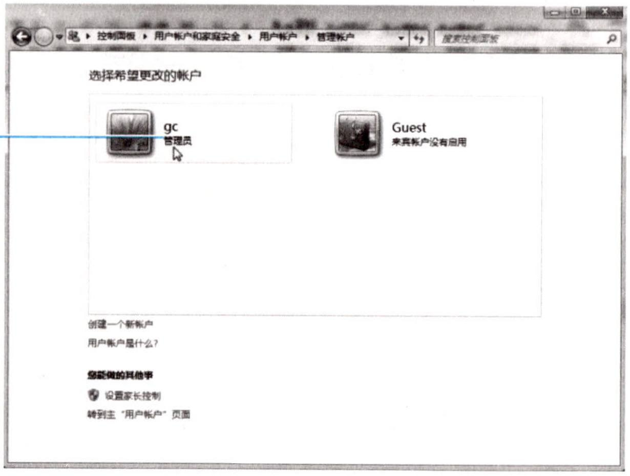

3 单击需要添加密码的账户

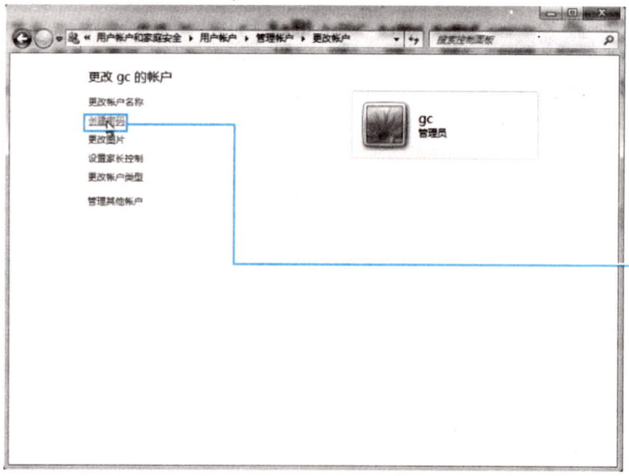

4 单击“创建密码”超链接

视野拓展

Windows7的自带防火墙也可以在一定程度上帮助用户防范网络威胁，但是用户还是安装一款专业的杀毒软件更加合适。

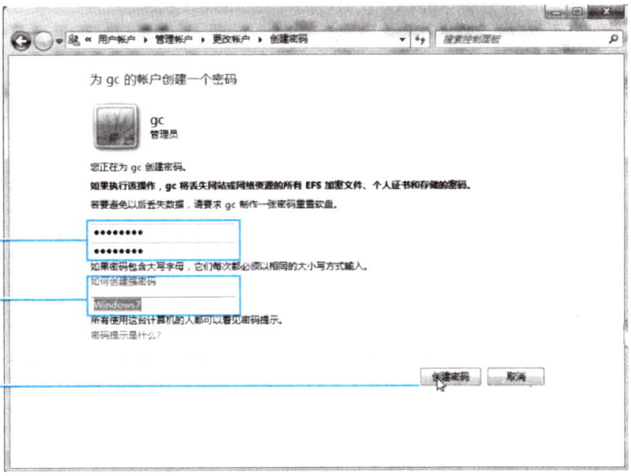

5 在文本框中输入账户密码

6 输入密码提示问题

7 单击“创建密码”按钮

16.3.2 设置自带防火墙

Windows 7操作系统为用户提供了防火墙功能，可以有效抵御病毒和黑客从网络入侵个人电脑。下面让我们来看看如何设置Windows 7自带的防火墙功能吧。

操作步骤

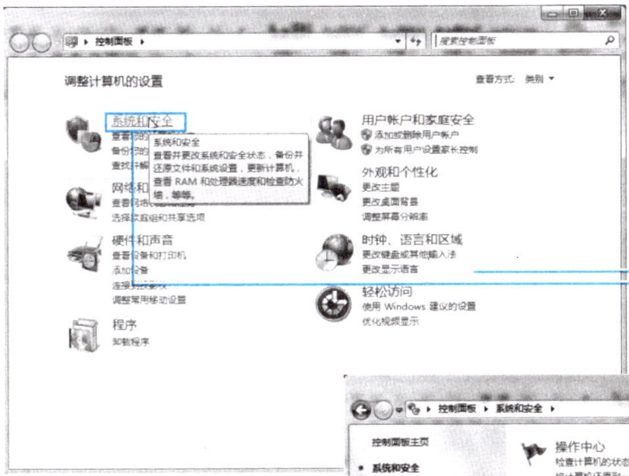

1 在“开始”菜单的固定程序列表中单击“控制面板”选项，打开控制面板

2 单击“系统和安全”超链接

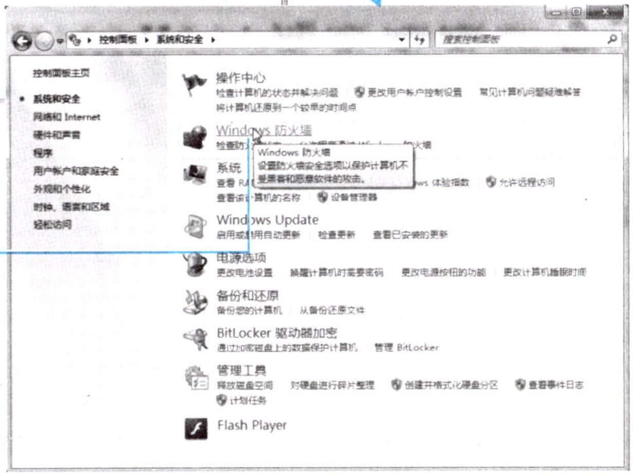

3 在列表中单击“Windows防火墙”超链接

视野拓展

用户一定养成当共享使用完毕之后关闭共享功能的习惯，这样才能有效防范局域网病毒的威胁。

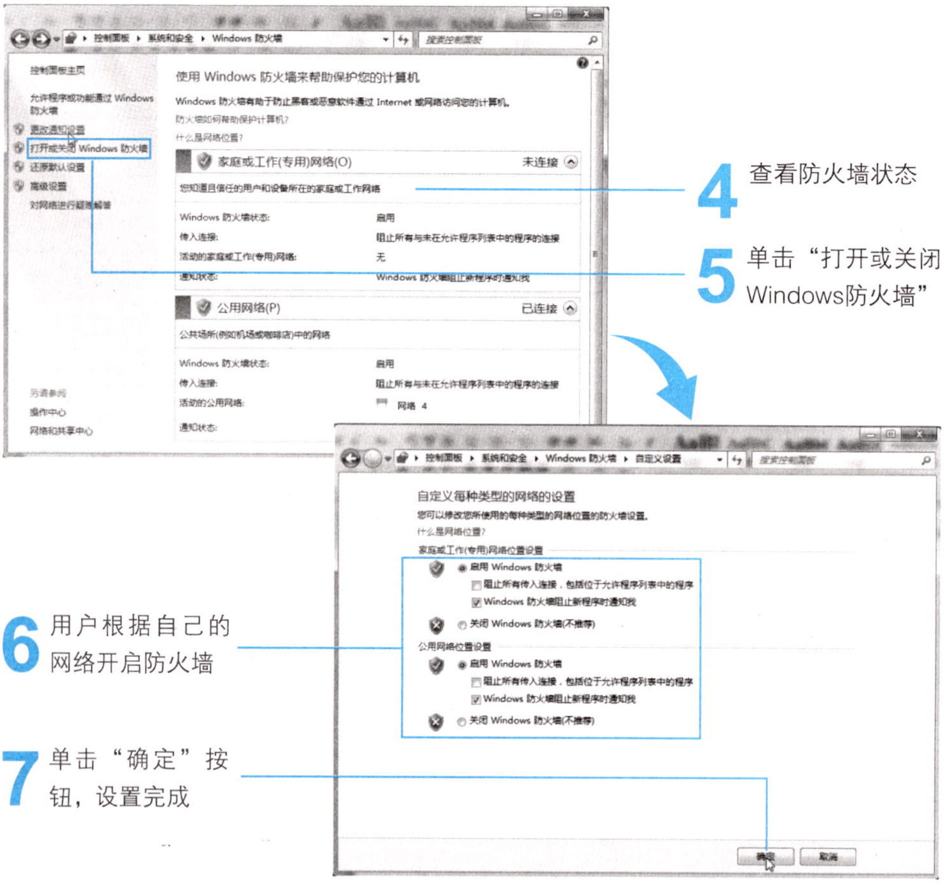

4 查看防火墙状态

5 单击“打开或关闭Windows防火墙”

6 用户根据自己的网络开启防火墙

7 单击“确定”按钮，设置完成

16.3.3 关闭无用共享

局域网的共享也可以让用户自由地从电脑中提取文件，如果黑客入侵局域中的其他电脑同样也可以提取用户电脑中的信息。下面让我们来了解如何关闭无用共享。

操作步骤

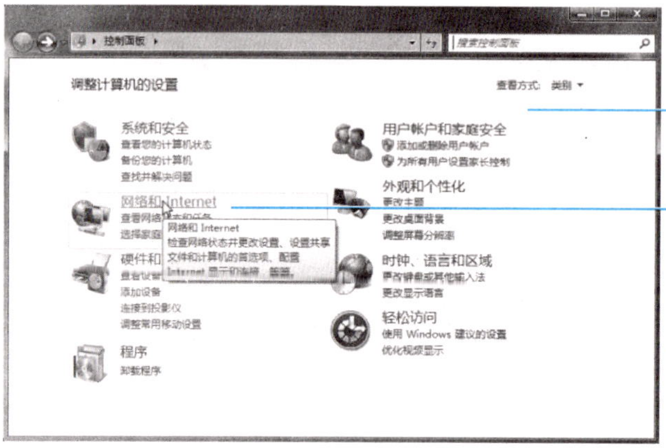

1 在“开始”菜单的固定程序列表中单击“控制面板”选项，打开控制面板

2 单击“网络和Internet”超链接

视野拓展

除了Windows7自带的更新功能外，用户可以从网络上下载更新，例如使用360安全卫士就可以方便快捷的帮助用户对电脑系统漏洞更新。并且微软公司发布的一些更新并不是防范计算机病毒的，用户使用更新软件可以进行自定义更新，节省计算机空间。

3 单击“网络和共享中心”超链接

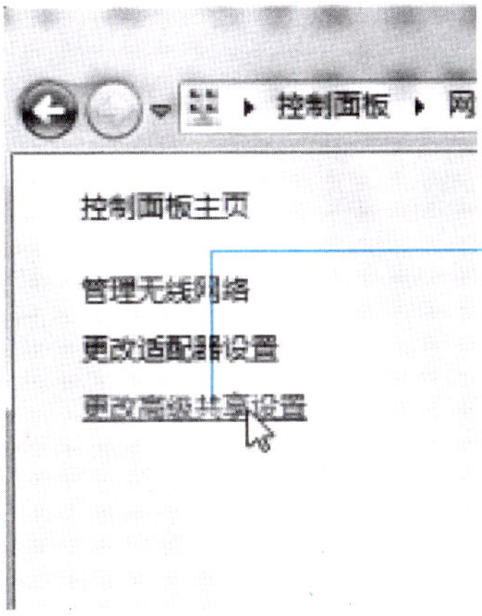

4 在弹出的“网络和共享中心”左上侧，单击“更改高级共享设置”

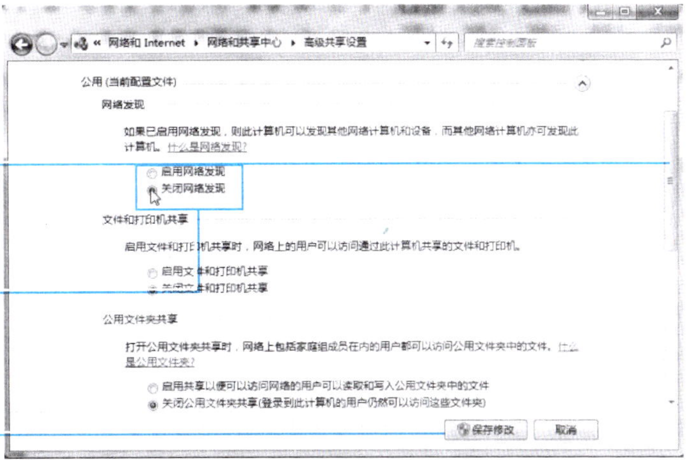

5 拖动滚动条，查看文件配置

6 在需要关闭的选项中选择需要关闭的单选按钮

7 单击“保存修改”按钮

16.3.4 使用“自动更新”修复系统漏洞

病毒主要是通过系统的漏洞来入侵计算机，Windows 7操作系统提供补丁自动更新程序能够及时地将微软公司发布的系统漏洞补丁安装在用户的计算机上，降低了计算机被病毒入侵的概率。下面我们就来看看如何设置自动更新吧。

视野拓展

微软提供的自动更新不光可以更新系统文件，也可以更新微软出品的软件，例如office。

操作步骤

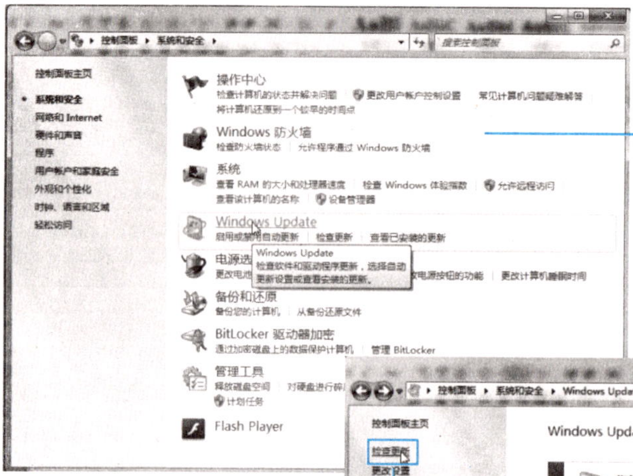

1 在“开始”菜单中选择“控制面板”→“系统和安全”→“Windows Updata”命令

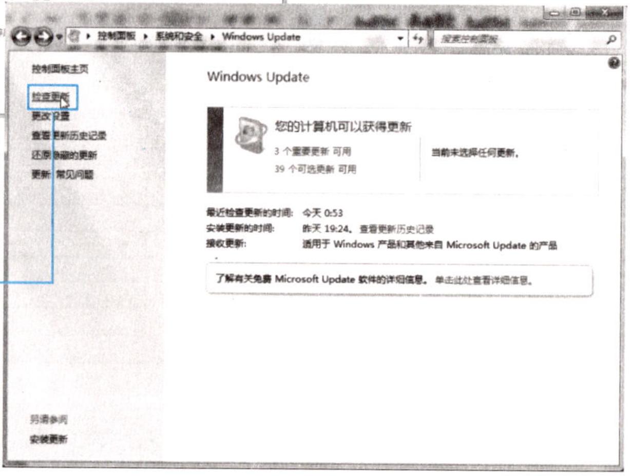

2 单击窗口左侧“检查更新”

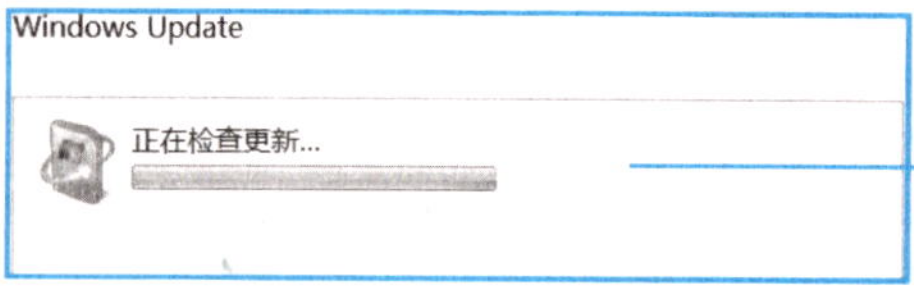

3 Windows开始检查更新

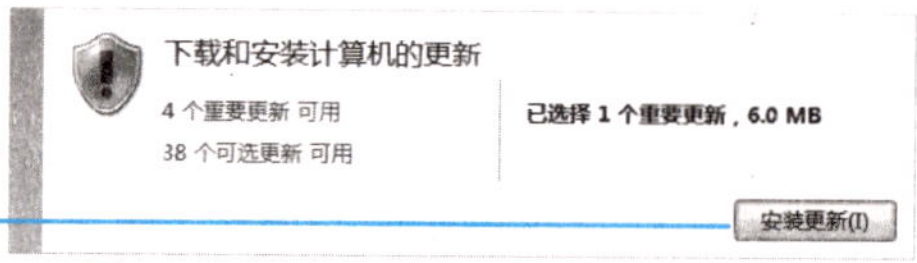

4 单击“安装更新”按钮

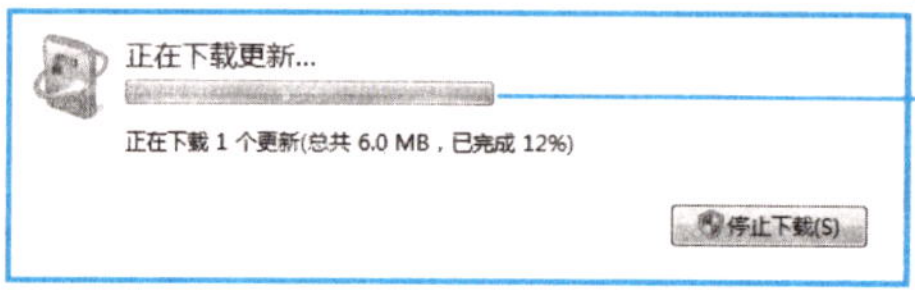

5 开始安装下载安装更新文件

6 安装完成

注意：有些更新文件安装结束后需要重启计算机，用户安装更新完毕重启计算机即可。

视野拓展

备份与还原功能在Windows7操作系统中较比Windows XP系统更加方便快捷，在Windows XP系统中，用户需要进入BIOS界面才能进行还原，较比Windows7在系统界面下还原就麻烦了一些。

16.4 系统备份与还原

在Windows 7操作系统中，为了防止文件信息丢失，用户可以对重要的文件信息进行备份，同样也可以对系统进行备份，当发现问题时对文件或者系统进行还原，确保系统的安全性。

16.4.1 备份与恢复数据

在Windows 7操作系统中，用户可以对保存计算机中重要文件进行备份与还原，减少系统感染病毒等对文件造成的损失。下面我们就来了解一下如何备份与恢复数据。

1. 数据备份

操作步骤

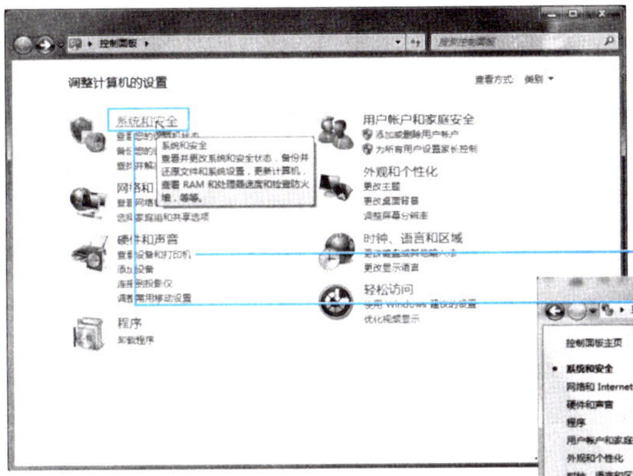

1 打开“开始”菜单，在固定程序列表中选择“控制面板”命令

2 在控制面板中单击“系统和安全”超链接

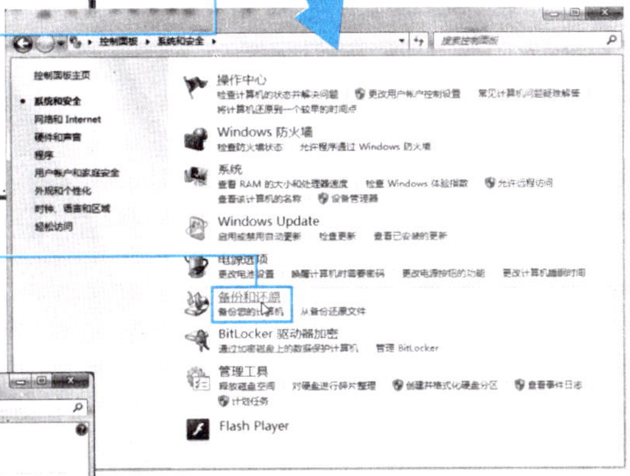

3 单击“备份和还原”超链接

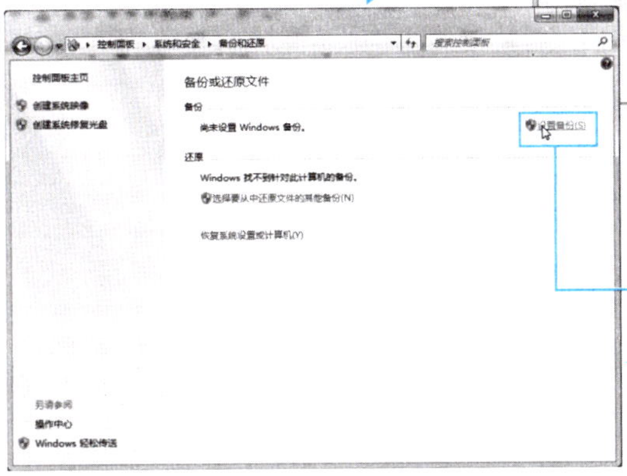

4 在“备份和还原”窗口中单击“设置备份”超链接

视野拓展

用户一定要养成将常用文件放置存放系统文件以外的硬盘分区上，这样在还原系统的时候就不会丢失重要数据了。

5 在弹出的“设置备份”对话框中显示启动备份

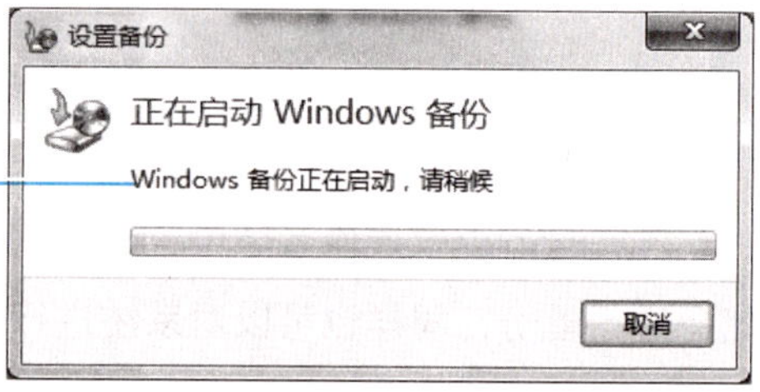

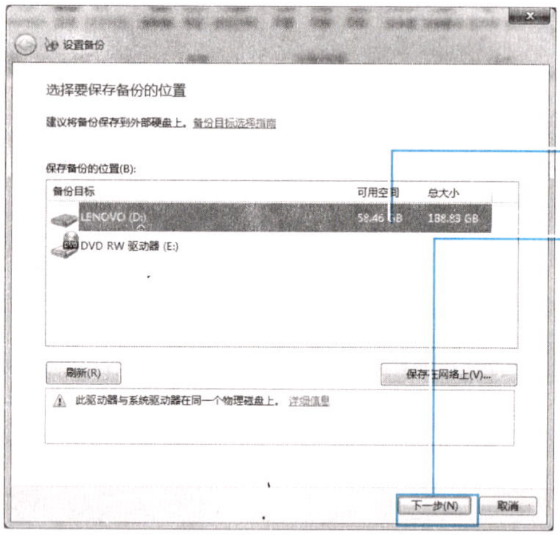

6 在弹出的“设置备份”对话框中选择准备备份的位置

7 单击“下一步”按钮

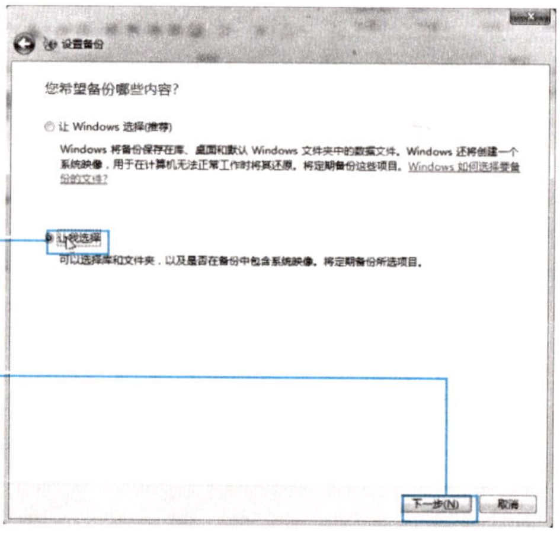

8 选中“让我选择”单选按钮

9 单击“下一步”按钮

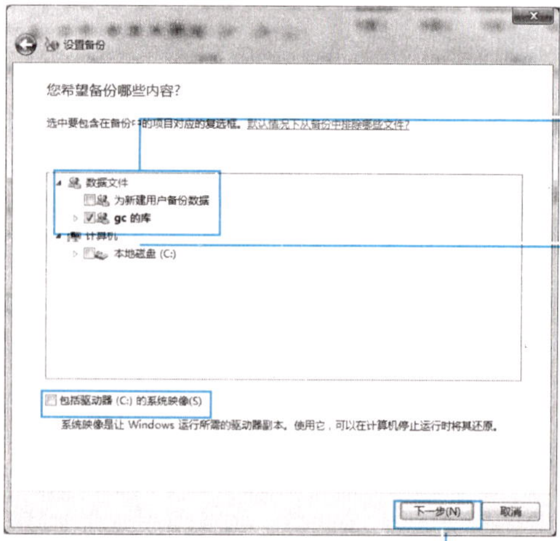

10 选择“数据文件”选项，勾选“GC的库”复选框

11 取消对“包括驱动器（C：）的系统映像”的勾选

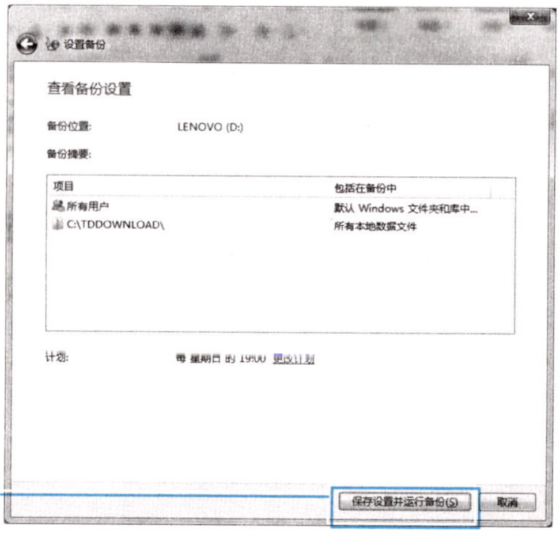

12 单击“下一步”按钮

13 单击“保存设置并运行”按钮

视野拓展

每次使用系统还原时，都会在继续之前创建还原点，因此如果问题没有修复，用户可以撤销更改。但如果在计算机的安全模式下使用系统还原，就无法撤销还原操作了。

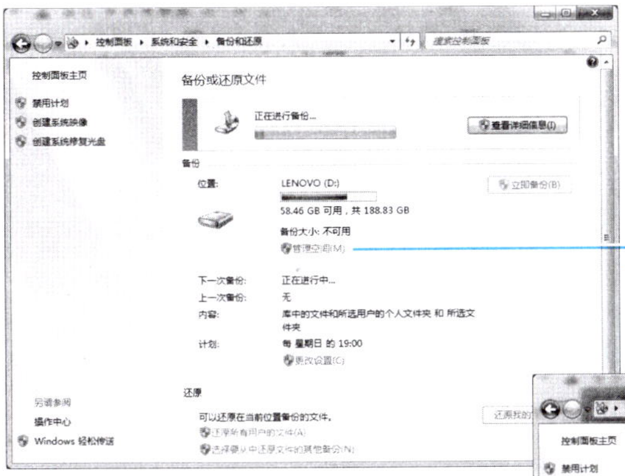

14 显示文件备份进度

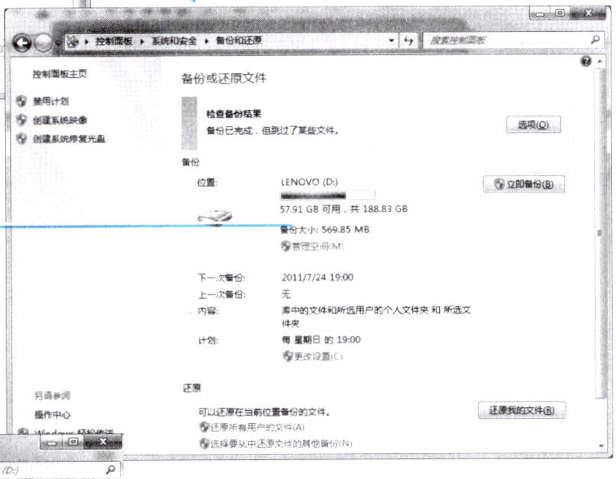

15 完成备份

16 打开D盘窗口，查看备份文件

2. 恢复数据

如果文件丢失、损坏或被更改，这时就可以利用备份文件将数据还原。

操作步骤

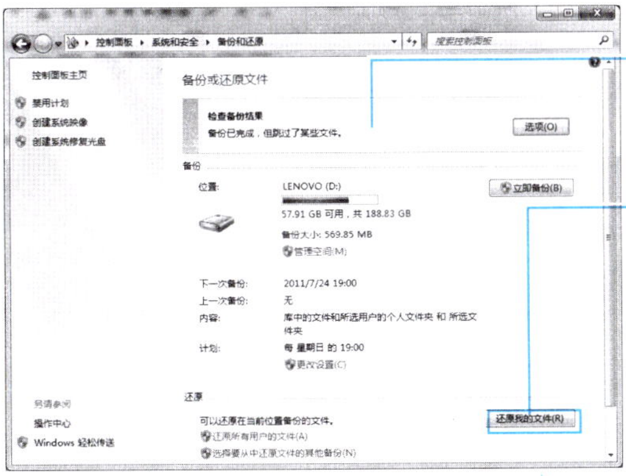

1 打开“备份和还原”窗口

2 单击“还原我的文件”按钮

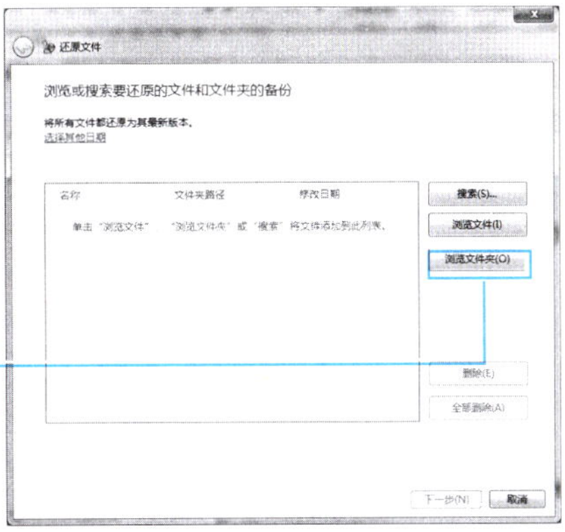

3 单击“浏览文件夹”按钮

视野拓展

虽然系统还原可以有效防范计算机病毒，但是有时病毒可以完全摧毁系统，所以用户最好还是要掌握计算安装系统的方法。

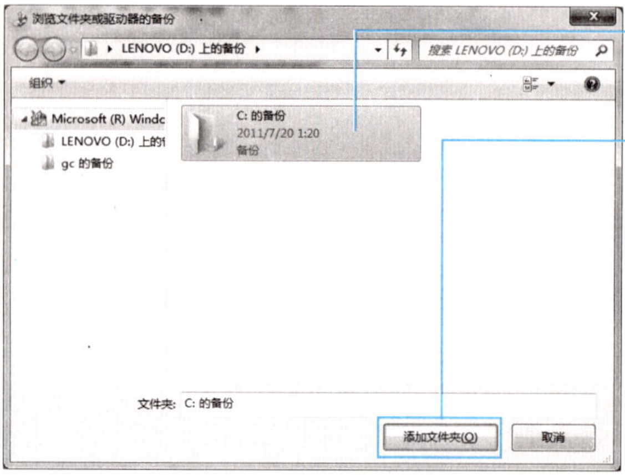

4 选择“C:的备份”

5 单击“添加文件夹”按钮

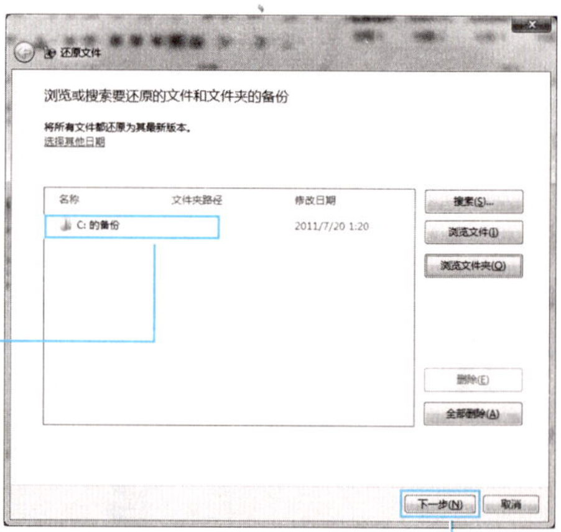

6 查看备份文件

7 单击“下一步”按钮

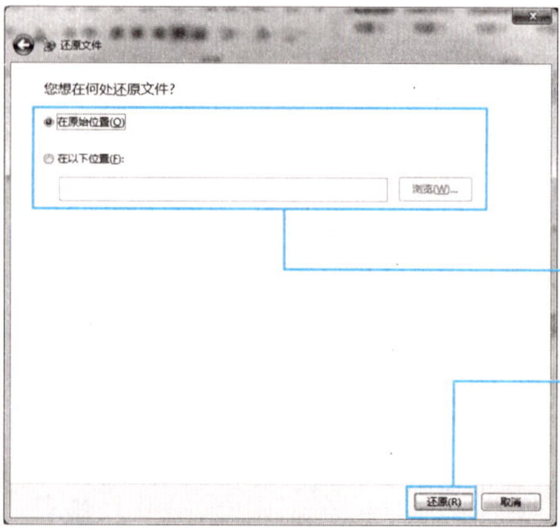

8 选择文件还原位置，这里选择“在原始位置”

9 单击“还原”按钮

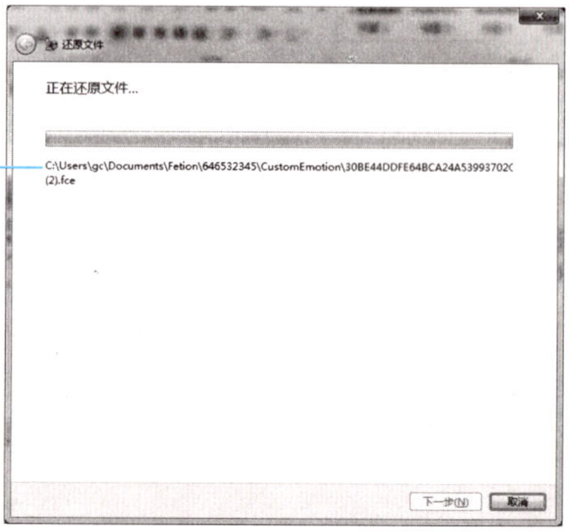

10 查看还原进度

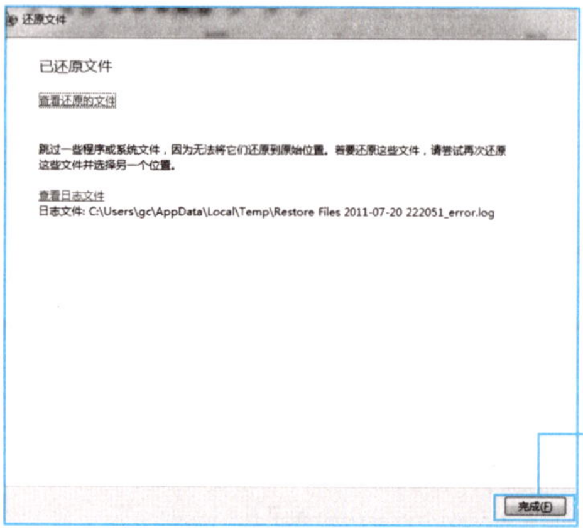

11 还原完成，单击“完成”按钮

视野拓展

Windows7操作系统还提供了定时备份系统的功能，用户只要跟随提示，就可以定时备份系统了。

16.4.2 系统还原

Windows 7操作系统提供了系统备份和还原的功能，可以帮助用户备份和还原操作系统，帮助用户保证系统安全。下面我们就来看看如何备份与还原系统吧。

1. 创建系统还原点

在计算机处于正常状态时，创建一个系统还原点，在系统出现问题时，用户可以将系统还原到还原点时的状态。

操作步骤

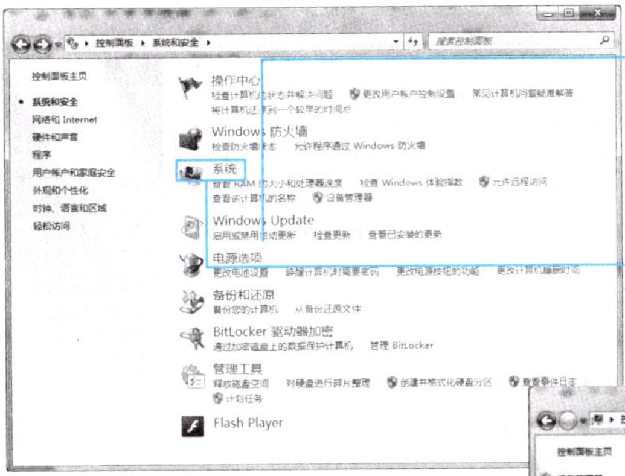

1 打开“开始”菜单，在固定程序列表中选择“控制面板”命令

2 在控制面板窗口中单击“系统”超链接

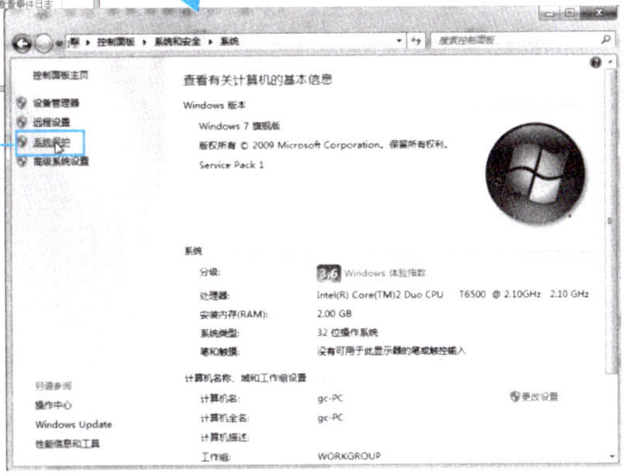

3 在“系统”窗口中单击“系统保护”超链接

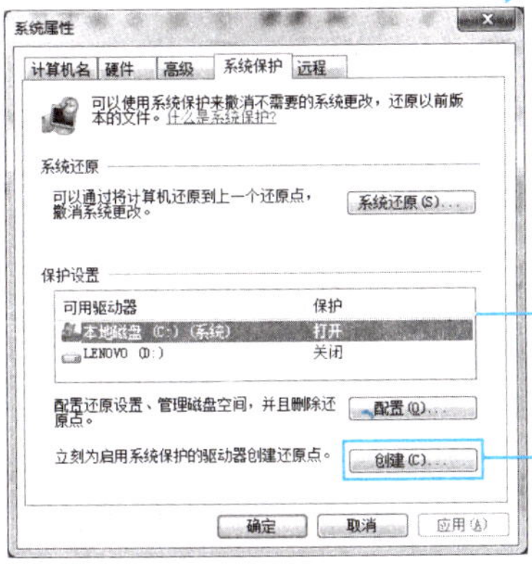

4 在“系统属性”对话框中，单击“系统保护”选项卡，在“保护设置”区域中，选择系统安装所在的硬盘分区

5 单击“创建”按钮

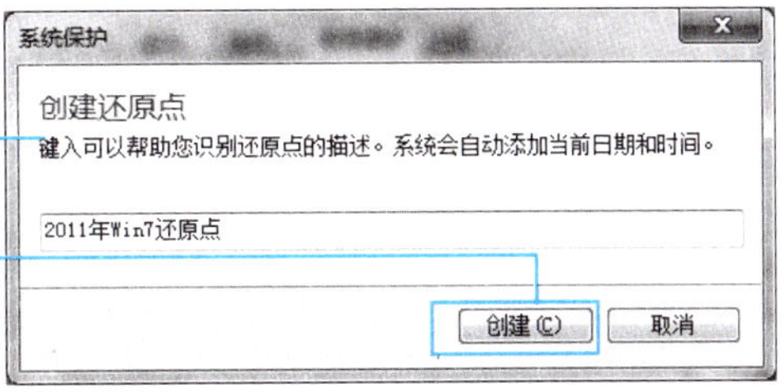

6 在弹出的对话框的文本框中输入还原点描述

7 单击“创建”按钮

视野拓展

无论怎样，用户最好掌握书中提到的各种防范病毒的防范，才能保证用户的系统安全。

8 显示创建还原点

9 创建成功，单击“关闭”按钮

2. 还原系统

还原点创建完毕，用户就可以在系统出现问题时将系统还原了，具体操作如下：

操作步骤

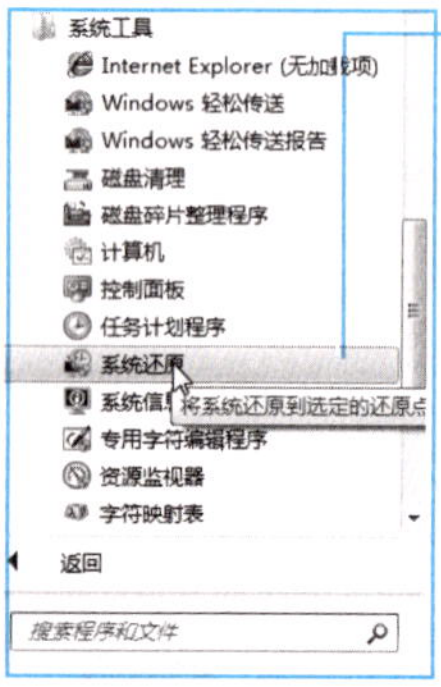

1 在“开始”菜单中选择“所有程序”→“附件”→“系统工具”→“系统还原”命令

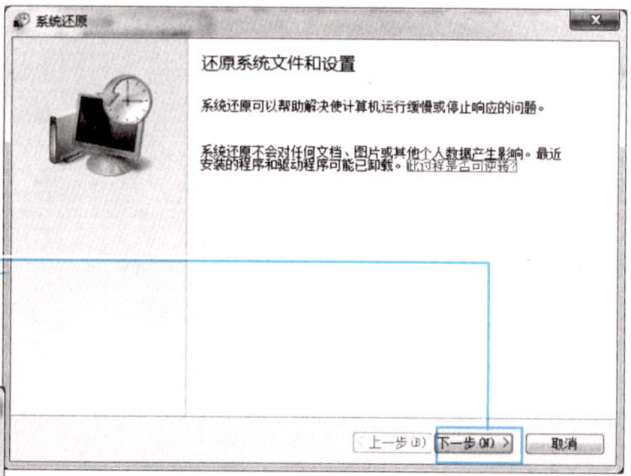

2 在打开的“系统还原”对话框中，单击“下一步”按钮

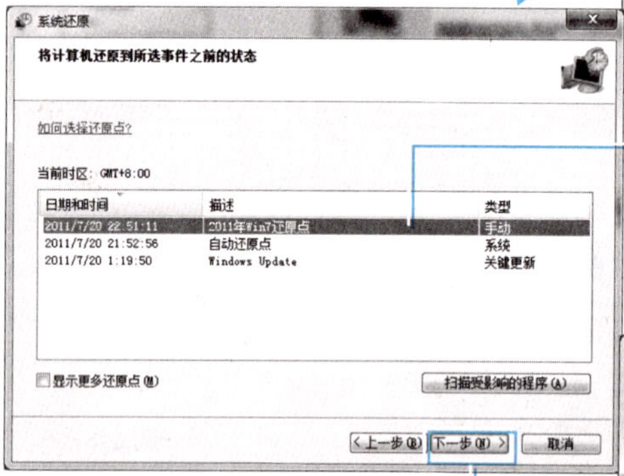

3 选择还原点

4 单击“下一步”按钮

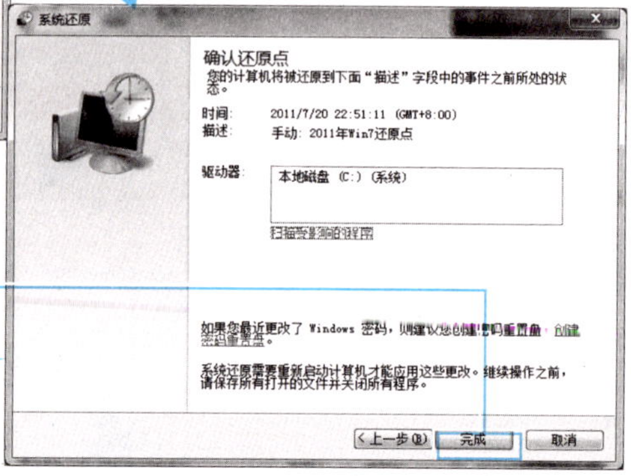

5 单击“完成”按钮

视野拓展

除了安全卫士360以外，优化大师也是一款比较好的系统优化软件，用户可以试试。

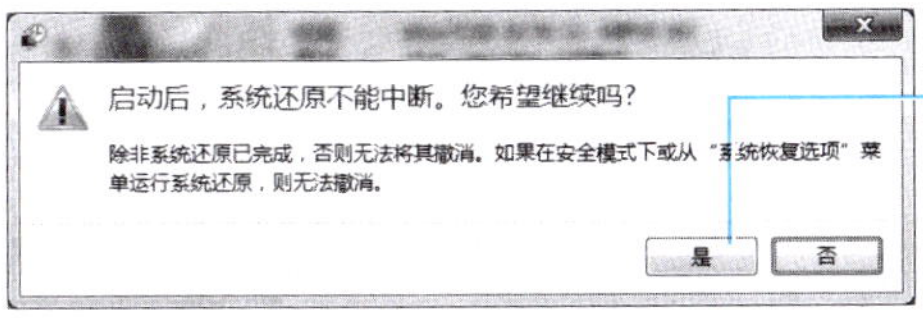

6 单击“是”按钮

7 系统开始还原

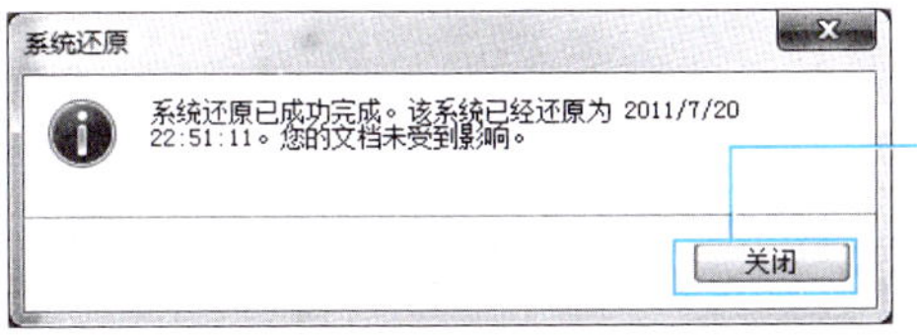

8 还原完成，单击“关闭”按钮

16.5 系统优化

用户在使用Windows 7操作系统时，随着时间的推移计算机的开机速度会越来越慢，并且会产生许多垃圾文件。本小节就来帮助大家解决这个问题。

16.5.1 加快开机速度

开机与关机速度能够显示用户电脑运行状况的标准，如果计算机的开机速度比较快，证明计算机运行状态良好。现在网络上出现了很多对计算机进行优化的软件，应用优化软件可以方便快捷地对计算机进行优化，这些优化软件中最流行的还要数安全卫士360，下面我们就来使用安全卫士360来加快开机与关机速度。

首先，用户需要从网络上下载安全卫士360安装程序并安装，然后我们就开始对计算机进行优化吧。

1 双击桌面“360安全卫士”图标，打开程序

操作步骤

视野拓展

（1）系统垃圾就是系统不再需要的文件的统称。当你浏览过网页，安装后又卸载掉的程序残留文件及注册表的键值，这些都是对系统毫无用处的文件，只能给系统增加负担，所以叫垃圾。

2 在360安全卫士窗口中单击“功能大全”选项

3 在列表中单击“开机加速”图标

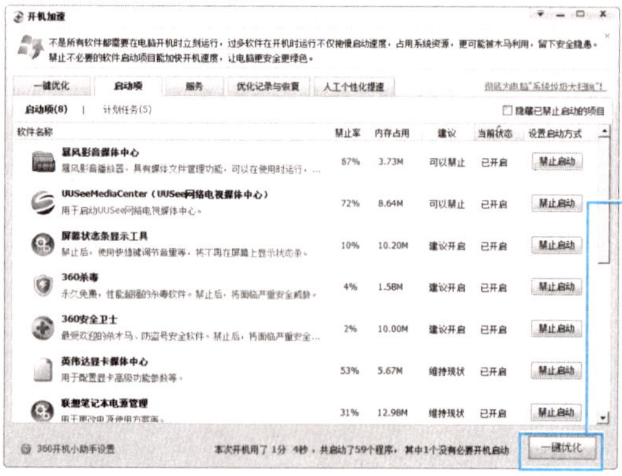

4 在“开机加速”窗口中单击“一键优化”按钮

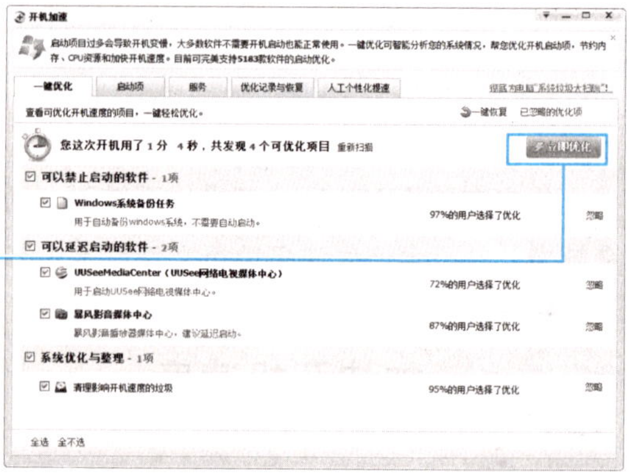

5 单击“立即优化”按钮

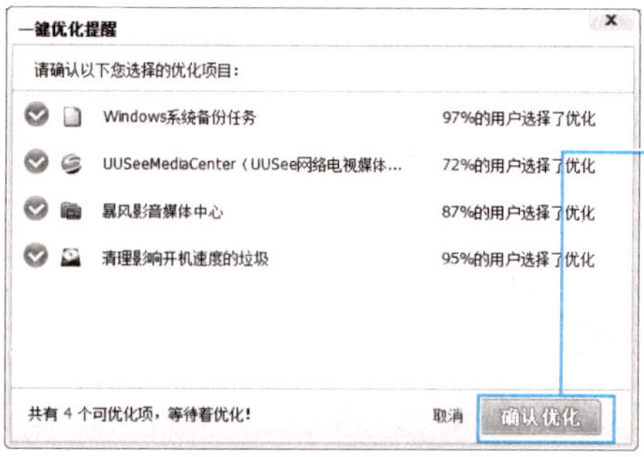

6 单击“确认优化”按钮

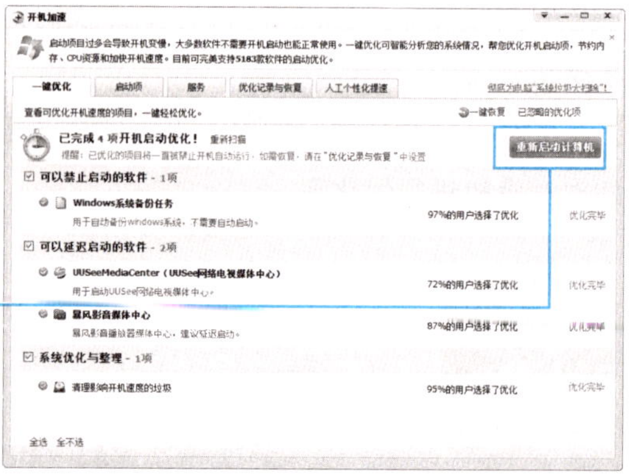

7 优化结束后单击“重新启动计算机”按钮，计算机重启，优化完成

视野拓展

（2）而这些垃圾文件手动删除有很大的风险，就连一些软件都留有备份的后路，所以清理系统垃圾时尽量不要采用手动处理，否则一旦系统出现问题，很难恢复。

16.5.2 清理电脑垃圾

电脑垃圾也是影响计算机运行速度的主要原因，如果用户手动清理垃圾太麻烦，这里也使用安全卫士360来对计算机进行清理垃圾操作。具体步骤如下：

操作步骤

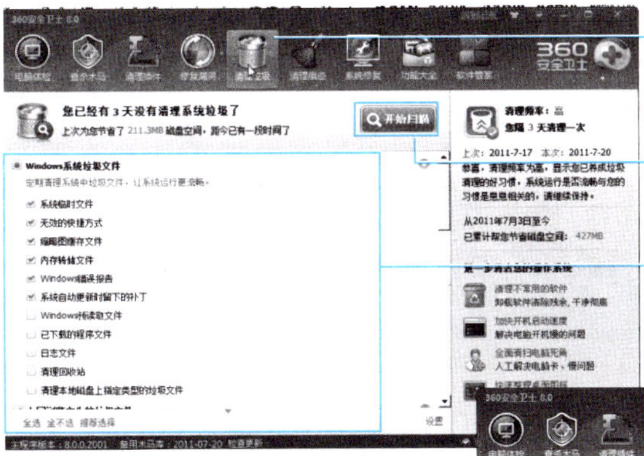

1 在360安全卫士窗口中单击“清理垃圾”选项

2 单击“开始扫描”按钮

3 在窗口选择需要清理的文件类型

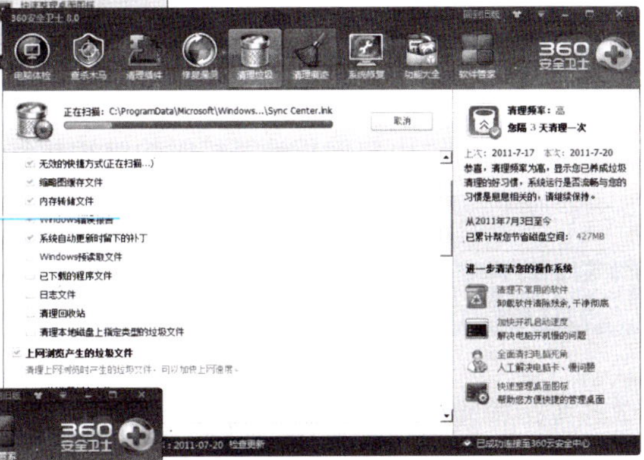

4 开始扫描垃圾文件

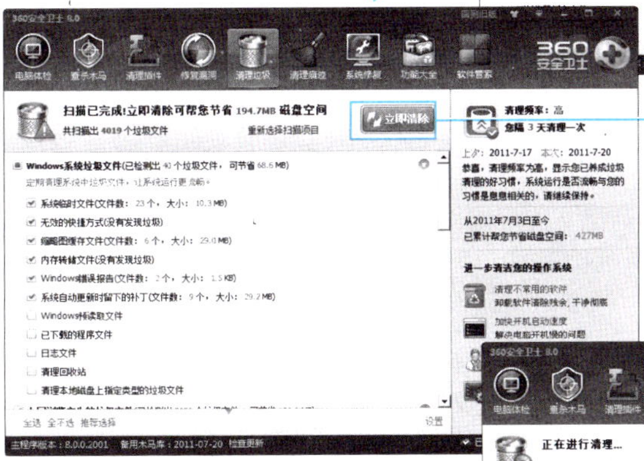

5 扫描完成，单击“立即清除”按钮

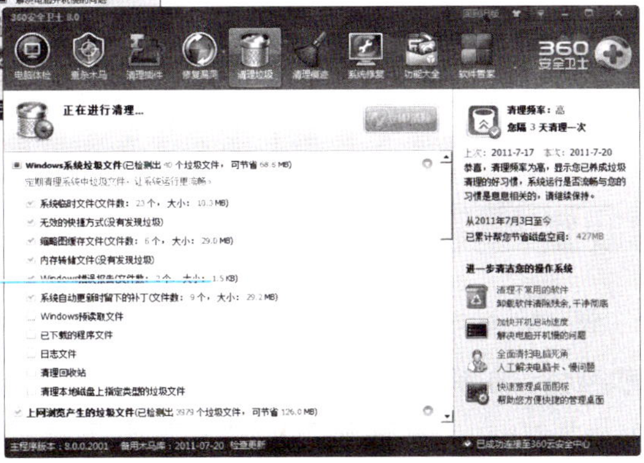

6 开始清理垃圾文件

视野拓展

因为系统垃圾手动删除风险较大，所以使用一款清除系统垃圾的软件就十分必要了，这里同样也推荐优化大师。

7 垃圾文件清除完成，显示获得的硬盘空间

16.6 本章小结

本章主要介绍了如何防范计算机病毒的入侵和如何优化Windows 7操作系统。其中包括使用Windows自带防火墙防护系统、使用360安全卫士杀毒、备份与恢复文件和系统、清理电脑垃圾文件与加快开机速度。这些都对用户使用计算机时的维护起到了很大的帮助作用。

16.7 趁热打铁

下面我们来做些练习检验一下自己的学习吧。

16.7.1 选择题

1. 下列不属于计算机病毒特征的是（　　）。

A. 寄生性　　B. 传染性　　C. 潜伏性　　D. 可见性

2. 下列关于360安全卫士的说法，正确的是（　　）。

A. 具有病毒扫描功能　　B. 具有清理电脑垃圾文件的功能

C. 加快开机速度的功能　　D．以上均可以

16.7.1 实践题

1. 从网络上下载一款杀毒软件，对计算进行病毒扫描和清除。
2. 备份计算机系统，在系统遭到病毒破坏后对系统进行恢复。
3. 使用360安全卫士优化开机速度。

视野拓展

计算机的优化与安全是一个综合问题，用户需要掌握各种方法才能有效安全地管理计算机。